中 国 国 家 标 准 汇 编

2012 年修订-20

中国标准出版社　编

中国标准出版社
北　京

图书在版编目(CIP)数据

中国国家标准汇编:2012年修订.20/中国标准出版社编.—北京:中国标准出版社,2013.9
ISBN 978-7-5066-7252-8

Ⅰ.①中… Ⅱ.①中… Ⅲ.①国家标准-汇编-中国-2012 Ⅳ.①T-652.1

中国版本图书馆CIP数据核字(2013)第186507号

中国标准出版社出版发行
北京市朝阳区和平里西街甲2号(100013)
北京市西城区三里河北街16号(100045)

网址 www.spc.net.cn
总编室:(010)64275323 发行中心:(010)51780235
读者服务部:(010)68523946

中国标准出版社秦皇岛印刷厂印刷
各地新华书店经销

*

开本 880×1230 1/16 印张 34.5 字数 1 057 千字
2013年9月第一版 2013年9月第一次印刷

*

定价 220.00 元

出 版 说 明

1.《中国国家标准汇编》是一部大型综合性国家标准全集。自1983年起，按国家标准顺序号以精装本、平装本两种装帧形式陆续分册汇编出版。它在一定程度上反映了我国建国以来标准化事业发展的基本情况和主要成就，是各级标准化管理机构，工矿企事业单位，农林牧副渔系统，科研、设计、教学等部门必不可少的工具书。

2.《中国国家标准汇编》收入我国每年正式发布的全部国家标准，分为"制定"卷和"修订"卷两种编辑版本。

"制定"卷收入上一年度我国发布的、新制定的国家标准，顺延前年度标准编号分成若干分册，封面和书脊上注明"20××年制定"字样及分册号，分册号一直连续。各分册中的标准是按照标准编号顺序连续排列的，如有标准顺序号缺号的，除特殊情况注明外，暂为空号。

"修订"卷收入上一年度我国发布的、被修订的国家标准，视篇幅分设若干分册，但与"制定"卷分册号无关联，仅在封面和书脊上注明"20××年修订-1，-2，-3，……"字样。"修订"卷各分册中的标准，仍按标准编号顺序排列(但不连续)；如有遗漏的，均在当年最后一分册中补齐。需提请读者注意的是，个别非顺延前年度标准编号的新制定的国家标准没有收入在"制定"卷中，而是收入在"修订"卷中。

读者配套购买《中国国家标准汇编》"制定"卷和"修订"卷则可收齐由我社出版的上一年度我国制定和修订的全部国家标准。

3. 由于读者需求的变化，自1996年起，《中国国家标准汇编》仅出版精装本。

4. 2012年我国制修订国家标准共2 101项。本分册为"2012年修订-20"，收入新制修订的国家标准25项。

中国标准出版社

2013年7月

出版说明

目　　录

ICS 25.040.30
L 66

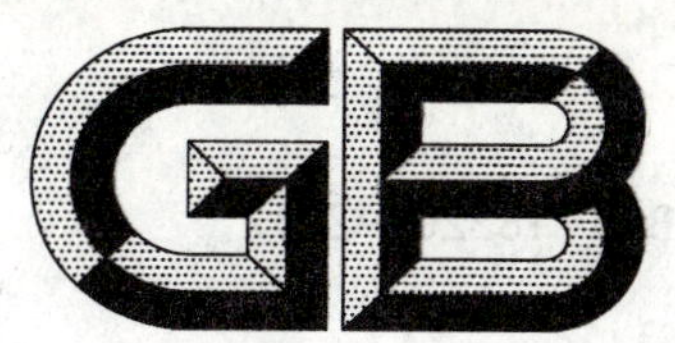

中华人民共和国国家标准

GB/T 18220—2012
代替 GB/T 18220—2000

信息技术　手持式信息处理设备通用规范

Information technology—General specification of hand-held device for information processing

2012-11-05 发布　　2013-02-01 实施

中华人民共和国国家质量监督检验检疫总局
中国国家标准化管理委员会　发布

前　言

本标准按照 GB/T 1.1—2009 给出的规则起草。

本标准代替 GB/T 18220—2000《手持式个人信息处理设备通用规范》。

本标准与 GB/T 18220—2000 相比，除编辑性修改外主要技术变化如下：

——在规范性引用文件清单中增加了引用文件（见第 2 章）；

——修改了术语和定义中“手持式信息处理设备”的定义（见 3.1）；

——修改了中文和信息处理的部分内容（见 4.3），增加了少数民族文字信息处理的内容（见 4.3.5）；

——修改了预装软件的内容（见 4.4）；

——增加了音视频性能要求及检查（见 4.7 和 5.8）；

——增加了显示部件要求及检查（见 4.8 和 5.9）；

——增加了电池要求及检查（见 4.10 和 5.11）；

——增加了文档格式要求及检查（见 4.11 和 5.12）；

——增加了节能要求及检查（见 4.12 和 5.13）；

——增加了有害物质限量及检查（见 4.17 和 5.18）；

——修改了产品的标志、包装、运输、储存的内容（见第 7 章）。

本标准由全国信息技术标准化技术委员会（SAC/TC 28）提出并归口。

本标准起草单位：中国电子技术标准化研究所、国家中文信息处理产品质量监督检验中心、信息处理产品标准符合性检测中心、步步高教育电子产品有限公司、爱国者数码科技有限公司、汉王科技股份有限公司、北京市产品质量监督检验所。

本标准起草人：代红、张霄霄、何正安、左家平、黄德利、孙焕英、刘迎建、庞瑶、熊涛。

本标准所代替标准的历次版本发布情况为：

——GB/T 18220—2000。

信息技术　手持式信息处理设备通用规范

1　范围

本标准规定了手持式信息处理设备的要求、试验方法、检验规则及标志、包装、运输、储存等。

本标准适用于各种类型的手持式信息处理设备(以下简称产品)的设计、生产、检验、试验等。

2　规范性引用文件

下列文件对于本文件的应用是必不可少的。凡是注日期的引用文件,仅注日期的版本适用于本文件。凡是不注日期的引用文件,其最新版本(包括所有的修改单)适用于本文件。

GB/T 191　包装储运图示标志

GB/T 1988　信息技术　信息交换用七位编码字符集

GB 2312　信息交换用汉字编码字符集　基本集

GB/T 2421.1—2008　电工电子产品环境试验　概述和指南

GB/T 2422—1995　电工电子产品环境试验　术语

GB/T 2423.1—2008　电工电子产品环境试验　第2部分:试验方法　试验A:低温

GB/T 2423.2—2008　电工电子产品环境试验　第2部分:试验方法　试验B:高温

GB/T 2423.3—2006　电工电子产品环境试验　第2部分:试验方法　试验Cab:恒定湿热试验

GB/T 2423.5—1995　电工电子产品环境试验　第2部分:试验方法　试验Ea和导则:冲击

GB/T 2423.6—1995　电工电子产品环境试验　第2部分:试验方法　试验Eb和导则:碰撞

GB/T 2423.8—1995　电工电子产品环境试验　第2部分:试验方法　试验Ed:自由跌落

GB/T 2423.10—2008　电工电子产品环境试验　第2部分:试验方法　试验Fc:振动(正弦)

GB/T 2828.1　计数抽样检验程序　第1部分:按接收质量限(AQL)检索的逐批检验抽样计划

GB/T 4857.2　包装　运输包装件基本试验　第2部分:温湿度调节处理

GB/T 4857.5—1992　包装　运输包装件　跌落试验方法

GB 4943.1　信息技术设备　安全　第1部分:通用要求

GB 5007.1　信息技术　汉字编码字符集(基本集)　24点阵字型

GB 5007.2　信息技术　汉字编码字符集(辅助集)　24点阵字型　宋体

GB/T 5080.7　设备可靠性试验　恒定失效率假设下的失效率与平均无故障时间的验证试验方案

GB 5199　信息技术　汉字编码字符集(基本集)　15×16点阵字型

GB/T 5271.14　信息技术　词汇　第14部分:可靠性、可维护性与可用性

GB/T 6107　使用串行二进制数据交换的数据终端设备和数据电路终接设备之间的接口

GB 6345.1　信息技术　汉字编码字符集(基本集)　32点阵字型　第1部分:宋体

GB 6345.2　信息技术　汉字编码字符集(基本集)　32点阵字型　第2部分:黑体

GB 6345.3　信息技术　汉字编码字符集(基本集)　32点阵字型　第3部分:楷体

GB 6345.4　信息技术　汉字编码字符集(基本集)　32点阵字型　第4部分:仿宋体

GB 9254　信息技术设备的无线电骚扰限值和测量方法

GB/T 11460　信息技术　汉字字型要求和检测方法

GB 12041.1　信息技术　汉字编码字符集(基本集)　48 点阵字型　第 1 部分:宋体

GB 12041.2　信息技术　汉字编码字符集(基本集)　48 点阵字型　第 2 部分:黑体

GB 12041.3　信息技术　汉字编码字符集(基本集)　48 点阵字型　第 3 部分:楷体

GB 12041.4　信息技术　汉字编码字符集(基本集)　48 点阵字型　第 4 部分:仿宋体

GB 13000　信息技术　通用多八位编码字符集(UCS)

GB 14245.1　信息技术　汉字编码字符集(基本集)　64 点阵字型　第 1 部分:宋体

GB 14245.2　信息技术　汉字编码字符集(基本集)　64 点阵字型　第 2 部分:黑体

GB 14245.3　信息技术　汉字编码字符集(基本集)　64 点阵字型　第 3 部分:楷体

GB 14245.4　信息技术　汉字编码字符集(基本集)　64 点阵字型　第 4 部分:仿宋体

GB/T 15732　汉字键盘输入用通用词语集

GB 15934　电器附件　电线组件和互连电线组件

GB 16793.1　信息技术　通用多八位编码字符集(CJK 统一汉字)　24 点阵字型　第 1 部分:宋体

GB 16794.1　信息技术　通用多八位编码字符集(CJK 统一汉字)　48 点阵字型　第 1 部分:宋体

GB/T 17618　信息技术设备抗扰度限值和测量方法

GB 17698　信息技术　通用多八位编码字符集(CJK 统一汉字)　15×16 点阵字型

GB/T 17971.2　信息技术　文本和办公系统键盘布局　第 2 部分:字母数字区

GB/T 17971.3　信息技术　文本和办公系统键盘布局　第 3 部分:字母数字区的字母数字分区的补充布局

GB 18030　信息技术　中文编码字符集

GB/T 18031　信息技术　数字键盘汉字输入通用要求

GB 18455　包装回收标志

GB/T 18790　联机手写汉字识别技术要求与测试规程

GB/T 19246　信息技术　通用键盘汉字输入通用要求

GB 19966　信息技术　通用多八位编码字符集(基本多文种平面)　汉字 16 点阵字型

GB 19967.1　信息技术　通用多八位编码字符集(基本多文种平面)　汉字 24 点阵字型　第 1 部分:宋体

GB 19968.1　信息技术　通用多八位编码字符集(基本多文种平面)　汉字 48 点阵字型　第 1 部分:宋体

GB/T 21023　中文语音识别系统通用技术规范

GB 22320　信息技术　中文编码字符集　汉字 15×16 点阵字型

GB 22321.1　信息技术　中文编码字符集　汉字 48 点阵字型　第 1 部分:宋体

GB 22322.1　信息技术　中文编码字符集　汉字 24 点阵字型　第 1 部分:宋体

GB 25899.1　信息技术　通用多八位编码字符集(基本多文种平面)　汉字 32 点阵字型　第 1 部分:宋体

GB 25899.2　信息技术　通用多八位编码字符集(基本多文种平面)　汉字 32 点阵字型　第 2 部分:黑体

SJ 11240　信息技术　汉字编码字符集(基本集)　12 点阵字型

SJ 11241　信息技术　汉字编码字符集(基本集)　14 点阵字型

SJ 11242.1　信息技术　通用多八位编码字符集(I 区)　汉字 64 点阵字型　第 1 部分:宋体

SJ 11242.2　信息技术　通用多八位编码字符集(I 区)　汉字 64 点阵字型　第 2 部分:黑体

SJ 11242.3　信息技术　通用多八位编码字符集(I 区)　汉字 64 点阵字型　第 3 部分:楷体

SJ 11242.4　信息技术　通用多八位编码字符集(I 区)　汉字 64 点阵字型　第 4 部分:仿宋体

SJ 11295 信息技术 通用多八位编码字符集（基本多文种平面） 汉字12点阵字型

SJ 11296 信息技术 通用多八位编码字符集（基本多文种平面） 汉字14点阵字型

SJ 11297 信息技术 通用多八位编码字符集（基本多文种平面） 汉字20点阵字型

SJ 11301 信息技术 通用多八位编码字符集（基本多文种平面） 汉字12点阵压缩字型

SJ 11302 信息技术 通用多八位编码字符集（基本多文种平面） 汉字14点阵压缩字型

SJ 11303 信息技术 通用多八位编码字符集（基本多文种平面） 汉字16点阵压缩字型

SJ/T 11363 电子信息产品中有毒有害物质的限量要求

SJ/T 11364 电子信息产品污染控制标识要求

SJ/T 11365 电子信息产品中有毒有害物质的检测方法

《软件产品管理办法》 中华人民共和国工业和信息化部令第9号 2009年3月1日

3 术语和定义

下列术语和定义适用于本文件。

3.1

手持式信息处理设备 hand-held device for information processing

具有信息处理、存储、输入和输出功能的各种便于手持操作的信息技术产品。

4 要求

4.1 功能

各类产品应具有其标准标称的相应功能。

4.2 外观和结构

产品表面不应有明显的凹痕、划伤、裂缝、变形等现象。表面涂覆层应均匀、不应起泡、龟裂和脱落。金属部件不应锈蚀和损伤。

产品的零部件应紧固无松动，各操作开关和按键应灵活、可靠、方便，锁紧装置不得自行释放。

产品表面说明功能的文字、符号、标志应清晰、端正、牢固并符合相应的国家标准。

4.3 中文信息处理

4.3.1 字符集

产品应采用国家标准规定的字符集，并应在下列范围内选用：

a) GB/T 1988；

b) GB 2312；

c) GB 18030强制部分/GB 13000基本平面的汉字部分，并需建立相互之间的映射关系；

d) GB 18030汉字部分/GB 13000的汉字部分，并需建立相互之间的映射关系。

4.3.2 汉字字型

汉字字型的使用要求如下：

a) 点阵字型

产品采用点阵字型应从国家标准或行业标准规定的下列点阵系列中选取，任何产品中不应采用低于11×12点阵。

表1所列的国家标准和行业标准中涉及到的字型数据的要求见具体标准的引言。

表 1 字型标准

序号	字型规格	标 准
1	11×12	SJ 11240(单线体)
2	11×12	SJ 11295(单线体)
3	11×12	SJ 11301(单线体)
4	13×14	SJ 11241(单线体)
5	13×14	SJ 11296(单线体)
6	13×14	SJ 11302(单线体)
7	15×16	GB 5199(单线体)
8	15×16	GB 17698(单线体)
9	15×16	GB 19966(单线体)
10	15×16	GB 22320(单线体)
11	15×16	SJ 11303(单线体)
12	19×20	SJ 11297(单线体)
13	24×24	GB 5007.1(宋体)
14	24×24	GB 5007.2(宋体)
15	24×24	GB 16793(宋体)
16	24×24	GB 19967.1(宋体)
17	24×24	GB 22322.1(宋体)
18	32×32	GB 6345(宋体)
19	32×32	GB 6345.2(黑体)
20	32×32	GB 6345.3(楷体)
21	32×32	GB 6345.4(仿宋体)
22	48×48	GB 12041(宋体)
23	48×48	GB 12041.2(黑体)
24	48×48	GB 12041.3(楷体)
25	48×48	GB 12041.4(仿宋体)
26	48×48	GB 19968.1(宋体)
27	48×48	GB 16794.1(宋体)
28	48×48	GB 22321.1(宋体)
29	64×64	GB 14245.1(宋体)
30	64×64	GB 14245.2(黑体)
31	64×64	GB 14245.3(楷体)
32	64×64	GB 14245.4(仿宋体)

表 1（续）

序号	字型规格	标　准
33	64×64	SJ 11242.1(宋体)
34	64×64	SJ 11242.2(黑体)
35	64×64	SJ 11242.3(楷体)
36	64×64	SJ 11242.4(仿宋体)

b) 非点阵字型

产品采用非点阵字型应符合如下要求：

1) 各生成点阵之间应笔形规范、结构合理、风格一致、美观实用；

2) 生成的低点阵(24 点阵以下，含 24 点阵)其笔画应与相应低点阵标准一致；

3) 邻近笔画不粘连(不含相接笔画)。

c) 装饰说明用字

装饰说明用字字形应符合国家语言文字规范。

4.3.3 输入法

键盘输入应符合 GB/T 19246 和 GB/T 18031 的要求。

产品配备的手写输入应符合 GB/T 18790 的要求。

产品配备的语音输入应符合 GB/T 21023 的要求。

4.3.4 汉语词库

产品配备的汉语词库应优先采用 GB/T 15732 规定的词库。在 GB/T 15732 基础上扩充的词汇应符合我国语言文字规范或习惯，并应有该词汇来源的依据。

4.3.5 少数民族文字

处理少数民族文字的产品应符合相应的编码字符集、字型和键盘布局等国家标准要求。

4.4 预装软件

配置的软件应与系统的硬件资源相适应，除系统软件、部分驱动软件或增配的应用软件外，还应配有相应的自检程序。对同一系列产品的软件应遵循系列化、标准化、模块化、中文化。

产品的软件应与说明书中的描述相一致。

外购软件应符合中华人民共和国工业和信息化部令第 9 号《软件产品管理办法》的要求。

4.5 接口

4.5.1 同种机之间的接口

同一品牌或同一系列产品之间的数据接口应能实现数据的交换。

4.5.2 异种机之间的接口

对于不同品牌产品之间用于相互交换数据的接口，由有关产品的标准或协议规定。

4.6 键盘

键盘键帽上的字符应清晰、耐久，布局应符合 GB/T 17971.2 和 GB/T 17971.3 的规定。

键盘的按键应按动灵活、接触可靠。除特殊按键外，按键应平整一致，其压力离散性不应大于 1 N，在规定的负荷条件下，通断寿命应大于 106 次。

4.7 音视频性能

4.7.1 音频电性能

音频电性能应符合表 2 的要求。

表 2 音频电性能

序号	项　目	性能要求
1	音频最大输出电平/V	≥0.2
2	1 kHz 通道不平衡度/dB	≤1.5
3	总谐波失真加噪声/%	≤1.2
4	音频信噪比/dB	≥75
5	串音/dB	≥30
6	电平非线性/dB	±1(0 dB～－60 dB)
7	动态范围/dB	≥75
8	频率响应/dB	±6(200 Hz～15 kHz)

4.7.2 视频性能

视频性能应符合表 3 的要求。

表 3 视频性能

序号	项　目	性能要求
1	主观整体质量	观察图像的综合效果，图像清晰、稳定，色彩满意、逼真，无偏色及噪波干扰。无马赛克、图像停顿、快慢等现象
2	音视频同步	连续播放视频文件 30 min 后，伴音应与视频同步
3	视频帧率	≥25 帧

4.8 显示部件

4.8.1 液晶显示屏

采用液晶显示屏的产品，其显示性能应符合表 4 的规定，失效点应符合表 5 的规定。

表 4 显示性能

序号	项目			性能要求
1	亮度			≥120 cd/m²
2	对比度			≥120
3	清晰度			垂直:≥220 TVL;水平:≥250 TVL
4	色彩一致性	红色	U'	0.450 7±0.02
			V'	0.522 9±0.02
		绿色	U'	0.125 0±0.02
			V'	0.564 1±0.02
		蓝色	U'	0.175 4±0.02
			V'	0.157 9±0.02
5	灰度级重现			≥18 阶
6	色彩级重现			8 阶

表 5 失效点(每种类型最大失效点数/百万象素)

亮点(全黑画面时)	单点	红+绿+蓝≤4 个
	两点连续(指水平或者垂直两个方向)	≤2 对
	三点及三点以上连续	0
	非连续之两处亮点间距	≥15 mm
	亮点总数	≤4
暗点(全白画面时)	单点	红+绿+蓝≤5 个
	两点连续(指水平或者垂直两个方向)	≤2 对
	三点及三点以上连续	0
	非连续之两处暗点间距	≥5 mm
	暗点总数	≤5 个
失效点总数	亮点与暗点之间无间距要求	≤6

每个象素点包括红色(R)、绿色(G)、蓝色(B)3 个单点。
在黑色画面下,每个常亮的单点(常亮面积超过该单点的 50%)都称为一个亮点;在白色画面下,每个不发光的单点(常暗面积超过该单点的 50%)都称为一个暗点。亮点和暗点统称失效点。
非连续之两个失效点间距取两个失效点的水平间距和垂直间距中的最大值。

4.8.2 其他显示部件

采用其他显示部件的产品应符合相应产品标准所规定的显示特性。

4.9 电源适应能力

对于交流供电的产品,应能在 220 V±22 V,50 Hz±1 Hz 条件下正常工作。

对直流供电的产品，应能在直流电压标称值±5%的条件下正常工作。在产品的标称中说明其标称值。对于电源有特殊要求的单元应在产品标称中加以说明。

电源线组件的要求应符合 GB 15934 的规定。

4.10 电池

产品中配备的电池应符合相应的国家标准中的要求。

4.11 文档格式

应符合文档格式的相应标准或规范。

4.12 节能

产品应有自动待机或睡眠功能。

4.13 安全

产品的安全要求应符合 GB 4943.1 的规定。

4.14 环境适应性

4.14.1 气候环境适应性

气候环境适应性见表 6。

表 6 气候环境试验条件

<table>
<tr><td rowspan="2">温度</td><td>工作</td><td>0 ℃～40 ℃</td></tr>
<tr><td>储存运输</td><td>−20 ℃～55 ℃</td></tr>
<tr><td rowspan="2">相对湿度</td><td>工作</td><td>40%～90%</td></tr>
<tr><td>储存运输</td><td>20%～93%(40 ℃)</td></tr>
<tr><td colspan="2">大气压</td><td>86 kPa～106 kPa</td></tr>
</table>

4.14.2 机械环境适应性

机械环境适应性见表 7、表 8、表 9、表 10、表 11。

表 7 振动试验条件

<table>
<tr><th>项目</th><th colspan="3">指　标</th></tr>
<tr><td rowspan="3">初始和最后振动响应检查</td><td>频率范围/Hz</td><td colspan="2">10～55</td></tr>
<tr><td>扫频速度/(oct/min)</td><td colspan="2">≤1</td></tr>
<tr><td>位移幅值
或加速度</td><td>0.15 mm</td><td>20 m/s²</td></tr>
<tr><td rowspan="2">定频耐久性试验</td><td>位移幅值
或加速度</td><td>75 mm(10 Hz～25 Hz)
0.15 mm(25 Hz～58 Hz)</td><td rowspan="2">20 m/s²</td></tr>
<tr><td>持续时间/min</td><td>30±1</td></tr>
</table>

表 7（续）

<table>
<tr><td>项目</td><td colspan="3">指　　标</td></tr>
<tr><td rowspan="4">扫频耐久试验</td><td>频率范围/Hz</td><td colspan="2">10～55～10</td></tr>
<tr><td>驱动振幅
或加速度</td><td>0.15 mm</td><td>20 m/s²</td></tr>
<tr><td>扫频速度/(oct/min)</td><td colspan="2">≤1</td></tr>
<tr><td>循环次数</td><td colspan="2">5</td></tr>
<tr><td colspan="4">注：表中位移幅值为峰值。</td></tr>
</table>

表 8　冲击试验条件

峰值加速度 m/s^2	脉冲持续时间 ms	冲击波形
150	11	半正弦波形

表 9　碰撞试验条件

峰值加速度 m/s^2	脉冲持续时间 ms	碰撞次数
100	16	1 000

表 10　运输包装件跌落试验条件

包装件质量 kg	跌落高度 mm
≤15	1 000
15～30	800
30～40	600
40～45	500
45～50	400
＞50	300

表 11　自由跌落试验条件

试验样品 g	跌落高度 mm
≤300	1 000
300～500	800
500～1 500	500
＞1 500	300

4.15 电磁兼容性

4.15.1 无线电骚扰

本条仅适应于交流供电的产品。

产品的无线电骚扰限值应符合 GB 9254 的要求。在产品标准中应明确说明选用 A 级或 B 级所规定的无线电骚扰限值。

4.15.2 抗扰度

产品的抗扰度限值应符合 GB/T 17618 的要求。

4.16 可靠性及寿命

4.16.1 平均无故障工作时间

采用平均故障间隔时间(MTBF)衡量产品的可靠性。本标准规定产品的 m_1 值(MTBF 的不可接收值)不得低于 10 000 h。在产品标称中应明确给出具体 m_1 值。

4.16.2 折叠机械寿命

折叠式产品其折叠机械寿命应大于 2 万次。

4.16.3 手写输入

点击次数:采用电阻传感器的产品同一点的点击寿命应大于 100 万次。其他产品的点击寿命应大于 500 万次。

划写次数:采用电阻传感器的产品同一位置的划写寿命应大于 10 万次。其他产品同一位置的划写寿命应大于 100 万次。

4.17 有害物质限量

产品的有害物质限量应满足 SJ/T 11363 的要求。

5 试验方法

5.1 试验环境条件

本标准中除气候环境试验、可靠性试验和耐电强度试验外,其他试验在下述大气条件下进行:

a) 温度:15 ℃～35 ℃

b) 相对湿度:25%～75%

c) 大气压:86 kPa～106 kPa

5.2 功能

用相应的测试信号源或目测的方式,按产品标准中规定的各项功能逐项进行检查时,应符合产品标准的功能要求。

5.3 外观和结构

用目测法和有关检测工具进行外观和结构检查,应符合 4.2 的要求。

5.4 中文信息处理

5.4.1 字型

用GB/T 11460规定的方法检查产品中汉字字型与相应标准字型的符合程度，检查字型时应同时检查字符集。

5.4.2 词库

在GB/T 15732中随机抽取2、3、4、5字词各20个进行对比检查，应能正确输出。或由生产方提供全套词库的打印文本进行检查。

5.4.3 输入法

产品配备的键盘输入应符合GB/T 19246和GB/T 18031的要求。

产品配备的手写输入应符合GB/T 18790的要求。

产品配备的语音输入应符合GB/T 21023的要求。

5.5 预装软件

根据有关数据库来检查软件备案号。

5.6 接口

依据GB/T 6107、产品标准和有关协议的规定进行接口检查，应能正确传送数据。

5.7 键盘

用目测法检查键盘排列是否正确。用手检验按键按动是否灵活，接触是否可靠。用精度为0.02 mm级的量具检验按键的行程，用误差不超过10%的压力计检验按键的压力。

在专用设备“按键寿命试验台”上进行按键寿命试验，按键压力根据各种机型的压力测定值，使之正好能送进数为准，其按键压力及行程见表12。

表 12 按键压力和行程

类型	按键压力 N	按键行程 mm
锅仔	1.0～2.0	0.1～1.5
硅胶按键	0.3～1.4	0.3～1.5

5.8 音视频性能

5.8.1 音频性能

5.8.1.1 音频最大输出电平

将1 kHz 0 dB的标准音频信号源下载至产品，并调音量至最大播放该信号，记录音频分析仪上显示左右声道信号输出电平为本产品的最大输出电平，检查是否满足音频电性能要求。

5.8.1.2 1 kHz通道不平衡度

将1 kHz 0 dB的标准音频信号源下载至产品，并调音量至最大播放该信号，记录音频分析仪上显示左右声道信号输出电平为本产品的最大输出电平 U_L、U_R 则：

$$1\ \text{kHz 的通道不平衡度} = \left| 20\ \lg(U_L/U_R) \right|$$

式中：

U_L——左声道信号输出电平；

U_R——右声道信号输出电平。

5.8.1.3 总谐波失真加噪声

将 1 kHz 0 dB 的标准音频信号源下载至产品，并调音量至最大播放该信号，用音频分析仪测量左右声道信号谐波失真加噪声，以百分数表示。

5.8.1.4 音频信噪比

将 1 kHz 0 dB 和无声的标准音频信号源下载至产品，在音频分析仪上设定加 A 计权，并调音量至最大播放，在输出没截至失真下，记录耳机输出端输出电平 U_a，再在同样条件下播放无声信号，记录耳机输出端输出电平 U_b，则：

$$S/N = 20\ \lg(U_a/U_b)$$

式中：

U_a,U_b——耳机输出端输出电平。

5.8.1.5 串音

将 1 kHz 0 dB,1 kHz 0 dB(L),1 kHz 0 dB(R)的标准音频信号源下载至产品，并调音量至最大播放 1 kHz 0 dB 信号，以其输出作为基准，然后播放 1 kHz 0 dB(L)信号并记录泄露到另一声道的输出电平，以分贝表示。同样方法可以得出另一声道的串音电平。

5.8.1.6 电平非线性

将 1 kHz 0 dB,1 kHz-1 dB,1 kHz-3 dB,1 kHz-6 dB,1 kHz-10 dB,1 kHz-20 dB,1 kHz-60 dB 的标准音频信号源下载至产品，并调音量至最大播放 1 kHz 0 dB 信号，以其输出作为基准，然后分别播放其他－1 dB～－60 dB 信号，分别记录耳机输出电平，以分贝表示。

5.8.1.7 动态范围

将 1 kHz 0 dB 和 1 kHz-60 dB 的标准音频信号源下载至产品，并调音量至最大播放 1 kHz 0 dB 信号，以其输出作为基准，然后播放 1 kHz-60 dB 的信号，通过音频分析仪测量输出信号的噪声和失真的分贝值 A，再加上 60 dB，即：

$$\text{动态范围} = |A| + 60$$

式中：

A——噪声和失真的分贝值。

5.8.1.8 频率响应

测试频率：200 Hz,500 Hz,1 kHz,2 kHz,3 kHz,5 kHz,8 kHz,10 kHz,12 kHz,15 kHz。将以上各频率点 0 dB 的标准音频信号源下载至产品，并调音量至最大播放 1 kHz 0 dB 信号，以其输出作为基准，再依次播放其他频率的信号，用音频分析仪测量各频率放音输出电平和 1 kHz 信号放音输出电平的偏差。

5.8.2 视频性能

5.8.2.1 主观整体质量

将图像下载至产品，播放，观看播放效果。

5.8.2.2 音视频同步

将音视频同步视频下载至产品，播放 30 min 后，观看数字显示是否与伴音同步。

5.8.2.3 视频帧率

将帧率测试视频下载至产品，播放，观看播放效果。

5.9 显示部件

5.9.1.1 亮度

试验环境：测试环境应保证照度不大于 5 lx。

将 100%白场图像下载至产品，然后在亮度最大状态下全屏播放该图像，利用亮度计进行测量，分别测量图 1 中 9 个区域的亮度(测量时应使亮度计镜头与显示屏垂直，并调整两者之间的距离保证亮度计视场处于圆形区域内)，取平均值作为亮度值。

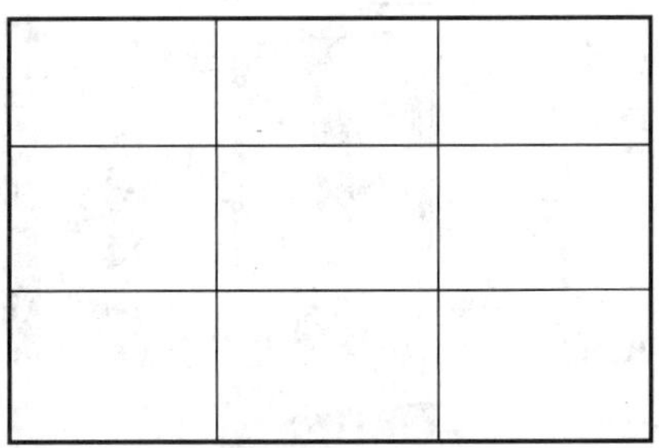

图 1 亮度测试

5.9.1.2 对比度

试验环境：测试环境应保证照度不大于 5 lx。

将棋盘格图像(如图 2)下载至产品，然后在对比度调至最大、亮度调至最佳状态下全屏播放该图像，利用亮度计进行测量。分别测量 1、3、6、8、9、11、14、16 的亮度，计算平均值，记为 L 亮；分别测量 2、4、5、7、10、12、13、15 的亮度，计算平均值，记为 L 暗(测量时应使亮度计镜头与显示屏垂直，并调整两者之间的距离保证亮度计视场处于被测区域内)，最后计算对比度。

1	2	3	4
5	6	7	8
9	10	11	12
13	14	15	16

图 2 对比度测试

5.9.1.3 清晰度

试验环境：照明为正常照明度(光度 300 lx～800 lx 之正下方 1 m 处)。

试验视角：检测时视线与液晶屏显示角度上下为 90°±10°，左右为 90°±30°，眼睛与液晶屏表面距离为 300 mm。

将清晰度测试图像(如图 3)下载至产品，亮度调至最佳状态下全屏播放该图像，在显示器上直读水平清晰度线数。

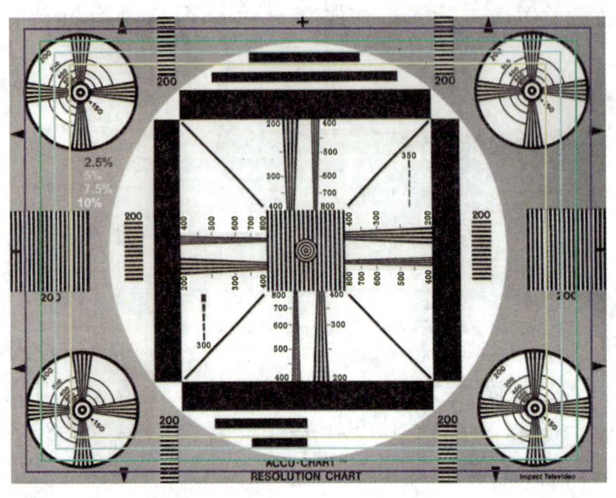

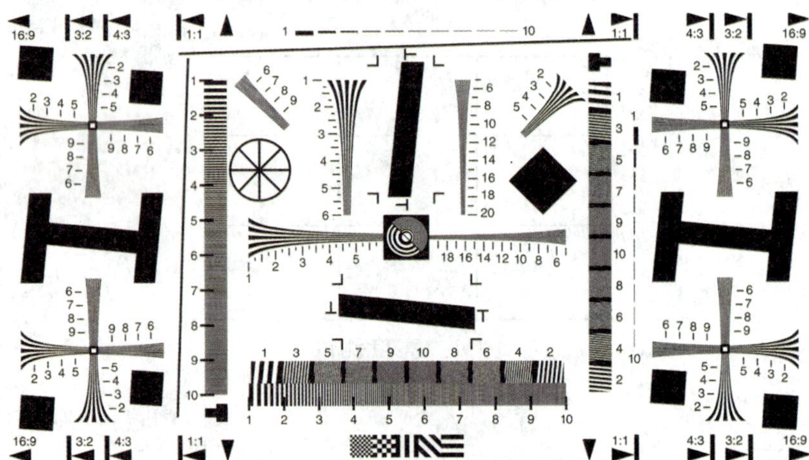

图 3 清晰度测试

5.9.1.4 色彩一致性

试验环境：测试环境应保证照度不大于 5 lx。

将红、绿、蓝图像(如图 4)下载至产品，亮度调至最佳状态下全屏播放图像，利用表面色度计测量如图 1 中 9 个区域的色度坐标(测量时应使表面色度计镜头与显示屏垂直，并调整两者之间的距离保证表面色度计视场处于被测区域内)，取平均值，记录 U'，V'。

图 4 色彩一致性测试

5.9.1.5 灰度级重现

试验环境：照明为正常照明度（光度 300 lx～800 lx 之正下方 1 m 处）。

试验视角：检测时视线与液晶屏显示角度上下为 90°±10°，左右为 90°±30°，眼睛与液晶屏表面距离为 300 mm。

将灰度级图像（如图 5）下载至产品，亮度调至最佳状态下全屏播放该图像，观察图像播放效果。

图 5　灰度级重现测试

5.9.1.6 色彩级重现

试验环境：照明为正常照明度（光度 300 lx～800 lx 之正下方 1 m 处）。

试验视角：检测时视线与液晶屏显示角度上下为 90°±10°，左右为 90°±30°，眼睛与液晶屏表面距离为 300 mm。

将彩条图像（如图 6）下载至产品，亮度调至最佳状态下全屏播放该图像，观察图像播放效果，8 等级着色部分及其边缘应可明显分离。

图 6　色彩级重现测试

5.9.1.7 失效点

试验环境：照明为正常照明度(光度 300 lx～800 lx 之正下方 1 m 处)。

试验视角：检测时视线与液晶屏显示角度上下为 90°±10°，左右为 90°±30°，眼睛与液晶屏表面距离为 300 mm。

试验方式：液晶屏在检查前需要处于点亮状态至少 600 s。检测时，把全屏画面设置为全黑，检查亮点，再把全屏画面设置为全白，检查暗点。

5.10 电源适应能力

5.10.1 交流电源适应能力

按表 13 组合对受试样品进行试验，每种组合运行检查程序一遍，受试样品工作应正常。

表 13 交流电源适应能力

组合	标称值	
	电压/V	频率/Hz
1	220	50
2	198	49
3	198	51
4	242	49
5	242	51

5.10.2 直流电源适应能力

按单向方式分别调节直流电源电压，使其偏离标称值±5%，运行检查程序一遍，受试样品工作应正常。

5.10.3 电线组件检查

按 GB 15934 的规定进行。

5.11 电池试验

按照电池的相应标准或者规范中的试验方法进行。

5.12 文档格式

按照文档格式的相应标准或规范进行。

5.13 节能

按照节能的相应标准或规范进行。

5.14 安全试验

按 GB 4943.1 中的有关规定进行。

5.15 环境适应性试验

5.15.1 一般要求

环境试验方法的总则、名词术语应符合 GB/T 2421.1、GB/T 2422 的有关规定。

以下各项试验中，规定的初始检测和最后检测，统一按 5.3 进行外观和结构的检查，并运行检查程序一遍，受试样品工作应正常。

当结构一体化产品中装入的某些设备，对其试验方法有特殊要求时，产品标准中应予以说明。

5.15.2 温度下限试验

5.15.2.1 工作温度下限试验

按 GB/T 2423.1"试验 Ab"进行。受试样品须进行初始检测，严酷程度取表 6 规定的工作温度下限值，加电运行检查程序 2 h，受试样品工作应正常。恢复时间为 2 h。

5.15.2.2 储存运输温度下限试验

按 GB/T 2423.1"试验 Ab"进行。严酷程度取表 6 规定的储存运输温度下限值，受试样品在不工作条件下存放 16 h。恢复时间为 2 h，并进行最后检测。

5.15.3 温度上限试验

5.15.3.1 工作温度上限试验

按 GB/T 2423.2"试验 Bb"进行。受试样品须进行初始检测，严酷程度取表 6 规定的工作温度上限值，加电运行检查程序 2 h，受试样品工作应正常。恢复时间为 2 h。

5.15.3.2 储存运输温度上限试验

按 GB/T 2423.2 "试验 Bb"进行。严酷程度取表 6 规定的储存运输温度上限值，受试样品在不工作条件下存放 16 h。恢复时间为 2 h，并进行最后检测。

5.15.4 恒定湿热试验

5.15.4.1 工作条件下的恒定湿热试验

按 GB/T 2423.3 "试验 Ca"进行，严酷程度取表 6 规定的工作温度、湿度上限值。受试样品须进行初始检测，试验持续时间为 2 h。在此期间加电运行检查程序，工作应正常。恢复时间为 2 h，并进行最后检测。

5.15.4.2 储存运输条件下的恒定湿热试验

按 GB/T 2423.3 "试验 Ca"进行。受试样品须进行初始检测，受试样品在不工作条件下存放 48 h。恢复时间为 2 h，并进行最后检测。

5.15.5 振动试验

按 GB/T 2423.10"试验 Fc"进行。受试样品按工作位置固定在振动台上，进行初始检测。受试样品在不工作状态下，按表 7 规定值，分别在 3 个互相垂直方向进行振动。

a) 初始振动响应检查

试验在给定频率范围内，在一个扫频循环上完成。试验过程中记录危险频率，包括机械共振频率和导致故障及影响性能的频率（后者仅在工作条件下产生）。

b) 定频耐久试验

用初始振动响应检查中记录的危险频率进行定频试验，如果两种危险频率同时存在，则不得只选其中一种。

在试验规定频率范围内如无明显共振频率或无影响性能的频率，或危险频率超过4个则不做定频耐久试验，仅做扫频耐久试验。

c) 扫频耐久试验

按表7给定频率范围由低到高，再由高到低，作为一次循环。按表7规定的循环次数进行，已做过定频耐久试验的样品不再做扫频耐久试验。

d) 最后振动响应检查

此项试验在不工作条件下进行，对于已做过定频耐久试验的受试样品须做此项试验。对于做扫频耐久试验的样品，可将最后一次扫频试验作为最后振动响应检查。本试验须将记录的共振频率与初始振动响应。检查记录的共振频率相比较，若有明显变化，应对受试样品修整，重新进行该项试验。试验结束后，进行最后检测。

5.15.6 冲击试验

按GB/T 2423.5“试验Ea”进行。受试样品须进行初始检测，安装时要注意重力影响，按表8规定值，在不工作条件下，分别对3个互相垂直轴线方向进行冲击，冲击次数各为三次，试验后进行最后检测。

5.15.7 碰撞试验

按GB/T 2423.6“试验Eb”进行。受试样品须进行初始检测，安装时要注意重力影响，按表9规定值，在不工作条件下，分别对3个互相垂直轴线方向进行碰撞。试验后进行最后检测。

5.15.8 运输包装件跌落试验

对受试样品进行初始检测，将运输包装件处于准备运输状态，按GB/T 4857.2进行预处理4 h。

将运输包装件按GB/T 4857.5和本标准表10的规定值进行跌落，任选四面，每面跌落一次。试验后检查包装件的损坏情况，并对受试样品进行最后检测。

5.15.9 自由跌落试验

对受试样品进行初始检测，按GB/T 4857.2进行预处理4 h。

将受试样品按GB/T 2423.8和本标准表11的规定值进行跌落，任选四面，每面跌落两次。试验后检查受试样品的损坏情况，并对受试样品进行最后检测。

5.16 电磁兼容性试验

5.16.1 无线电骚扰

按GB 9254规定的方法进行。

5.16.2 抗扰度

按GB/T 17618规定的方法进行。

5.17 可靠性及寿命试验

5.17.1 可靠性试验条件

本标准规定可靠性试验目的为确定产品在正常使用条件下的可靠性水平，试验周期内综合应力规定如下：

电应力：受试样品在输入电压标称值（220 V）的±10%变化范围内工作（直流供电产品电压变化为±5%）。一个周期内各种条件工作时间的分配为：电压上限25%，标称值50%，电压下限25%。

温度应力：受试样品在一个周期内由正常温度升至表6规定的温度上限值再回到正常温度。温度变化率的平均值为0.7 ℃/min～1 ℃/min或根据受试样品的特殊要求选用其他值。在一个周期内保持上限和正常温度的持续时间之比应为1∶1左右。

一个周期称为一个循环，在总试验期间内循环次数不应小于3次。每个周期的持续时间应不大于0.2 m_0，电应力和温度应力应同时施加。

5.17.2 可靠性试验方案

可靠性试验在GB/T 5080.7中进行选择，产品标准应确定具体的试验方案。在整个试验过程中，应使该产品处于开机状态，并应至少每隔4 h按产品标准中的规定运行检查程序一遍。故障的判据和计入方法按附录A的规定，并只统计关联故障数。

5.17.3 可靠性试验时间

可靠性试验时间应持续到总试验时间及总故障均能按选定的试验方案作出接收或拒收判决时截止。多台受试样品试验时，每台受试样品的试验时间不得少于所有受试样品的平均试验时间的一半。

5.17.4 寿命试验

用手动或模拟方式，产品出现产生断裂或失效为止。

5.18 有害物质限量试验

电子信息产品中有毒有害物质的详细检测方法依照SJ/T 11365执行。

6 检验规则

6.1 一般规定

产品在定型时（设计定型、生产定型）和生产过程中应按本标准和产品标准中的补充规定进行检验，并应符合这些规定的要求。

6.2 检验分类

本标准规定的检验分为：

a） 定型检验；

b） 交收检验；

c） 例行检验。

各类检验项目和顺序分别按表14的规定。若产品标准中有补充的检验项目时，则应将其插入表14的相应位置，并依次排序。

表 14 检验项目

检验项目	要求	试验方法	定型检验	交收检验	例行检验
功能	4.1	5.2	○	○	○
外观和结构	4.2	5.3	○	○	○
中文信息处理	4.3	5.4	○	—	○
预装软件	4.4	5.5	○	○	○
数据接口	4.5	5.6	○	○	○
键盘	4.6	5.7	○	○	○
音视频性能	4.7	5.8	○	—	○
显示部件	4.8	5.9	○	○	○
电源适应能力	4.9	5.10	○	—	○
电池	4.10	5.11	○	—	○
文档格式	4.11	5.12	○	—	○
节能	4.12	5.13	○	—	○
安全	4.13	5.14	○	○	○
环境适应性	4.14	5.15	○	—	○
电磁兼容性	4.15	5.16	○	—	○
可靠性及寿命	4.16	5.17	○	—	○
有害物质限量	4.17	5.18	○	—	○
注:“○”表示应检项目;“—”表示不检项目。					

6.3 定型检验

定型检验的要求如下:

a) 产品在设计定型和生产定型时均应通过定型检验。

b) 定型检验中的可靠性鉴定试验的样品数根据产品批量、试验时间和成本确定,其余检验项目的样品数量为 2 台。

c) 定型检验中的各检验项目故障的判定和计入方法见附录 A。除可靠性鉴定一项外,其余项目均按以下规定进行。检验中出现故障或某项通不过时,应停止试验。查明故障原因,提出故障分析报告,重新进行该项试验。若在以后的试验中再次出现故障或某项通不过时,在查明故障原因,排除故障,提出故障分析报告后,应重新进行定型检验。

d) 检验后要提交定型检验报告。

e) 定型检验由产品制造单位质量检验部门或由上级主管部门指定或委托的质量检验单位负责进行。

6.4 交收检验

交收检验的要求如下:

a) 批量生产或连续生产的产品,进行全数交收检验,检验中,出现任一项不合格时,返修后重新进行检验。若再次出现任一项不合格时，该台产品被判为不合格产品。交收检验中功能检查和外观结构检查两项，允许按 GB/T 2828.1 进行抽样检验，产品标称中应具体规定抽样方案和拒收后的处理方法。

b) 交收检验由产品制造单位质量检验部门负责进行。

6.5 例行检验

例行检验的要求如下：

a) 批量生产的产品，每批均应进行例行检验；连续生产的产品，每年至少进行一次例行检验。
b) 例行检验样品应在交收检验合格产品中随机抽取，其中的可靠性验收检验项目的样品数根据产品批量、试验时间和成本确定，其他检验项目的试验样品数为 2 台。
c) 例行检验中检查项目的故障判定和计入方法见附录 A。除可靠性验收试验外，其余项目的故障处理按以下规定进行。检验中出现故障或任一项通不过时，应查明故障原因，提出故障分析报告，经修复后应重新做该项检验。之后，再顺序做以下各项检验，如再次出现故障或某项通不过，在查明故障原因，提出故障分析报告，再经修复后，则应重新进行各项例行检验。在重新进行检验中又出现某一项通不过的情况时，则判该产品通不过例行检验。
d) 经例行检验中的环境试验的样品，应印有标记，一般不应作为正品出厂。
e) 检验后要提交例行检验报告。
f) 例行检验由产品制造单位质量检验部门或上级主管部门指定或委托的质量检验单位负责进行。根据订货方的要求，制造单位应提供该产品近期的例行检验报告。

7 标志、包装、运输、储存

7.1 产品标志的要求

产品标志应符合有关法律法规和标准的要求，产品标志应包括：产品名称、产品型号、产品技术规格说明、产品使用说明书、制造厂商信息或销售商信息（针对进口产品）、生产厂信息或产地信息（针对进口产品）、产品标准编号、产品认证标志、安全警示标志或中文警示说明、生产日期、产品质量检验合格证明、包装储运标识、商品修理更换退货责任说明等内容。

包装箱外应标有制造厂商名称，产品型号，并喷刷或贴有“易碎物品”、“怕雨”等运输标志，运输标志应符合 GB/T 191 的规定。

产品包装的回收标志应符合 GB 18455 的要求。

产品中有毒有害物质的含量的标识应符合 SJ/T 11364 的规定。

7.2 产品包装箱要求

包装箱应符合防潮、防尘、防震的要求，内包装箱内应有装箱明细表、检验合格证，备附件及有关的随机文件。

7.3 产品运输要求

包装后的产品在长途运输时不得装在敞开的船舱和车厢，中途转运时不得存放在露天仓库中，在运输过程中不允许和易燃、易爆、易腐蚀的物品同车（或其他运输工具）装运，并且产品不允许受雨、雪或液体物质的淋袭与机械损伤。

7.4 产品储存要求

产品储存时应存放在原包装盒（箱）内，仓库内不允许有各种有害气体、易燃、易爆的产品及有腐蚀性的化学物品，并且应无强烈的机械振动、冲击和磁场作用。包装箱应垫离地面至少 10 cm，距墙壁、热源、冷源、窗口或空气入口至少 50 cm。若无其他规定时，储存期一般应为 6 个月。若在生产厂存放超过 6 个月时，则应重新进行逐批检验，合格后方能交付。

附 录 A
（规范性附录）
故障分类与判据

A.1 故障定义和解释

按 GB/T 5271.14 规定的故障定义，出现以下情况之任一种解释为故障：

a) 受试样品在规定条件下，出现了一个或几个性能参数不能保持在规定值的上下限之间；

b) 受试样品在规定应力范围内工作时，出现了机械零件、结构件的损坏或卡死，或出现了元器件的失效或断裂，而使受试样品不能完成其规定的功能。

A.2 故障分类

故障类型分为关联性故障和非关联性故障。

关联故障是受试样品预期会出现的故障，通常都是由产品本身条件引起的。它是在解释试验结果和计算可靠性特征值时必须要计入的故障。

非关联故障则是受试样品出现非预期的故障，这类故障不是受试样品本身条件引起的，而是试验要求之外而引起的，非关联故障在解释试验结果和计算可靠性特征值时不计入。但应在试验中做记录，以便于分析判断。

A.3 关联故障

A.3.1 关联故障的判断原则

凡因受试样品出错，以至于可能导致发生故障，或者受试样品本身功能的部分或全部失去，均判为关联故障。

A.3.2 关联故障的判断

关联故障的判断如下：

a) 按键或拨动开关一次产生两次或两次以上的作用效果或无效果，应判为关联故障。

b) 凡需停机修理（包括焊接、调整等）才能恢复受试样品功能，判为关联故障。

c) 多次重复故障，如连续或周期性的操作故障，每种故障累积三次，算作一次关联故障。

d) 操作员无法清除的故障，判为关联故障。

e) 耗损件（如电池等）在其寿命期内发生的故障，判为关联故障。

f) 承担确认试验的检验单位，根据故障情况和分析结果，有资格认定某种故障为关联故障。

A.4 非关联故障

A.4.1 非关联故障的判据原则

非受试样品本身的原因引起的故障，或不影响操作功能的故障，判为非关联故障。

A.4.2 非关联故障的一些具体判据

非关联故障的一些具体判据如下：

a） 凡不需要任何人干预重新开机即能排除的故障。

b） 凡 A.3.2 中 c)项中不足三次的偶然故障。

c） 误操作，引起的故障。

d） 由于供电电源超过标准引起的故障如电源过压或欠压。

e） 诱发故障和误用故障。

ICS 29.220.30
K 84

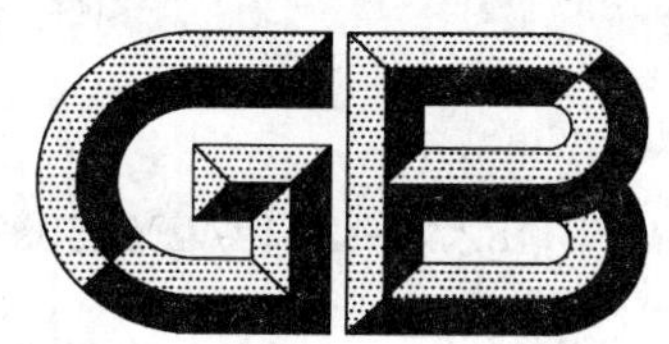

中华人民共和国国家标准

GB/T 18270—2012/IEC 60993:1989
代替 GB/T 18270—2000

排气式镉镍蓄电池用电解液

Electrolyte for vented nickel-cadmium cells

(IEC 60993:1989,IDT)

2012-12-31 发布 2013-06-01 实施

中华人民共和国国家质量监督检验检疫总局
中国国家标准化管理委员会 发布

前　言

本标准按照 GB/T 1.1—2009 给出的规则起草。

本标准代替 GB/T 18270—2000《镉镍开口蓄电池用电解液》。

本标准与 GB/T 18270—2000 相比,主要变化如下:

——标准名称改为《排气式镉镍蓄电池用电解液》;

——标准的格式、技术内容与 IEC 60993:1989 保持一致;

——将附录 A 的内容改为与 IEC 60993:1989 的附录 A 一致。

本标准等同采用 IEC 60993:1989《排气式镉镍蓄电池用电解液》。

本标准由中华人民共和国工业和信息化部提出。

本标准由全国碱性蓄电池标准化技术委员会(SAC/TC 77)归口。

本标准起草单位:国营第七五五厂。

本标准主要起草人:王黎、杨忠祥、穆培振、孙传灏、高红、吴长征。

本标准所代替标准的历次版本发布情况为:

——GB/T 18270—2000。

排气式镉镍蓄电池用电解液

1 范围

本标准适用于排气式镉镍蓄电池所用的电解液及其成分。

这些电解液用于：

——灌注没有电解液的电池；和/或

——需要更换电解液的电池再注液；和/或

——工作电解液需要补加水时。

本标准不提供制造方的特殊建议。

2 目的

本标准的目的是规定排气式镉镍蓄电池用电解液及其成分的组分、纯度和特性，以及在没有制造方特殊建议时对电解液的要求。

3 术语和定义

下列术语和定义适用于本文件。

3.1

杂质分类　classification of impurities

根据对电池寿命及性能的影响程度，将杂质分类如下：

——关键类：对电池工作状态及性能特性有有害影响，并可导致电池性能不可逆衰减的杂质。

——重要类：降低电池性能特性和/或寿命的杂质。

——次要类：不影响电池性能特性和寿命的杂质。

3.2

灌注电解液　filling electrolyte

用于在使用前注入新的排气式镉镍蓄电池的电解液。

3.3

工作电解液　operating electrolyte

排气式镉镍蓄电池在使用中的电解液，因补加水、吸收空气中的二氧化碳和电池内部成分中的杂质迁入，工作电解液的组分不同于灌注电解液和更换电解液。

3.4

更换电解液　replacement electrolyte

当工作电解液中杂质超限时，用于再注入排气式镉镍蓄电池的电解液。

4 电解液配制

电解液采用纯净水稀释商用高浓度氢氧化钾溶液或用纯净水溶解固态氢氧化钾配制而成。

若需加添加剂，例如氢氧化锂，应按制造方的说明加入。

注 1：当固态氢氧化钾在水中溶解时操作应格外谨慎，因为在溶解过程中会产生大量的热。

注 2：要点是应将固态氢氧化钾加入水中，绝不可以将水加在固态氢氧化钾上。应严格遵守蓄电池制造方的说明。

注 3：将氢氧化钾溶解在水中配制电解液时，只能用钢制或塑料（最好是聚乙烯）容器，容器应能抗氢氧化钾腐蚀，并可以耐受 100 ℃的温度。

4.1 用于配制电解液的固态或液态氢氧化钾（KOH）的要求

固态氢氧化钾中 KOH 的总含量应不低于质量的 85%，液态氢氧化钾中 KOH 含量应不低于质量的 45%。

氢氧化钾中杂质最大含量应符合表 1 的规定。

表 1 氢氧化钾中杂质最大含量

	杂质	计量物	固态 KOH mg/kg	KOH 溶液 mg/dm^3
关键类	锌	Zn	20	15
	铜	Cu	5	4
	氯化物	KCl	200	150
重要类	铁	Fe	20	15
	铅	Pb	5	4
	钙	CaO	50	40
	镁	MgO	50	40
	碳酸盐	K_2CO_3	质量的 1%	质量的 0.5%
次要类	钠	NaOH	质量的 3%	质量的 1.6%
	铝	Al	20	15
	硫酸盐	K_2SO_4	100	75
	硝酸盐	KNO_3	50	40
	二氧化硅	SiO_2	150	120
注：正常情况下，多数杂质以所规定的限量出现是不常见的，因此建议只检验氢氧化钾、碳酸盐、氯化物和铁的含量，除非制造方另有建议。				

4.2 对补加和配制电解液用水的要求

水质要求和杂质最大含量应符合表 2 的规定。

表 2 水质要求和杂质最大含量

	一般外观	无色透明
	pH	5～9
	20 ℃时电导率 新配制的 经存放的 可溶性固体总含量	 ≤10 μS/cm ≤30 μS/cm 20 mg/dm^3
关键类	氯化物（KCl）	20 mg/dm^3

表 2（续）

	一般外观	无色透明
重要类	铁(Fe)	10 mg/dm^3
	钙(CaO)	15 mg/dm^3
	镁(MgO)	15 mg/dm^3
次要类	硫酸盐(K_2SO_4)	20 mg/dm^3
	二氧化硅(SiO_2)	2 mg/dm^3
	可氧化的碳(按消耗的 $KMnO_4$)	30 mg/dm^3
注：正常情况下，多数杂质以所规定的限量出现是不常见的，因此建议只检查 pH、电导率和可溶性固体总含量。		

4.3 用作电解液添加剂的固态氢氧化锂(LiOH · H_2O)的要求

LiOH 的总含量应不低于固态物质量的 52%。

氢氧化锂中杂质最大含量应符合表 3 的规定。

表 3 氢氧化锂中杂质最大含量

	杂质	计量物	含量 mg/kg
关键类	氯化物	LiCl	100
重要类	铁	Fe	25
	碳酸盐	Li_2CO_3	质量的 2%
次要类	钠	NaOH	质量的 0.4%
	硫酸盐	Li_2SO_4	150

5 对灌注和更换电解液的要求

排气式镉镍蓄电池用电解液的组分和密度由制造方规定，灌注和更换电解液应是透明且无固体的。

这些电解液应是液体或将固体溶解于符合 4.2 要求的水中所制成的。

20 ℃时的电解液密度按制造方的说明调节，电解液中允许的杂质最大含量应不超过表 4 的规定。

表 4 灌注和更换电解液的最大杂质含量

	杂 质	计量物	含量 mg/dm^3
关键类	锌	Zn	8
	铜	Cu	2
	氯化物	KCl	100

表 4（续）

	杂 质	计量物	含量 mg/dm^3
重要类	铁	Fe	17
	铅	Pb	2
	钙	CaO	50
	镁	MgO	50
	碳酸盐	K_2CO_3	7 500
次要类	铝	Al	8
	硫酸盐	K_2SO_4	800
	硝酸盐	KNO_3	100
	二氧化硅	SiO_2	100
注 1：这些值对通常使用的密度在 1.18 kg/dm^3～1.25 kg/dm^3 之间的电解液有效。 注 2：建议只检查密度、总碱含量(即 KOH＋LiOH)、碳酸盐、氯化物和铁。			

6 电解液的物理和化学要求

6.1 电解液密度

使用中电解液的密度受以下因素影响：

——杂质含量，即碳酸盐含量在电池工作期间会增加；

——过充电期间水分的消耗(逸出气体)；

——充电状态(充电导致水分生成，在此过程中密度稍有降低)；

——蒸发造成水分损失；

——某些电解液成分可能发生的混合，例如：锂、钾进入活性物质中。

应测定蓄电池中电解液的密度以符合制造方要求，蓄电池过充电产生气体会促使水与电解液的混合，尤其是在补加水后，电解液密度的测定应在过充电之后进行。测定密度之前蓄电池应至少放置15min后再取样。

6.2 电解液密度的最小值和最大值

如发现排气式镉镍蓄电池用电解液的密度达不到制造方规定值时应随时采取下列措施予以调整，即取出部分电解液，补加水或浓电解液，或根据制造方的说明全部更换电解液。

6.3 电解液的纯度

排气式镉镍蓄电池在工作期间，电解液中的杂质含量会增加。即使配制电解液的成分已经符合表1、表2和表3中的规定，灌注和更换电解液也能满足表4的规定，用户也需要规定测定电解液的密度以满足6.2的规定，并根据制造方的说明测定其碳酸盐含量。如没有制造方说明，碳酸盐(规定为碳酸钾)的最大含量应为75 000 mg/dm^3。用于分析的样品在使用前应过滤，以除去固体。

由于补加水引入杂质和活性物质中的杂质溶解，经过一段时间，其他杂质会增加。任何电池工作不正常的情况均应向制造方咨询。

附 录 A
（资料性附录）
分析测定方法（参考文献）

为测定工业用氢氧化钾中的杂质含量，可参考表 A.1 的国际标准。

表 A.1 参考文献表

文献号	出版日期	标 题
ISO 990	1973	工业用氢氧化钾 化验方法
ISO 993	1976	工业用氢氧化钾 硫酸盐含量的测定 硫酸钡比重测量法
ISO 994	1973	工业用氢氧化钾 铁含量的测定 1,10-邻二氮杂菲光度测定法
ISO 995	1975	工业用氢氧化钾 二氧化硅含量的测定 还原硅酸钼光度测定法
ISO 1550	1973	工业用氢氧化钾 钠含量的测定 火焰发射分光光度法
ISO 2466	1973	工业用氢氧化钾 取样 试验样品 供某些测定用的主溶液的配制
ISO 2900	1973	工业用氢氧化钾 二氧化碳含量的测定 滴定法
ISO 3177	1975	工业用氢氧化钾 氯化物含量的测定 光度测定法
ISO 3194	1975	工业用氢氧化钾 硫化物含量的测定 还原和滴定测量法
ISO 3698	1976	工业用氢氧化钾 钙和镁含量的测定 火焰原子吸收法
ISO 6353/1	1982	化学分析试剂 第 1 部分：一般试验方法
ISO 6353/2	1983	化学分析试剂 第 2 部分：规范 第一系列

附 录 B
（资料性附录）
电解液密度与氢氧化钾含量、温度和氢氧化锂含量的关系

B.1 20℃时电解液密度与氢氧化钾含量的关系

不同电解液密度时的氢氧化钾含量如表 B.1 所示。

表 B.1 不同电解液密度时的氢氧化钾含量

电解液密度(20 ℃) kg/dm³	KOH 含量		
	质量分数/%	密度/(kg/dm³)	浓度/(mol/dm³)
1.15	16.26	0.187 0	3.332
1.16	17.29	0.200 6	3.574
1.17	18.32	0.214 3	3.820
1.18	19.35	0.228 3	4.069
1.19	20.37	0.242 4	4.320
1.20	21.38	0.256 6	4.573
1.21	22.38	0.270 8	4.826
1.22	23.38	0.285 2	5.084
1.23	24.37	0.299 8	5.342
1.24	25.36	0.314 5	5.604
1.25	26.34	0.329 3	5.868
1.26	27.32	0.344 2	6.135
1.27	28.29	0.359 3	6.403
1.28	29.25	0.374 4	6.673
1.29	30.21	0.389 7	6.950
1.30	31.15	0.404 9	7.217
1.35	35.82	0.483 6	8.619
1.40	40.37	0.565 2	10.073
1.46	45.66	0.666 6	11.880

B.2 电解液密度与温度的关系

0 ℃～50 ℃范围内测定的电解液密度值为 D_T，那么 20 ℃时的电解液密度 D_{20} 可以用下列公式计算：

$$D_{20} = D_T + 0.000\,5(T - 20)$$

式中：

D_{20}——20 ℃时的电解液密度，kg/dm^3；

D_T——0 ℃～50 ℃范围内测定的电解液密度，kg/dm^3；

T——电解液温度，℃。

B.3 电解液密度与氢氧化锂含量的关系

每升中加入 0.012 kg 的氢氧化锂时，电解液密度增加 0.01 kg/dm^3 左右。

ICS 13.220.20
C 82

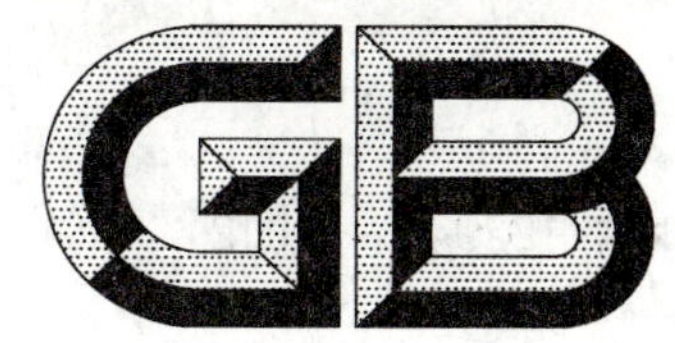

中华人民共和国国家标准

GB/T 18294.6—2012

火灾技术鉴定方法 第6部分:红外光谱法

Technical identification methods for fire—Part 6:Infrared spectroscopy analysis

2012-12-31 发布　　　　2013-06-01 实施

中华人民共和国国家质量监督检验检疫总局
中国国家标准化管理委员会　发布

前　言

GB/T 18294《火灾技术鉴定方法》由以下部分组成：

——第 1 部分：紫外光谱法；

——第 2 部分：薄层色谱法；

——第 3 部分：气相色谱法；

——第 4 部分：高效液相色谱法；

——第 5 部分：气相色谱-质谱法；

——第 6 部分：红外光谱法。

本部分为 GB/T 18294《火灾技术鉴定方法》的第 6 部分。

本部分按照 GB/T 1.1—2009 给出的规则起草。

本部分由中华人民共和国公安部提出。

本部分由全国消防标准化技术委员会火灾调查分技术委员会(SAC/TC 113/SC 11)归口。

本部分起草单位：公安部天津消防研究所。

本部分主要起草人：田桂花、鲁志宝、邓震宇、梁国福、范子琳。

本部分为首次发布。

火灾技术鉴定方法
第6部分：红外光谱法

1 范围

GB/T 18294的本部分规定了火灾技术鉴定中红外光谱法的术语和定义、原理、试验条件、试验方法。

本部分适用于火灾现场有机残留物的鉴定。

2 规范性引用文件

下列文件对于本文件的应用是必不可少的。凡是注日期的引用文件，仅注日期的版本适用于本文件。凡是不注日期的引用文件，其最新版本(包括所有的修改单)适用于本文件。

GB/T 19267.1 刑事技术微量物证的理化检验 第1部分：红外吸收光谱法

GB/T 20162 火灾技术鉴定物证提取方法

3 术语和定义

GB/T 19267.1和GB/T 20162界定的以及下列术语和定义适用于GB/T 18294的本文件。

3.1

特征频率区 characteristic frequency region

火灾现场有机残留物具有的处在4 000 cm^{-1}～1 250 cm^{-1}区域内的光谱。

3.2

指纹区 fingerprint region

火灾现场有机残留物具有的处在1 250 cm^{-1}～400 cm^{-1}区域内的光谱。

4 原理

当红外光照射到火灾现场有机残留物时，一定频率的红外光波被相同振动频率的化学键所吸收，产生能级跃迁。不同物质组成结构不同，对红外光吸收也不同，依据此特性可以对未知物的结构组成进行鉴定。

5 试验条件

5.1 条件设定

5.1.1 工作环境相对湿度50%以下。

5.1.2 仪器参数：光谱范围4 000 cm^{-1}～400 cm^{-1}，扫描次数32，扫描间隔2 cm^{-1}，分辨率4 cm^{-1}(注：气体样品分辨率为2 cm^{-1})。

5.2 材料与试剂

5.2.1 滤纸、放大镜、切割刀具、研钵等。

5.2.2 纯度为分析纯的溴化钾。

5.2.3 纯度为分析纯的三氯甲烷、丙酮、乙酸乙酯、四氢呋喃、甲醇、二甲基甲酰胺等有机试剂。

6 试样制备

6.1 试样分离

主要采用下列方法对火灾现场试样进行分离：

——机械剥离：直接用刀具剥离或在放大镜下对非纯净物质用带尖工具剥离；

——溶剂溶解：选用不同的试剂，分别溶解试样中的有机物残留物，达到分离目的；

——薄层分离：选用合适的溶剂溶解后，在薄层板上用不同展开剂分离。

6.2 制样

6.2.1 固体试样

可采用下列方法制样：

a) 溴化钾压片法：将6.1分离出的试样与烘干的溴化钾放在一起研磨成细粉，再将其置于模具中压制成透明片；

b) 溶解成膜法：以合适的溶剂溶解检材，涂于溴化钾盐片上，挥发掉溶剂成膜；

c) 热压成膜法：对热塑性高聚物，可以采用将其剪成细小颗粒置于两块溴化钾盐片之间，以铜板加热使之熔融成膜。

6.2.2 液体试样

将液体试样滴于溴化钾盐片上，用另一盐片盖住，但对于易挥发的液体试样要将其注入液体池。

6.2.3 气体试样

根据检材量大小，选用不同光程的气体池，将气体池抽真空后导入气体试样。

7 试验方法

7.1 测试

将6.2中制好的试样置于红外光谱仪的样品舱内，按照5.1试验条件，依据操作规程，绘制出试样的红外光谱图。

7.2 谱图判别

7.2.1 未知物的鉴定

根据7.1测试出的试样的红外光谱提供的特征频率区和指纹区的结构信息，推断出其含有的特征官能团，判断未知物的类别，然后进行检索，或与标准谱图比对。根据检索结果，用相应物质绘制谱图，再与未知物红外谱图比对，得出结论。如果未知物没有足够的纯净度，应多取几个试样点绘图，反复进行检索。

7.2.2 **目标物认定**

7.2.2.1 用标准物对照，在相同条件下，绘制两种物质的红外光谱图，然后进行比对。

7.2.2.2 若没有标准物质作对照，需通过查阅商业谱图或检索谱库，用未知物的谱图与被指认物质的红外光谱图比对，得出结论。常见火灾现场残留物的红外谱图特征参见附录A。

附 录 A
(资料性附录)
常见火灾现场残留物的谱图特征

A.1 常见易燃液体红外特征峰

汽油、煤油、柴油等石油基质的易燃液体燃烧时发生了多种化学反应,生成了一些新的物质,其中大部分是多环芳烃物质,主要为芴、蒽、菲、荧蒽、芘、苯并蒽、苯并荧蒽、苯并芘、二苯并蒽、二苯并芘等。其中荧蒽、芘、苯并蒽、苯并荧蒽、苯并芘的成分所占的比例大,多环芳烃在红外光谱中呈现不饱和烃特征,3 040 cm^{-1}处吸收峰为其特征峰。

A.2 油脂红外特征峰

油脂种类主要包括植物油和动物油,它们多含有不饱和的油酸和亚油酸,在红外谱图中以双键 3 020 cm^{-1} 与酯羰基 1 740 cm^{-1}为其特征峰。

A.3 机油红外特征峰

机油以长链烃为主,其红外谱图只呈现简单的C—H吸收峰特征,以 721 cm^{-1}为其特征峰。

A.4 硝化纤维素红外特征峰

硝化纤维素为自燃类物质,其红外光谱以硝基在 1 600 cm^{-1}附近、1 110 cm^{-1}～1 050 cm^{-1}之间以及 840 cm^{-1}～800 cm^{-1}之间的 3 个吸收峰为其特征。

ICS 81.080
Q 40

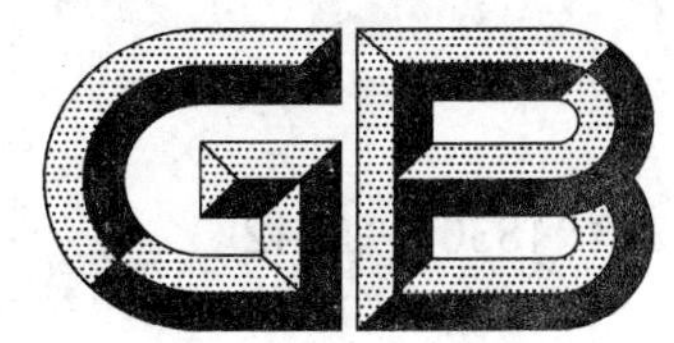

中华人民共和国国家标准

GB/T 18301—2012
代替 GB/T 18301—2001

耐火材料　常温耐磨性试验方法

Refractory products—Determination of resistance to abrasion at ambient temperature

(ISO 16282:2007,Dense shaped refractory products—Determination of resistance to abrasion at ambient temperature,MOD)

2012-11-05 发布　　　　2013-05-01 实施

中华人民共和国国家质量监督检验检疫总局
中国国家标准化管理委员会　发布

前　言

本标准按照 GB/T 1.1—2009 给出的规则起草。

本标准代替 GB/T 18301—2001《耐火材料常温耐磨性试验方法》，与 GB/T 18301—2001 相比，主要技术变化如下：

——增加了耐冲刷性的定义；

——用 P36 号碳化硅砂代替 F36 号碳化硅砂作为磨损介质；

——对试样的切割面、冲击角度，耐磨试验后到称重时间都作了补充规定；

——在试验报告中增加了受磨损面和试样放置的冲击角度的报告，还增加了在试验过程中观测到的任何异常现象的描述。

本标准使用重新起草法修改采用 ISO 16282:2007《致密定形耐火制品　常温耐磨性的测定》。

本标准与 ISO 16282:2007 相比在结构上有较多调整，附录 A 中列出了本标准与 ISO 16282:2007 的章条编号对照一览表。

本标准与 ISO 16282:2007 相比存在技术性差异，这些差异涉及的条款已通过在外侧页边空白位置的垂直单线（|）进行了标示，附录 B 中给出了相应的技术性差异及其原因的一览表。

本标准由全国耐火材料标准化技术委员会(SAC/TC 193)提出并归口。

本标准起草单位：中钢集团洛阳耐火材料研究院有限公司、巩义通达中原耐火材料有限公司、江苏省陶瓷耐火材料产品质量监督检验中心、郑州耐都热陶瓷有限公司、山西阳泉市广鑫源耐火材料有限公司、洛阳新菲尔耐火材料有限公司。

本标准主要起草人：章艺、张德义、王秀芳、丁俊杰、高建荣、魏发灿、杨少峰、张三虎、高长贺。

耐火材料　常温耐磨性试验方法

1　范围

本标准规定了耐火材料常温耐磨性试验的术语和定义、原理、设备、试样、试验程序、结果计算、设备检查和试验报告等。

本标准适用于磨损和冲刷环境下致密耐火材料常温耐磨性的测定。

2　规范性引用文件

下列文件对于本文件的应用是必不可少的。凡是注日期的引用文件，仅注日期的版本适用于本文件。凡是不注日期的引用文件，其最新版本(包括所有的修改单)适用于本文件。

GB/T 2480　普通磨料　碳化硅

GB/T 2997　致密定形耐火制品　体积密度、显气孔率和真气孔率试验方法(GB/T 2997—2000，eqv ISO 5017:1998)

GB/T 8170　数值修约规则与极限数值的表示和判定

GB/T 9258.1　涂附磨具用磨料　粒度分析　第1部分：粒度组成

GB/T 9258.2　涂附磨具用磨料　粒度分析　第2部分：粗磨粒P12～P220粒度组成的测定

ISO 565　试验筛　金属丝网布、孔板和电加工成形薄板　孔径的公称直径(Test sieves—Metal wire cloth，perforated metal plate and electroformed sheet—Nominal sizes of openings)

3　术语和定义

下列术语和定义适用于本文件。

3.1

耐磨性　resistance to abrasion

材料抵抗运动固体的机械作用对耐火材料试样表面磨损的能力。

3.2

耐冲刷性　resistance to erosion

材料抵抗流体的机械作用对耐火材料试样表面磨损的能力，无论其中是否含有固体物质。

4　原理

用450 kPa压缩空气将1 000 g具有规定粒度级别的碳化硅砂通过喷砂管垂直喷射到试样的平坦表面，测定试样的磨损体积。

5　设备

5.1　磨损试验机

包括5.1.1和5.1.2规定的设备。

5.1.1 文氏管喷吹装置(见图1)或喷枪(见图2)

由一个带有空气喷嘴的合适机座构成。压缩空气通过喷嘴传送至作用相当于文氏管的装置内腔，磨损介质从腔体侧面进入。空气喷嘴的入口内径为2.84 mm～2.92 mm，出口内径为2.36 mm～2.44 mm，其外部用长9.4 mm，内径4.7 mm，壁厚1.5 mm的塑料管保护，以防止空气喷嘴磨损。文氏管的空腔内径不能超过10 mm，并应定期检查其磨损情况。

5.1.2 喷砂管(见图1和图2)

由长115 mm，外径7 mm，公称壁厚1.1 mm的玻璃管制成，用于引导磨损介质到试样上。玻璃管用一根长70 mm，内径7.15 mm的不锈钢管来固定，钢管一端应呈喇叭状或台阶状，以便固定于一个内径9.53 mm的螺母内保持密封并使喷砂管垂直于试样。玻璃管外圆应装尺寸合适的橡胶密封垫，以保持喷枪内有一定的真空度。

保证喷砂管一端距压缩空气喷嘴出口端有2 mm间隙，磨损介质通过此间隙进入喷砂管。此操作可通过将玻璃管放在一直径4.5 mm，距顶端117 mm带有一7.9 mm挂耳的黄铜杆上来完成。这样可使玻璃管插入钢管并进入枪筒，直到黄铜杆的顶端碰到空气喷嘴，从而确保在玻璃管端口与空气喷嘴间有2 mm间隙。

每次测定都要更换新的玻璃管。

5.2 供料系统

具有将1 000 g磨损介质在(450±15)s内提供给喷吹装置的能力。辅助空气应能携带磨损介质进入系统。在图3和图4中显示了一个适合的供料机构，它由3个漏斗组成：

a) 一个上部(装料)漏斗；

b) 一个中部(供料控制)漏斗，其上安装有一个由金属、玻璃或塑料制成的节流孔，用以提供所需进料速度；

c) 一个下部(送料)漏斗。

5.3 试验箱(见图3)

由一个带门的能密闭的箱体构成。通过此门可放置和取出试样。喷吹装置垂直安装于试验箱的顶部，这样磨损介质从玻璃喷嘴顶端经过(203±1)mm向下喷射到试样上。

试验箱应安装一个排气管和一个蝶形阀，以调节试验过程中箱内的压力。在排气管尾部可装一个适当容积的集尘袋。

箱体上部还应安装一个管子和截止阀用于连接压力表。

5.4 液体压力计

量程0 Pa～400 Pa(41 mm水柱)，用于测量试验过程中试验箱内的压力。

5.5 真空表

量程0 Pa～－0.1 MPa(75 mm汞柱)，用于测量喷吹装置磨损介质入口处的压力。

5.6 天平

感量0.1 g。

5.7 游标卡尺

分度值为0.5 mm。

单位为毫米

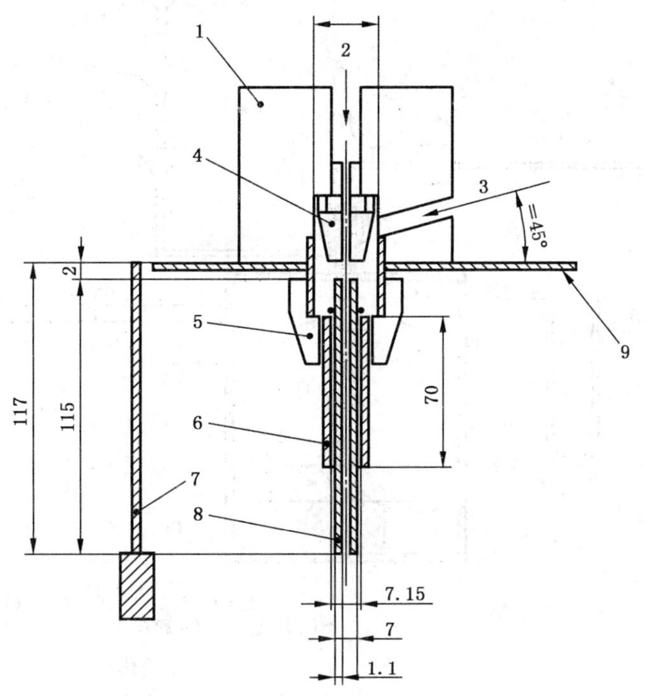

1——文氏管座；
2——空气入口；
3——磨损介质入口；
4——空气喷嘴：入口内径为 2.84 mm～2.92 mm，出口内径为 2.36 mm～2.44 mm；
5——管状螺母；
6——固定钢管；
7——确定玻璃管位置的黄铜杆；
8——带垫圈的玻璃管；
9——试验箱顶部。

图 1　文氏管喷吹装置示意图

单位为毫米

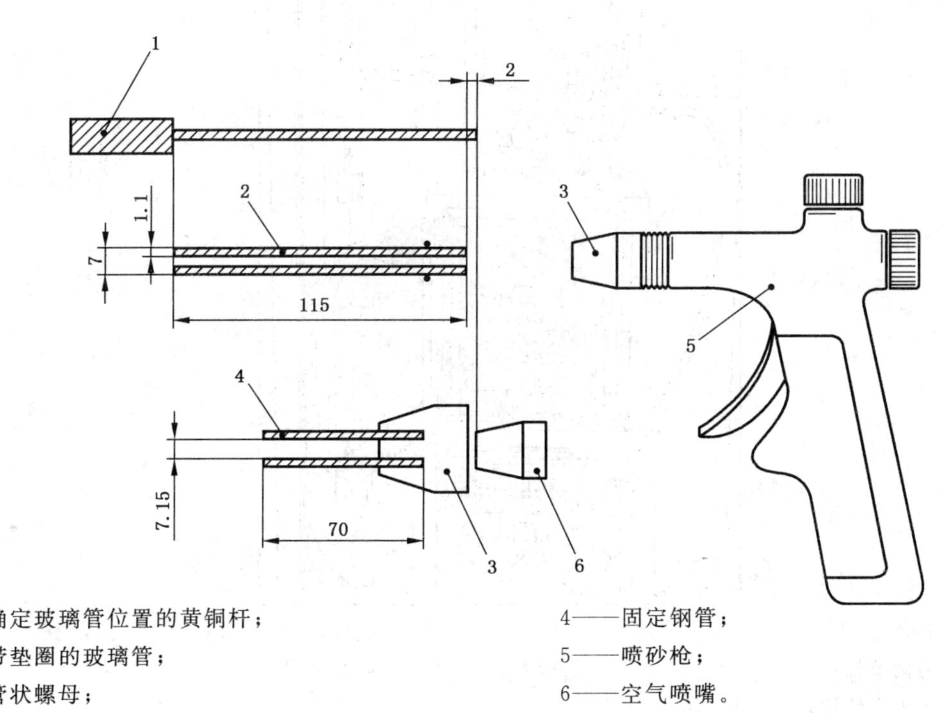

1——确定玻璃管位置的黄铜杆；
2——带垫圈的玻璃管；
3——管状螺母；
4——固定钢管；
5——喷砂枪；
6——空气喷嘴。

图 2　喷枪(拆分)示意图

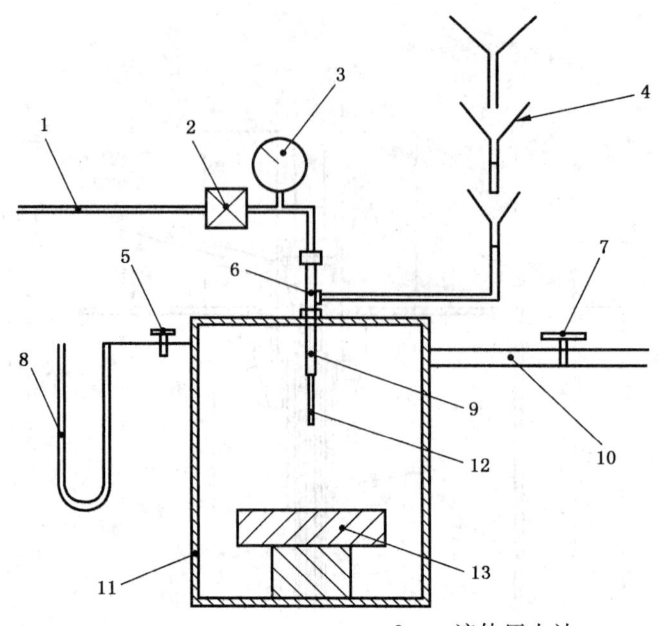

1——供气管；
2——压力调节器；
3——压力表；
4——供料系统；
5——截止阀；
6——文氏管；
7——蝶形阀；
8——液体压力计；
9——钢管；
10——排气孔；
11——试验箱；
12——玻璃管；
13——试样。

图3　磨损试验机示意图

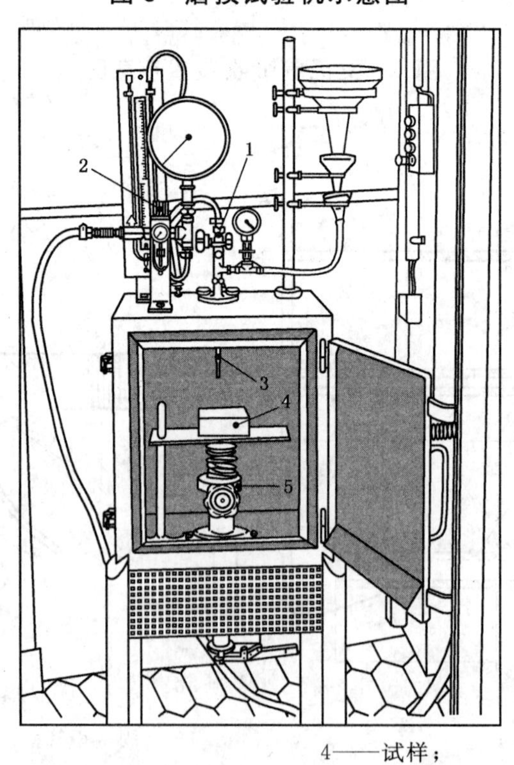

1——喷吹装置；
2——空气压力调节器；
3——玻璃管和固定钢管；
4——试样；
5——可调平台。

图4　磨损试验机——试样的放置

5.8 磨损介质

P36 号碳化硅砂粒度分布如表 1。化学组成符合 GB/T 2480，粒度组成符合 GB/T 9258.1 和GB/T 9258.2。

表 1 磨损介质粒度筛分析

粒度	最粗粒		粗粒		基本粒		混合粒		细粒	
	筛孔尺寸 μm	筛上物质量比/%	筛孔尺寸 μm	筛上物质量比/%	筛孔尺寸 μm	筛上物质量比/%	筛孔尺寸 μm	筛上物质量比/%	筛孔尺寸 μm	筛下物质量比/%
P36	1 000	0	710	1	600	14±4	500	61±9	425	≤8

5.9 压缩空气供给系统

通过使用一个调节器和一个分度值为 7 kPa 的气压表，在规定压力下将干净、干燥的空气提供给喷吹装置，尽可能将调节器和压力表安装在靠近喷吹装置。

6 试样

6.1 总则

由相关方协商确定检验样品量和每个样品的试样数量，并在试验报告中注明。

6.2 定形耐火材料

除了最具耐磨性的材料，其他材料应从耐火砖或成型制品上切割出(100～114)mm×(100～114)mm×(25～65)mm 尺寸大小的试样，每个试样的一个正方形表面应是平的原砖面且上面不能有标记(见第 7 章的注 1)。耐磨性好的材料试样尺寸可为 100 mm×100 mm×25 mm。试样尺寸要在试验报告中注明。

6.3 不定形耐火材料

上述提到的试样尺寸可直接用试验材料制备。制备过程包括成型、处理和焙烧温度可按相关产品技术要求和标准规定方法进行，或由相关方协商一致。每个试样的一个正方形的表面应是模具的底面(见第 7 章的注 1)。试样的制备条件和试样的尺寸均需在试验报告中全面记录。

7 试验程序

7.1 试验前在(110±5)℃温度下，将试样干燥至恒量。

7.2 称量试样，精确至 0.1 g。用游标卡尺(5.7)测量试样的长、宽、高，并精确至 0.5 mm，计算试样的体积。

7.3 在试验箱内将试样的试验面垂直对准玻璃喷嘴(见注 2)，并置于距喷嘴端部(203±1)mm 位置处。对于定形耐火材料试样，应将不带标记的平的原砖面用于试验。对于不定形耐火材料试样，试验面应该是模具底面(见注 1)。

注 1：如果需要，在相关方的同意下，其他表面包括切割面可用于试验。

注 2：如果相关方同意，非 90°的其他冲击角度也可用于试验。

7.4 接通压缩空气，调整压力至(450±7)kPa。在磨损介质通过装置前后检查空气压力。

用液体压力表来测量试验箱内的压力，通过调节排气管的蝶形阀门，使箱内压力保持在 310 Pa (32 mm 水柱)。

7.5 压缩空气到达喷吹装置处，调整好试验箱压力后，断开磨损介质进料管，将一个 0.1 MPa 的真空表接在磨损介质进入喷吹装置的入口处(见注 3)。如果真空表显示小于 0.05 MPa，应检查玻璃管的位置或空气喷嘴状况。达到正确的真空度后，重新连接进料管，在将(1 000±5)g 的干燥磨损介质倒入上部装料漏斗之前，重新检查箱内压力。下部送料漏斗的磨损介质不能充满或溢出。将供料系统和喷吹装置相连接。磨损介质要在(450±15)s 内送出。

注 3：作为另一个可选方案，可在仪器内部安装一个合适的真空表(见图 4)。

7.6 从试验箱内取出试样，去除粉尘后，立即称重，精确至 0.1 g。

注 4：试样从磨损后到称重的时间不应超过 10 min，以防止试样在空气中受潮。

7.7 使用新的碳化硅磨损介质和玻璃管重复同样的步骤，测量下一个试样。

8 结果计算

8.1 按第 7 章的方法称重和测量体积或根据 GB/T 2997 计算试样的体积密度，以 g/cm³ 为单位。

8.2 按式(1)计算每个试样的磨损量 A，以立方厘米计：

$$A=\left(\frac{m_1-m_2}{\rho}\right)=\frac{m}{\rho} \qquad\cdots\cdots(1)$$

式中：

ρ ——体积密度，单位为克每立方厘米(g/cm³)；

m_1——试验前试样质量，单位为克(g)；

m_2——试验后试样质量，单位为克(g)；

m ——试样损失质量，单位为克(g)。

8.3 体积密度和磨损量均精确到 2 位小数，按 GB/T 8170 修约。

9 设备检查

用 10 mm～12 mm 厚的无色透明浮法平板玻璃作为校准样品，其两次重复试验的数据偏差不超过其平均值的 7%。当标准样品可获得时，应用标准样品对设备进行准确度检查。

10 试验报告

试验报告应包括以下内容：

a) 试验材料的描述，包括制造商、型号、批号等；

b) 所执行的国家标准，即 GB/T 18301—2012；

c) 试验机构名称；

d) 试样尺寸；

e) 样品量及每个样品的试样数量；

f) 对于不定形试样，包括试样的制备、处理和焙烧的条件；

g) 如果不同于第 7 章中所规定的内容，需注明受磨损面的所有信息；

h) 如果不同于第 7 章中所规定的内容,需注明试样放置的冲击角度;
i) 试验结果的单值及平均值,按第 8 章中指定方法计算;
j) 与规定程序的任何偏差;
k) 在试验过程中观测到的任何异常现象;
l) 试验日期。

附　录　A
（资料性附录）
本标准章条编号与 ISO 16282:2007 章条编号对照

本标准与 ISO 16282:2007 的章条编号对照情况见表 A.1。

表 A.1　本标准与 ISO 16282:2007 的章条编号对照情况

本标准章条编号	对应 ISO 标准章条编号
1	1
2	2
3	3
4	4
5	5
6	6
7	7
7.1～7.7	7
8	8
8.1～8.2	8
8.3	—
9	9
10	10
表 1	表 1
图 1,图 2,图 3,图 4	图 1,图 2,图 3,图 4
附录 A	—
附录 B	—

附　录　B
（资料性附录）
本标准与 ISO 16282:2007 技术性差异及其原因

本标准与 ISO 16282:2007 的技术性差异及其原因见表 B.1。

表 B.1　本标准与 ISO 16282:2007 技术性差异及其原因

本标准的章条编号	技术性差异	原因
标准名称	将原标准中包含不定形耐火材料的内容，直接体现在标准名称中	方便使用
2	关于规范性引用文件，本标准做了具有技术性差异的调整，调整的情况集中反映在第 2 章“规范性引用文件”中，具体调整如下： ——删除了对 ISO 565 的引用； ——用修改采用国际标准的 GB/T 2997—2000 代替了 ISO 5017:1998； ——增加引用了 GB/T 2480、GB/T 9258.1 和 GB/T 9258.2； ——增加引用了 GB/T 8170	适应我国技术条件
5	选用符合国家标准的 P36 号碳化硅砂作为磨损介质	方便使用
6	增加不定形耐火材料试样制备过程包括成型、热处理和焙烧温度可按相关产品技术要求和标准规定方法进行	方便使用
8	增加了试验结果修约位数的要求	方便使用
9	将关于精密度没有相关数据的叙述改为：采用 10 mm～12 mm 厚的无色透明浮法平板玻璃作为试验精度的验证材料。当标准样品可获得时，应用标准样对设备进行准确度检查	方便使用

ICS 91.120.30
Q 17

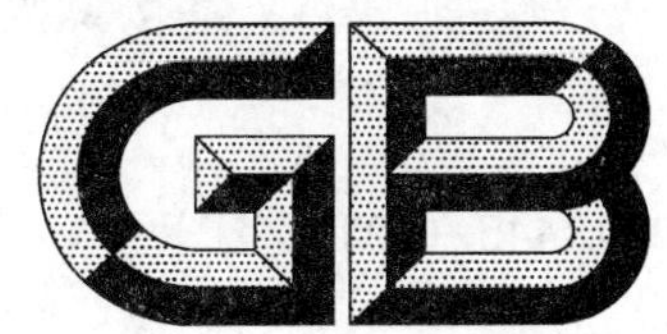

中华人民共和国国家标准

GB 18445—2012
代替 GB 18445—2001

水泥基渗透结晶型防水材料

Cementitious capillary crystalline waterproofing materials

2012-12-31 发布 2013-11-01 实施

中华人民共和国国家质量监督检验检疫总局
中国国家标准化管理委员会 发布

前　言

本标准表1中序号4、8、9和10中的抗渗压力比、带涂层混凝土的第二次抗渗压力，表2中序号4、9、10和11中的抗渗压力比和第二次抗渗压力比为强制性的，其余为推荐性的。

本标准按照GB/T 1.1—2009给出的规则起草。

本标准代替GB 18445—2001《水泥基渗透结晶型防水材料》。本标准与GB 18445—2001相比，主要技术变化如下：

——修改了术语和定义(见第3章，2001年版的第3章)；

——取消了Ⅰ型和Ⅱ型分类(见4.1，2001版的4.2)；

——增加了一般要求(见第5章)；

——删除了均质性指标，在技术要求中对其规定了具体值(见6.1、6.2，2001版的5.1)；

——删除了防水涂料中“凝结时间”，修改为“施工性”；删除了7 d抗折和抗压强度，并对28 d技术指标作了适当调整；增加了“外观”、“砂浆抗渗性能”，并在抗渗性能中增加了“去除涂层的抗渗压力”(见6.1，2001年版的5.2)；

——删除了防水剂的泌水率比，修改了减水率、含气量以及抗压强度比的指标，增加了外观、第二次抗渗压力比(见6.2，2001年版的5.3)；

——增加了“去除涂层砂浆与混凝土抗渗压力”的试验方法(见7.1.10)；

——修改了粘结强度的试验方法(见7.2.7，2001年版的6.2.7)；

——增加了附录A(资料性附录)基准砂浆和基准混凝土的配合比(见本标准附录A)。

本标准由中国建筑材料联合会提出。

本标准由全国轻质与装饰装修建筑材料标准化技术委员会(SAC/TC 195)归口。

本标准负责起草单位：建筑材料工业技术监督研究中心、同济大学材料科学与工程学院。

本标准参加起草单位：中国建筑材料检验认证中心有限公司、中国建筑材料科学研究总院苏州防水研究院、深圳市建筑科学研究院有限公司、北京城荣防水材料有限公司、北京海川锦成科技有限公司、上海惠邦特种涂料有限公司、南京科瑞玛科技有限公司、上海凯顿百森建筑材料科技发展有限公司、北京金禹华科技发展有限公司、北京固斯特国际化工有限公司、深圳市先泰实业有限公司、上海基成达申防水材料有限公司、上海汇奇实业发展有限公司、东伟技术工程有限公司、大连细扬防水工程集团有限公司、北京东方雨虹防水技术股份有限公司、盘锦禹王防水建材集团有限公司、潍坊市宏源防水材料有限公司、广东科顺化工实业有限公司。

本标准主要起草人：杨斌、张永明、薛绍祖、方一苍、李春亮、朱志远、王莹、乔君慧、陈斌、陈嘉林、王戈、余同欢、高剑秋、杨建平、邓腾、金能春、李美琳、曹建德、樊细杨、董楠、熊卫锋、詹福民、陈伟忠、郑家玉。

本标准于2001年9月首次发布。

水泥基渗透结晶型防水材料

1 范围

本标准规定了水泥基渗透结晶型防水材料(简称 CCCW)的术语和定义、分类和标记、一般要求、技术要求、试验方法、检验规则、标志、包装、贮存和运输。

本标准适用于以硅酸盐水泥为主要成分,掺入一定量的活性化学物质制成的粉状水泥基渗透结晶型防水材料,用于水泥混凝土结构防水工程。

2 规范性引用文件

下列文件对于本文件的应用是必不可少的。凡是注日期的引用文件,仅注日期的版本适用于本文件。凡是不注日期的引用文件,其最新版本(包括所有的修改单)适用于本文件。

GB 175—2007 通用硅酸盐水泥

GB/T 176 水泥化学分析方法

GB 8076 混凝土外加剂

GB/T 8077—2000 混凝土外加剂匀质性试验方法

GB/T 14684 建设用砂

GB/T 14685 建设用卵石、碎石

GB/T 17671 水泥胶砂强度检验方法(ISO 法)

GB/T 50082 普通混凝土长期性能与耐久性能试验方法标准

JC 474—2008 砂浆、混凝土防水剂

JC 475—2004 混凝土防冻剂

JC/T 547—2005 陶瓷墙地砖胶粘剂

JC/T 681—2005 行星式水泥胶砂搅拌机

JC/T 726—2005 水泥胶砂试模

JC/T 841—2007 耐碱玻璃纤维网布

JG/T 26—2002 外墙无机建筑涂料

JGJ 63 混凝土用水标准

JGJ/T 70—2009 建筑砂浆基本性能试验方法标准

3 术语和定义

下列术语和定义适用于本文件。

3.1

水泥基渗透结晶型防水材料 cementitious capillary crystalline waterproofing materials

一种用于水泥混凝土的刚性防水材料。其与水作用后,材料中含有的活性化学物质以水为载体在混凝土中渗透,与水泥水化产物生成不溶于水的针状结晶体,填塞毛细孔道和微细缝隙,从而提高混凝土致密性与防水性。水泥基渗透结晶型防水材料按使用方法分为水泥基渗透结晶型防水涂料和水泥基渗透结晶型防水剂。

3.2

水泥基渗透结晶型防水涂料　cementitious capillary crystalline waterproofing coating

以硅酸盐水泥、石英砂为主要成分，掺入一定量活性化学物质制成的粉状材料，经与水拌合后调配成可刷涂或喷涂在水泥混凝土表面的浆料；亦可采用干撒压入未完全凝固的水泥混凝土表面。

3.3

水泥基渗透结晶型防水剂　cementitious capillary crystalline waterproofing admixture

以硅酸盐水泥和活性化学物质为主要成分制成的粉状材料，掺入水泥混凝土拌合物中使用。

3.4

活性化学物质　activated chemical additive

由碱金属盐或碱土金属盐、络合化合物等复配而成，具有较强的渗透性，能与水泥的水化产物发生反应生成针状晶体的化学物质。

3.5

去除涂层的抗渗压力　permeability after removal of sample coat

将基准试件表面涂刷水泥基渗透结晶型防水涂料后，在规定养护条件下养护至28 d，去除涂层后进行试验所测定的抗渗压力。

3.6

第二次抗渗压力　the second permeability

水泥基渗透结晶型防水材料的抗渗试件经第一次抗渗试验透水后，在标准养护条件下，带模在水中继续养护至56 d，进行第二次抗渗试验所测定的抗渗压力。

4　分类和标记

4.1　分类

按使用方法水泥基渗透结晶型防水材料分为水泥基渗透结晶型防水涂料（代号 C）和水泥基渗透结晶型防水剂（代号 A）。

4.2　标记

产品按产品名称和标准编号的顺序标记。

示例：水泥基渗透结晶型防水涂料标记为：

CCCW C GB 18445—2012

5　一般要求

本标准包括的产品不应对人体、生物、环境与水泥混凝土性能（尤其是耐久性）造成有害的影响，所涉及与使用有关的安全与环保问题，应符合我国相关标准和规范的规定。

6　技术要求

6.1　水泥基渗透结晶型防水涂料

水泥基渗透结晶型防水涂料应符合表1的规定。

表 1 水泥基渗透结晶型防水涂料

序 号	试验项目		性能指标
1	外观		均匀、无结块
2	含水率/% ≤		1.5
3	细度,0.63 mm 筛余/% ≤		5
4	**氯离子含量/%** ≤		**0.10**
5	施工性	加水搅拌后	刮涂无障碍
		20 min	刮涂无障碍
6	抗折强度/MPa,28 d ≥		2.8
7	抗压强度/MPa,28 d ≥		15.0
8	**湿基面粘结强度/MPa,28 d** ≥		**1.0**
9	**砂浆抗渗性能**	带涂层砂浆的抗渗压力[a]/MPa,28 d	报告实测值
		抗渗压力比(带涂层)/%,28 d ≥	**250**
		去除涂层砂浆的抗渗压力[a]/MPa,28 d	报告实测值
		抗渗压力比(去除涂层)/%,28 d ≥	**175**
10	**混凝土抗渗性能**	带涂层混凝土的抗渗压力[a]/MPa,28 d	报告实测值
		抗渗压力比(带涂层)/%,28 d ≥	**250**
		去除涂层混凝土的抗渗压力[a]/MPa,28 d	报告实测值
		抗渗压力比(去除涂层)/%,28 d ≥	**175**
		带涂层混凝土的第二次抗渗压力/MPa,56 d ≥	**0.8**
[a] 基准砂浆和基准混凝土 28 d 抗渗压力应为 $0.4^{+0.0}_{-0.1}$ MPa,并在产品质量检验报告中列出。			

6.2 水泥基渗透结晶型防水剂

水泥基渗透结晶型防水剂应符合表 2 的规定。

表 2 水泥基渗透结晶型防水剂

序 号	试验项目		性能指标
1	外观		均匀、无结块
2	含水率/% ≤		1.5
3	细度,0.63 mm 筛余/% ≤		5
4	**氯离子含量/%** ≤		**0.10**
5	总碱量/%		报告实测值
6	减水率/% <		8
7	含气量/% ≤		3.0
8	凝结时间差	初凝/min >	−90
		终凝/h	—

表 2（续）

序号	试验项目			性能指标
9	抗压强度比/%	7 d	≥	100
		28 d	≥	100
10	收缩率比/%,28 d		≤	125
11	混凝土抗渗性能	掺防水剂混凝土的抗渗压力[a]/MPa,28 d		报告实测值
		抗渗压力比/%,28 d	≥	200
		掺防水剂混凝土的第二次抗渗压力/MPa,56 d		报告实测值
		第二次抗渗压力比/%,56 d	≥	150
[a] 基准混凝土 28 d 抗渗压力应为 $0.4^{+0.0}_{-0.1}$ MPa，并在产品质量检验报告中列出。				

7 试验方法

7.1 一般规定

7.1.1 试验用原材料

7.1.1.1 水泥:符合 GB 175—2007 的 P·O 42.5 水泥。

7.1.1.2 拌合水:符合 JGJ 63 的规定。

7.1.1.3 砂浆试验用的砂:符合 GB/T 17671 规定的 ISO 标准砂。

7.1.1.4 混凝土试验用的细集料:符合 GB/T 14684 的中砂,细度模数为 2.6～2.8。

7.1.1.5 混凝土试验用的粗集料:符合 GB/T 14685 的(5～20)mm 连续级配的碎石。

7.1.1.6 标准混凝土板:符合 JC/T 547—2005 附录 A 的要求。

7.1.1.7 耐碱玻璃纤维网格布:符合 JC/T 841—2007 中(2×2)mm 孔、标称单位面积质量为(151～160)g/m^2。

7.1.2 配合比

7.1.2.1 制备水泥基渗透结晶型防水涂料试验用的基准砂浆和基准混凝土的配合比参见附录 A,应根据原材料情况调整配合比。基准砂浆和基准混凝土 28 d 抗渗压力应为 $0.4^{+0.0}_{-0.1}$ MPa。基准混凝土配合比中水泥用量不得低于 250 kg/m^3。

7.1.2.2 水泥基渗透结晶型防水涂料所有试验项目的用水量采用工程实际使用推荐的用水量。试验涂层防水涂料的用量为 1.5 kg/m^2。

7.1.2.3 制备水泥基渗透结晶型防水剂试验用的基准混凝土与受检混凝土的配合比设计、搅拌方式除抗渗性能外应符合 GB 8076 的要求。防水剂掺量根据各生产厂的推荐掺量。抗渗性能基准混凝土的制备可参照附录 A 的配合比,基准混凝土 28 d 抗渗压力应为 $0.4^{+0.0}_{-0.1}$ MPa,并且所用配合比中水泥用量不得低于 250 kg/m^3。

7.1.3 砂浆或混凝土搅拌

砂浆搅拌采用符合 JC/T 681—2005 的行星式水泥胶砂搅拌机,按 GB/T 17671 规定搅拌砂浆。混凝土搅拌采用单卧轴式强制搅拌机或其他类型的强制式搅拌机,应保证混凝土搅拌均匀,并且每次搅拌用量不少于搅拌机额定搅拌量的四分之一,也不超过四分之三。先加入砂石等粗细集料,再加入水泥,搅拌均匀后加入水再次搅拌。防水剂的加入方式可由生产企业推荐,将防水剂加入水泥或水中搅拌均匀后再加入砂石拌合。总搅拌时间为(3～5)min。

7.1.4 试件制备及养护

7.1.4.1 砂浆试件制备及养护

砂浆试件制备按 JGJ/T 70—2009 进行,砂浆试件预养护温度为(20±2)℃,预养护时间为 1 d。

7.1.4.2 混凝土试件制备及养护

混凝土试件制备按 GB/T 50082 进行,混凝土试件预养护温度为(20±3)℃,预养护时间为 1 d。

7.1.4.3 标准养护条件

环境温度(20±2)℃,湿度大于 95%。

7.1.4.4 基准试件和涂层试件养护

基准试件和涂层试件浸在深度为试件高度四分之三的水中养护(涂层面不浸水),水温为(20±2)℃。环境湿度大于 95%。

7.2 水泥基渗透结晶型防水涂料

7.2.1 外观

目测。

7.2.2 含水率

按 JC 475—2004 附录 A 进行。

7.2.3 细度

按 GB/T 8077—2000 第 6 章进行,采用 0.63 mm 的筛进行。

7.2.4 氯离子含量

按 GB/T 176 进行。

7.2.5 施工性

按 JG/T 26—2002 规定进行。从干粉加水搅拌开始计时,按 GB/T 17671 标准搅拌程序搅拌后,用刷子在标准混凝土板或石棉水泥板上涂刷。如果涂刷顺利,则表明刮涂无障碍;将余料用湿布覆盖搅拌锅,20 min 后在搅拌机中用高速搅拌 30 s 后,再次用刷子进行涂刷。如涂刷顺利,则表明刮涂无障碍。

7.2.6 抗折、抗压强度

按 GB/T 17671 规定进行。试模采用(40×40×160)mm 的三联模,成型一组。试件成型后移入标准养护室养护,1 d 后脱模,继续在标准条件下养护,但不能浸水。试验龄期为 28 d,试验步骤与结果计算按照 GB/T 17671 规定进行。

7.2.7 湿基面粘结强度

7.2.7.1 试验仪器

7.2.7.1.1 拉伸强度试验仪

拉伸粘结强度使用的试验仪器应有足够的灵敏度及量程，应能通过适宜的连接方式并不产生任何弯曲应力，仪器精度1%。

7.2.7.1.2 成型框

拉伸粘结强度成型框由硅橡胶或硅酮密封材料制成(如图1)，表面平整光滑，并保证砂浆不从成型框与混凝土板之间流出。孔尺寸为(50×50)mm，厚度为3 mm，精确至±0.2 mm。

单位为毫米

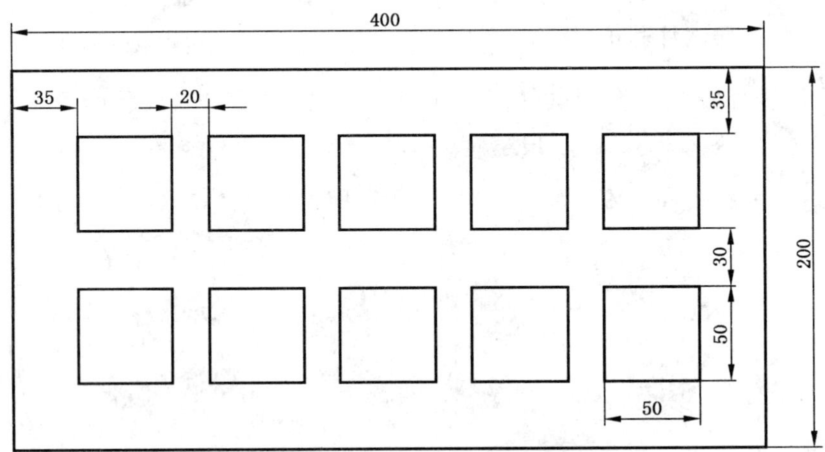

图1 拉伸粘结强度成型框

7.2.7.1.3 拉拔接头

尺寸为(50±1)mm×(50±1)mm并有足够强度的正方形钢板，最小厚度10 mm，有与测试仪器相连接的部件。

7.2.7.2 试件制备

先将标准混凝土板浸泡24 h，并清洗表面，取出后用湿毛巾擦干表面，无明水。将成型框放在混凝土板成型面上，将制备好的试样倒入成型框中，抹平，放置24 h后脱模，10个试件为一组(如图2)，整个成型过程20 min内完成。

单位为毫米

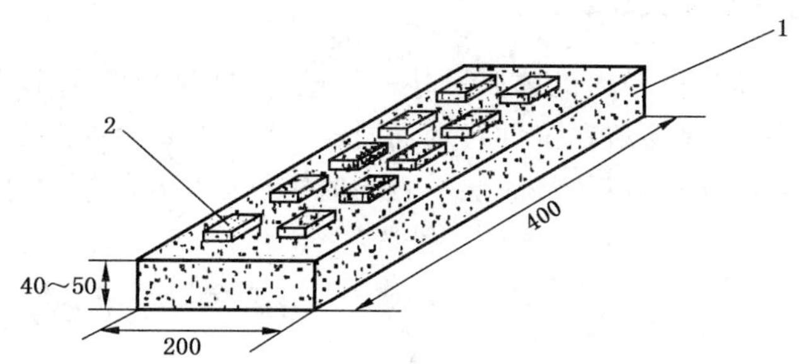

说明：

1——混凝土板；

2——砂浆试件。

图 2 拉伸粘结强度试件成型示意图

7.2.7.3 试件养护

试件脱模后的试件在标准条件下浸水养护(水浸到标准混凝土板，不要浸到涂层试件)到 27 d 龄期后，用砂纸打磨掉表面的浮浆，然后用适宜的高强粘结剂将拉拔接头粘结在试件成型面上，在标准养护条件下放置 24 h 后试验。

7.2.7.4 试验步骤

用拉伸强度试验仪测定试件拉伸粘结强度，加荷速度(250±50)N/s。

7.2.7.5 试验结果计算

粘结强度按式(1)计算：

$$P = F/S \quad \cdots\cdots (1)$$

式中：

P ——拉伸粘结强度，单位为兆帕(MPa)；

F ——最大破坏荷载，单位为牛顿(N)；

S ——粘结面积，单位为平方毫米(mm^2)(S=2 500)。

取 10 个试件的平均值。试验结果计算精确至 0.1 MPa。

7.2.8 砂浆抗渗性能

7.2.8.1 试件制备

7.2.8.1.1 基准砂浆抗渗试件制备

根据 7.1.2 选择合适的砂浆配合比，按 JC 474—2008 中 5.2.6 成型基准砂浆抗渗试件。每次试验同时成型三组试件，每组六个试件。成型时分两层装料，采用人工插捣方式。表面用铁板刮平，放在标准养护室，静置 1 d 脱模，用钢丝刷将试件两端面刷毛，清除油污，清洗干净并除去明水。

7.2.8.1.2 带涂层的砂浆抗渗试件制备

按 7.2.8.1.1 制备的三组试件中随机选取一组试件。防水涂料用量 1.5 kg/m^2，用水量为工程实际使用推荐的用水量。采用人工搅拌，搅拌均匀后，分两层涂刷，用刷子涂刷于已处理试件的背水面。当第一次涂刷后，待涂层手触干时进行第二次涂刷。第二次涂刷后，移入标准养护室养护。

7.2.8.1.3 去除涂层的砂浆抗渗试件制备

按7.2.8.1.1制备的三组试件中随机选取另外一组试件，用符合7.1.1.7的网格布裁剪成比试件背水面尺寸略大的覆面材料，将其覆盖在试件背水面，按7.2.8.1.2涂刷两遍于所测试件，注意涂刷过程中不要移动网格布。当第一次涂刷后，待涂层手触干时进行第二次涂刷。第二次涂刷后，移入标准养护室养护。

7.2.8.2 试件养护

基准砂浆、带涂层砂浆和去除涂层砂浆的抗渗试件在标准养护室养护1 d，尔后按7.1.4.4进行浸水养护27 d。

7.2.8.3 试验步骤

7.2.8.3.1 养护到龄期27 d三组试件一起取出。将基准砂浆和带涂层砂浆两组抗渗试件擦拭干净后晾干待测。将去除涂层一组砂浆抗渗试件，采用角向磨光机或其他的打磨设备，将网格布表面的涂层去除，并去除网格布。注意在打磨过程中不要破坏网格布覆盖下的抗渗试件，将试件清洗干净后晾干待测。

7.2.8.3.2 28 d基准砂浆、带涂层砂浆和去除涂层砂浆试件的抗渗压力按JC 474—2008中5.2.6进行。

7.2.8.4 试验结果

7.2.8.4.1 砂浆抗渗试验时，六个试件出现第三个渗水时停止试验，将该试件出现渗水时的压力减去0.1 MPa记为砂浆抗渗压力。

7.2.8.4.2 基准砂浆抗渗压力应为$0.4^{+0.0}_{-0.1}$ MPa。若不符合要求，则本批三组砂浆抗渗试验无效，应重新成型试件进行试验。

7.2.8.4.3 抗渗压力比为同龄期的带涂层和去除涂层砂浆试件的抗渗压力与基准砂浆试件的抗渗压力之比。

7.2.9 混凝土抗渗性能

7.2.9.1 试件制备

7.2.9.1.1 基准混凝土抗渗试件制备

根据7.1.2选择合适的混凝土配合比，按GB/T 50082成型基准混凝土抗渗试件。每次试验同时成型三组混凝土抗渗试件，每组六个试件。成型时分两层装料，采用人工插捣方式。表面用铁板刮平，放在标准养护室，静置1 d脱模，用钢丝刷将试件两端面刷毛，清除油污，清洗干净并除去明水。

7.2.9.1.2 带涂层的混凝土抗渗试件制备

按7.2.9.1.1制备的三组试件中随机选取一组试件。防水涂料用量1.5 kg/m^2，用水量为工程实际使用推荐的用水量。采用人工搅拌，搅拌均匀后，分两层涂刷，用刷子涂刷于已处理试件的背水面。当第一次涂刷后，待涂层手触干时进行第二次涂刷。第二次涂刷后，移入标准养护室养护。

7.2.9.1.3 去除涂层的混凝土抗渗试件制备

按7.2.9.1.1制备的三组试件中随机选取另外一组试件，用符合7.1.1.7的网格布裁剪成比试件背水面尺寸略大的覆面材料，将其覆盖在试件背水面，按7.2.9.1.2涂刷两遍于所测试样，注意涂刷过程中不要移动网格布。当第一次涂刷后，待涂层手触干时进行第二次涂刷。第二次涂刷后，移入标准养护室养护。

7.2.9.2 试件养护

基准混凝土、带涂层混凝土和去除涂层混凝土的抗渗试件在标准养护室养护 1 d，尔后按 7.1.4.4 进行浸水养护 27 d。

7.2.9.3 试验步骤

7.2.9.3.1 养护到龄期 27 d 三组试件一起取出。将基准混凝土和带涂层混凝土两组抗渗试件擦拭干净后晾干待测。将去除涂层一组混凝土抗渗试件，采用角向磨光机或其他的打磨设备，将网格布表面的涂层去除，并去除网格布，注意在打磨过程中不要破坏网格布覆盖下的抗渗试件，将试件清洗干净后晾干待测。

7.2.9.3.2 28 d 基准混凝土、带涂层混凝土和去除涂层混凝土试件的抗渗压力按 GB/T 50082 进行。

7.2.9.3.3 将第一次抗渗试验后的带涂层混凝土试件(该组试件第一次抗渗试验必须将六个试件全部进行到渗水)在标准养护条件下，水中带模养护至 56 d，测定其第二次抗渗压力。

7.2.9.4 试验结果

7.2.9.4.1 混凝土抗渗试验时，六个试件出现第三个渗水时停止试验，将该试件出现渗水时的压力减去 0.1 MPa 记为混凝土抗渗压力。带涂层混凝土抗渗试验六个试件全部出现渗水时方可停止试验。抗渗压力同样为出现第三个渗水时的试件的压力减去 0.1 MPa。

7.2.9.4.2 基准混凝土抗渗压力应为 $0.4^{+0.0}_{-0.1}$ MPa。若不符合要求，则本批三组混凝土抗渗试验无效，应重新成型试件进行试验。

7.2.9.4.3 抗渗压力比为同龄期的带涂层和去除涂层混凝土试件的抗渗压力与基准混凝土试件的抗渗压力之比。

7.3 水泥基渗透结晶型防水剂

7.3.1 外观

目测。

7.3.2 含水率

按 JC 475—2004 附录 A 进行。

7.3.3 细度

按 GB/T 8077—2000 第 6 章进行，采用 0.63 mm 筛。

7.3.4 氯离子和总碱量

氯离子含量以及总碱量按 GB/T 176—2008 进行。

7.3.5 减水率、含气量、凝结时间差、抗压强度比和收缩率比

按 GB 8076 的规定进行。

7.3.6 混凝土抗渗性能

7.3.6.1 按照 GB/T 50082 成型基准混凝土与掺防水剂混凝土的抗渗试件两组，每组六个试件。防水

剂掺量由生产厂推荐。浸水养护,28 d进行抗渗试验,即得到基准混凝土与掺防水剂混凝土的抗渗压力。第一次抗渗试验需要将所有六个试件均出现渗水为止。随后带模,在标准养护条件下继续养护至56 d,进行抗渗试验,得到基准混凝土与掺防水剂混凝土的第二次抗渗压力。

7.3.6.2 每组六个试件中至第三个试件出现透水时,记录此时的压力减去0.1 MPa后的数值为该组混凝土试件的抗渗压力。

7.3.6.3 基准混凝土抗渗压力应为$0.4^{+0.0}_{-0.1}$ MPa。若不符合要求,则本批两组混凝土抗渗试验无效,应重新成型试件进行试验。

7.3.6.4 抗渗压力比为同龄期掺防水剂混凝土试件的抗渗压力与基准混凝土试件的抗渗压力之比。

8 检验规则

8.1 检验分类

按检验类型分为出厂检验和型式检验。

8.1.1 出厂检验

CCCW C的出厂检验项目为表1中的含水率、细度、施工性、湿基面粘结强度和28 d砂浆抗渗性能。

CCCW A的出厂检验项目为表2中的含水率、细度、总碱量、减水率、抗压强度比和28 d混凝土抗渗性能。

8.1.2 型式检验

型式检验项目包括第6章的全部要求。在下列情况下进行型式检验:

a) 新产品投产或产品定型鉴定时;

b) 当原材料和生产工艺发生变化时;

c) 正常生产时,每一年进行一次;

d) 出厂检验结果与上次型式检验结果有较大差异时;

e) 产品停产六个月以上恢复生产时。

8.2 组批

连续生产,同一配料工艺条件制得的同一类型产品50 t为一批,不足50 t亦按一批计。

8.3 抽样

每批产品随机抽样,抽取10 kg样品,充分混匀。取样后,将样品一分为二。一份检验,一份留样备用。

8.4 判定规则

按标准规定的方法试验,若全部试验结果符合标准规定时,则判该批产品合格;若有两项或两项以上不符合标准要求,则判该批产品不合格。若结果中仅有一项不符合标准要求,可用留样对该项目复检。若该复检项目符合标准规定,则判该批产品合格;否则,则判该批产品不合格。

9 标志、包装、贮存和运输

9.1 标志

产品外包装应包括：

——生产厂名、地址；

——商标；

——产品标记；

——活性化学物质来源(原产地)；

——产品用水量或掺量；

——产品净质量；

——生产日期或批号；

——贮存期；

——贮存与运输注意事项；

——安全使用注意事项。

9.2 包装

9.2.1 产品可以袋装或桶装。袋装时须用防潮的包装袋。

9.2.2 产品出厂应附有产品质量检验报告和产品说明书。产品说明书中应对产品的适用范围、性能、使用与施工注意事项等作出说明。

9.3 贮存和运输

贮存与运输时，不同类型的产品应分别堆放，不应混杂。避免日晒雨淋，防止受潮。产品应规定贮存期，贮存期自生产之日起开始计算，并应在产品包装和说明书中明示用户。

附 录 A
(资料性附录)
基准砂浆和基准混凝土试件的配合比

A.1 原材料

基准砂浆和基准混凝土的原材料包括:

——水泥:符合 GB 175 的 P·O 42.5 水泥;

——砂浆用砂:符合 GB/T 17671 规定的 ISO 标准砂;

——混凝土用集料:集料颗粒尺寸分布服从图 A.1 的连续级配曲线。可以用不同级配的砂和细石复配;

——保水剂:黏度大于 20 000 mPa·s 的纤维素醚。

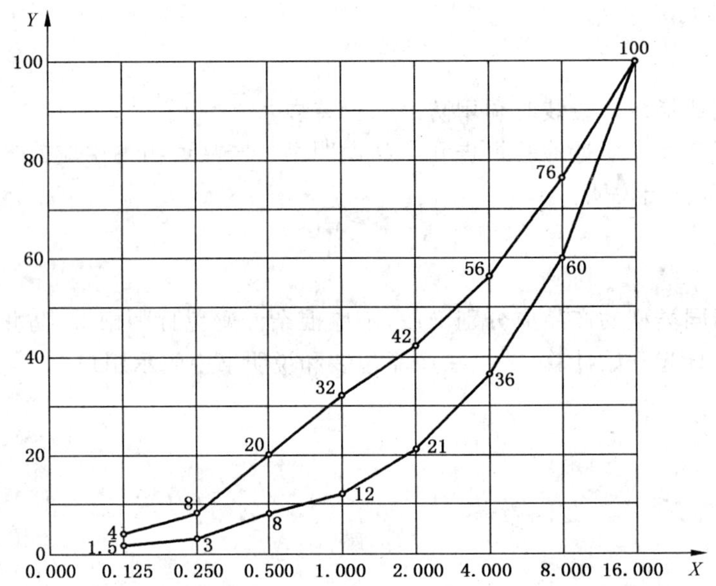

说明:

X——表观孔径尺寸;

Y——通过率的质量分数,%。

图 A.1 集料颗粒尺寸分布连续级配曲线

A.2 基准砂浆配合比

基准砂浆配合比如下:

——水泥:320 g～340 g;

——ISO 标准砂:1 350 g;

——水:260 g;

——纤维素醚:0.5 g。

注:水泥用量根据水泥品种和强度等级的不同自行调整。纤维素醚根据需要决定是否添加。

A.3 基准混凝土配合比

基准混凝土配合比如下：

——水泥：250 kg/m^3；

——标准级配的集料：1 750 kg/m^3；

——水：250 kg/m^3。

注：该配合比仅供参考，根据水泥以及原材料的不同，可自行调整，但水泥用量不得低于 250 kg/m^3。

ICS 19.060;77.040.10
N 71

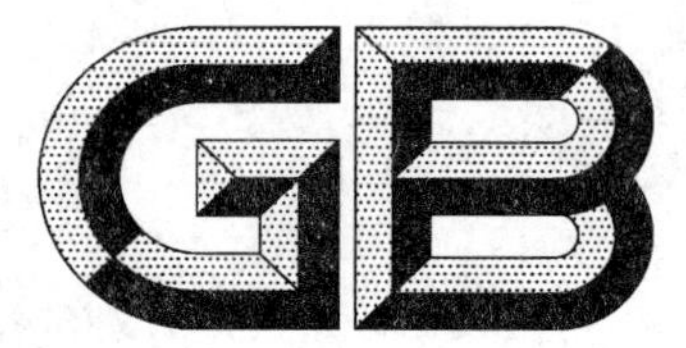

中华人民共和国国家标准

GB/T 18449.2—2012
代替 GB/T 18449.2—2001

金属材料 努氏硬度试验 第2部分:硬度计的检验与校准

**Metallic materials—Knoop hardness test—
Part 2:Verification and calibration of testing machines**

(ISO 4545-2:2005,MOD)

2012-12-31 发布　　2013-06-01 实施

中华人民共和国国家质量监督检验检疫总局
中国国家标准化管理委员会　发布

前　言

GB/T 18449《金属材料　努氏硬度试验》分为如下四个部分：

——第1部分：试验方法；

——第2部分：硬度计的检验与校准；

——第3部分：标准硬度块的标定；

——第4部分：硬度值表。

本部分为GB/T 18449的第2部分。

本部分按照GB/T 1.1—2009给出的规则起草。

本部分代替GB/T 18449.2—2001《金属努氏硬度试验　第2部分：硬度计的检验》，与GB/T 18449.2—2001相比，主要技术变化如下：

——修改了名称；

——删除了ISO前言(2001版的ISO前言)；

——增加了试验力范围(见第1章，2001版的第1章)；

——增加了引用标准GB/T 13634—2008《单轴试验机检验用标准测力仪的校准》(见第2章)；

——增加了检验温度、检验和校准器具的溯源性、压头常数、试验循环时间、间接检验时测量校准块上参考压痕、硬度计示值相对重复性和示值相对误差的计算公式(见4.1.1、4.1.2、4.3.5、4.5、5.1、5.2、5.7、5.8)；

——修改了试验力允差的指标和表示方式、金刚石棱锥体相对棱间β角的允差指标(见表1、4.3.4，2001版4.1.4、4.2.3)；

——修改了硬度计示值重复性和示值误差的指标(见表2和5.8，2001版的5.2.2和表1)；

——调整了标准的结构(见第4章、第5章，2001版的第4章、第5章)；

——增加了检验周期的规定(见第6章)；

——增加了资料性附录A“关于金刚石压头的说明”；

——增加了资料性附录B“硬度计校准结果的测量不确定度”。

本部分使用重新起草法修改采用国际标准ISO 4545-2:2005《金属材料　努氏硬度试验　第2部分：硬度计的检验与校准》(第一版)。在文本结构和技术内容方面与ISO 4545-2:2005一致。

本部分与ISO 4545-2:2005的技术性差异及其原因如下：

——删除了ISO 4545-2:2005的前言，重新编写了前言；

——关于规范性引用文件，本部分做了具有技术性差异的调整，以适应我国的技术条件，调整的内容集中反映在第2章“规范性引用文件”中，具体调整如下：

- 用等同采用国际标准的GB/T 13634代替ISO 376(见4.2.2)；
- 用修改采用国际标准的GB/T 18449.1—2009代替ISO 4545-1:2005(见第1章、4.2.1、4.3.5、4.5、5.5和附录B)；
- 用修改采用国际标准的GB/T 18449.3代替ISO 4545-3:2005(见5.1)；

——改正了附录B的表B.1、表B.3、表B.4、表B.5和表B.8中一些错误的计算结果和数据，并在做过改正的地方用下划线注明；

——规范了附录B中向公式里代入数值的一些计算式的表达方法；

——将附录B的式(B.10)、式(B.13)和表B.9中的符号“$\bar{b}$”用符号“E”替换；

——删除了参考文献。

本部分与ISO 4545-2:2005相比存在技术性差异,这些差异涉及的条款已通过在其外侧页边空白位置的垂直单线(|)进行了标示。

本部分还做了下列编辑性修改:

——将“ISO 4545的本部分”一词改为“本部分”;

——用中文的小数点符号“.”代替英文的小数点符号“,”。

请注意本文件的某些内容可能涉及专利。本文件的发布机构不承担识别这些专利的责任。

本部分由中国机械工业联合会提出。

本部分由全国试验机标准化技术委员会(SAC/TC 122)归口。

本部分起草单位:泉州市丰泽东海仪器硬度块厂、长春机械科学研究院有限公司、上海泰明光学仪器有限公司、上海市计量测试技术研究院、莱州华银试验仪器有限公司、深圳市华测检测技术股份有限公司。

本部分主要起草人:李松茂、袁松、马财樑、虞伟良、陈志明、周巧云、朱平。

本部分所代替标准的历次版本发布情况:

——GB/T 18449.2—2001。

金属材料 努氏硬度试验
第2部分:硬度计的检验与校准

1 范围

GB/T 18449的本部分规定了按GB/T 18449.1—2009测定金属材料努氏硬度用的试验力范围从0.098 07 N～19.614 N的努氏硬度计(以下简称硬度计)的检验和校准方法。本部分仅适用于长对角线长度不小于0.020 mm压痕。

本部分适用于检查硬度计基本功能的直接检验法和检查硬度计综合性能的间接检验法。间接检验法可独立地用于使用中硬度计的定期常规检查。

如果硬度计还用于其他方法的硬度试验,则应分别按每一种方法单独对硬度计进行检验。

2 规范性引用文件

下列文件对于本文件的应用是必不可少的。凡是注日期的引用文件,仅注日期的版本适用于本文件。凡是不注日期的引用文件,其最新版本(包括所有的修改单)适用于本文件。

GB/T 13634 单轴试验机检验用标准测力仪的校准(GB/T 13634—2008,ISO 376:2004,Metallic materials—Calibration of force-proving instruments used for the verification of uniaxial testing machines,IDT)

GB/T 18449.1—2009 金属材料 努氏硬度试验 第1部分:试验方法(ISO 4545-1:2005,MOD)

GB/T 18449.3 金属材料 努氏硬度试验 第3部分:标准硬度块的标定(GB/T 18449.3—2012,ISO 4545-3:2005,MOD)

3 一般要求

在检验硬度计以前,应对其进行检查以确保硬度计按制造者的说明书正确地安装,并要特别检查:

a) 压头主轴能够自由滑动没有任何摩擦或明显间隙;

b) 压头牢固地安装在主轴上;

c) 施加和卸除试验力时,无冲击或振动且不影响读数;

d) 对于测量装置与主机为一体的硬度计:

——从施加和卸除试验力状态到测量状态的转换过程不影响读数;

——照明不影响读数;

——压痕中心位于视场中心附近。

4 直接检验

4.1 通则

4.1.1 直接检验宜在(23±5)℃的温度范围内进行。如果在此温度范围以外进行检验,则应在检验报告中注明。

4.1.2 用于检验和校准的器具应能溯源到国家基准。

4.1.3 直接检验包括:

a） 试验力的校准；

b） 压头的检测；

c） 测量装置的校准；

d） 试验循环时间的检测。

4.2 试验力的校准

4.2.1 对硬度计工作范围内所使用的每一个试验力(见 GB/T 18449.1—2009 表 2)均应进行检测。

4.2.2 应采用下述两种方法之一测量试验力：

——使用满足 GB/T 13634 要求的 1 级标准测力仪；

——用校准过质量的砝码或具有相同准确度的其他方法施加一个准确到±0.2%的力，使该力与被测试验力相平衡。

4.2.3 对每个试验力应读取 3 个读数。每次即将读数之前，压头的移动方向应与试验时的移动方向一致。所有读数应在表 1 给出的允差之内。

表 1 试验力的允差

试验力 F N	允差 %
$0.098\,07 \leqslant F < 1.961$	±1.5
$1.961 \leqslant F \leqslant 19.614$	±1.0

4.3 压头的检测

4.3.1 金刚石棱锥体的四个面均应抛光，且无表面缺陷。

4.3.2 压头的形状可通过直接测量或光学测量进行检测。所用检测装置应准确到±0.07°以内。

4.3.3 金刚石棱锥体锥顶相对棱间的 α 角应为 172.5°±0.1°(见图 1)。

4.3.4 金刚石棱锥体锥顶相对棱间的 β 角应为 130°±1.0°(见图 1)。

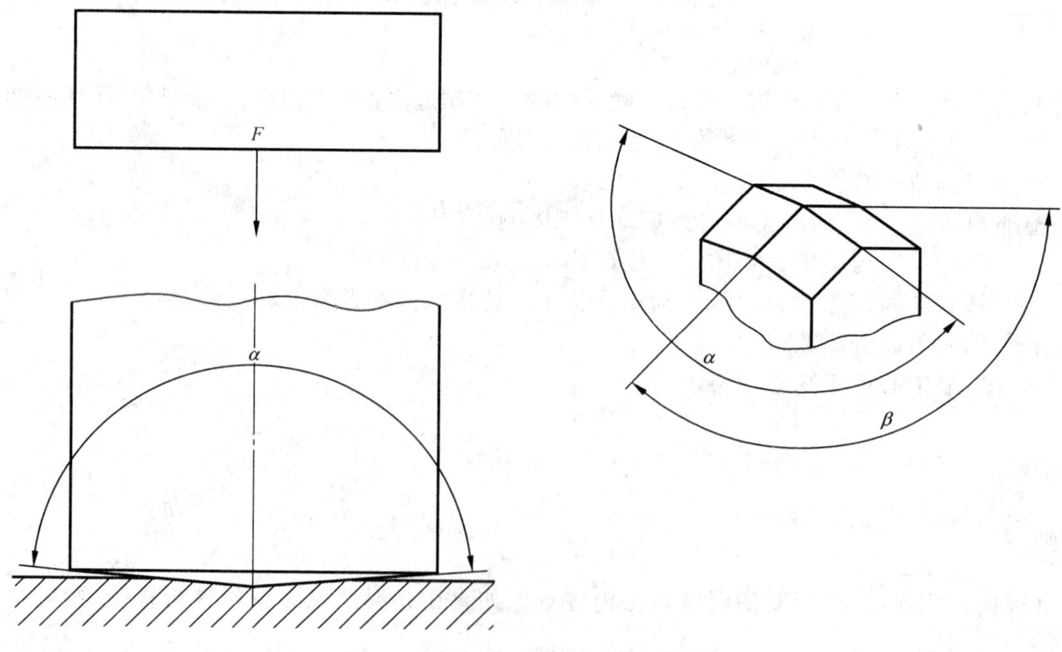

图 1 试验原理和压头几何形状

4.3.5 压头常数c(见GB/T 18449.1—2009表1)应在理论值0.070 28的±1.0%以内(0.069 58≤c≤0.070 98)。

注：为了获得理想的压头常数c,α角和(或)β角的值可以给出比上述更严的允差值。

4.3.6 金刚石棱锥体轴线与压头柄轴线(垂直于安装面)间的夹角应在±0.5°以内。

4.3.7 四个面应相交于一点。相对面间交线长度的最大允许值为1.0 μm(见图2)。

单位为微米

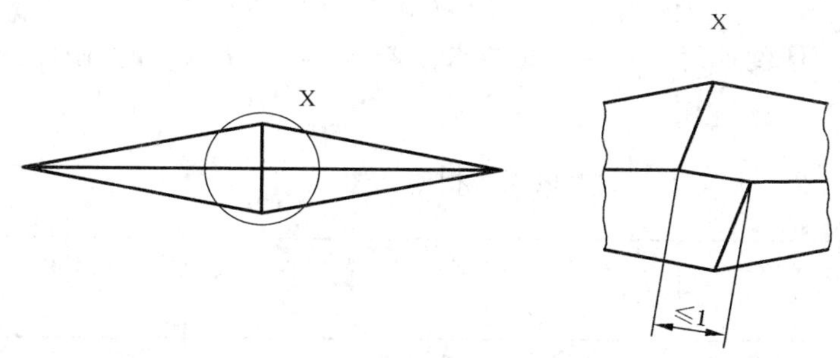

图2 压头锥顶交线(示意图)

注1：对于小于0.020 mm的压痕,交线的长度宜尽量小。交线可通过测量压痕确定；

注2：附录A给出了关于金刚石压头的说明。

4.4 测量装置的校准

4.4.1 测量压痕长对角线的装置应在每个放大倍数下使用标准线纹尺或准确度相当的装置进行校准。标准线纹尺的测量不确定度为0.1 μm或测量长度的0.05%,以较大者为准。

4.4.2 将测量装置每个工作范围至少分成五个测量段,使用标准线纹尺对其进行检测。

4.4.3 测量装置的最大允许误差为±0.5%或±0.4 μm,以较大者为准。如果需要,校准系数也可给出此允差。

4.5 试验循环时间的检测

试验循环时间的允许误差为±0.5 s,并应与GB/T 18449.1—2009规定的试验循环时间一致。

5 间接检验

5.1 宜在23°±5°的温度范围内,使用按GB/T 18449.3标定的标准硬度块进行间接检验。如果在此温度范围以外进行检验,则应在检验报告中注明。

5.2 应测量每一标准块上的标准压痕。对于每一标准块,测得的平均值与校准证书给出的长对角线值之差不应超过0.5%和0.4 μm,以较大者为准。

5.3 当被检验的硬度计使用几个试验力时,宜对所使用的每个力进行检测。在特殊情况下,至少应选择两个不同的力进行检测,其中一个力应为所使用的最小力,另一个力应在硬度计所有力的中间力级以上选取。对应所选的每一试验力,应在被检验的硬度计工作范围内选择两块不同硬度的标准块。这两块标准块的硬度值的比值应不小于2。

5.4 当被检验的硬度计仅使用一个试验力时,应选用3块标准块进行检测,这3块标准块的硬度应在硬度计的工作范围内均匀分布。

5.5 应在每一标准块上压出并测量5个压痕,试验应按GB/T 18449.1—2009进行。

5.6 将每一标准块上所测得的5个压痕对角线的值$d_1,d_2,\cdots,d_5$,按从小到大递增的次序排列,并按式(1)计算其算术平均值：

$$\overline{d}=\frac{d_1+d_2+\cdots+d_5}{5} \qquad \cdots\cdots(1)$$

5.7 在规定的检验条件下，硬度计的重复性 r 按式(2)计算：

$$r=d_5-d_1 \qquad \cdots\cdots(2)$$

以 $\overline{d}$ 的百分比表示的相对重复性 r_{rel}，按式(3)计算：

$$r_{rel}=\frac{d_5-d_1}{\overline{d}}\times 100 \qquad \cdots\cdots(3)$$

如果 $r\leqslant 0.001$ mm 硬度计的重复性满足要求。若 $r>0.001$ mm 时，硬度计的相对重复性应符合表 2 的规定。

表 2　相对重复性

标准块的硬度范围 HK[a]	试验力 N	相对重复性 r_{rel} 的最大允许值 %
100～250 >250～650 >650	$0.098\ 07\leqslant F\leqslant 4.903$	9 5 4
100～250 >250～650 >650	$4.903<F\leqslant 19.614$	8 5 4

[a] HK——努氏硬度。

5.8 在规定的检验条件下，硬度计的示值误差 E 按式(4)计算：

$$E=\overline{d}-d_c \qquad \cdots\cdots(4)$$

以百分比表示的硬度计示值相对误差 E_{rel} 按式(5)计算：

$$E_{rel}=\frac{\overline{d}-d_c}{d_c}\times 100 \qquad \cdots\cdots(5)$$

式中：

d_c——标准块检定证书给出的平均对角线长度，单位为毫米(mm)。

硬度计误差的最大允许值为±0.000 5 mm 或±2%，以较大者为准。

5.9 硬度计校准结果的测量不确定度的评定方法见附录 B。

6 检验周期

硬度计直接检验项目和检验周期见表 3。

间接检验的周期不应超过 12 个月，并应在直接检验完成以后进行。

表 3　硬度计的直接检验

直接检验要求	力	测量装置	试验循环时间	压头[a]
安装后首次开始工作以前	√	√	√	√
经拆卸并重新装配后，如果影响到力、测量装置或试验循环时	√	√	√	
间接检验不合格时[b]	√	√	√	

表 3（续）

直接检验要求	力	测量装置	试验循环时间	压头[a]
间接检验超过 14 个月	√	√	√	

[a] 建议当压头使用 2 年后要对其进行直接检验。

[b] 可对这些检测项目按顺序进行直接检验，以便找出未通过间接检验的原因，如果能够证明压头失效的原因（例如使用标准压头进行试验），则不需要对其进行直接检验。

7 检验报告和（或）校准证书

检验报告和（或）校准证书应包括以下内容：

a) 注明执行本部分，即 GB/T 18449.2；

b) 检验方法[直接和（或）间接]；

c) 硬度计标识的信息；

d) 检验器具（标准块、标准测力仪等）；

e) 检验的各级试验力；

f) 所用标准块的硬度值；

g) 检验温度，如果超出第 4 章规定的范围；

h) 检验结果；

i) 检验日期和检验机构；

j) 检验结果的测量不确定度。

附 录 A
（资料性附录）
关于金刚石压头的说明

经验表明许多初始合格的压头在使用一段时间后可能变劣。这主要由于在表面有小的裂纹、凹痕、或其他划痕。如果这种缺陷能被及时发现，许多压头经过重新研磨可以继续使用。否则，表面上任何微小的缺陷能迅速损坏压头并使其报废。

因此：

——每天使用硬度计时，宜观测检查标准块上压痕的形状来监视压头的完好状况；

——当压头出现缺陷时，压头的检验结果不再有效；

——重新研磨或用其他方法修复的压头应满足 4.3 全部要求。

附　录　B
（资料性附录）
硬度计校准结果的测量不确定度

GB/T 18449.1—2009 图 B.1 中给出了硬度标尺的定义和量值传递所需的计量链。

B.1　硬度计的直接校准

B.1.1　试验力的校准

试验力校准的相对合成标准不确定度按式(B.1)计算：

$$u_F=\sqrt{u_{FRS}^2+u_{FHTM}^2} \quad \cdots\cdots(B.1)$$

式中：

u_{FRS} ——标准测力仪的相对标准不确定度(在校准证书中给出)；

u_{FHTM} ——硬度计试验力的相对标准不确定度。

标准测力仪的测量不确定度在相应的校准证书中给出。对于重要的应用宜考虑下列影响量，例如：

——温度相关性；

——长期稳定度；

——内插法误差。

根据传感器的结构设计，在校准过程中还宜考虑将传感器相对硬度计的压头轴线转位。

评定不确定度的示例如下：

标准测力仪的扩展测量不确定度(由校准证书给出)：$U_{FRS}=0.24\%(k=2)$

标准测力仪的校准值：　　$F_{RS}=9.806\ 7\ \text{N}$

表 B.1　试验力校准结果

校准试验力时主轴上测量位置的序号	第 1 列 F_1 N	第 2 列 F_2 N	第 3 列 F_3 N	平均值 $\overline{F}$ N	相对误差 ΔF_{rel} %	相对标准测量不确定度 u_{FHTM} %
1	9.809	9.815	9.822	9.815	−0.08	0.04

表 B.1 中的 ΔF_{rel} 和 u_{FHTM} 分别按式(B.2)和式(B.3)计算：

$$\Delta F_{rel}=\frac{F_{RS}-\overline{F}}{\overline{F}} \quad \cdots\cdots(B.2)$$

$$u_{FHTM}=\frac{s_{Fi}}{\overline{F}}\times\frac{1}{\sqrt{n}}(n=3) \quad \cdots\cdots(B.3)$$

式中：

s_{Fi}——在主轴第 i 个位置测量的试验力示值的标准偏差。

表 B.2 试验力测量不确定度的计算

不确定度分量 X_i	估计值 x_i	相对极限值 a_i	分布类别	相对标准测量不确定度 $u(x_i)$	灵敏系数 c_i	相对不确定度的贡献 $u_i(H)$
u_{FRS}	294.2N		正态	1.2×10^{-3}	1	1.2×10^{-3}
u_{FHTM}			正态	4.0×10^{-4}	1	4.0×10^{-4}
相对合成标准不确定度 u_F						1.26×10^{-3}
相对扩展测量不确定度 $U_F(k=2)$						2.5×10^{-3}

表 B.3 包含标准测力仪测量不确定度的试验力最大相对误差的计算

试验力的相对误差 ΔF_{rel} %	试验力的相对扩展不确定度 U_F %	包含标准测力仪测量不确定度的试验力最大相对误差 ΔF_{max} %
−0.08	0.25	0.33

表 B.3 中的 ΔF_{max} 按式(B.4)计算：

$$\Delta F_{max} = |\Delta F_{rel}| + U_F \quad \cdots\cdots(B.4)$$

此例的结果表明包含标准测力仪测量不确定度的试验力的相对误差是满足 4.2.3 规定的±1.0%要求的。

B.1.2 光学测量装置的校准

用标准线纹尺(参考标准)校准光学压痕测量装置的相对合成标准不确定度按公式(B.5)计算：

$$u_L = \sqrt{u_{LRS}^2 + u_{ms}^2 + u_{LHTM}^2} \quad \cdots\cdots(B.5)$$

式中：

u_{LRS} ——标准线纹尺(参考标准)校准证书给出的相对标准不确定度($k=1$)；

u_{ms} ——压痕测量装置分辨力引入的相对标准不确定度；

u_{LHTM} ——硬度计的相对标准不确定度。

校准光学压痕测量装置用的标准线纹尺的测量不确定度在相应的校准证书中给出。下列影响量不要对校准所用的标准线纹尺的测量不确定度产生实质的影响，例如：

——温度相关性；

——长期稳定度；

——内插法误差。

评定不确定度的示例如下：

标准线纹尺的扩展测量不确定度：$U_{LRS}=0.000\ 5$ mm($k=2$)

光学压痕测量装置的分辨力：$\delta_{ms}=0.1\ \mu m$

表 B.4　光学压痕测量装置的校准结果

标准线纹尺的示值 L_{RS} mm	第 1 列 L_1 mm	第 2 列 L_2 mm	第 3 列 L_3 mm	平均值 $\overline{L}$ mm	相对误差 ΔL_{rel} %	相对标准测量不确定度 u_{LHTM} %
0.05	0.050 1	0.050 0	0.050 1	0.050 1	0.13	0.07
0.10	0.100 2	0.100 0	0.100 1	0.100 1	0.10	0.06
0.20	0.200 1	0.199 5	0.200 1	0.199 9	−0.05	0.10
0.30	0.299 7	0.300 1	0.300 1	0.300 0	−0.01	0.04
0.40	0.400 2	0.400 9	0.400 7	0.400 6	0.15	0.05

表 B.4 中 u_{LHTM} 和 ΔL_{rel} 分别按式(B.6)和式(B.7)计算：

$$u_{LHTM}=\frac{s_{Li}}{\overline{L}}\times\frac{1}{\sqrt{n}}\quad(n=3)\qquad\cdots\cdots(\text{B.6})$$

$$\Delta L_{rel}=\frac{\overline{L}-L_{RS}}{L_{RS}}\qquad\cdots\cdots(\text{B.7})$$

式中：

s_{Li}——对应标准线纹尺第 i 个示值，压痕测量装置长度示值的标准偏差。

光学压痕测量装置测量不确定度的评定方法和计算结果见表 B.5。

表 B.5　光学压痕测量装置测量不确定度的计算

不确定度分量 X_i	估计值 x_i mm	极限值 a_i	分布类别	相对标准测量不确定度 $u(x_i)$	灵敏系数 c_i	相对不确定度的贡献 $u_i(H)$
u_{LRS}	0.40		正态	6.25×10^{-4}	1	6.25×10^{-4}
u_{ms}		2.5×10^{-4}	矩形	0.7×10^{-4}	1	0.7×10^{-4}
u_{LHTM}	0.40		正态	10.0×10^{-4}	1	10.0×10^{-4}
相对合成标准不确定度 u_L/%						0.12
相对扩展测量不确定度 $U_L(k=2)$/%						0.24

表 B.6　包含标准线纹尺测量不确定度的光学压痕测量装置最大相对误差的计算

检测长度 L_{RS}	压痕测量装置的相对误差 ΔL_{rel} %	相对扩展测量不确定度 U_L %	包含标准线纹尺的测量不确定度的压痕测量装置的最大相对误差 ΔL_{max} %
0.40 mm	0.15	0.24	0.39

表 B.6 中 ΔL_{max} 按式(B.8)计算：

$$\Delta L_{max} = |\Delta L_{rel}| + U_L \quad \cdots\cdots (B.8)$$

此例的结果表明，包含校准用线纹尺测量不确定度的压痕测量装置的误差是满足 4.4.3 规定的 ±0.5% 要求的。

B.1.3 压头的检测

压头是由压头体和压头柄组成，不能通过在现场分别测量进行检测和(或)校准。压头的几何偏差(见 4.3)应由认可的校准实验室出具的有效校准证书予以证明。

B.1.4 试验循环时间的检测

4.5 中规定试验循环每个阶段的时间允许误差为 ±0.5 s。当使用常规的时间测量装置(秒表)测量时，能够给出的测量不确定度为 0.1 s。因此，不需考虑对此测量不确定度分量的评估。

B.2 硬度计的间接检验

注：在本附录中，根据硬度试验标准的定义，下标“CRM”(有证标准物质)的含义是“标准硬度块”。

通过使用标准硬度块进行间接检验，能检查硬度计的综合性能，同时根据标准硬度块的标准值测定出硬度计的重复性及误差。

硬度计间接检验时的合成标准不确定度由式(B.9)求得：

$$u_{HTM} = \sqrt{u_{CRM}^2 + u_{CRM\text{-}D}^2 + u_H^2 + u_{ms}^2} \quad \cdots\cdots (B.9)$$

式中：

u_{CRM} ——标准硬度块校准证书给出的标准不确定度($k=1$)；

$u_{CRM\text{-}D}$ ——标准硬度块自最近一次标定，其硬度值随时间漂移而引入的标准不确定度(当使用满足标准要求的标准硬度块检测时此项在计算时可忽略不计)；

u_H ——用标准硬度块检测时由硬度计引入的标准不确定度；

u_{ms} ——由硬度计的分辨力引入的标准不确定度。

评定不确定度的示例如下：

标准硬度块的标定值： $H_{CRM} = (802.7 \pm 12.0)$ HK1

标准硬度块的扩展不确定度： $U_{CRM} = 12.0$ HK1 ($k=2$)

硬度计的分辨力： $\delta_{ms} = 0.1\ \mu m$

表 B.7 间接检验结果

序号	测得的压痕对角线 d mm	计算的硬度值 H HK [a]
1	0.133 2	802.0
2	0.133 3	800.8
3	$0.133\ 5_{max}$	798.4_{min}
4	$0.133\ 0_{min}$	804.4_{max}
5	0.133 1	803.2

表 B.7（续）

序　　号	测得的压痕对角线 d mm	计算的硬度值 H HK [a]
平均值$\overline{H}$	0.133 2	801.7
标准偏差 s_H		2.3
[a] HK——努氏硬度。		

根据表 B.7 中的数据按式(B.10)计算被检硬度计的示值误差：

$$E=\overline{H}-H_{\mathrm{CRM}} \qquad \text{(B.10)}$$

$$E=801.7-802.7=-1.0\mathrm{HK}$$

标准不确定度按式(B.11)计算：

$$u_H=\frac{t\times s_H}{\sqrt{n}} \qquad \text{(B.11)}$$

当取 $t=1.14$，$n=5$，$s_H=2.3\mathrm{HK}$ 时，$u_H=1.18\mathrm{HK}$。

B.3 测量不确定度的评定

硬度计扩展不确定度的评定结果见表 B.8。

表 B.8 测量不确定度的评定

不确定度分量 X_i	估算值 x_i HK[a]	标准测量 不确定度 $u(x_i)$	分布类别	灵敏系数 c_i	不确定度的 贡献 $u_i(H)$ HK
u_{CRM}	802.7	6.0HK	正态	1.0	6.0
u_H	0	1.18HK	正态	1.0	1.18
u_{ms}	0	0.000 029 mm	矩形	−12 046.6[b]	−0.35
$u_{\mathrm{CRM\text{-}D}}$	0	0HK	三角	1.0	0
合成标准不确定度 u_{HTM}					6.12
扩展测量不确定度 $U_{\mathrm{HTM}}(k=2)$					12.2

[a] HK——努氏硬度。

[b] 灵敏系数按式(B.12)计算

$$c=\frac{\partial H}{\partial d}=-2\left(\frac{H}{d}\right) \qquad \text{(B.12)}$$

当取 $H=801.7\mathrm{HK1}$　$d=0.133\ 1$ mm 时得到该系数。

表 B.9 包含测量不确定度的硬度计的最大误差

硬度计测定的硬度值 H HK[a]	扩展测量不确定度 U_{HTM} HK	用标准硬度块校准时 硬度计的误差 $\|E\|$ HK	包含测量不确定度的 硬度计的最大误差 $(\Delta H_{HTM})_{max}$ HK
801.7HK1	12.2	1.0	13.2

[a] HK——努氏硬度。

含有测量不确定度的硬度计的示值误差 ΔH_{HTM} 按式(B.13)计算：

$$\Delta H_{HTM} = |E| + U_{HTM} \qquad \text{(B.13)}$$

表 B.9 中包含测量不确定度的硬度计的最大示值误差：

$$(\Delta H_{HTM})_{max} = 12.2 + 1.0 = 13.2\text{HK}$$

上例的结果表明，包含测量不确定度的硬度计的允许极限误差是满足 5.8 规定的±2%要求的。

ICS 19.060;77.040.10
N 71

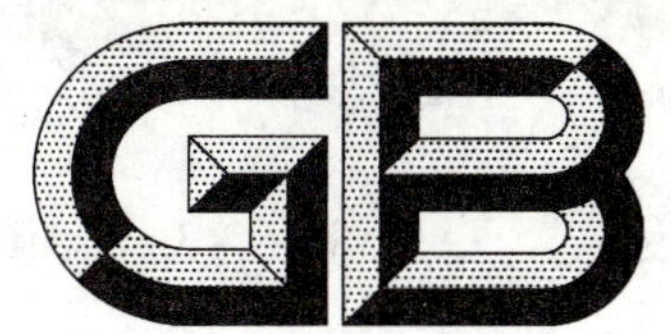

中华人民共和国国家标准

GB/T 18449.3—2012
代替 GB/T 18449.3—2001

金属材料　努氏硬度试验　第3部分:标准硬度块的标定

Metallic materials—Knoop hardness test—Part 3:Calibration of reference blocks

(ISO 4545-3:2005,MOD)

2012-12-31 发布　　2013-06-01 实施

中华人民共和国国家质量监督检验检疫总局
中国国家标准化管理委员会　发布

前　言

GB/T 18449《金属材料　努氏硬度试验》分为如下四个部分：

——第 1 部分：试验方法；

——第 2 部分：硬度计的检验与校准；

——第 3 部分：标准硬度块的标定；

——第 4 部分：硬度值表。

本部分为 GB/T 18449 的第 3 部分。

本部分按照 GB/T 1.1—2009 给出的规则起草。

本部分代替 GB/T 18449.3—2001《金属努氏硬度试验　第 3 部分：标准硬度块的标定》，与 GB/T 18449.3—2001 相比，主要技术变化如下：

——修改了标准名称；

——在第 2 章规范性引用文件清单中用 GB/T 3505 代替了 GB/T 1031—1995《表面粗糙度　参数及其数值》，增加引用了 GB/T 13634（见第 2 章，2001 年版的第 2 章）；

——修改了标准硬度块厚度的要求（见 3.2，2001 年版的 3.2）；

——增加了使用标准测力仪检测标准机试验力的测量次数（见 4.4）；

——增加了标定期间温度波动和有效性的要求（见第 5 章和第 9 章）；

——修改了硬度均匀度的技术指标并增加了标准块相对均匀度的计算公式（见第 7 章，2001 年版的第 7 章）；

——增加了资料性附录 B“标准块平均硬度值的测量不确定度”（见附录 B）。

本部分使用重新起草法修改采用国际标准 ISO 4545-3:2005《金属材料　努氏硬度试验　第 3 部分：标准硬度块的标定》（第二版），在文本结构和技术内容方面与 ISO 4545-3:2005 一致。

本部分与 ISO 4545-3:2005 的技术性差异及其原因如下：

——删除了 ISO 4545-3:2005 的前言，重新编写了前言；

——关于规范性引用文件，本部分做了具有技术性差异的调整，以适应我国的技术条件，调整的内容集中反映在第 2 章“规范性引用文件”中，具体调整如下：

- 用等同采用国际标准的 GB/T 3505 代替 ISO 4287（见 3.6）；
- 用等同采用国际标准的 GB/T 13634 代替 ISO 376（见 4.4）；
- 用修改采用国际标准的 GB/T 18449.1—2009 代替 ISO 4545-1:2005（见 4.5 b）、第 5 章和附录 B）；
- 用修改采用国际标准的 GB/T 18449.2—2012 代替 ISO 4545-2:2005（见第 1 章、4.1 、附录 B 的 B.1 ）；

——将既不可能是误差也不可能是不确定度的不合实际的指标 0.02 μm 修改成最低分辨力为 0.05 μm（见 4.6）；

——国际标准 ISO 4545-3:2005 原文中标准硬度块的均匀度符号为“U”，易与测量不确定度的符号混淆，本部分用符号“J”表示（见 7.1 和表 1）；

——删除了参考文献。

本部分与 ISO 4545-3:2005 相比存在技术性差异，这些差异涉及的条款已通过在其外侧页边空白位置的垂直单线（|）进行了标示。

本部分还做了如下编辑性修改：

——用“本部分”代替“ISO 4545 的本部分”；

——用中文的小数点符号“.”代替英文的小数点符号“,”。

请注意本文件的某些内容可能涉及专利。本文件的发布机构不承担识别这些专利的责任。

本部分由中国机械工业联合会提出。

本部分由全国试验机标准化技术委员会(SAC/TC 122)归口。

本部分起草单位：泉州市丰泽东海仪器硬度块厂、长春机械科学研究院有限公司、上海市计量测试技术研究院、上海泰明光学仪器有限公司、深圳市华测检测技术股份有限公司。

本部分主要起草人：李松茂、郭健、虞伟良、陈志明、马财樑、朱平。

本部分所代替标准的历次版本发布情况为：

——GB/T 18449.3—2001。

金属材料　努氏硬度试验
第3部分:标准硬度块的标定

1　范围

GB/T 18449的本部分规定了在GB/T 18449.2—2012中描述的努氏硬度计间接检验用标准硬度块(以下简称标准块)的标定方法。

本部分仅适用于长对角线长度不小于0.02 mm的压痕。

2　规范性引用文件

下列文件对于本文件的应用是必不可少的。凡是注日期的引用文件,仅注日期的版本适用于本文件。凡是不注日期的引用文件,其最新版本(包括所有的修改单)适用于本文件。

GB/T 3505—2009　产品几何技术规范(GPS)　表面结构　轮廓法　术语、定义及表面结构参数(ISO 4287:1997,IDT)

GB/T 13634　单轴试验机检验用标准测力仪的校准(GB/T 13634—2008,ISO 376:2004,Metallic materials—Calibration of force-proving instruments used for the verification of uniaxial testing machines,IDT)

GB/T 18449.1—2009　金属材料　努氏硬度试验　第1部分:试验方法(ISO 4545-1:2005,MOD)

GB/T 18449.2—2009　金属材料　努氏硬度试验　第2部分:硬度计的检验与校准(ISO 4545-2:2005,MOD)

3　标准块的制造

3.1　标准块应专门制造。

注:对需要使用的制造工艺要引起关注,这些制造工艺将使标准块具有必要的均质性、组织稳定性和表面硬度的均匀性。

3.2　标准块厚度应大于标定试验力所压出的压痕深度的20倍。

3.3　标准块应无磁性。

3.4　标准块表面的平面度为0.005 mm。

3.5　标准块的平行度为0.010 mm/50 mm。

3.6　标准块的试验面不应有影响压痕测量的划痕;试验面的表面粗糙度参数 Ra 的最大允许值为0.1 μm;其取样长度 L 应为0.80 mm(见GB/T 3505—2009的3.1.9)。

3.7　为能查验以后不从标准块上去除任何材料,应在标准块上标注其标定时的厚度,准确至0.1 mm或在其试验表面作出鉴别标记[见8.1 e)]。

4　标准机

4.1　标准努氏硬度机除应满足GB/T 18449.2—2012规定的一般要求外,还应满足4.2~4.7的要求。

注:附录A给出了调整照明系统方法的示例。

4.2 应对标准机进行直接检验，检验周期不超过12个月。直接检验包括：

a) 试验力的校准；

b) 压头的检测；

c) 压痕测量装置的校准；

d) 试验循环时间的检测，如果此项检测不能完全实现，至少应检测力对时间的特性。

4.3 用于检验和校准标准机的器具应朔源到国家基准。

4.4 每个试验力应使用符合GB/T 13634规定的0.5级或优于0.5级的标准测力仪检测3次，也可用具有相同或更高准确度等级的其他方法进行测量。每次测量均应准确到其标称值的±0.5%以内。

4.5 压头应满足如下要求：

a) 金刚石棱锥体的四个面应高度抛光且无表面缺陷；

b) 金刚石棱锥体锥顶两相对棱间的夹角 α 和 β（见GB/T 18449.1—2009的图1）应为172.5°±0.1°和130°±0.1°。

金刚石棱锥体轴线与压头柄轴线（垂直于安装面）间的夹角不应大于0.3°。金刚石棱锥体的四个面应交于一点，相对面间的任一交线长度不应大于0.3 μm。

4.6 压痕对角线测量装置应能将对角线长度估测到0.1 μm[1]以内。

测量装置应使用标准线纹尺或准确度相当的装置进行校准。线纹尺的最低分辨率为0.05 μm。

测量装置误差的最大允许值为±0.08%或±0.3 μm[2]，以较大者为准。

4.7 传到标准机上的最大允许振动加速度应小于0.05 m/s^2。

5 标定方法

标准块应在(23±5)℃温度范内，使用GB/T 18449.1—2009规定的一般试验方法，在第4章规定的标准机上进行标定。

标定时，温度波动不宜超过1 ℃。

从开始施加试验力到满试验力的时间应在5 s～7 s之内。压头即将接触标准块前的接近速度应在15 μm/s～ 70 μm/s范围内。试验力保持时间应为13 s～ 15 s。

6 压痕数目

在每一标准块的整个试验面上应均匀分布地至少压出5个压痕。

为了减少测量不确定度，压痕的数目最好多于5个。建议在标准块上分布的5个区域压出10个、15个或25个压痕。

7 硬度均匀度

7.1 将 n[3]个标定时测得的压痕对角线的值 $d_1, d_2, \cdots, d_n$，按从小到大递增的次序排列，并按式(1)计算 n 个压痕对角线的算术平均值：

$$\bar{d}=\frac{d_1+d_2+\cdots+d_n}{n} \qquad \cdots\cdots(1)$$

在规定标定条件下，标准块硬度的均匀度 J 由式(2)表示：

1) ISO 4545-3:2005原文在此处前加“±”号。

2) 这里的“±”是后加的，国际标准ISO 4545-3:2005原文中没有该符号。

3) 用符号“n”代替原文在此处的具体数目。

$$J = d_n - d_1 \qquad (2)$$

以$\bar{d}$的百分比表示的标准块硬度的相对均匀度 J_{rel}按式(3)计算：

$$J_{rel} = \frac{(d_n - d_1)}{\bar{d}} \times 100 \qquad (3)$$

7.2 如果标准块硬度均匀度满足下列条件之一即认为是满足要求的：

——$J \leqslant 0.001$ mm；

——$J > 0.001$ mm，且 J_{rel}符合表 1 的规定。

7.3 附录 B 给出了标准块测量不确定度的评定方法。

表 1 标准块的相对均匀度

标准块硬度范围 HK[a]	试验力 N	相对均匀度 J_{rel}最大允许值 %
100～200 >200～250 >250～650 >650	$0.098\ 07 \leqslant F \leqslant 0.980\ 7$	8 5 4 3
100～250 >250～650 >650	$0.980\ 7 < F \leqslant 4.903$	7 4 3
100～250 >250～650 >650	$4.903 < F \leqslant 19.614$	4 3 2

[a] HK——努氏硬度。

8 标识

8.1 每一标准块上应标记下列内容：

a) 标定时测得的硬度值的算术平均值，如 249 HK1；

b) 供应商或制造者的名称或标志；

c) 编号；

d) 校准机构的名称或标志；

e) 标准块的厚度或试验面上的鉴别标记(见 3.7)；

f) 标定年份(如果在编号中未标出时)。

8.2 当试验面朝上时，标在标准块侧面的任何标记都应是正立的。

8.3 随提供的标准块，应附有至少包括下列内容的合格证书，

a) 注明执行本部分，即 GB/T 18449.3；

b) 标准块的标识；

c) 标定日期；

d) 标准块硬度值的算术平均值和均匀度；

e) 标准压痕位置和长对角线值的相关信息。

9 有效性

标准块仅对其标定的标尺有效。

标定的有效期不宜超过五年。对铜合金和铝合金材料制成的标准块,其标定的有效期宜减少到2年～3年。

附 录 A
（资料性附录）
柯勒照明系统的调整

A.1 总则

尽管已对某些光学系统做了固定调整，但是还有一些其他的微调方式。为了获取最佳分辨力应进行如下调整。

A.2 柯勒照明

照射光对准已抛光的试样平面并调整到最佳清晰度。

对准中心照明光源。

将场光阑和孔径光阑对中。

卸下目镜并检查物镜的后焦面。如果所有部件的位置都正确。则照明光源和孔径光阑将使聚焦清晰。

打开全孔径光阑以获取最大分辨力，如果杂光过大则应缩小光阑孔径，但切勿使光阑孔径小于3/4，因为这样会降低分辨力并产生衍射现象从而造成测量失真。

如果光太强而刺眼，可使用一片适宜的中性滤光片或利用电阻器进行调节以降低光的强度。

附　录　B
（资料性附录）
标准块平均硬度值的测量不确定度

GB/T 18449.1—2009 的图 B.1 示出硬度标尺的定义和量值传递所需计量链。

B.1　标准硬度机的直接检验

B.1.1　试验力的校准

试验力的校准见 GB/T 18449.2—2012 的附录 B。

B.1.2　光学压痕测量装置的校准

光学压痕测量装置的校准见 GB/T 18449.2—2012 的附录 B。

B.1.3　压头的检测

压头的检测见 GB/T 18449.2—2012 的附录 B。

B.1.4　试验循环时间的检测

试验循环时间的检测见 GB/T 18449.2—2012 的附录 B。

B.2　标准努式硬度机的间接检验

通过使用基准硬度块进行间接检验，能检查标准硬度机的综合性能，并根据基准硬度块的基准值测定出标准硬度机的重复性和误差。

标准硬度机间接检验时的合成标准不确定度由式(B.1)求得：

$$u_{CM}=\sqrt{u_{CRM\text{-}P}^2+u_{xCRM\text{-}1}^2+u_{CRM\text{-}D}^2+u_{ms}^2} \quad\cdots\cdots\cdots\cdots\cdots\cdots\cdots\cdots \text{(B.1)}$$

式中：

$u_{CRM\text{-}P}$——基准硬度块校准证书给出的标准不确定度($k=1$)；

$u_{xCRM\text{-}1}$——标准硬度机重复性引入的标准不确定度；

$u_{CRM\text{-}D}$——基准硬度块自最近一次标定，其硬度值随时间漂移而引入的标准不确定度；

u_{ms}——由标准硬度机的光学压痕测量装置分辨力引入的标准不确定度。

评定不确定度的示例如下：

基准硬度块的硬度值：　$H_{CRM\text{-}P}=402.1$ HK1

基准硬度块的标准不确定度：　$u_{CRM\text{-}1}=6.0$ HK($k=1$)

基准硬度块硬度值随时间的漂移：　$u_{CRM\text{-}D}=0$

光学压痕测量装置的分辨力：　$R_{ms}=0.1\ \mu m$

表 B.1 间接检验结果

序号	测得的压痕对角线 d mm	计算的硬度值 H HK[a]
1	0.188 0	402.6
2	$0.187\ 5_{min}$	404.7_{max}
3	0.187 9	403.0
4	0.188 4	400.9
5	$0.188\ 8_{max}$	399.2_{min}
平均值 $\bar{H}$	0.188 1	402.1
标准偏差 $s_{x\mathrm{CRM}\text{-}1}$	0.000 50	2.10
标准不确定度 $u_{x\mathrm{CRM}\text{-}1}$	0.000 26	1.07

[a] HK——努氏硬度。

表 B.1 中标准不确定度 $u_{x\mathrm{CRM}\text{-}1}$ 按式(B.2)计算:

$$u_{x\mathrm{CRM}\text{-}1}=\frac{t\times s_{x\mathrm{CRM}\text{-}1}}{\sqrt{n}}=1.07 \quad \cdots\cdots (B.2)$$

式中,取 $t=1.14$,$n=5$。

表 B.2 测量不确定度的评定

不确定度分量 X_i	估计值 x_i	标准不确定度 $u(x_i)$	分布类别	灵敏系数 c_i	不确定度的贡献 $u_i(H)$ HK[a]
$u_{\mathrm{CRM\text{-}P}}$	402.1 HK	6.0 HK	正态	1.0	6.0
$u_{x\mathrm{CRM}\text{-}1}$	0	1.07 HK	正态	1.0	1.07
u_{ms}	0	0.000 029 mm	矩形	−4 275.4[b]	0.12
$u_{\mathrm{CRM\text{-}D}}$	0	0 HK	三角	1.0	0
合成标准不确定度 u_{CM}					6.1

[a] HK——努氏硬度。

[b] 灵敏度系数按式(B.3)计算:

$$c=\frac{\partial H}{\partial d}=-2(H/d) \quad \cdots\cdots (B.3)$$

式中:$H=402.1$ HK,$d=0.188\ 1$ mm。

B.3 标准块的测量不确定度

标准块的合成标准不确定度按式(B.4)计算:

$$u_{\mathrm{CRM}}=\sqrt{u_{\mathrm{CM}}^2+u_{x\mathrm{CRM}\text{-}2}^2} \quad \cdots\cdots (B.4)$$

式中：

u_{CRM} ——标准块标定时的合成标准不确定度；

u_{xCRM-2} ——标准块由于硬度均匀度引入的标准不确定度；

u_{CM} ——标准硬度机间接检验时的合成标准不确定度，见式 B.1。

表 B.3 标准块硬度均匀度的测定

序　号	测得的压痕对角线 d mm	计算的硬度值 H_{CRM} HK[a]
1	0.188 1	402.2
2	$0.187\ 6_{min}$	404.3_{max}
3	0.188 2	401.7
4	$0.188\ 5_{max}$	400.5_{min}
5	0.187 6	404.3
平均值 H	0.188 0	402.6
标准偏差 s_{xCRM-2}	0.000 39	1.67

[a] HK——努氏硬度。

标准块由于硬度均匀度引入的标准不确定度按式(B.5)计算：

$$u_{xCRM-2}=\frac{t\times s_{xCRM-2}}{\sqrt{n}} \qquad \text{(B.5)}$$

式中，取 $t=1.14$，$n=5$ 时得出

$$u_{xCRM-2}=0.85\ \text{HK}$$

表 B.4 标准块的测量不确定度

标准块硬度值 H_{CRM} HK[a]	由标准块硬度均匀度引入的不确定度分量 u_{xCRM-2} HK	基准努氏硬度机测量不确定度 u_{CM} HK	标准块标定的扩展不确定度 $U_{CRM}(k=2)$ HK
402.1	0.85	6.1	12.3

[a] HK——努氏硬度。

表 B.4 中 U_{CRM} 按式(B.6)计算：

$$U_{CRM}=2\sqrt{u_{CM}^2+u_{xCRM-2}^2} \qquad \text{(B.6)}$$

ICS 27.180
F 11

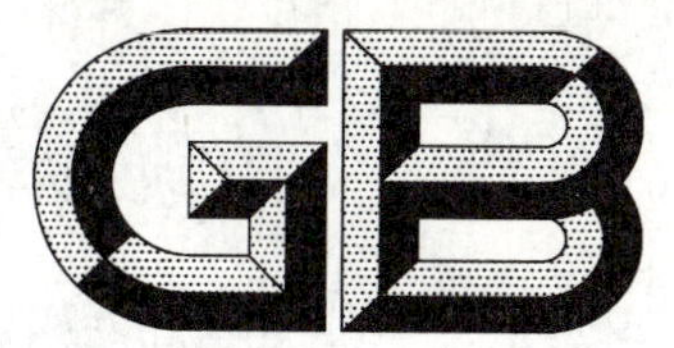

中华人民共和国国家标准

GB/T 18451.1—2012/IEC 61400-1:2005
代替 GB 18451.1—2001

风力发电机组 设计要求

Wind turbine generator systems—Design requirements

(IEC 61400-1:2005 Wind turbines—Part 1:Design requirements,IDT)

2012-05-11 发布 2012-10-01 实施

中华人民共和国国家质量监督检验检疫总局
中国国家标准化管理委员会 发布

前 言

本标准按照 GB/T 1.1—2009 给出的规则起草。

本标准使用翻译法等同采用 IEC 61400-1:2005《风力发电机组 第 1 部分:设计要求》。

本标准代替 GB 18451.1—2001《风力发电机组 安全要求》。与 GB 18451.1—2001 的主要技术变化如下:

——题目改变为“风力发电机组 设计要求”;

——调整了风力发电机组等级分类方法,现在仅涉及参考风速和湍流强度;

——扩充了湍流模型,并包括极限湍流模型;

——调整和简化了阵风模型;

——重新整理和修改了设计载荷工况;

——重点强调了载荷计算中分湍流仿真,并具体说明了极限载荷的外推法;

——调整和简化了载荷的局部安全系数;

——修正了材料的局部安全系数,并根据材料型号和部件等级作了详细说明;

——根据功能特性,修正和明确了控制和保护系统的要求;

——增加了对结构和电气兼容性的详细评估要求。

与本标准中规范性引用的国际文件有一致性对应关系的我国标准如下:

——GB/T 4797.1—2005 电工电子产品自然环境条件 温度和湿度(IEC 60721-2-1:2002,MOD);

——GB/T 6391—2003 滚动轴承 额定动载荷和额定寿命(ISO 281:1990,IDT),现行版本 GB/T 6391—2010 已替代 GB/T 6391—2003;

——GB 5226.1—2002 机械安全机械电气设备 第 1 部分:通用要求(IEC 60204-1:1997,IDT),现行版本 GB 5226.1—2008 机械电气安全 机械电气设备 第 1 部分:通用技术条件已替代 GB 5226.1—2002;

——GB 16895(所有部分) 建筑物电气装置[IEC 60364(所有部分)];

——GB/Z 25427—2010 风力发电机组雷电防护(IEC 61400-24: 2002,MOD)。

为了便于使用,本标准做了下列编辑性修改:

a) 将“IEC 61400-1:2005”改为本标准;

b) 删除了 IEC 61400-1: 2005 中资料性概述要素(包括封面、目次和前言);

c) 保留了 IEC 61400-1: 2005 的引言,同时增加了本标准的“前言”;

d) 用现行 IEC 60721-2-1:2002《环境条件等级 第 2 部分:自然环境 温度和湿度》替代 IEC 60721-2-1:1982;

e) 用现行 ISO 4354:2009《风对建筑物的作用》替代 ISO 4354:1997;

f) 用现行 ISO 9001:2008《质量管理体系 要求》替代 ISO 9001:2000。

本标准由中国机械工业联合会提出。

本标准由全国风力机械标准化技术委员会(SAC/TC 50)归口。

本标准主要起草单位:北京鉴衡认证中心、神华国华能源投资有限公司、中国农业机械化科学研究院呼和浩特分院、上海电气风电设备有限公司、华北电力大学、新疆金风科技股份有限公司、浙江运达风电股份有限公司。

本标准主要起草人:高辉、王建平、秦海岩、张宇、陈雷杰、许移庆、邓英、王相明、田野、庄岳兴、叶杭冶、王巍、李早、杨洪源。

IEC 引言

本标准概述了风力发电机组的最低设计要求，但不是完整的设计规范或指导手册。

经适当论证后，如果变更本标准某条款的要求不会危及风力发电机组安全，那么就可变更此条款。但该规定不适用于第 6 章中外部条件的分类和相关定义。符合本标准的要求，并不能免除任何个人、组织或团体遵守其他适用标准或法规的责任。

本标准没有给出海上风力发电机组的要求，特别是支撑结构。

风力发电机组　设计要求

1　范围

本标准规定了为确保风力发电机组工程完整性的必要设计要求。其目的是在风力发电机组的预期寿命期间,提供适当的防护等级,以防止各种危险对风力发电机组造成损坏。

本标准涉及风力发电机组的各子系统,如控制和保护装置、内部电气系统、机械系统和支撑结构。

本标准适用于所有容量的风力发电机组。对于小型风力发电机组可采用标准 IEC 61400-2。

本标准宜与第 2 章提到的 IEC、ISO 和国家标准一起使用。

2　规范性引用文件

下列文件对于本文件的应用是必不可少的。凡是注日期的引用文件,仅注日期的版本适用于本文件。凡是不注日期的引用文件,其最新版本(包括所有的修改单)适用于本文件。

GB/T 4662—2003　滚动轴承　额定静载荷(ISO 76:1987)

GB 5226.3—2005　机械安全　机械电气设备　第 11 部分:电压高于 1 000V a.c.或 1 500V d.c.但不超过 36 kV 的高压设备的技术条件(IEC 60204-11:2000)

GB 16895.3—2004　建筑物电气装置　第 5-54 部分:电气设备的选择和安装　接地配置、保护导体和保护联结导体(IEC 60364-5-54:2002)

GB/T 17799.1—1999　电磁兼容　通用标准　居住、商业和轻工业环境中的抗扰度试验(IEC 61000-6-1:1997)

GB 17799.2—2003　电磁兼容　通用标准　工业环境中的抗扰度试验(IEC 61000-6-2:1999)

GB 17799.4—2001　电磁兼容　通用标准　工业环境中的发射标准(IEC 61000-6-4:1997)

GB/T 19001—2008　质量管理体系　要求(ISO 9001:2008)

GB/T 19271.1—2003　雷电电磁脉冲的防护　第 1 部分:通则(IEC 61312-1:1995)

GB/T 20320—2006　风力发电机组　电能质量测量和评估方法(IEC 61400-21:2001)

IEC 60204-1:1997　机械安全:机械电气设备　第 1 部分　通用要求(Safety of machinery—Electrical equipment of machines—Part 1: General requirements)

IEC 60364(所有部分)　建筑物电气装置(all parts,Electrical installations of buildings)

IEC 60721-2-1:2002　环境条件等级　第 2 部分:自然环境　温度和湿度(Classification of environmental conditions—Part 2: Environmental conditions appearing in nature. Temperature and humidity)

IEC 61024-1:1990　防雷结构保护　第 1 部分　通用原则(Protection of structures against lightning—Part 1: General principles)

IEC 61400-24: 2002　风力发电机组　第 24 部分:雷电保护(Wind turbine generator systems—Part 24:Lightning protection)

ISO 281:1990　滚子轴承　额定动态负载和额定寿命(Rolling bearings—Dynamic load ratings and rating life)

ISO 2394:1998　结构可靠性的基本原则(General principles on reliability for structures)

ISO 2533:1975　标准大气(Standard Atmosphere)

ISO 4354:2009 风对建筑物的作用(Wind actions on structures)

ISO 6336(所有部分) 直齿轮和斜齿轮的承载能力计算(Calculation of load capacity of spur and helical gears)

3 术语和定义

下列术语和定义适用于本文件。

3.1

年平均 annual average

数量足够多和持续时间足够长的一组测量数据的平均值,用于估计量值的期望值。平均的时间间隔宜是多个完整年,以均化不稳定因素的影响(如季节性变化)。

3.2

年平均风速(V_{ave}) annual average wind speed

按照年平均的定义确定的平均风速。

3.3

自动重合周期 auto-reclosing cycle

电网发生故障后断路器断开到自动重合且线路重新接入电网的周期,大约为 0.01 秒到数秒。

3.4

锁定(风力发电机组) blocking (wind turbines)

使用可靠的锁定销或其他机械装置(通常的机械制动器除外)防止风轮主轴或偏航机构等的运动。

3.5

制动器(风力发电机组) brake (wind turbines)

能降低风轮转速或使其停止旋转的装置。

注:制动器可利用气动、机械或电气原理进行工作。

3.6

特征值 characteristic value

不超过规定概率(即小于或等于规定值的超越概率)的数值。

3.7

复杂地形带 complex terrain

风电场场址周围地形显著变化的地带和可引起气流畸变的障碍物地带。

3.8

控制功能(风力发电机组) control functions (wind turbines)

根据风力发电机组状态和/或环境的信息,控制和保护系统调节风力发电机组使其保持在设计要求范围内的功能。

3.9

切入风速(V_{in}) cut-in wind speed

风力发电机组开始发电时,轮毂高度处最小无湍流稳态风速。

3.10

切出风速(V_{out}) cut-out wind speed

风力发电机组设计所允许的发电状态下,轮毂高度处最大无湍流稳态风速。

3.11

设计极限 design limits

设计中采用的最大值或最小值。

3.12

潜在故障 dormant failure

正常运行中未被发现的系统或部件的故障。

3.13

下风向 downwind

与风矢量主方向一致的方向。

3.14

电网 electrical power network

用于输电和配电的专用设备、变电站、电线电缆。

注：电网各组成部分之间的界限由适当的判别标准(如地理位置、所有权归属、电压级别等)来确定。

3.15

紧急关机(风力发电机组) emergency shutdown (wind turbines)

由保护功能或人工干预触发的风力发电机组快速关机。

3.16

环境条件 environmental conditions

可能影响风力发电机组性能的环境特征(如风况、海拔高度、温度、湿度等)。

3.17

外部条件(风力发电机组) external conditions (wind turbines)

影响风力发电机组运行的诸因素，包括环境条件(温度、雪、冰等)和电网条件。

3.18

极大风速 extreme wind speed

t 秒内最高风速的平均值，其概率为 N 年一遇(重现周期：N 年)。

注：本标准采用的重现周期为 $N=50$ 年和 $N=1$ 年，时间间隔为 $t=3$ 秒和 $t=10$ 分钟。极大风速即为俗称的“生存风速”。在风力发电机组设计中以极大风速来定义设计载荷工况。

3.19

失效安全 fail-safe

避免由失效引发产品严重损坏的设计特性。

3.20

阵风 gust

短暂的风速突变。

注：阵风可用其上升时间、幅值和持续时间来表述。

3.21

水平轴风力发电机组 horizontal axis wind turbine

风轮轴基本为水平状态的风力发电机组。

3.22

轮毂(风力发电机组) hub (wind turbines)

将叶片或叶片组件连接到风轮轴上的固定部件。

3.23

轮毂高度(风力发电机组)(Z_{hub}) hub height (wind turbines)

由地面到风轮扫掠面(见 3.51)中心的高度。

3.24

空转(风力发电机组) idling (wind turbines)

风力发电机组缓慢旋转而不发电的状态。

3.25

惯性副区　inertial sub-range

风速湍流谱的频率区间，此区间内涡流经逐步破碎达到均匀化，能量损失忽略不计。

注：在典型的 10 m/s 风速，惯性副区的频率范围大致是 0.2 Hz～1 kHz。

3.26

极限状态　limit state

结构及其承载的状态，如果载荷超过这一状态，则结构不再满足设计要求(修正后的 ISO 2394)。

注：设计计算(即极限状态的设计要求)的目的是使结构达到极限状态的概率小于结构规定值(见 ISO 2394)。

3.27

对数风切变律　logarithmic wind shear law

(见 3.62)。

3.28

平均风速　mean wind speed

给定时间周期内风速瞬时值的统计均值，给定时间周期可能从几秒到数年不等。

3.29

机舱　nacelle

在水平轴风力发电机组塔架顶部，包容传动系统和其他装置的整个箱体。

3.30

电网连接点(风力发电机组)　network connection point (wind turbines)

对单台风力发电机组是输出电缆终端，对风电场是电网与风电场电力汇集系统母线的连接点。

3.31

电网掉电　network loss

超过风力发电机组控制系统所允许穿越时间的失去电网连接的事件。

3.32

正常关机(风力发电机组)　normal shutdown (wind turbines)

全过程都在控制系统控制下所进行的关机。

3.33

运行极限　operating limits

由风力发电机组设计者规定的一系列支配控制和保护系统动作的条件。

3.34

风力发电机组停机　parked wind turbine

根据风力发电机组的设计，停机是指风力发电机组静止或空转状态。

3.35

电力汇集系统(风力发电机组)　power collection system (wind turbines)

汇集一个或多个风力发电机组出力的电力系统。它包括风力发电机组终端与电网连接点之间的所有电气设备。

3.36

风切变幂律　power law for wind shear

见 3.62。

3.37

功率输出　power output

为特定目的，设备以特定形式所发出的功率。

注：(风力发电机组)电功率由风力发电机组发出。

3.38

保护功能(风力发电机组) protection functions (wind turbine)

确保风力发电机组运行在设计范围内的控制与保护系统的功能。

3.39

额定功率 rated power

通常由制造商为部件、装置或设备在特定运行状态下设定的功率值。

注:(风力发电机组)在正常的运行和外部条件下,风力发电机组设计要达到的最大连续电功率输出。

3.40

额定风速(V_r) rated wind speed

风力发电机组达到额定功率时轮毂高度处的无湍流稳态最小风速。

3.41

Rayleigh 分布(P_R) Rayleigh distribution

概率分布函数,见 3.63。

3.42

参考风速(V_{ref}) reference wind speed

用于确定风力发电机组等级的风速基本参数。其他与设计相关的气候参数可从参考风速和其他风力发电机组等级基本参数中推导得到(见第 6 章)。

注:风力发电机组设计所依据的风力发电机组等级中的参考风速 V_{ref},即该风力发电机组所能承受的轮毂高度处 50 年一遇 10 分钟平均最大风速应小于或等于 V_{ref}。

3.43

旋转采样矢量风速 rotationally sampled wind velocity

旋转的风力发电机组风轮上某一固定点所经历的矢量风速。

注:旋转采样矢量风速湍流谱与正常湍流谱有明显的不同。风轮旋转时,叶片切入在空间上变化的气流,最终合成的湍流谱由很多旋转频率的基波及其谐波组成。

3.44

风轮转速(风力发电机组) rotor speed (wind turbines)

风力发电机组风轮绕其轴的旋转速度。

3.45

粗糙长度(z_0) roughness length

在假定垂直风廓线随离地面高度按对数关系变化的情况下,平均风速变为 0 时推算出的高度。

3.46

计划维护 scheduled maintenance

按已制定的时间表进行的预防性维护。

3.47

场址数据 site data

风力发电机组场址的环境、地震、土壤、电网和风数据,在没有其他规定的情况下,风数据应为 10 分钟样本的统计数据。

3.48

静止 standstill

风力发电机组停止不动的状态。

3.49

支撑结构(风力发电机组) support structure (wind turbines)

风力发电机组的塔架和基础部分。

3.50

生存风速　survival wind speed

结构设计能承受的最大风速的俗称。

注：本标准不采用这一术语，设计时可参考极大风速（见3.18）。

3.51

扫掠面积　swept area

风轮旋转一周所生成的圆在垂直于风向平面上的投影面积。

3.52

湍流强度（I）　turbulence intensity

风速标准偏差与平均风速的比值，需用同一组风速测量数据样本和规定的时间周期进行计算。

3.53

湍流尺度参数（Λ_1）　turbulence scale parameter

无量纲的纵向功率谱密度等于0.05的波长。

注：波长定义为：$\Lambda_1 = V_{hub}/f_0$，式中 $f_0 S_1(f_0)/\sigma_1^2 = 0.05$。

3.54

湍流标准偏差（σ_1）　turbulence standard deviation

轮毂高度处湍流矢量风速的纵向分量的标准偏差。

3.55

最大极限状态　ultimate limit state

通常指承受最大载荷所对应的极限状态[修正后的ISO 2394]。

3.56

非计划维护　unscheduled maintenance

不是根据已制定的时间表，而是根据某项状态的迹象而确定的临时性维护。

3.57

上风向　upwind

与风矢量主方向相反的方向。

3.58

垂直轴风力发电机组　vertical axis wind turbine

风轮轴竖直的风力发电机组。

3.59

Weibull 分布（P_W）　Weibull distribution

一种概率分布函数，见3.63。

3.60

风电场　wind farm

见3.61。

3.61

风力发电站　wind power station

一台或多台风力发电机组，通常称风电场。

3.62

风廓线-风切变律　wind profile-wind shear law

假设的风速随离地面高度变化的数学表达式。

注：通常应用对数廓线（式1）和幂律廓线（式2）。

$$V(z) = V(z_r) \cdot \frac{\ln(z/z_0)}{\ln(z_r/z_0)} \qquad \cdots\cdots(1)$$

$$V(z)=V(z_r)\cdot\left(\frac{z}{z_r}\right)^{\alpha} \qquad \cdots\cdots(2)$$

式中：

$V(z)$——高度 z 处的风速；

$V(z_r)$——高度 z_r 处的风速；

z——距离地面高度；

z_r——用于拟合风廓线的距离地面的参考高度；

z_0——粗糙长度；

α——风切变指数(或幂)。

3.63

风速分布　wind speed distribution

用于描述连续时限内风速概率分布的函数。

注：通常应用的函数是 Rayleigh 分布函数 $P_R(V_0)$和 Weibull 分布函数 $P_W(V_0)$。

$$P_R(V_0)=1-\exp[-\pi(V_0/2V_{ave})^2] \qquad \cdots\cdots(3)$$

$$P_W(V_0)=1-\exp[-(V_0/C)^k]$$

$$且\ V_{ave}=\begin{cases}c\Gamma\left(1+\frac{1}{k}\right)\\ c\sqrt{\pi}/2,当\ k=2\ 时\end{cases} \qquad \cdots\cdots(4)$$

式中：

$P(V_0)$——累积概率函数，也即 $V<V_0$ 的概率；

V_0——风速(上限)；

V_{ave}——风速 V 的平均值；

C——Weibull 分布函数的尺度参数；

k——Weibull 分布函数的形状参数；

Γ——伽马函数。

C 和 k 值均可由实测数据推算出来。当 $k=2$ 时，即 C 和 V_{ave} 满足式(4)中 $k=2$ 的条件，则 Rayleigh 分布函数与 Weibull 分布函数相同。分布函数所表达的是风速小于 V_0 的累积概率，如果估算 V_1 到 V_2 之间的分布概率，则式$[P(V_1)-P(V_2)]$给出了 V_1 和 V_2 之间风速对时间的分布概率函数。对分布概率函数求导就能得出相应的概率密度函数。

3.64

风切变　wind shear

风速在垂直于风向平面内的变化。

3.65

风切变指数　wind shear exponent

通常也称为幂律指数，见 3.62。

3.66

风速(V)　wind speed

空间特定点的风速为该点周围气体微团的移动速度。

注：风速即当地矢量风速的幅值(见 3.69)。

3.67

风力发电机组(WTGS)　wind turbine generator system (wind turbine)

将风的动能转换为电能的系统。

3.68

风力发电机组场址　wind turbine site

独立的或在风电场中的单台风力发电机组的位置。

3.69

矢量风速 wind velocity

表示在被研究的某点周围气体微团运动方向、幅值等于“气体微团”运动速度(即该点风速)的矢量。

注：空间任意点的矢量风速，是“气体微团”通过该点的位置矢量的时间导数。

3.70

风力发电机组电气系统 wind turbine electrical system

所有风力发电机组内部电气设备，以及风力发电机组的终端、接地、连接、通讯设备，也包括风力发电机组中组成接地终端网络的导体。

3.71

风力发电机组终端 wind turbine terminals

由风力发电机组供货厂家确定的、可将风力发电机组接到电力汇集系统上的一点或多点。包括为输送电能和通讯的连接。

3.72

偏航 yawing

风轮轴绕垂直轴的旋转(仅适用于水平轴风力发电机组)。

3.73

偏航误差 yaw misalignment

风轮轴线与风向在水平面上的偏差。

4 符号和缩写

4.1 符号和单位

C Weibull 分布函数的尺度参数 [m/s]

C_{CT} 湍流结构修正参数

C_T 推力系数

C_{oh} 相干函数

D 风轮直径 [m]

f 频率 [s^{-1}]

f_d 材料强度设计值 [—]

f_k 材料强度特征值 [—]

F_d 载荷设计值 [—]

F_k 载荷特征值 [—]

I_{ref} 10 分钟平均风速为 15 m/s 时轮毂高度处湍流强度的期望值 [—]

I_{eff} 有效湍流强度 [—]

k Weibull 分布函数的形状参数 [—]

K 修正的 Bessel 函数 [—]

L 均匀湍流整体尺度参数 [m]

L_e 相干尺度参数 [m]

L_k 速度分量的整体尺度参数 [m]

m Wöhler 曲线指数 [—]

n_i 载荷区间(bin)i 中疲劳循环次数 [—]

$N(.)$ 由自变量确定的应力或应变函数(即 S-N 曲线)的失效循环次数 [—]

N 极限状况的重现周期 [years]

p 存活概率 [—]

$P_R(V_0)$ Rayleigh 概率分布，即 $V<V_0$ 的概率 [—]

$P_W(V_0)$ Weibull 概率分布，即 $V<V_0$ 的概率 [—]

r 分离矢量投影幅值 [m]

s_i 区间(bin)i 内对应某一循环次数的应力(或应变)水平

$S_1(f)$ 矢量风速纵向分量的功率谱密度函数 [m²/s²]

S_k 速度矢量偏分量谱 [m²/s²]

T 阵风特征时间 [s]

t 时间 [s]

V 风速 [m/s]

V_{ave} 轮毂高度处年平均风速 [m/s]

V_{cg} 风轮扫掠面上极大相干阵风幅值 [m/s]

V_{eN} N 年一遇极大风速(3 秒平均)期望值，V_{e1} 和 V_{e50} 分别表示 1 年一遇和 50 年一遇 [m/s]

V_{gust} 50 年一遇最大阵风期望值 [m/s]

V_{hub} 轮毂高度处的风速 [m/s]

V_{in} 切入风速 [m/s]

V_0 风速分布模型中上限风速 [m/s]

V_{out} 切出风速 [m/s]

V_r 额定风速 [m/s]

V_{ref} 参考风速 [m/s]

$V(y,z,t)$ 用于描述瞬时水平风切变的矢量风速纵向分量 [m/s]

$V(z)$ z 高度处的风速 [m/s]

$V(z,t)$ 用于描述极端阵风和风切变瞬时变化的矢量风速纵向分量 [m/s]

x,y,z 用于描述风场的坐标系，分别为沿着风方向(纵向)，水平面内垂直于风方向(横向)和高度方向(竖向) [m]

z_{hub} 风力发电机组轮毂高度 [m]

z_r 距离地面参考高度 [m]

z_0 对数风廓线的粗糙长度 [m]

α 风切变幂律指数 [—]

β 极端风向变化模型参数 [—]

δ 变化系数 [—]

Γ 伽玛函数 [—]

γ_f 载荷局部安全系数 [—]

γ_m 材料局部安全系数 [—]

γ_n 失效后果局部安全系数 [—]

$\theta(t)$ 风向瞬时变化值 [°]

θ_{cg} 阵风条件下与平均风速方向之间的最大偏离角度 [°]

θ_{eN} N 年一遇极大风向变化值 [°]

Λ_1 由波长定义的湍流尺度参数，无量纲，纵向功率谱密度 $f\,S_1(f)/\sigma_1^2$ 等于 0.05 [m]

$\hat{\sigma}$ 湍流标准偏差估计值 [m/s]

$\hat{\sigma}_{eff}$ 有效湍流标准偏差估计值 [m/s]

σ_{wake} 尾流湍流标准偏差 [m/s]

$\hat{\sigma}_T$ 最大中心尾流湍流标准偏差 [m/s]

$\hat{\sigma}_{\sigma}$ 估计的湍流标准偏差$\hat{\sigma}$的标准偏差 [m/s]

σ_1 轮毂高度处矢量风速纵向分量标准偏差 [m/s]

σ_2 轮毂高度处矢量风速竖向分量标准偏差 [m/s]

σ_3 轮毂高度处矢量风速横向分量标准偏差 [m/s]

$E\langle x\rangle$ x 参数的期望值 [—]

$Var\langle x\rangle$ x 参数的方差 [—]

4.2 缩写

A 非正常(局部安全系数)

a.c. 交流电

d.c. 直流电

DLC 设计载荷工况

ECD 方向变化的极端相干阵风

EDC 极端风向变化

EOG 极端运行阵风

ETM 极端湍流模型

EWM 极端风速模型

EWS 极端风切变

F 疲劳

N 正常和极大(局部安全系数)

NWP 正常风廓线模型

NTM 正常湍流模型

S 特殊的 IEC 风力发电机组等级

T 运输和安装(局部安全系数)

U 极限

5 基本要求

5.1 概述

下列条款中给出的工程和技术要求是为了保证风力发电机组结构、机械系统、电气系统和控制系统的安全。这些技术要求适用于风力发电机组的设计、制造、安装和运行维护手册以及相关的质量管理过程。此外,还应考虑现有的风力发电机组安装、运行和维护要求中的各种安全规程。

5.2 设计方法

本标准要求采用结构动力学模型,以预测设计载荷。应用第 6 章定义的湍流条件和其他风况条件以及第 7 章定义的设计状态,此模型用来确定风力发电机组在一定风速范围内的载荷。应对外部条件和设计状态的所有相关组合进行分析,本标准定义了最少的相关组合作为设计载荷工况。

风力发电机组的全尺寸试验数据可用来提高预测设计值的可信度,并验证结构动力学模型和设计状态。

应通过计算和/或试验来验证设计的合理性。如果用试验结果验证,则试验时的外部条件应符合本标准规定的特征值和设计状态。试验条件的选择,包括试验载荷在内,应考虑相关的安全系数。

5.3 安全等级

风力发电机组应按下面两种安全等级中的一种进行设计：

- 一般安全等级，当失效的结果可能导致人身伤害，或造成经济损失和产生社会影响时，采用这一等级；
- 特殊安全等级，当安全要求取决于局部调整和/或由制造商与用户双方协商决定时，采用这一等级。

本标准 7.6 详细描述了风力发电机组一般安全等级的局部安全系数。

风力发电机组特殊安全等级的局部安全系数应由制造商与用户协商确定。根据特殊安全等级设计的风力发电机组即为 6.2 定义的 S 级风力发电机组。

5.4 质量保证

质量保证应是风力发电机组及其零部件设计、采购、制造、安装、运行和维护的组成部分。

质量管理体系宜按照 GB/T 19001 标准的要求。

5.5 风力发电机组铭牌

至少下列内容应突出明显地标示在永久性的产品铭牌上：

——风力发电机组的制造商和国家；

——型号和产品编号；

——生产日期；

——额定功率；

——参考风速 V_{ref}；

——轮毂高度处工作风速范围，V_{in}～V_{out}；

——工作环境的温度范围；

——IEC 风力发电机组等级（见表 1）；

——风力发电机组输出端额定电压；

——风力发电机组输出端频率或标称变化大于 2%时的频率范围。

6 外部条件

6.1 概述

在风力发电机组的设计中，应考虑本章描述的外部条件。

风力发电机组受限于可能影响其载荷、使用寿命和运行的环境和电气条件。为保证安全性和可靠性达到一定的水平，在设计中应考虑环境、电气和土壤参数，并应在设计文件中予以明确规定。

环境条件可进一步划分为风况和其他环境条件。电气条件是指电网条件。土壤特性与风力发电机组的基础设计有关。

外部条件可再细分为正常外部条件和极端外部条件。正常外部条件通常涉及重复出现的结构载荷条件，而极端外部条件代表罕见的外部设计条件。设计载荷工况应包括这些外部条件在不同风力发电机组运行模式状态和其他设计状态下潜在的临界组合。

风况是影响结构完整性的主要外部条件。其他环境条件也会影响设计特性，如控制系统功能、耐久性、腐蚀等。

根据风力发电机组等级，设计中所考虑的正常和极端条件，在以下条款中予以说明。

6.2 风力发电机组等级

设计中考虑的外部条件取决于风力发电机组拟安装位置或安装位置的类型。风力发电机组等级是根据风速和湍流参数来划分的，划分等级的目的是为了应用更广。风速和湍流参数拟代表许多不同的场址条件，而不精确地代表某一特定的位置，见 11.3。风力发电机组等级由风速和湍流参数明确地定义了一个宽泛的范围。表 1 规定了确定风力发电机组等级的基本参数。

如果设计者或者客户需要使用特定的条件，如特定风况或其他外部条件或特定安全等级(见 5.3)，则需要定义一个特定的风力发电机组等级，这个等级定为 S 级。S 级风力发电机组的设计值应由设计者选取，并在设计文件中详细说明。对于这样的特定设计，选取的设计值所反应的环境条件应至少与预期的风力发电机组使用环境同等恶劣。用于确定风力发电机组Ⅰ、Ⅱ、Ⅲ等级的特定外部条件，不包括海上条件，也不包括热带风暴中的风况，如飓风、龙卷风和台风。这些条件下的风力发电机组要求按 S 级设计。

表 1 风力发电机组等级基本参数[1)]

风力发电机组等级	Ⅰ	Ⅱ	Ⅲ	S
V_{ref}/(m/s)	50	42.5	37.5	由设计者确定参数
A I_{ref}(—)	0.16			
B I_{ref}(—)	0.14			
C I_{ref}(—)	0.12			

在表 1 中，各参数值适用于轮毂高度。

V_{ref} 10 分钟平均参考风速；

A 表示较高湍流特性等级；

B 表示中等湍流特性等级；

C 表示较低湍流特性等级；

I_{ref} 风速为 15m/s 时湍流强度[2)]的期望值。

为了全面说明风力发电机组设计中所采用外部条件，除了这些基本参数以外，还需要其他几个重要参数。后面称之为风力发电机组标准等级的 $Ⅰ_A$～$Ⅲ_C$ 中，增加的这些参数在 6.3、6.4 和 6.5 中加以说明。

Ⅰ至Ⅲ等级风力发电机组的设计寿命至少应为 20 年。

对 S 级风力发电机组，制造商应在设计文件中说明所采用的模型及主要设计参数值。如采用第 6 章的模型，应对其参数值作充分的说明。S 级风力发电机组的设计文件应包含附录 A 所列的内容。

本章其余部分中，条标题后括号里的缩写用来描述 7.4 中定义的设计载荷工况中的风况条件。

6.3 风况

风力发电机组应设计成能安全承受由其等级定义的风况。

风况的设计值应在设计文件中明确规定。

从载荷和安全角度出发，风况可分为风力发电机组正常运行期间频繁出现的正常风况和 1 年或 50 年一遇的极端风况。

1) 在本标准中，年平均风速作为风力发电机组等级的基本参数不再出现在表 1 中，依据风力发电机组等级设计所采用的年平均风速值由公式(9)给出。

2) 注意本标准中 I_{ref} 为平均值，不是代表值。

在很多情况下，风况包括稳定的平均气流与变化的可确定的阵风廓线或与湍流的组合。在所有的情况下应考虑平均气流与水平面夹角达到 8°时的影响，假定此气流倾斜角不随高度变化。

湍流是指矢量风速相对于 10 分钟平均值的随机变化。湍流模型在使用时应考虑风速、风切变和风向的变化的影响，并允许通过变化的风切变旋转采样。湍流矢量风速的三个分量定义为：

——纵向，与矢量风速主方向一致；

——横向，水平方向并垂直于纵向；

——竖向，同时垂直于横向和纵向，即与竖直方向的夹角为平均气流倾斜角。

对于标准的风力发电机组等级，湍流模型中的随机矢量风速场应满足下面的要求：

a) 假定下面章节给出的湍流标准偏差 σ_1 不随高度的变化而变化，垂直于主风向的分量应具备以下的最小标准偏差[3]：

——横向分量 $\sigma_2 \geqslant 0.7\sigma_1$

——竖向分量 $\sigma_3 \geqslant 0.5\sigma_1$

b) 在轮毂高度 z 处，纵向湍流尺度参数 Λ_1 的值见公式(5)：

$$\Lambda_1 = \begin{cases} 0.7z & z \leqslant 60m \\ 42m & z \geqslant 60m \end{cases} \qquad \cdots\cdots(5)$$

三个正交的功率谱密度 $S_1(f)$、$S_2(f)$和 $S_3(f)$，随着惯性副区内频率的增加，逼近于公式(6)和公式(7)：

$$S_1(f) = 0.05\sigma_1^2(\Lambda_1/V_{hub})^{-2/3}f^{-5/3} \qquad \cdots\cdots(6)$$

$$S_2(f) = S_3(f) = \frac{4}{3}S_1(f) \qquad \cdots\cdots(7)$$

c) 应采用公认的相干模型。该模型定义为联合谱的幅值除以垂直于纵向的平面内、空间离散点上矢量风速纵向分量的自谱。

附录 B 推荐的 Mann 均匀切变湍流模型满足上述条件，同时还给出了另外一种满足上述条件的常用模型。其他模型宜慎重使用，因为模型的选择可能会对载荷产生显著的影响。

6.3.1 正常风况

6.3.1.1 风速分布

风速分布对风力发电机组的设计是至关重要的，因为它决定了正常设计状态下每种载荷情况发生的频率。应假定轮毂高度 10 分钟风速平均值符合 Rayleigh 分布：

$$P_R(V_{hub}) = 1 - \exp[-\pi(V_{hub}/2V_{ave})^2] \qquad \cdots\cdots(8)$$

式中，对于标准风力发电机组等级，V_{ave}应取：

$$V_{ave} = 0.2V_{ref} \qquad \cdots\cdots(9)$$

6.3.1.2 正常风廓线模型(NWP)

风廓线 $V(z)$表示的是平均风速随距离地面高度 z 变化的函数。对于标准风力发电机组等级，正常风廓线应按幂律给出：

$$V(z) = V_{hub}(z/z_{hub})^{\alpha} \qquad \cdots\cdots(10)$$

假定幂律指数 α 为 0.2。

假定的风廓线用于确定穿过风轮扫掠面的平均垂直风切变。

---

3) 实际值可能取决于湍流模型的选择和 6.3b)中的要求。

6.3.1.3 正常湍流模型(NTM)

对于正常湍流模型,给定轮毂高度处风速的湍流标准偏差的代表值 σ_1 应由该风速下湍流标准偏差分布的 90%分位数确定[4]。对于标准风力发电机组等级,这个值应由公式(11)给出:

$$\sigma_1 = I_{ref}(0.75V_{hub}+b)\ ;b=5.6\ \text{m/s} \qquad \cdots\cdots(11)$$

湍流标准偏差 σ_1 与湍流强度 σ_1/V_{hub} 如图 1a)和图 1b)所示。

I_{ref}的值由表 1 给出。

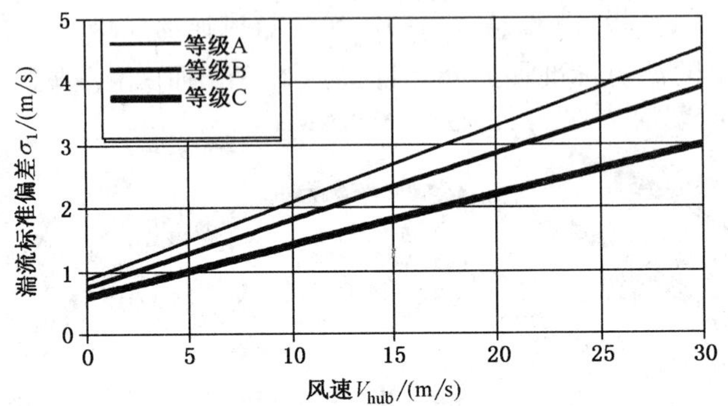

a) 正常湍流模型(NTM)的湍流标准偏差

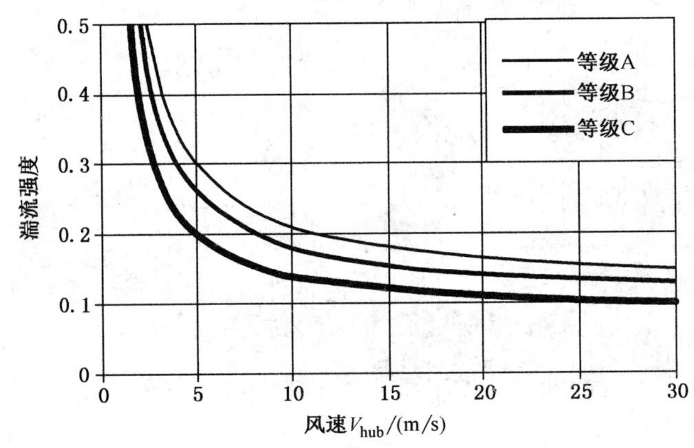

b) 正常湍流模型(NTM)的湍流强度

图 1 正常湍流模型(NTM)

6.3.2 极端风况

极端风况包括风切变以及由于暴风和风速及风向快速变化引起的风速峰值。

6.3.2.1 极端风速模型(EWM)

极端风速模型(EWM)应是稳态风速模型或湍流风速模型。该风速模型应基于参考风速 V_{ref}与恒定的湍流标准偏差 σ_1。

对于稳态极端风速模型,50 年一遇和 1 年一遇的极大风速 V_{e50} 和 V_{e1} 作为高度 z 的函数应采用公

4) 如用其他分位数进行附加选择的载荷计算,对于标准风力发电机组等级,可近似采用对数正态分布进行计算,其公式如下:

$E\langle\sigma_1|V_{hub}\rangle = I_{ref}(0.75V_{hub}+c)\ ;c=3.8\ \text{m/s}$

$Var\langle\sigma_1|V_{hub}\rangle = [I_{ref}(1.4\ \text{m/s})]^2$

式(12)和公式(13)进行计算：

$$V_{e50}(z)=1.4V_{ref}(z/z_{hub})^{0.11} \qquad \cdots\cdots(12)$$

$$V_{e1}(z)=0.8V_{e50}(z) \qquad \cdots\cdots(13)$$

在稳态极端风速模型中，允许短时间内与平均风向有一定的偏离，应假定恒定的偏航误差在±15°范围内。

对于湍流极端风速模型，50年和1年一遇的10分钟平均风速是z的函数，由公式(14)和公式(15)给出：

$$V_{50}(z)=V_{ref}(z/z_{hub})^{0.11} \qquad \cdots\cdots(14)$$

$$V_{1}(z)=0.8V_{50}(z) \qquad \cdots\cdots(15)$$

纵向湍流标准偏差[5]为：

$$\sigma_1=0.11V_{hub} \qquad \cdots\cdots(16)$$

6.3.2.2 极端运行阵风(EOG)

对于标准风力发电机组等级，轮毂高度处阵风幅值V_{gust}[6]由公式(17)给出：

$$V_{gust}=\min\left\{1.35\times(V_{e1}-V_{hub});3.3\times\left(\frac{\sigma_1}{1+0.1\times\left(\frac{D}{\Lambda_1}\right)}\right)\right\} \qquad \cdots\cdots(17)$$

式中：

σ_1——由公式(11)给出；

Λ_1——湍流尺寸参数，由公式(5)给出；

D——风轮直径。

风速由公式(18)确定：

$$V(z,t)=\begin{cases}V(z)-0.37V_{gust}\sin(3\pi t/T)\left[1-\cos(2\pi t/T)\right] & 0\leqslant t\leqslant T\\ V(z) & \text{其他}\end{cases} \qquad \cdots\cdots(18)$$

式中：$V(z)$由公式(10)确定；T=10.5秒。

一个极端运行阵风的例子(V_{hub}=25 m/s，等级 I_A，D=42 m)如图2所示：

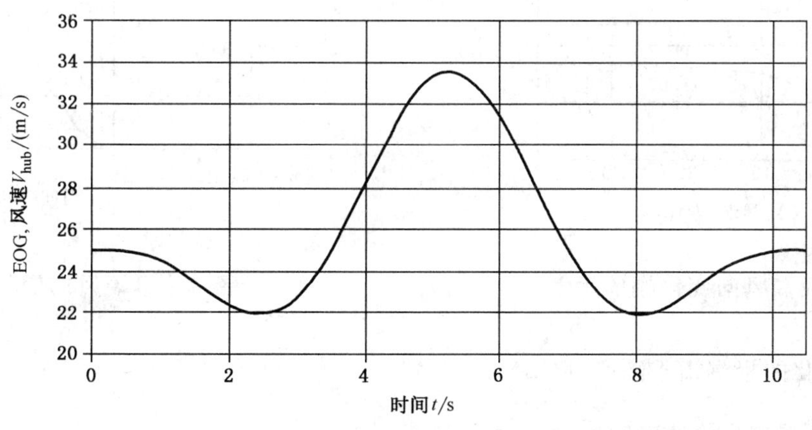

图2 极端运行阵风示例

---

5) 湍流极端风速模型的湍流标准偏差与正常湍流模型(NTM)或极端湍流模型(ETM)不相关。稳态的极端风速模型和湍流极端风速模型通过近似为3.5的峰值系数相关。

6) 阵风幅值与运行事件发生的概率(如启动和停机)一起去标定50年一遇的重现期。

6.3.2.3 极端湍流模型(ETM)

极端湍流模型应采用6.3.1.2中的正常风廓线模型(NWP)以及由公式(19)给出的湍流纵向分量的标准偏差:

$$\sigma_1 = cI_{\text{ref}}\left[0.072\left(\frac{V_{\text{ave}}}{c}+3\right)\left(\frac{V_{\text{hub}}}{c}-4\right)+10\right];c=2\ \text{m/s} \quad \cdots\cdots(19)$$

6.3.2.4 极端风向变化(EDC)

极端风向变化幅值 θ_e 可用公式(20)进行计算:

$$\theta_e = \pm 4\ \arctan\left\{\frac{\sigma_1}{V_{\text{hub}}\left[1+0.1\left(\frac{D}{\Lambda_1}\right)\right]}\right\} \quad \cdots\cdots(20)$$

式中:

θ_e——限定在±180°范围内;

σ_1——对于正常湍流模型(NTM),由公式(11)给出;

D——风轮直径;

Λ_1——湍流尺度参数,由公式(5)给出。

极端风向变化瞬时值 $\theta(t)$ 由公式(20)给出:

$$\theta(t)=\begin{cases}0^\circ & t<0\\ \pm 0.5\theta_e[1-\cos(\pi t/T)] & 0\leqslant t\leqslant T\\ \theta_e & t>T\end{cases} \quad \cdots\cdots(21)$$

此处,极端风向变化过程持续时间 $T=6$ 秒。应考虑最恶劣瞬时载荷发生的情况。风向瞬时变化结束时,假定风向保持不变,风速应遵从6.3.1.2中的正常风廓线模型(NWP)。

湍流等级为A,风轮直径42 m,轮毂中心高30 m时的极端风向随 V_{hub} 的变化量见图3;$V_{\text{hub}}=25$ m/s时所对应的极端风向变化见图4。

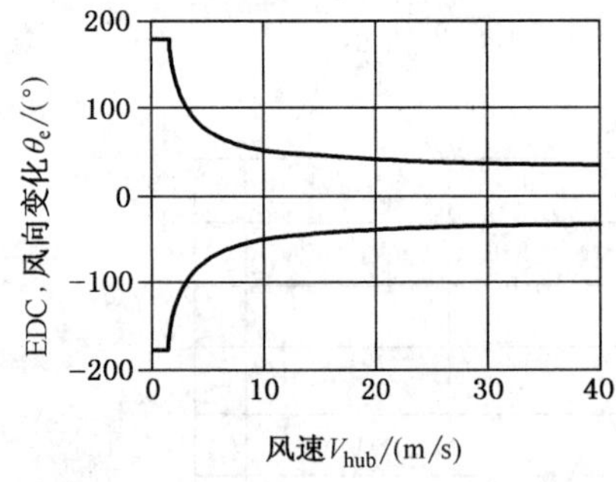

图3 极端风向变化幅值示例

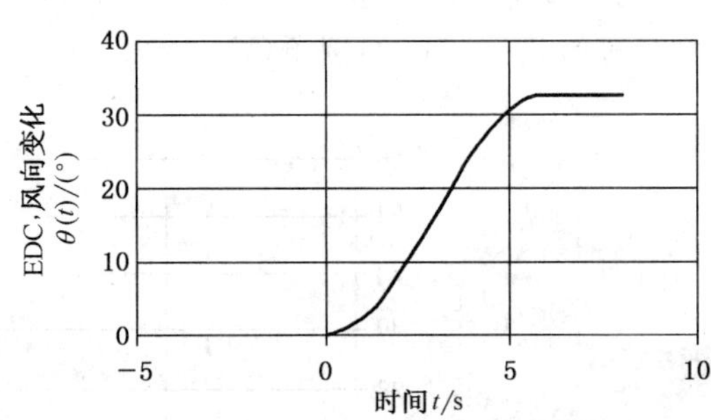

图4 极端风向变化示例

6.3.2.5 方向变化的极端相干阵风(ECD)

方向变化的极端相干阵风的幅值为:

$$V_{\text{cg}}=15\ \text{m/s} \quad \cdots\cdots(22)$$

风速的计算公式为:

$$V(z,t)=\begin{cases}V(z) & t\leqslant 0\\ V(z)+0.5V_{\text{cg}}(1-\cos(\pi t/T)) & 0\leqslant t\leqslant T\\ V(z)+V_{\text{cg}} & t\geqslant T\end{cases} \quad \cdots\cdots(23)$$

此处上升时间 $T=10$ 秒,风速 $V(z)$ 由6.3.1.2中正常风廓线模型(NWP)给出。$V_{\text{hub}}=25$ m/s时,

极端相干阵风中风速上升情况如图 5 所示。

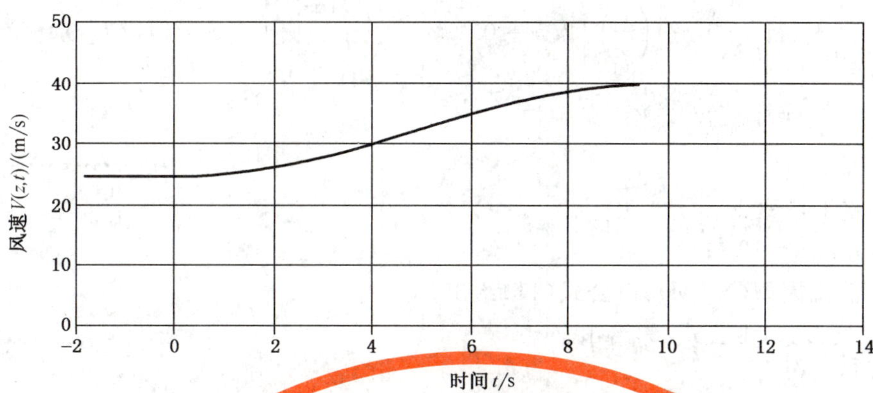

图 5　ECD 极端相干阵风幅值示例

假定风速的上升与风向从 0 直到 θ_{cg}（含 θ_{cg}）的变化是同步进行的，其中 θ_{cg} 的计算公式为：

$$\theta_{cg}(V_{hub})=\begin{cases}180^{\circ} & V_{hub}<4\ \mathrm{m/s}\\ \dfrac{720^{\circ}}{V_{hub}} & 4\ \mathrm{m/s}\leqslant V_{hub}\leqslant V_{ref}\end{cases} \quad\cdots\cdots(24)$$

同步的风向变化由公式(25)给出：

$$\theta(t)=\begin{cases}0^{\circ} & t<0\\ \pm 0.5\theta_{cg}[1-\cos(\pi t/T)] & 0\leqslant t\leqslant T\\ \pm\theta_{cg} & t>T\end{cases} \quad\cdots\cdots(25)$$

这里，上升时间 $T=10$ 秒。

方向 θ_{cg} 随 V_{hub} 的变化和方向 $\theta(t)$ 随时间（$V_{hub}=25$ m/s）的变化分别如图 6 和图 7 所示。

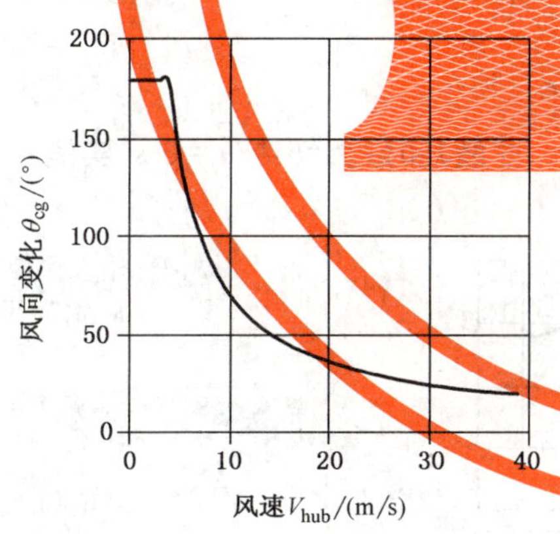

图 6　ECD 风向变化

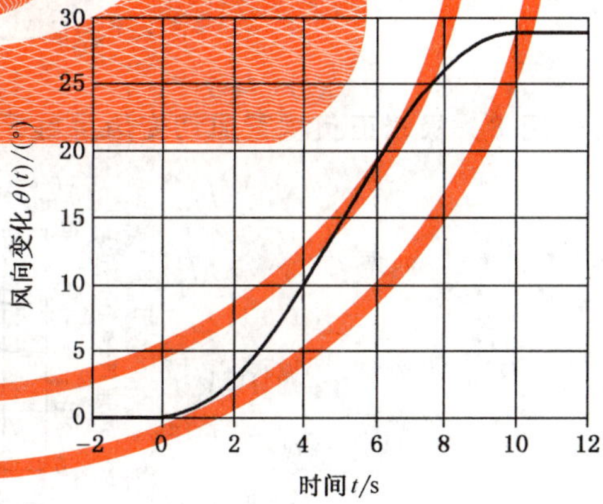

风向变化 θ(t)/(°)

时间 t/s

图 7　$V_{hub}=25$ m/s 时风向变化瞬时值示例

6.3.2.6　极端风切变（EWS）

极端风切变应采用两种瞬时风速公式(26)和公式(27)来计算：

a)　瞬时（正向或逆向）垂直切变

$$V(z,t)=\begin{cases}V_{hub}\left(\dfrac{z}{z_{hub}}\right)^{\alpha}\pm\left(\dfrac{z-z_{hub}}{D}\right)\left[2.5+0.2\beta\sigma_1\left(\dfrac{D}{\Lambda_1}\right)^{1/4}\right][1-\cos(2\pi t/T)] & 0\leqslant t\leqslant T\\ V_{hub}\left(\dfrac{z}{z_{hub}}\right)^{\alpha} & 其他\end{cases} \quad\cdots\cdots(26)$$

b) 瞬时水平切变

$$V(y,z,t)=\begin{cases}V_{\mathrm{hub}}\left(\dfrac{z}{z_{\mathrm{hub}}}\right)^{\alpha}\pm\left(\dfrac{y}{D}\right)\left[2.5+0.2\beta\sigma_1\left(\dfrac{D}{\Lambda_1}\right)^{1/4}\right][1-\cos(2\pi t/T)] & 0\leqslant t\leqslant T\\ V_{\mathrm{hub}}\left(\dfrac{z}{z_{\mathrm{hub}}}\right)^{\alpha} & \text{其他}\end{cases}\quad\cdots\cdots(27)$$

对于垂直和水平切变：

$\alpha=0.2$；$\beta=6.4$；$T=12$ s；

σ_1 对于正常湍流模型(NTM)，由公式(11)给出；

Λ_1 为湍流尺度参数，由公式(5)给出；

D 为风轮直径。

应考虑最恶劣瞬时载荷发生的水平风切变情况。这两种极端风切变不能同时使用。

作为示例，极端垂直风切变在图8中予以说明，图中给出了极端情况($t=0$ s)和最大切变($t=6$ s)时的风廓线。图9显示了风轮顶部和底部的风速变化，用来说明风切变随时间的变化。两图中均假定湍流等级为A，$z_{\mathrm{hub}}=30$ m，$V_{\mathrm{hub}}=25$ m/s，风轮直径 $D=42$ m。

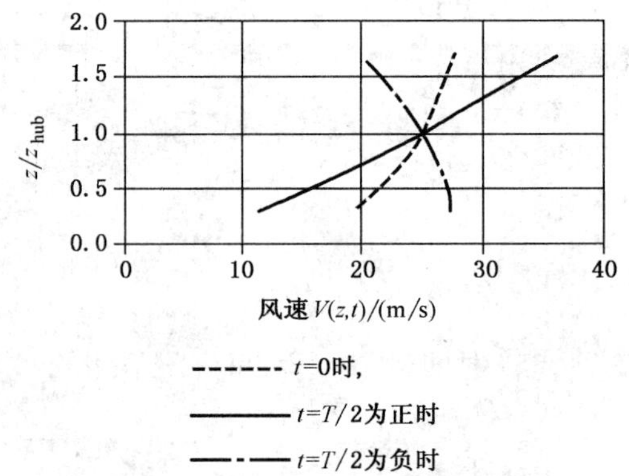

图8 极端正负垂直风切变风廓线示例开始($t=0$ s，虚线)和最大切变($t=6$ s，实线)

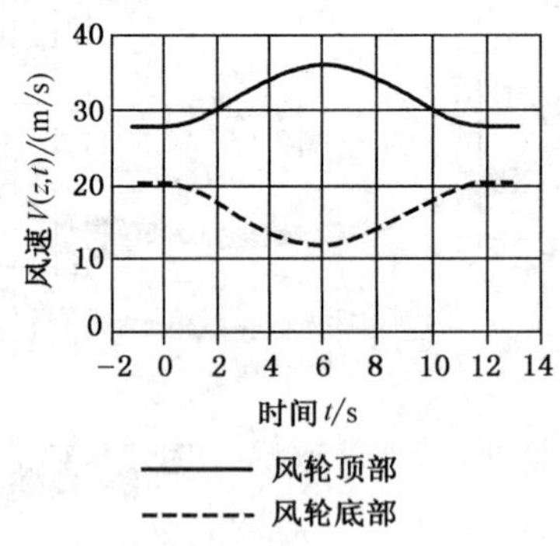

图9 风轮顶部和底部风速示例(用以说明瞬时正风切变)

6.4 其他环境条件

除了风况外，其他环境(气候)条件通过热、光化学、腐蚀、机械、电气或其他物理作用也可能会影响风力发电机组的完整性和安全性，而且多种气候因素同时发生可能会加剧这种影响。

至少应考虑下列环境条件，并将它们的作用在设计文件中说明：

• 温度；
• 湿度；
• 空气密度；
• 太阳辐射；
• 雨、冰雹、雪、冰；
• 化学作用物质；
• 机械作用颗粒；
• 盐雾；
• 雷电；
• 地震。

海上环境需要另外考虑。

所考虑的气候条件应依照代表值或气候条件变化范围来确定。选择设计值时，诸多气候条件同时出现的概率也应予以考虑。

与1年一遇所对应的正常极限范围内的气候条件变化不应影响设计的风力发电机组正常运行。

除非存在着相关性，6.4.2中的其他极端环境条件应和6.3.1中正常风况结合起来考虑。

6.4.1 其他正常环境条件

应考虑的其他正常环境条件：

——环境温度范围－10 ℃～40℃；

——最高相对湿度为95%；

——大气成分相当于无污染的内陆大气(见IEC 60721-2-1)；

——太阳辐射强度1 000 W/m^2；

——空气密度1.225 kg/m^3。

当由设计者规定附加外部条件时，这些参数值应在设计文件中说明，并应符合IEC 60721-2-1的要求。

6.4.2 其他极端环境条件

风力发电机组设计中应考虑的其他极端环境条件包括温度、雷电、冰和地震(地震评估见11.6)。

6.4.2.1 温度

标准等级的风力发电机组极端温度范围至少应为－20 ℃～＋50 ℃。

6.4.2.2 雷电

10.6中的雷电保护措施满足标准等级的风力发电机组的设计。

6.4.2.3 冰

标准等级的风力发电机组没有结冰的最低要求。

6.4.2.4 地震

标准等级的风力发电机组没有地震的最低要求。所考虑的地震及其影响见11.6和附录C。

6.5 电网条件

下面列出应要考虑的风力发电机组终端的正常条件。

当下列参数在下述范围内时，采用正常电网条件。

- 电压，标称值(参见 IEC 60038)±10%；
- 频率，标称值±2%；
- 电压不平衡，电压的负序分量的比率不超过 2%；
- 自动重合周期，应考虑的自动重合周期为第一次重合时间 0.1 s～5 s，第二次重合时间 10 s～90 s；
- 断电，假定一年内断电 20 次，一次断电 6 h[7] 为正常条件，断电一周为极端条件。

7 结构设计

7.1 概述

应验证风力发电机组结构承载部件的完整性，并且应确保其具有可接受的安全等级。结构部件的极限强度和疲劳强度应通过计算和/或试验来验证，以表明风力发电机组结构的完整性具有适当的安全水平。

结构分析应基于 ISO 2394 标准进行。

应采用适当的方法进行计算。设计文件中应提供计算方法的说明。说明应包括计算方法有效性证据或相应验证研究的参考文献。所有强度验证试验中的载荷水平应与 7.6 中适合特征载荷的安全系数相对应。

7.2 设计方法

应验证风力发电机组的极限状态未超出设计范围。模型试验和样机试验也可代替计算来验证结构设计的合理性，如 ISO 2394 规定。

7.3 载荷

设计计算应考虑 7.3.1～7.3.4 描述的载荷。

7.3.1 重力和惯性力载荷

重力和惯性力载荷是由重力、振动、旋转以及地震作用所产生的静态和动态载荷。

7.3.2 空气动力载荷

空气动力载荷是由气流以及气流与风力发电机组静止和运动部件相互作用所引起的静态和动态载荷。

气流由穿过风轮平面的平均风速和湍流、风轮转速、空气密度、风力发电机组零部件的空气动力外形以及他们之间的相互作用(包括气动弹性作用)确定。

7.3.3 驱动载荷

驱动载荷由风力发电机组的运行和控制所产生，它可以分为几类，包括发电机/变流器的扭矩控制，偏航和变桨的驱动载荷，以及机械制动载荷。在计算响应和载荷时，考虑驱动力的有效范围是非常重要

7) 假定的 6 h 为最严重暴风雨的持续时间。

的，尤其对于机械制动器，在任何制动情况下，检查响应和载荷时都应考虑易受温度和老化影响的摩擦力、弹力或压力的范围。

7.3.4 其他载荷

其他载荷，如尾流载荷、冲击载荷和冰载荷都可能发生。这些载荷应适当考虑，见11.4。

7.4 设计状态和载荷工况

本条描述了风力发电机组的设计载荷工况，并规定了设计中需考虑的最少载荷工况要求。

为了达到设计目的，风力发电机组寿命以一系列设计风况，包含可能经历的最严重的工况条件来体现。

载荷工况应由风力发电机组的运行模式或其他设计状态（如特定的装配、吊装或维护条件）与外部条件的组合确定。应将具有合理发生概率的各相关载荷工况与控制和保护系统动作结合在一起考虑。用于验证风力发电机组结构完整性的设计载荷工况应由下面的组合形式进行计算：

- 正常设计状态和合适的正常或极端外部条件；
- 故障设计状态和合适的外部条件；
- 运输、安装和维护设计状态和合适的外部条件。

如果极端外部条件和故障状态存在相关性，应考虑将它们组合在一起作为一种设计载荷工况考虑。

在每种设计状态中，应考虑几种设计载荷工况。表2列出了最少应考虑的设计载荷工况。表中，每种设计状态都通过对风况、电气和其他外部条件的描述，规定了设计载荷工况。

如果在有确定性风况模型的设计载荷工况下控制器能使风力发电机组在其达到最大偏航角和/或最大风速前关机，则应证明在湍流条件下，与上述确定性风况相当时，风力发电机组也能可靠关机。

在特定的风力发电机组设计中，还应考虑其他与结构完整性相关的设计载荷工况。

表2中，对每种设计载荷工况用“F”和“U”注明相应的分析类型。“F”表示疲劳载荷分析，用于疲劳强度的评估。“U”表示关于材料强度、叶尖挠度和结构稳定性的极限载荷分析。

标有“U”的设计载荷工况，又分为正常(N)，非正常(A)，或运输和吊装(T)三种类型。在风力发电机组寿命期内，正常设计载荷工况频繁出现，此时风力发电机组处于正常状态或仅出现很小的故障或异常。非正常设计状态很少发生，往往对应于导致系统保护功能启动的严重故障的设计状态。设计状态的类型N、A或T确定极限载荷所使用的局部安全系数 γ_f，这些系数在表3中给出。

表2 设计载荷工况(DLC)

设计状态	DLC	风况	其他情况	分析类型	局部安全因素
1) 发电	1.1	NTM $V_{in}<V_{hub}<V_{out}$	极端事件外推	U	N
	1.2	NTM $V_{in}<V_{hub}<V_{out}$		F	*
	1.3	ETM $V_{in}<V_{hub}<V_{out}$		U	N
	1.4	ECD $V_{hub}=\begin{cases}V_r-2\ \text{m/s},\\ V_r,\\ V_r+2\ \text{m/s},\end{cases}$		U	N
	1.5	EWS $V_{in}<V_{hub}<V_{out}$		U	N

表 2(续)

设计状态	DLC	风况	其他情况	分析类型	局部安全因素
2) 发电兼有故障	2.1	NTM $V_{in}<V_{hub}<V_{out}$	控制系统故障或电网掉电	U	N
	2.2	NTM $V_{in}<V_{hub}<V_{out}$	保护系统或先前发生的内部电气故障	U	A
	2.3	EOG $V_{hub}=V_r\pm2$ m/s 和 V_{out}	外部或内部电气故障,包括电网掉电	U	A
	2.4	NTM $V_{in}<V_{hub}<V_{out}$	控制、保护或电气系统故障,包括电网掉电	F	*
3) 启动	3.1	NWP $V_{in}<V_{hub}<V_{out}$		F	*
	3.2	EOG $V_{hub}=V_{in},V_r\pm2$ m/s 和 V_{out}		U	N
	3.3	EDC $V_{hub}=V_{in},V_r\pm2$ m/s 和 V_{out}		U	N
4) 正常关机	4.1	NWP $V_{in}<V_{hub}<V_{out}$		F	*
	4.2	EOG $V_{hub}=V_r\pm2$ m/s 和 V_{out}		U	N
5) 紧急关机	5.1	NTM $V_{hub}=V_r\pm2$ m/s 和 V_{out}		U	N
6) 停机(静止或空转)	6.1	EWM 50 年一遇		U	N
	6.2	EWM 50 年一遇	失去电网连接	U	A
	6.3	EWM 1 年一遇	极端偏航误差	U	N
	6.4	NTM $V_{hub}<0.7V_{ref}$		F	*
7) 停机兼有故障	7.1	EWM 1 年一遇		U	A
8) 运输、组装、维护和修理	8.1	NTM 由生产商设定		U	T
	8.2	EWM 1 年一遇		U	A

注:表 2 中所用的缩略语:

DLC 设计载荷工况
ECD 方向变化的极端相干阵风(见 6.3.2.5)
EDC 极端风向变化(见 6.3.2.4)
EOG 极端运行阵风(见 6.3.2.2)
EWM 极端风速模型(见 6.3.2.1)
EWS 极端风切变(见 6.3.2.6)
NTM 正常湍流模型(见 6.3.1.3)
ETM 极端湍流模型(见 6.3.2.3)
NWP 正常风廓线模型(见 6.3.1.2)
$V_r\pm2$ m/s 应分析此风速范围内所有风速的敏感性
F 疲劳(见 7.6.3)
U 极限强度(见 7.6.2)
N 正常
A 非正常
T 运输和吊装
* 疲劳局部安全系数(见 7.6.3)

当风速范围如表2所示时，应考虑对风力发电机组设计造成最不利条件的风速。风速范围可用一组离散数值表示，为确保计算的精度[8]，该组数据应足够多。在定义设计载荷工况时所参考的风况条件在第6章已做出了相关的说明。

7.4.1 发电(DLC 1.1～1.5)

这种设计状态下，风力发电机组处在运行状态并接有电力负载。风力发电机组总体布局应考虑风轮不平衡的影响。设计计算中应考虑风轮制造中所规定的最大质量和气动不平衡(如叶片桨距和扭角的偏差)。

此外，在分析运行载荷时应予考虑与理论最佳运行状态的偏差，如偏航误差、控制系统跟踪误差等。

设计载荷工况(DLC)1.1和1.2表达了在风力发电机组寿命期内正常运行期间由大气湍流所引起的载荷要求(NTM)。DLC 1.3表达了极端湍流情况下的极限载荷要求。DLC 1.4和1.5则规定了风力发电机组在寿命期内，可能出现的危险事件的瞬态情况。

DLC 1.1的仿真数据统计分析，至少应包括叶根面内和面外的弯矩以及叶尖挠度的极值计算。如果DLC 1.3的极限设计值超出这些参数的极限设计值，DLC 1.1的进一步分析可省略。如果DLC 1.3极限设计值没有超出这些参数的极限设计值，可增加DLC 1.3所使用的极端湍流模型中参数c(公式19)的值，直到由DLC 1.3计算出的极限设计值等于或大于DLC 1.1中所推算出的极限设计值。

7.4.2 发电兼有故障或失去电网连接(DLC 2.1～2.4)

这种设计状态包括了在风力发电机组发电过程中由于故障或失去电网连接所触发的瞬时事件。任何对风力发电机组载荷有重要影响的控制和保护系统故障或电气系统内部故障(如发电机短路)都应考虑。DLC 2.1中与控制功能或失去电网连接有关的故障可认为是正常事件。对于DLC 2.2，罕见事件包括与保护功能或内部电气系统有关的故障，应被认为是非正常事件。DLC 2.3中，潜在重要风况EOG，与电气系统内部或外部故障(包括失去电网连接)的组合被认为是非正常事件。这种情况下，两种事件发生时机的选择应能得到最不利载荷。如果发生故障或失去电网后未能引起立刻关机，由此产生的载荷可导致严重疲劳破坏，这种情况可能的持续时间和在正常湍流条件(NTM)下所造成的疲劳损伤应在DLC 2.4中进行评估。

7.4.3 启动(DLC 3.1～3.3)

这种设计状态包括风力发电机组从静止或空转状态到发电状态的瞬间产生载荷的所有事件。发生的次数应根据控制系统行为进行估算。

7.4.4 正常关机(DLC 4.1～4.2)

这种设计状态包括风力发电机组从发电状态到静止或空转状态的瞬间产生载荷的所有事件。发生的次数应根据控制系统行为进行估算。

7.4.5 紧急关机(DLC 5.1)

由紧急关机产生的载荷应予考虑。

7.4.6 停机(静止或空转)(DLC 6.1～6.4)

在这种设计状态中，风轮处在静止或空转状态。在DLC 6.1、6.2和6.3中，应考虑极端风速模型(EWM)。在DLC 6.4中，应考虑正常湍流模型(NTM)。

---

8) 通常，分辨率为2 m/s已经足够。

对于风况由 EWM 确定的设计载荷工况，可采用稳态极端风模型或极端湍流模型。如果采用极端湍流模型，应采用完全动态仿真或准稳态分析对响应结果进行评估，采用准稳态分析时应用 ISO 4354 中的公式对阵风和动态响应进行适当的修正。如果采用稳态极端风模型，共振响应的影响应采用上述的准稳态分析进行评估。如果共振与背景响应之比（R/B）小于 5%，可采用稳态极端风模型进行静态分析。如果在特征载荷下偏航系统出现滑动，最大可能的不利滑动应加到平均偏航误差中。如果风力发电机组中有偏航系统，并且在该系统中考虑了极端风况下的偏航运动，（如自由偏航、被动偏航或半自由偏航），则应采用湍流风模型，并且偏航误差取决于湍流风向的变化和风力发电机组偏航的动态响应。如果随着风速的增加，风力发电机组由正常运行到极端情况的期间遭遇大幅度的偏航运动或平衡变化，这种情况也应纳入分析当中。

在 DLC 6.1 中，对于有主动偏航系统的风力发电机组，如果可确保偏航系统不产生滑动，那么采用稳态极端风速模型时允许最大偏航误差为±15°，或采用极端湍流风速模型时允许平均偏航误差为±8°。

在 DLC 6.2 中，应假定暴风早期阶段极端风况下电网掉电的情况。除非能为控制和偏航系统提供后备电源，并且具有至少 6 h 的偏航调节能力，否则应分析风向变化±180°所产生的影响。

在 DLC 6.3 中，1 年一遇的极端风况应与极大偏航误差相结合。采用稳态极端风速模型时假定极大偏航误差为±30°，采用湍流风速模型时假定平均偏航误差为±20°。

在 DLC 6.4 中，对于任何部件（如来自于空转叶片的重量）可能出现重大疲劳损伤的各种风速条件，应考虑这些风速所对应的波动载荷下预期的不发电时间。

7.4.7 停机兼有故障（DLC 7.1）

对由于电网或风力发电机组自身故障引起的停机中所出现的不正常现象，应进行分析。在风力发电机组的停机状态，如果任何故障（除电网掉电之外）造成风力发电机组的不正常现象，则应分析可能产生的后果。故障状态应与 1 年一遇的极端风速模型（EWM）结合起来，应带有湍流或具有阵风和动态响应修正的准稳态条件。

对于偏航系统故障，应考虑±180°的偏航误差。对于任何其他的故障，偏航误差应与 DLC 6.1 考虑的一致。如果在 DLC 7.1 中特征载荷条件下，偏航系统发生滑动，则应考虑可能的最不利滑动。

7.4.8 运输、组装、维护和修理（DLC 8.1～8.2）

在 DLC 8.1 中，制造商应说明风力发电机组运输、现场组装和维修中所假定的所有风况和设计状态。如果最大限定风况在风力发电机组上产生很大的载荷，那么在设计中应考虑最大限定风况。为了保证合适的安全水平，制造商要在限定风况和设计中所考虑的风况之间留有足够的余量。足够的余量可通过在限定风况基础上风速增加 5 m/s 而得到。

此外，DLC 8.2 中应包括所有持续时间可能超过一周的运输、安装和维修情况。相应地，还包括未吊装完的塔架、或塔架上没有安装机舱以及风力发电机组上缺少一个或多个叶片的情况，可假设所有叶片同时安装。应假定在以上任何一种情况下都没有电网连接。可采取一些措施来减少其中任何一种状态下的载荷，只要这些措施不需要电网连接。

锁定装置应能承受由 DLC 8.1 中相关状态引起的载荷，尤其应考虑最大设计驱动力的应用。

7.5 载荷计算

每种设计载荷工况都要考虑 7.3.1～7.3.4 中所描述的载荷，相应的还应考虑下列情况：

- 由风力发电机组自身引起的风场的扰动（尾流诱导速度、塔影效应等）；
- 三维气流对叶片气动特性的影响（如三维失速和叶尖损失）；
- 非定常空气动力影响；

- 结构动力学及振动模态耦合；
- 气动弹性效应；
- 风力发电机组控制系统和保护系统动作。

通常采用结构动力学模型的动态仿真来计算风力发电机组的载荷。某些特定的载荷工况有湍流风输入，在这些情况下，载荷数据的总周期应足够长，以确保对特征载荷估算的统计可靠性。在仿真中，对于每个轮毂高度处的平均风速，应至少需要 6 个 10 分钟随机（或一个持续 60 分钟）风速。对于 DLC 2.1、2.2 和 5.1，给定风速下的每种情况则至少应进行 12 次仿真。在仿真的初期，由于动态仿真的初始条件对载荷统计有影响，因此在任何涉及湍流风况输入的分析中，应剔除最初 5 秒（或必要时，剔除更长时间）的数据。

在许多情况下，所给风力发电机组的零部件关键位置的局部应变或应力取决于同时作用的多轴向载荷。在这种情况下，仿真输出的正交载荷时间序列有时可用于确定设计载荷。当采用该正交载荷分量时间序列计算疲劳和极限载荷时，应将这些载荷分量合成，以保持其相位和幅值。因此，直接的方法是基于对主要应力时间序列的推导。极限和疲劳的预测方法则适用于此单个信号，避免了载荷合成的问题。

也可用保守的方法将极限载荷分量合成，即假定各分量的极限值同时发生。

7.6 极限状态分析

7.6.1 方法

局部安全系数考虑了载荷与材料的不确定性和易变性、分析方法的不确定性以及考虑失效后果时结构部件的重要性。

7.6.1.1 载荷和材料的局部安全系数

为保证具有安全的设计值，载荷与材料的不确定性和易变性可用公式(28)与公式(29)中规定的局部安全系数进行修正。

$$F_d = \gamma_f F_k \qquad \cdots\cdots(28)$$

式中：

F_d——合成的内部载荷或载荷响应（来自于给定设计载荷工况的不同载荷源的多个同步性载荷分量）的设计值；

γ_f——载荷局部安全系数；

F_k——载荷特征值。

$$f_d = \frac{1}{\gamma_m} f_k \qquad \cdots\cdots(29)$$

式中：

f_d——材料设计值；

γ_m——材料局部安全系数；

f_k——材料特征值。

本标准中应用的载荷局部安全系数还要考虑下列因素：

- 载荷特征值可能出现的不利偏差或不确定性；
- 载荷模型的不确定性。

与在 ISO 2394 中一样，本标准中应用的材料局部安全系数还要考虑下列因素：

- 材料强度特征值可能出现的不利偏差或不确定性；
- 结构零件截面抗力或其承载能力可能出现的不准确评估；
- 几何参数的不确定性；

- 结构材料性能与试验样品所测性能之间的不确定性；
- 转换系数的不确定性。

这些不同的不确定性有时可通过单独局部安全系数来考虑，本标准与大多数其他标准一样，载荷的相关因素并入系数 γ_f，而材料的相关因素并入系数 γ_m。

7.6.1.2 失效后果和零件等级的局部安全系数

引入失效后果系数 γ_n，用来区分：

- 一类零件：用于“失效-安全”结构件，结构件的失效不会引起风力发电机组主要零件的失效。例如受监测的可替换轴承；
- 二类零件：用于“非失效-安全”结构件，结构件的失效可引起风力发电机组主要零件的失效；
- 三类零件：用于“非失效-安全”机械件，机械件把驱动机构和制动机构与主结构连接起来，以执行 8.3 中描述的无冗余的风力发电机组保护功能。

对于风力发电机组的最大极限状态分析，如适用，应进行下列四种类型的分析：

- 极限强度分析(见 7.6.2)；
- 疲劳失效分析(见 7.6.3)；
- 稳定性分析(屈曲等)(见 7.6.4)；
- 临界挠度分析(叶片与塔架间机械干涉等)(见 7.6.5)。

每种分析都需用不同的极限状态函数公式，并且通过使用安全系数来处理不同来源的不确定性。

7.6.1.3 通用的材料规范的应用

在确定风力发电机组部件的结构完整性时，可采用国内或国际的相关材料的设计规范。当国内或国际规范中的局部安全系数与本标准的局部安全系数同时使用时，应特别注意，须确保最终的安全等级不低于本标准的安全等级。

当考虑各种类型的不确定性时，如材料强度的固有变化、加工控制范围或加工方法等，不同的规范将材料局部安全系数 γ_m 分为若干材料系数。本标准给出的材料系数与所谓“一般材料局部安全系数”相对应，已考虑了强度参数的固有变化。如果规范采用了局部安全系数或特征值的折减系数来考虑其他不确定性，则这些系数也应考虑。

在设计验证中，不同规范可能选择不同的载荷和材料部件的局部安全系数分解因子。本标准采用的安全系数的分类，已在 ISO 2394 中定义。如果所选择的规范中的安全系数的分类偏离了 ISO 2394，应根据本标准对所选规范中的安全系数进行必要的调整。

7.6.2 极限强度分析

极限状态函数可分为载荷函数 S 和许用函数 R，所以条件变为：

$$\gamma_n \cdot S(F_d) \leqslant R(f_d) \qquad (30)$$

一般来讲，许用函数就是材料抗载能力的最大允许设计值，在此，$R(f_d)=f_d$，而用于极限强度分析的函数 S 通常定义为结构响应的最大值，即 $S(F_d)=F_d$。那么，公式(30)变为：

$$\gamma_f F_k \leqslant \frac{1}{\gamma_m \gamma_n} f_k \qquad (31)$$

对于每个风力发电机组部件的评估和表 2 中适用极限强度分析的每种载荷工况，最大极限状态应通过公式(31)中的极限状态条件基于最小余量的原则验证。

对于给定了一定风速范围并有湍流的载荷工况，应按照 6.3.1.1 中给出的风速分布计算特征载荷的超越概率。由于许多载荷计算只是有限持续时间内的随机仿真，根据要求的重现周期所决定的特征载荷可能大于仿真中的任何计算值。附录 F 给出了采用湍流来流计算特征载荷的说明。

DLC 1.1 中，载荷的特征值取决于统计的载荷外推值以及相应的超越概率。对于正常设计状态，特征载荷最大值在任意 10 分钟内的超越概率小于或等于 3.8×10^{-7}（50 年一遇）。说明见附录 F。

对于指定确定性风场的载荷工况，载荷特征值应为最不利情况下计算的瞬时值。除 DLC 2.1、2.2 和 5.1 外，当使用湍流来流时，载荷特征值应为不同的 10 min 随机的、最不利情况的计算载荷的平均值。在 DLC 2.1、2.2 和 5.1 中，载荷特征值应为最大载荷中降序排列前 50%的平均值。

7.6.2.1 载荷局部安全系数

载荷局部安全系数应不小于表 3 中的规定值。

使用表 3 规定的正常或非正常设计状态的载荷局部安全系数，要求载荷计算模型经过载荷测量的验证。这些测量应在风力发电机组上进行，该风力发电机组应与考虑空气动力学、控制和动态响应时所设计的风力发电机组相似。

表 3 载荷局部安全系数 γ_f

不利载荷			有利[9]载荷
设计状态类型（见表 2）			所有的设计状态
正常（N）	非正常（A）	运输和吊装（T）	
1.35 *	1.1	1.5	0.9

* 对于设计载荷工况 DLC 1.1，若给定的载荷通过统计载荷外推法来确定，风速在 V_{in} 和 V_{out} 之间，那么正常设计状态的载荷局部安全系数应为 $\gamma_f=1.25$。

* 对于正常设计状态，由于重力引起的载荷响应 $F_{gravity}$ 的特征值可以计算，并且重力为不利载荷，那么来自重力和其他原因的合成载荷所采用的局部安全系数为：

$$\gamma_f=1.1+\varphi\zeta^2$$

$$\varphi=\begin{cases}0.15，对\ DLC\ 1.1\\0.25，其他\end{cases}$$

$$\zeta=\begin{cases}1-\left|\dfrac{F_{gravity}}{F_k}\right|, & |F_{gravity}|\leqslant|F_k|\\1, & |F_{gravity}|>|F_k|\end{cases}$$

7.6.2.2 无通用设计规范的材料局部安全系数

材料局部安全系数应根据大量有效的材料性能试验数据确定。当使用 95%存活率 p 及 95%置信度的材料特征性能时[10]，考虑材料强度的固有可变性，一般材料安全系数 γ_m 应为

$$\gamma_m\geqslant1.1 \qquad (32)$$

这个值适用于具有塑性特性的零件，其失效可引起风力发电机组主要部件的失效[11]，例如焊接的塔筒、塔架法兰连接、焊接机座或叶片连接。失效模式包括：

- 塑性材料的屈服；
- 在单个螺栓失效后，其他螺栓足以提供 $1/\gamma_m$ 强度的螺栓连接中的螺栓断裂。

9） 预紧力和重力载荷可显著减轻总载荷响应，因此为有利载荷。在有利和不利载荷同时存在的情况下，公式（30）变为：$\gamma_n S(\gamma_{funfav}F_{kunfav}\gamma_{ffav}F_{kfav})\leqslant R(f_d)$。

10） 特征强度参数宜根据 95%的比例进行选择（用 95%的置信度），或者具有为代表样本测试而建立的程序的材料的认证值。

11） 塑性性能不仅包括塑性材料，而且还包括性能类似塑性材料的部件，如由于内部冗余造成的。

对具有非塑性特性的"非失效-安全"机械/结构件(其失效会快速导致风力发电机组主要部件的失效),它们的一般材料安全系数应不小于:

- 1.2——对于曲形壳件(如塔筒和叶片)的整体屈曲;
- 1.3——对于超过拉伸或压缩强度的断裂。

从这个一般系数推导出材料整体安全系数,需要考虑由外部作用(如紫外线辐射或湿度以及通常探测不到的缺陷)所造成的尺度效应、公差和老化。

失效后果局部安全系数为:

一类零件:$\gamma_n=0.9$;

二类零件:$\gamma_n=1.0$;

三类零件:$\gamma_n=1.3$。

7.6.2.3 有通用设计规范的材料局部安全系数

载荷、材料、失效后果局部安全系数 γ_f,γ_m 和 γ_n 的合成局部安全系数应不小于7.6.2.1和7.6.2.2中的规定值。

7.6.3 疲劳失效

疲劳损伤应通过适当的疲劳损伤计算来评估。例如,根据 Miner 准则,累计损伤超过1时达到极限状态。因此,在风力发电机组的寿命期内,累积损伤应小于或等于1。疲劳损伤计算需要考虑一些公式,包括循环范围和平均应变(或应力)水平的影响。为评估与每个疲劳循环相关的疲劳损伤增加,所有局部安全系数(载荷、材料和失效后果)应适用于循环应变(或应力)范围。附录G给出了 Miner 准则的示例公式。

7.6.3.1 载荷局部安全系数

正常和非正常设计状态的载荷局部安全系数 γ_f 均应为1.0。

7.6.3.2 无通用设计规范的材料局部安全系数

如果 S-N 曲线是基于50%的存活率并且变化系数小于15%,那么材料局部安全系数 γ_m 至少为1.5。对于疲劳强度变化系数大的零件[12],即变化系数为15%~20%(许多由复合材料做成的零部件,如钢筋混凝土或纤维复合材料),局部安全系数 γ_m 应相应地增加,至少为1.7。

疲劳强度应从大量试验的统计数据中获得,而特征值的获得应考虑由外部作用(如紫外线辐射或湿度以及通常探测不到的缺陷)所造成的尺度效应、公差和老化。

对于焊接钢和结构钢,传统上 S-N 曲线以97.7%的存活率为基础。在这种情况下,γ_m 可取1.1。采用周期性检查程序,如果发现临界裂缝发展的情况,那么 γ_m 值可取得更小。但无论什么情况下,γ_m 应大于0.9。

对于纤维复合材料,应通过实际材料的测试数据来确定强度分布。S-N 曲线应以95%的存活率(具有95%的置信度)为基础。在这种情况下,γ_m 可为1.2。此方法适用于其他材料。

失效后果局部安全系数为:

一类零件:$\gamma_n=1.0$;

二类零件:$\gamma_n=1.15$;

三类零件:$\gamma_n=1.3$。

---

12) 这里定义的疲劳强度为与给定循环次数相关的应力范围。

7.6.3.3 有通用设计规范的材料局部安全系数

载荷、材料、失效后果局部安全系数的合成局部安全系数应不小于7.6.3.1和7.6.3.2中的规定值，并应适当考虑本标准中规定的百分比。

7.6.4 稳定性

设计载荷下，“非失效-安全”的承载件不应发生屈曲。对于其他零件，在设计载荷下允许发生弹性屈曲。在特征载荷下，任何零件都不应发生屈曲。

载荷局部安全系数 γ_f 的最小值应根据7.6.2.1选取其设计值。材料局部安全系数应不小于7.6.2.2中的规定值。

7.6.5 临界挠度分析

应验证表2详列的设计条件下不产生影响结构完整性的变形。最重要的一点是要验证叶片与塔架之间无机械干涉。

对于表2中详列的载荷工况，应使用特征载荷确定不利方向上的最大弹性变形。所得到的变形乘以载荷、材料和失效后果的合成局部安全系数，即得到合成的变形。

- 载荷局部安全系数

γ_f 的值应从表3中选取。

- 材料弹性特性的局部安全系数

γ_m 的值为1.1，除非通过全尺寸试验已经确定了弹性特性的情况下，γ_m 的值可减小到1.0。应特别注意几何形状不确定性和挠度计算方法的准确性。

- 失效后果局部安全系数

一类零件：$\gamma_n=1.0$；

二类零件：$\gamma_n=1.0$；

三类零件：$\gamma_n=1.3$。

应将弹性变形叠加到在最不利方向上的未变形位置，并将最终位置与无干涉条件进行比较。也可使用直接动态变形分析。在这种情况下，确定特征变形的方法与表2中每种载荷工况下确定特征载荷的方法一致。特征变形和特征载荷在最不利方向上的超越概率应该相同，然后特征变形乘以合成局部安全系数，再叠加到上述的未变形位置上。

7.6.6 特殊局部安全系数

由测量或在测量基础上分析确认的载荷值，如果置信度较正常情况高，则可用较低的载荷局部安全系数。使用的所有局部安全系数值应在设计文件中加以说明。

8 控制和保护系统

8.1 概述

控制系统和保护系统决定着风力发电机组的运行和安全，控制系统和保护系统应满足本章的要求。

手动和自动介入不应损害保护功能。任何允许手动介入的装置在需要处应有清晰可辨的相应标记。

控制和保护系统的设置应受到保护，以防非授权者介入。

8.2 控制功能

风力发电机组的控制功能通过主动或被动的方式控制风力发电机组的运行，并使运行参数保持在正常范围内。当能选择控制模式时，例如维护模式，除紧急关机按钮之外，每种控制模式都应优先于其他控制。应能通过选择器来选择模式，它能被锁定在与控制模式相对应的每个位置上。当某些功能是数字控制时，应提供选择相应功能的进入代码。

控制功能可控制或限制的功能或参数如：

- 功率；
- 风轮转速；
- 并网；
- 启动和关机过程；
- 电缆缠绕；
- 对风调节。

8.3 保护功能

当控制功能失效、内外部故障或危险事件发生时，保护功能应起作用。保护功能应保持风力发电机组处于安全状态。保护功能的激活条件应在不超出设计极限情况下设置。在制动系统和设备与电网断开被触发时，保护功能应比控制功能有更高的优先级，但低于紧急关机按钮的等级。

保护功能在下列情况下应被激活：

- 超速；
- 发电机超载或出现故障；
- 振动过大；
- 非正常电缆缠绕(由于机舱偏航旋转造成)。

保护功能应按失效-安全原则来设计。保护功能通常应能在电源或系统内执行保护功能的任何非安全寿命零件出现任何单独失效或故障的情况下对风力发电机组进行保护。系统中执行控制功能的传感件或非寿命安全的结构件的任何单独故障不应导致保护功能的失效。

如果两个或多个故障互相关联或具有共同原因，应将他们按一个故障来处理。

应采取措施来减小潜在故障的风险。系统中执行保护功能的非安全寿命零件失效时应进入安全状态，否则应该自动监视它们的状态，在这两种情况下，它们的故障应使风力发电机组关机。应对安全寿命设计的零件进行适当的定期检查。

要求执行非冗余保护功能的所有非失效-安全零件应作为三类零件来考虑，这些零件应具有7.6中规定的合适的失效后果局部安全系数。所有保护系统的这类重要零件应进行极限强度、疲劳、屈曲和临界变形分析。

保护功能和控制功能发生冲突时，保护功能应具有优先权。

当危及风力发电机组安全的内部故障或触发造成关机时，应不能通过自动或远程来重启风力发电机组。如果该故障或触发是由电网中断或失去负荷引起的，那么在电网或负荷恢复后应不能自动重启风力发电机组。

紧急关机按钮的优先级高于控制功能，当风速小于维修规定的风速限制(见7.4.8)时，紧急关机按钮应能够使风轮完全停止，并且至少可以从任何运行状态返回至空转状态。此外，紧急关机按钮的激活应使中高压系统断电。在每个主要工作地点都应提供紧急关机按钮(例如机舱和塔底)。紧急关机按钮使用后的解除应要求适当的操作。解除后，只有在手动清除之后才能自动重启。

8.4 制动系统

制动系统应能够使风轮从任何运行状态变为空转模式或者完全停止。当风速小于维修规定的风速限制(见7.4.8)时，应提供使风轮从危险的空转状态回到完全停止状态的措施。

推荐至少一个制动系统依据空气动力学原理工作，如直接用风轮制动。如果不能采用这个建议，那么应至少有一个制动系统作用在风轮轴或风轮上。

即使外部电源失效，所设计的制动器也应起作用。在规定的风况下，制动器起作用时应能够使风轮处于完全停止位置至少一个小时。在电网长时间断电期间，应可以通过辅助电源或手动操作使制动器起作用。

9 机械系统

9.1 概述

本标准中，机械系统不包括独立的静态结构零件或电气零件，而是指把轴、连接件、轴承、滑动部件、齿轮和其他设备结合起来利用或传递相对运动的系统。在风力发电机组内部，这些系统可能包括传动链部件（如齿轮箱、轴和联轴器）和一些辅助部件（如制动器、叶片变距控制机构、偏航驱动装置）。辅助部件可由电动、液压或气动方式进行驱动。

所有传动链、控制和保护系统中的机械系统应该根据相应的IEC/ISO标准进行设计。如果没有相应的IEC/ISO标准，应采用被认可的其他标准。除非系统属于三类零件，否则局部安全系数应与7.6.1.2中的二类零件一致。

特别值得注意的是，当执行指定的维护程序时，应保证冷却和过滤系统在整个工作温度范围内能保持相应的工作状态。

应自动监测制动系统中所有磨损部件的剩余使用寿命，并对其进行定期检查。当没有足够磨损材料来完成再次紧急关机时，风力发电机组应停止运行。所有制动设备的设计和维护应确保响应时间在可接受的范围内。

载荷计算应以仿真为基础，仿真包括平均制动水平和最小制动水平，以此确定所允许的设计要求最小摩擦力和所用压力。当制动器工作时，如果在最小制动水平下滑动，那么在设计上应避免过热和制动性能下降，并避免发生火灾的风险。

9.2 防错设计

如果装配或再装配某些部件过程中可能出现错误，并且这些错误有可能成为危险源，那么就应通过这些部件的设计避免出现这些错误，否则应在部件本身和/或保护罩上标出相关信息。在运动部件和/或其保护罩上也应标出相同的信息，为避免风险，还应标出其运动方向。其他必要的信息应在操作指导手册或维护手册中给出。

错误连接也可能成为危险源，应通过设计避免这些错误连接，否则应在管道、软管和/或连接口上做出警示标记，以防止发生这些错误。

9.3 液压或气动系统

对于液压或气压能量驱动的辅助部件，应通过设计、制造和装配使系统避免受到与这些能量类型相关的潜在危险。系统中应包括隔绝或释放积蓄能量的方法。输送压力油或压缩空气的管道和/或软管及附件的设计，应能承受已知的内外压力。应采取预防措施，使得由破裂造成伤害的危险减到最小。

9.4 主齿轮箱

主齿轮箱属于二类零件。

齿轮应按ISO 6336-1至ISO 6336-3描述的适当的计算方法进行设计。材料的强度值应按照ISO 6336-5选取，并且至少达到MQ质量等级。根据ISO 6336-1的要求，应综合考虑所有相关的制造公差和偏差，以计算表面载荷分布系数。

点蚀的安全系数 S_H 应根据 ISO 6336-2,采用方法 A 或 B 进行计算。直接 Miner 法则应用于疲劳计算。计算出的安全系数 S_H 应为 1.2。这个安全系数 S_H 包含了失效后果、材料和载荷的局部安全系数。

齿弯曲的安全系数 S_F 应根据 ISO 6336-3 中的方法 A 或 B 计算得到。应采用直接 Miner 法则。计算得到的安全系数 S_F 应不小于 1.45。安全系数 S_F 包括了失效后果、材料和载荷的局部安全系数。

对于胶合,疲劳载荷没有什么影响,但是即使是很少的高瞬态载荷也可以导致失效,尤其是在初始表面不够光滑以及润滑油温度很高的情况下。防胶合的安全性应通过相应的方法计算得到,例如 ISO/TR 13989-1 中描述的方法。计算得到的安全系数 S_S 应不小于 1.3。

特别值得注意的是,当执行指定的维护程序时,应保证冷却和滤清系统在整个工作温度范围内能保持相应的润滑状态。

9.5 偏航系统

偏航系统可能包含固定偏航方向装置(如液压制动)、改变方向装置(如电动机、齿轮箱和小齿轮)和旋转装置(如轴承)。

电动机应符合第 10 章的相关要求。如果偏航齿轮系统有多个偏航驱动,保证足够冗余,齿轮可考虑成一类零件,安全系数 S_H 和 S_F 可降低至 1.1 和 1.25。否则应采用二类零件。

9.6 变桨系统

变桨系统可能包括调整叶片桨距角度的装置(如液压驱动、电动机、齿轮箱、制动器和小齿轮)和旋转装置(如轴承)。

电动机应符合第 10 章的相关要求。如果变桨系统有独立的变桨距驱动/执行机构,保证足够冗余,那么变桨系统可按二类零件考虑。

9.7 机械制动的保护功能

当机械制动用于保护功能时,通常使用液压或机械弹簧压力的摩擦装置。控制和安全系统应监测磨损部件的剩余使用寿命,例如摩擦片。当没有足够的摩擦材料使风力发电机组再次紧急关机时,控制和安全系统应使风力发电机组处于停机状态。

载荷计算应以仿真为基础,仿真应包括适当的制动水平范围。如果在静止状态下,制动器在最小制动水平下滑动,只要制动器使风力发电机组维持在静止状态,那么在湍流风况下滑动时间必须足够小,以避免温度过高、制动性能下降和火灾的风险。

9.8 滚动轴承

滚动轴承的特性分析应基于 GB/T 4662 和 GB/T 6391。对于轴承,例如主轴和齿轮箱轴承,其寿命(90%的存活率)至少是 20 年。计算方法应考虑运行状态。根据 GB/T 6391,任何系数的调整(例如系数 a)都应慎重使用。

特别值得注意的是,采用指定的维护程序时,要保证冷却和滤清系统在整个工作温度范围内可以保持相应的运行状态。

对于轴承,设计载荷应体现 7.4 中不同载荷工况和 7.6 中适当的安全系数所确定的载荷。轴承的设计应考虑到在整个寿命周期中的期望旋转次数,并且应考虑它是否像主轴承一样连续旋转,或者像变桨和偏航轴承一样非连续旋转。此外,微小运动会引起润滑不足,应考虑由此带来的潜在影响。根据 GB/T 4662,对于回转轴承,静态额定值与设计载荷的比率应至少为 1.0。应慎重考虑连接件弹性所产生的载荷分布。

10 电气系统

10.1 概述

风力发电机组的电气系统包括风力发电机组终端在内的所有安装于其上的电气设备。下面称为风力发电机组电气系统。电力汇集系统不在本标准范围内。

10.2 电气系统的一般要求

电气系统的设计，应保证在第 6 章确定的所有正常和极端外部条件下风力发电机组运行和维护中，对人畜的危害以及对风力发电机组及外部电气系统的潜在损害最小。

电气系统(包括所有电气设备和电气元件)应遵从相关的 IEC 标准，特别是风力发电机组电气系统的设计应符合 GB 5226.1 的要求。对于额定电压大于交流 1 000 V 或直流 1 500 V 电路的风力发电机组，其电气系统的设计应符合 GB 5226.3 的要求。固定安装(而非机械安装)应符合 IEC 60364 的要求。制造商应说明采用的设计标准。电气系统的设计还应考虑风力发电机组发电的波动特性。

10.3 保护装置

除了 IEC 60364 的要求外，风力发电机组电气系统还应有适当的装置，以防止那些可能导致风力发电机组或外部电气系统不安全的误动作。

10.4 断开装置

当维护和试验时，风力发电机组的电气系统应能与所有电源断开。

不应使用半导体装置单独作为断开装置。

维护中为安全起见有必要使用照明或其他电气设备的情况下，应提供配有独立断开装置的辅助电路。这样，当其他电路断电时，这些电路可继续供电。

10.5 接地系统

风力发电机组的设计应包括就地接地电极系统，以满足 IEC 60364(关于电气设备正确操作)和 IEC 61024-1(关于雷电保护)的要求。设计文件中应指出适合接地电极系统的地质条件范围以及遇到其他地质条件时的建议。

接地设备(接地电极、接地导体、主接地端点和接地排)的选择和安装应按 GB 16895.3 执行。

对于任何工作在交流 1 000 V 或直流 1 500 V 以上的电气设备，都应给出关于维护时要对其进行接地的规定。

10.6 雷电保护

应按照 IEC 61024-1 进行风力发电机组的雷电保护设计。在安全不会受损的前提下，无需将保护措施的范围扩大到风力发电机组的所有零部件。IEC 61400-24 给出了说明。

10.7 电缆

在啮齿动物或其他动物有可能损伤电缆的地方，应使用铠装电缆或护管。地埋电缆应埋到合适的深度，以避免遭到服务车辆或农机设备的损坏。如果没有护管，应用电缆覆盖层或适当的标志带对地埋电缆作出标记。

10.8 自激励

任何能使风力发电机组自励的电气系统，在电网掉电时应被断开并保持安全断开状态。

如果一组电容器与感应发电机并联（即为了功率因数修正），应设置一个适当的开关，以便在任何电网掉电的时候能断开电容器组，以避免发电机自励。换句话说，如果安装了电容器，那么必须充分证明它不能引起自励。

10.9 雷电电磁脉冲保护

过电压保护应根据 GB/T 19271.1 进行设计。

保护极限应设计成任何传递到电气设备的雷电电磁脉冲都不会超过设备绝缘水平的极限。

10.10 电能质量

风力发电机组的电能质量特性应根据 GB/T 20320 进行评估。

可采用 GB/T 20320 中的方法来验证是否符合公共配电或输电网的操作要求。

10.11 电磁兼容性

传导干扰的发射在 10.9 中提及。

辐射干扰的发射应满足 GB 17799.4 的要求。

传导干扰的抗扰度在 10.6 中提及。

辐射干扰的抗扰度应符合 GB/T 17799.1 或 GB/T 17799.2 的要求。制造商应说明风力发电机组设计采用的是这两个标准中的哪一个标准。

11 特定场址条件的风力发电机组评估

11.1 概述

风力发电机组受环境和电气条件（包括附近风力发电机组）的影响，这些因素可能影响其载荷、寿命和运行。除这些条件之外，还应考虑风力发电机组安装场址的地震、地形和地质条件。应证明特定场址条件不会影响结构完整性。这就要求对场址复杂性（见 11.2）和场址风况（见 11.3）进行评估。可采用下列两种方法对结构完整性进行评估：

a） 验证所有这些条件没有风力发电机组设计时假设的条件恶劣，见 11.9；

b） 验证在每个等同或更恶劣的场址条件时的结构完整性，见 11.10。

如果比设计中假定的条件更恶劣，应采用第二种方法来验证结构和电气的兼容性。

7.6.2.1 中的载荷局部安全系数已假定依据本章中最小要求完成了正常和极端风况下的场址评估。

11.2 复杂地形场址评估

场址的复杂性由地形与平面之间的变化来表征。场址不能满足表 4 中的所有约束条件就被认为是复杂地形。表 4 中所采用的拟合平面坡度表示距风力发电机组一定距离并穿过风力发电机组塔底，最符合地形变化的平面的坡度。同样，拟合平面的地形变化是表示沿着垂直方向，从任一表面点到拟合平面的距离。z_{hub}为风力发电机组的轮毂高度。

表 4 地形复杂度指标

距风力发电机组的距离范围	拟合平面的最大倾角	拟合地形的 1.3 倍 z_{hub} 半径范围的最大地形变化
$<5z_{hub}$		$<0.3z_{hub}$
$<10z_{hub}$	$<10°$	$<0.6z_{hub}$
$<20z_{hub}$		$<1.2z_{hub}$

用来评估地形复杂性的表面网格的分辨率不能超过 z_{hub}。

11.3 评估所需的风况条件

应估计风力发电机组安装场址的下列参数值：

- 50 年一遇轮毂高度处 10 min 平均极大风速；
- 在切入风速 V_{in} 和切出风速 V_{out} 范围内的风速概率密度函数 $p(V_{hub})$；
- 环境湍流的标准偏差 $\hat{\sigma}$（估计为纵向分量[13]标准偏差的平均值），V_{hub} 在 V_{in} 和 V_{out} 范围内和 V_{hub} 等于 V_{ref} 时 $\hat{\sigma}$ 的标准偏差 $\hat{\sigma}_{\sigma}$；
- 气流倾角；
- 风切变[14]；
- 空气密度。

当场址没有空气密度的数据时，应假定空气密度符合 ISO 2533:1975 标准，并按年平均温度做适当修正。

上述的风速区间（bin）的间隔应小于或等于 2 m/s，并且风向扇区应小于或等于 30°。除空气密度外，上述参数都可以为 10 min 平均风向的函数。

场址风况参数[15]应采用下列两种方法中的一种方法得到：

- 在 $0.2V_{ref}$ 和 $0.4V_{ref}$ 范围内测量，然后采用外推计算；
- 根据场址测量数据、当地气象站的长期记录数据或当地的标准规范计算得到。

当采用测量的方法确定场址条件时，除非能验证测量是保守的，否则应把场址条件与当地气象站的长期数据进行相关性分析。测量时间应足够长，以获得至少 6 个月的可靠数据。在季节变化对风况有很大影响的地方，测量时间应足够长，至少包括这些影响。

应采用测量的、最好是去趋势化的数据，利用合适的统计学方法确定纵向分量的标准偏差值。在地形或其他当地因素影响湍流强度的地方，这些影响应在数据中表示出来。当评估湍流强度时，应考虑风速仪特性、用于获得测量数据所采用的采样频率和平均时间。

11.4 邻近风力发电机组尾流影响评估

在发电过程中应考虑邻近风力发电机组引起的尾流影响。风力发电机组场址的适应性评估应考虑气流的平均风特性和湍流特性，因所有环境风速和风向都与发电有关，还应考虑上风向风力发电机组所引起的单个或多个与尾流相关（包括风力发电机组间距）的影响。通常假设载荷的增加源于尾流的影响，可使用有效湍流强度来说明，它应能充分体现环境湍流、离散和湍流尾流对载荷的影响。对于疲劳计算，有效湍流强度 I_{eff} 可根据附录 D 推导得到。

13） 湍流的纵向分量可近似由水平分量来代替。

14） 在某些层流突出或粗糙度变化大的地区，有过在持续一段时间内切变指数高的报道。第 6 章中的外部环境不包括这种情况。

15） 当大型建筑物距风力发电机组的距离不超过 20 倍建筑物的特征长度时，宜注意该建筑物所造成的尾流。

对于极限载荷，可假设 I_{eff} 为邻近风力发电机组所引起的尾流湍流强度的最大值(见附录 D)：

$$I_{eff}=\frac{1}{V_{hub}}\max\{\hat{\sigma}_T\} \quad \cdots\cdots(33)$$

应注意的是，如果风力发电机组之间的间距小于风轮直径的 3 倍，这些模型的有效性具有不确定性，应慎重使用。

11.5 其他环境条件评估

为了与风力发电机组设计中的假设条件进行比较，应对下列环境条件进行评估：

- 正常和极端的温度范围；
- 结冰、冰雹和雪；
- 湿度；
- 雷电；
- 太阳辐射；
- 化学活性物质；
- 盐雾。

11.6 地震条件评估

对于标准等级的风力发电机组，没有抗震的要求，因为抗震的设计只是针对地球上的少数地区。对于地震活动弱、当地适用的地震规范已经排除地震可能性的场址，不需要进行地震评估分析。对于下面描述的地震载荷工况重要的地方，应针对风力发电机组场址条件验证工程完整性。可依据附录 C 进行评估。载荷评估应把地震载荷与其他重要的、发生频率高的运行载荷组合起来考虑。

地震载荷应依据当地地震规范所规定的地面加速度和响应谱要求进行计算。如果没有当地规范或者当地规范没有给出地面加速度和响应谱，应对这些参数进行适当估计。

应评估 475 年一遇的地面加速度。

地震载荷应该与运行载荷叠加，运行载荷应等于下列载荷中的较大值：

a) 在整个寿命周期内正常发电时的平均载荷；

b) 与 a)所指载荷相等的风速下紧急关机时的载荷。

所有载荷分量的载荷局部安全系数应为 1.0。

地震载荷评估可采用频域法，在这种情况下，运行载荷要直接加到地震载荷上。

地震载荷评估也可采用时域法，在这种情况下，应进行足够的仿真以确保运行载荷能代表上面提到的平均值。

无论采用上述哪种评估方法，都应根据认可的地震规范选取塔筒的固有振动模态数量。如果没有规范，那么连续模态的总模态量应为总量的 85%。

当进行结构的抗力评估时，可假定只是弹性响应或者柔性能量损耗中的一种情况。但是，对于特定类型的塔架，尤其是桁架结构和螺栓连接的塔架，准确评估柔性能量损耗是很重要的。

附录 C 给出了塔架载荷计算和组合的保守方法。如果地震可能会给结构而不是塔架带来较大载荷，则不应采用这种方法。

11.7 电网条件评估

对于一个规划场址，为了确保电气设计条件的适应性，应对风力发电机组终端的外部电气条件进行评估。外部电气条件应包括下列内容[16)]：

16) 风力发电机组设计者需要考虑电网的兼容条件。上述提到的仅为最小要求。在设计阶段需要预先了解地方和国家电网的兼容性要求。

- 额定电压和范围，包括在规定的电压范围和持续时间内保持连接或断开的要求；
- 额定频率、范围和变化率，包括在规定的频率范围和持续时间内保持连接和断开的要求；
- 电压不平衡，规定为对称和非对称故障时负相序电压的百分比；
- 中性接地点方法；
- 接地故障的检测/保护方法；
- 每年电网断电次数；
- 自动重合周期；
- 无功补偿要求；
- 故障电流和持续时间；
- 风力发电机组终端处的相-相和相-地短路阻抗；
- 电网背景谐波电压畸变；
- 电力线载波信号传输是否存在，频率是否相同存在；
- 不同故障下的穿越要求；
- 功率因数控制要求；
- 上升率要求；
- 其他电网兼容性要求。

11.8 地质条件评估

应由合格的专业岩土工程师，并参考当地建筑规范对规划场址的土壤特性进行评估。

11.9 参考风况数据的结构完整性评估

通过比较风况参数值和设计值可以完成结构完整性的评估。当下列条件全部满足时，风力发电机组适合于此场址：

- 场址 50 年一遇、轮毂高度处的 10 min 平均最大风速应小于 V_{ref}[17]；
- 场址 V_{hub}(V_{hub}在 0.2 V_{ref}和 0.4 V_{ref}之间的所有值)概率密度函数应小于设计值(见 6.3.1.1)；
- V_{hub}在 0.2 V_{ref}到 0.4 V_{ref}的范围内，所有湍流标准偏差的代表值 σ_1[参见公式(11)]应大于或等于场址湍流标准偏差分布的 90%分位数，即

$$\sigma_1 \geqslant \hat{\sigma} + 1.28\hat{\sigma}_\sigma \qquad (34)$$

当地形复杂时，由于湍流气流的变形，湍流纵向分量的标准偏差估计值应增加[18]。场址气流倾角应选择所有方向的最大值，但应低于 6.3 中规定的值。对于无场址数据或无气流倾角计算并且地形复杂的场址，应假设在距风力发电机组 5 倍 z_{hub}的范围内，气流总是平行于拟合平面，见 11.2。

场址平均垂直风切变指数(在各个风向)应小于 6.3.1.2 中规定的值但大于 0。对于没有风切变数据的场址，应考虑地形和粗糙度进行计算。

当风速高于或等于 V_r 时，场址平均空气密度应该低于 6.4.1 中规定的值。

当风速在 0.2 V_{ref}和 0.4 V_{ref}之间(或者当风力发电机组特性已知时，在 0.6V_r 和 V_{out}范围内)，可通过验证正常湍流模型的湍流标准偏差 σ_1 是否大于或等于湍流标准偏差(包括环境和尾流湍流)分布的

17) 同样，风力发电机组场址 50 年一遇、轮毂高度处的 3 秒平均极大风速的估计值宜小于 V_{e50}。

18) 复杂地形的影响可采用一个额外增量加以考虑，该增量为湍流结构的修正参数 C_{CT}，定义如下：

$$C_{CT} = \frac{\sqrt{1+(\hat{\sigma}_2/\hat{\sigma}_1)^2+(\hat{\sigma}_3/\hat{\sigma}_1)^2}}{1.375}$$

其中标准偏差估计值的比率 $\hat{\sigma}_i$ 与轮毂高度值相对应。当没有场址湍流分量数据并且地形复杂时，可用模型计算或取 $C_{CT}=1.15$。

90%分位数对尾流影响进行充分评估，即：

$$\sigma_1 \geqslant I_{\text{eff}} \cdot V_{\text{hub}} + 1.28\hat{\sigma}_\sigma \qquad (35)$$

式中：

I_{eff}是用于11.4中的疲劳载荷和极限载荷计算的值。

11.10 参考特定场址条件载荷计算的结构完整性评估

验证应包括特定风力发电机组场址条件下计算的载荷和变形与设计时的计算值比较，还要考虑裕度和环境对结构抗力的影响。计算应考虑平均风向、平均风速、尾流等风况变化的影响。

如果没有场址的湍流分量数据并且地形复杂，应假设纵向、横向和竖向的湍流分量标准偏差相等。

如果有尾流影响，那么应验证DLC 1.1和1.2不会影响结构完整性，在这两种情况下正常湍流模型中的σ_1由实际的尾流湍流所替代。可用公式(36)估计：

$$\sigma_{\text{wake}} = I_{\text{eff}} \cdot V_{\text{hub}} + 1.28\hat{\sigma}_\sigma \qquad (36)$$

式中：

I_{eff}是用于11.4中的疲劳载荷和极限载荷计算的值。

对于疲劳载荷计算，由附录D中可知，I_{eff}取决于所考虑材料的Wöhler曲线指数m，用其他材料做的结构件的载荷应根据适当的m值来进行重新计算或评估。

对于极限载荷计算，允许考虑尾流情况的频率，并对DLC 1.1中的载荷外推计算进行相应的修改。

12 组装、安装和吊装

12.1 概述

风力发电机组制造商应提供安装手册，清楚说明风力发电机组结构和设备的安装要求。风力发电机组的安装工作应由经专门培训或受过专业指导的人员进行。

风力发电机组设施场地应便于准备、维护、操作和管理，能使工作安全有效地进行。应包括阻止未授权人员进入的措施。操作人员能分辨出存在和潜在的危险，并加以消除。

应准备好工作计划检查清单，并将完成工作的记录和工作结果保存好。

必要时，安装人员应使用合格的眼、脚、耳和头部防护用具。所有攀塔人员、地面或水面以上工作人员应进行专业训练，并使用合格的安全带、安全攀爬辅助设施或其他安全装置。必要时，水域周围宜设置浮力救生装置。

所有设备都应保持完好状态，并适合其工作性质。起重机、卷扬机和提升设备，包括所有钩索、吊环和其他器具，都应适合安全提升的要求。

风力发电机组在非正常情况下，如冰雹、闪电、大风、地震、结冰等条件下的安装，应特别注意。

在塔架竖立而没有安装机舱时，应采取适当措施，以避开由于旋涡产生横向振动的临界风速。这个临界风速及预防措施应在安装手册中说明。

12.2 计划

风力发电机组以及相关设备的组装、吊装和安装应根据地方和国家规范计划好，以使工作能安全进行。除了质量保证要求外，计划应包括下列相关内容：

- 挖掘施工安全规范；
- 施工详图和工作说明及检查计划；
- 预埋件(如基础、螺栓、地锚和加强钢筋等)处理规范；
- 混凝土成分构成、运输、取样、浇注、养护和管道敷设规范；

- 爆破安全规范；
- 塔架和其他地锚的安装规程。

12.3 安装条件

在安装风力发电机组过程中，现场应保持无安全隐患状态。

12.4 场址道路

进出现场应是安全的，并应考虑下列事项：

- 进场路线和障碍物；
- 交通；
- 路面；
- 路宽；
- 清洁；
- 道路承重能力；
- 场内设施的移动。

12.5 环境条件

安装中，应遵守制造商规定的环境限制。应考虑下列事项：

- 风速；
- 雪和冰；
- 环境温度；
- 扬沙；
- 雷电；
- 能见度；
- 降雨。

12.6 文件

风力发电机组制造商应提供风力发电机组组装步骤、安装和吊装用图纸、说明和指导。制造商还应提供详细的载荷、重量、起吊点、专用工具以及风力发电机组装卸和安装的必要步骤说明。

12.7 接收、装卸和存放

安装工作中，风力发电设备的装卸和运输应按照制造商推荐的方法，采用适合完成此项任务的设备进行。

风力发电机组通常安装在丘陵地带，因而重型设备卸下后，不能再移动。选一块大小合适的平地，在其上做卸货和组装工作。如果找不到这样的地方，重型设备应固定在一个稳定的地点。

在存放地，如果设备有被风吹动而造成损坏的风险，叶片、机舱和其他气动零部件和较轻的箱子，应用绳子、木条或地锚等固定。

12.8 基础/地锚系统

为安装或组装的安全，在制造商规定的地方应使用专用工具、夹具、固定器和其他器具。

12.9 风力发电机组组装

风力发电机组的组装工作应按照制造商的说明书进行。应进行检查，确保适当的润滑和所有零件处于工作前的准备状态。

12.10 风力发电机组吊装

风力发电机组的吊装应由经过正确和安全吊装训练培训过和接受指导过的人员进行。

吊装过程中，除非安装需要，风力发电机组的电气系统，不要接通电源。电气设备的供电工作应按照制造商提供的书面程序进行。

对运动(转动或平动)可能导致潜在危险的零件，在整个吊装过程中，应确保这些零件不会随意运动。

12.11 紧固件和附件

带螺纹的紧固件和其他附件应根据风力发电机组制造商推荐的扭矩或其他说明书安装就位。应检查重要紧固件，获得并采用为了确认安装扭矩和其他要求的程序。

特别是要进行以下项目的检查和确认：

- 拉索、电缆、转动接头、起重把杆和其他器具的正确组装和连接；
- 安全吊装需要的提升装置的正确连接。

12.12 起重机、提升机和起吊设备

起重机、提升机和起吊设备以及所有锁具、吊钩和安全吊装需要的其他器具，应满足安全提升要求，能承受加于其上的全部载荷。制造商说明书和有关吊装和装卸文件应提供零部件和/或组件的期望负载和安全起吊点。应测试所有起吊设备、吊索、吊钩，验证其安全负载。

13 调试、运行和维护

13.1 概述

考虑到人员安全，应制定调试、运行、检查和维护程序，并在风力发电机组手册中说明。

应提供零部件检查和维护用的安全通道，并在设计中统一考虑。

第10章的要求也同样适用于为测量的目的而暂时安装于风力发电机组上的电气测量设备。

必要时，运行维护人员应使用合格的眼、脚、耳和头部防护用具，所有攀塔人员、地面或水面以上工作人员应进行专业训练，并使用合格的安全带、安全攀爬辅助设施或其他安全装置。必要时，水域周围宜设置浮力救生装置。

13.2 安全运行、检查和维护的设计要求

运行人员应能在地面上操作风力发电机组的正常运行。应提供标记明显的就地人工操作系统，并且其优先级高于自动或远程的控制系统。

如果检测出由外部原因所造成的故障，但并不影响风力发电机组安全，例如失去电负荷后又恢复的情况，那么允许在完成关机后自动恢复到正常运行状态。

为防止人员发生意外触碰运动部件的事故，应安装固定的防护装置。只有经常出入的通道才能安装可移动的防护装置。防护装置应：

- 结构坚固；
- 不能轻易跨越；
- 在尽可能不拆除的情况下，使主要维修工作能够进行。

设计中应规定使用故障诊断设备。

为了保证检查和维护人员的安全，设计应包含如下内容：

- 检查和例行维护所需要的安全通道和工作场所；
- 防止工作人员意外触碰旋转件或运动件的适当措施；
- 当攀爬或在地面以上工作时，提供安全绳和安全带、或者其他防护器材；
- 在 DLC 8.1 规定的风况和设计状态下进行服务时，对风轮和偏航机构和其他机械运动部件（如叶片变桨机构）进行锁定，以及工作完成后安全解除锁定；
- 带电导体的警示标记；
- 合适的放电设备；
- 合适的人员防火保护；
- 备选的机舱逃生路线。

维护程序应要求为进入任何封闭空间工作的人员提供安全措施，例如进入轮毂或叶片内部，同时确保协助人员了解任何危险状况，如有必要，可以立即采取营救行动。

13.3 调试说明书

制造商应提供调试说明书。

13.3.1 接通电源

制造商的说明书应包含风力发电机组电气系统初次接通电源程序的内容。

13.3.2 调试测试

制造商的说明书应包括风力发电机组安装完成后的测试程序，以确保所有装置、控制系统和设备的正确性、安全性和功能运行。调试测试包括但不局限以下内容：

- 安全启动；
- 安全关机；
- 安全紧急关机；
- 超速或模拟超速条件下安全关机；
- 保护系统功能测试。

13.3.3 记录

制造商的说明书应包括对测试、调试和控制参数及其结果进行正确记录的说明。

13.3.4 调试后的工作

安装工作完成之后，接下来进入制造商建议的试运行期间，制造商可能还应完成一些特定的工作。

这些工作包括（但不限于）紧固件预紧；更换润滑剂；检查其他零件装配和运行情况；适当调节控制参数。

风力发电机组现场宜重新清理，去除隐患，防止侵蚀。

13.4 运行人员指导手册

13.4.1 概述

风力发电机组制造商应提供运行人员指导手册，在风力发电机组调试期间应针对当地特殊条件适当补充手册的内容。手册应包括但不限于以下内容：

- 应由受过适当培训或接受过指导的人员执行运行工作；
- 安全运行范围和系统说明；

- 启动和关机程序；
- 报警清单；
- 应急方案；
- 其他规定的要求：

——必要时，应使用合格的眼、脚、听觉和头部的保护用具；

——必要时，所有攀塔人员、地面或水面以上工作人员应进行专业训练，并且使用合格的安全带、安全攀爬辅助设备或其他安全装置；

——必要时，水域周围宜使用浮力救生装置；

——运行指导手册应以运行维护人员可以阅读和理解的语言文字编写。

13.4.2 运行维护记录说明

手册应说明，应保存好运行维护记录，宜记录的主要内容为：

- 风力发电机组序列号；
- 发电量；
- 运行时间；
- 关机时间；
- 故障报告日期和时间；
- 维护或修理日期和时间；
- 故障或维护性质；
- 采取的措施；
- 更换的零件。

13.4.3 非计划自动关机的指导说明

手册应要求，对由于故障引起的非计划自动关机，即运行手册或指导说明规定外的关机，在风力发电机组重启前，运行人员应检查引起关机的原因。应记录所有非计划自动关机事件。

13.4.4 可靠性降低的指导说明

手册中应要求采取措施，以消除任何非正常暗示或警报或降低可靠性的根源。

13.4.5 工作程序计划

手册应要求，风力发电机组应根据安全工作程序进行操作，并考虑以下内容：

- 电气系统的操作；
- 运行与维护的协调；
- 有效的清洁方法；
- 攀塔规程；
- 设备装卸规程；
- 恶劣天气时采取的措施；
- 通讯程序和应急计划。

13.4.6 应急计划

手册应规定可能的意外紧急情况，以及由指定运行人员采取处理措施。

手册应要求，当发生火灾或风力发电机组或其部件出现明显的结构损坏危险时，在危险未准确判定之前，任何人不宜接近风力发电机组。

在制定应急计划中,应考虑到下列情况可能会增加结构损坏的危险:

- 超速;
- 覆冰;
- 雷电;
- 地震;
- 拉索松弛或断裂;
- 制动失效;
- 风轮不平衡;
- 紧固件松脱;
- 润滑不畅;
- 沙尘暴;
- 火灾、水灾;
- 其他零部件失效。

13.5 维护手册

每种型号的风力发电机组均应配备维护手册,手册至少应包括风力发电机组制造商规定的维护要求和应急程序。维护手册还应有非计划维护的内容。

维护手册应说明易磨损零件及更换标准。

手册还宜包括下列内容:

- 风力发电机组的任何检查和维护的要求应由经过专业培训或接受过指导的人员进行,其间隔时间遵从手册中的说明;
- 风力发电机组子系统及其运行的说明;
- 润滑时间表、规定的润滑周期和润滑剂种类,或其他特殊润滑液;
- 再次调试程序;
- 维护检查周期和程序;
- 保护子系统功能性检查程序;
- 完整的布线图和内部接线图;
- 拉索检查和再拉紧周期表、螺栓检查和预加载周期表,包括拉力和扭矩;
- 诊断程序和故障排除说明;
- 推荐的备品备件清单;
- 现场组装图、安装图;
- 工具清单。

附 录 A
（规范性附录）
S级风力发电机组的设计参数

对于S级风力发电机组，设计文件中应给出下列信息：

风力发电机组参数：

额定功率 [kW]

轮毂高度处的运行风速范围 $v_{in} \sim v_{out}$ [m/s]

设计寿命 [年]

风况：

对于NTM和ETM所采用的以平均风速为函数的湍流强度

年平均风速 [m/s]

平均气流倾角 [°]

风速分布（Weibull、Rayleigh、实测和其他分布）

风廓线模型和参数

湍流模型和参数：

轮毂高度处的极大风速 V_{e1} 和 V_{e50} [m/s]

1年一遇和50年一遇的极端阵风模型和参数

1年一遇和50年一遇的极端风向变化模型和参数

极端相干阵风模型和参数

风向变化的极端相干阵风模型和参数

极端风切变模型和参数

电网条件：

正常供电电压和范围 [V]

正常供电频率和范围 [Hz]

电压不平衡 [V]

电网供电中断的最长持续时间 [天]

电网供电中断次数 [次/年]

自动重合周期（说明）

对称和不对称外部故障期间的状态特性（说明）

要考虑的其他环境条件：

海上风力发电机组的设计条件（水深、波浪条件等）

正常和极端温度范围 [℃]

空气相对湿度 [%]

空气密度 [kg/m³]

太阳辐射 [W/m²]

雨、冰雹、雪和结冰

化学作用物质

机械作用颗粒

雷电保护系统说明

地震模型和参数

盐度 [g/m³]

附 录 B
（资料性附录）
湍 流 模 型

本附录给出两种湍流模型用于设计载荷计算。假设湍流速度波动为稳定的随机矢量场，它的各分量为具有零平均值的高斯统计量。推荐采用第一种模型。

1） Mann 均匀切变模型；

2） Kaimal 谱和指数相干模型。

已选的模型参数满足 6.3 中给出的一般湍流要求。

B.1 Mann 均匀切变湍流模型（1994）

本模型定义了一个三维的速度谱张量，与以前采用的模型稍微不同。该模型假定各向同性的冯·卡曼（von Karman）能量谱被一个均匀的平均速度切变迅速变形。所得出的谱张量分量由下面的公式给出：

$$\Phi_{11}(k_1,k_2,k_3)=\frac{E(k_0)}{4\pi k_0^4}\{k_0^2-k_1^2-2k_1[k_3+\beta(k)k_1]\zeta_1+(k_1^2+k_2^2)\zeta_1^2\} \qquad \cdots\cdots(\text{B.1})$$

$$\Phi_{22}(k_1,k_2,k_3)=\frac{E(k_0)}{4\pi k_0^4}(k_0^2-k_2^2-2k_2(k_3+\beta(k)k_1)\zeta_2+(k_1^2+k_2^2)\zeta_2^2) \qquad \cdots\cdots(\text{B.2})$$

$$\Phi_{33}(k_1,k_2,k_3)=\frac{E(k_0)}{4\pi k^4}(k_1^2+k_2^2) \qquad \cdots\cdots(\text{B.3})$$

$$\Phi_{12}(k_1,k_2,k_3)=\frac{E(k_0)}{4\pi k_0^4}(-k_1k_2-k_1(k_3+\beta(k)k_1)\zeta_2-k_2(k_3+\beta(k)k_1)\zeta_1+(k_1^2+K_2^2)\zeta_1\zeta_2) \qquad \cdots\cdots(\text{B.4})$$

$$\Phi_{13}(k_1,k_2,k_3)=\frac{E(k_0)}{4\pi k_0^2k^2}(-k_1(k_3+\beta(k)k_1)+(k_1^2+k_2^2)\zeta_1) \qquad \cdots\cdots(\text{B.5})$$

$$\Phi_{23}(k_1,k_2,k_3)=\frac{E(k_0)}{4\pi k_0^2k^2}(-k_2(k_3+\beta(k)k_1)+(k_1^2+k_2^2)\zeta_2) \qquad \cdots\cdots(\text{B.6})$$

式中：

$$\Phi_{ij}(k_1,k_2,k_3)=\Phi_{ji}^*(k_1,k_2,k_3)=\frac{1}{8\pi^3}\int_{-\infty}^{+\infty}\int_{-\infty}^{+\infty}\int_{-\infty}^{+\infty}R_{ij}(\delta_1,\delta_2,\delta_3)\mathrm{e}^{-\iota k_1\delta_1}\mathrm{e}^{-\iota k_2\delta_2}\mathrm{e}^{-\iota k_3\delta_3}\mathrm{d}\delta_1\mathrm{d}\delta_2\mathrm{d}\delta_3$$

$R_{ij}(\delta_1,\delta_2,\delta_3)=\frac{1}{\sigma_{iso}{}^2}E\langle u_i(x_1,x_2,x_3)u_j(x_1+l\delta_1,x_2+l\delta_2,x_3+l\delta_3)\rangle$，是一个无量纲的相关张量；

u_1,u_2,u_3——纵向、横向和竖向速度分量；

$\delta_1,\delta_2,\delta_3$——无量纲空间分离的矢量分量；

k_1,k_2,k_3——三个分量方向的无量纲空间波数；

$k=\sqrt{k_1^2+k_2^2+k_3^2}$，为无量纲波数矢量的幅值；

$k_0=\sqrt{k^2+2\beta(k)k_1k_3+(\beta(k)k_1)^2}$，切变变形之前的幅值；

$\zeta_1=C_1-\frac{k_2}{k_1}C_2$，$\zeta_2=\frac{k_2}{k_1}C_1+C_2$；

$C_1=\frac{\beta(k)k_1^2(k_1^2+k_2^2-k_3(k_3+\beta(k)k_1))}{k^2(k_1^2+k_2^2)}$；

$$C_2=\frac{k_2^2k_0^2}{(k_1^2+k_2^2)^{3/2}}\arctan\left[\frac{\beta(k)k_1\sqrt{k_1^2+k_2^2}}{k_0^2-(k_3+\beta(k)k_1)k_1\beta(k)}\right];$$

$E(k)=\dfrac{1.453k^4}{(1+k^2)^{17/6}}$，无量纲冯·卡曼各向同性能量谱；

$\beta(k)=\dfrac{\gamma}{k^{\frac{2}{3}}\sqrt{{}_2F_1\left(\frac{1}{3},\frac{17}{6},\frac{4}{3},-k^{-2}\right)}}$，无量纲变形时间，反比于 $\sqrt{k^2\int\limits_k^{\infty}E(p)\mathrm{d}p}$；

${}_2F_1$——超几何函数；

σ_{iso}^2，l——无切变、各向同性方差和尺度参数；

γ——无量纲切变变形参数。

尽管此模型比冯·卡曼各向同性模型更复杂，但仅多了一个参数，称之为切变变形参数 γ。当这个参数为零时，恢复成各向同性模型。当这个参数增加时，纵向和横向速度分量方差增加，而竖向速度分量方差减小，生成的湍流涡流结构在纵向上伸展，并相对于纵向—横向平面倾斜。

假设由该模型产生的随机速度场以轮毂高度风速流过风力发电机组，某一点的速度分量谱可对谱张量分量进行积分计算。特别是无量纲的单面谱可由下式得出：

$$\frac{f\,S_i(f)}{\sigma_i^2}=\frac{\sigma_{iso}^2}{\sigma_i^2}\left(\frac{4\pi lf}{V_{\mathrm{hub}}}\right)\Psi_{ii}\left(\frac{2\pi lf}{V_{\mathrm{hub}}}\right) \quad\cdots\cdots(\mathrm{B.7})$$

式中：

$\Psi_{ij}(k_1)=\int\limits_{-\infty}^{\infty}\int\limits_{-\infty}^{\infty}\Phi_{ij}(k_1,k_2,k_3)\mathrm{d}k_2\mathrm{d}k_3$，一维的波数自谱，当 $i=j$；

或正交谱，当 $i\neq j$，且

$\sigma_i^2=\sigma_{iso}{}^2\int\limits_{-\infty}^{+\infty}\int\limits_{-\infty}^{+\infty}\int\limits_{-\infty}^{+\infty}\Phi_{ij}(k_1,k_2,k_3)\mathrm{d}k_1\mathrm{d}k_2\mathrm{d}k_3$，分量方差。

同样，对于垂直于纵向的多个空间分离点，相干函数可由下式给出：

$$Coh_{ij}(f,l\delta_2,l\delta_3)=\frac{\left|\int\limits_{-\infty}^{+\infty}\int\limits_{-\infty}^{+\infty}\Phi_{ij}\left(\frac{2\pi lf}{V_{\mathrm{hub}}},k_2,k_3\right)\mathrm{e}^{-ik_2\delta_2}\mathrm{e}^{-ik_3\delta_3}\mathrm{d}k_2\mathrm{d}k_3\right|}{\sqrt{\Psi_{ii}\left(\frac{2\pi lf}{V_{\mathrm{hub}}}\right)\Psi_{jj}\left(\frac{2\pi lf}{V_{\mathrm{hub}}}\right)}} \quad\cdots\cdots(\mathrm{B.8})$$

遗憾的是，积分结果还没有已知的解析形式，必须对参数 γ 具体值进行数值计算得到。Mann(1998)完成了积分计算并把结果与 Kaimal 谱模型做了比较。最小二乘法拟合 Kaimal 模型的切变参数为：

$$\gamma=3.9 \quad\cdots\cdots(\mathrm{B.9})$$

结果得到的方差关系为：

$$\left.\begin{array}{l}\sigma_1^2=3.25\sigma_{iso}^2\\ \sigma_2^2=1.65\sigma_{iso}^2\\ \sigma_3^2=0.85\sigma_{iso}^2\end{array}\right\}\Rightarrow\left\{\begin{array}{l}\dfrac{\sigma_2}{\sigma_1}\approx0.7\\ \dfrac{\sigma_3}{\sigma_1}\approx0.5\end{array}\right. \quad\cdots\cdots(\mathrm{B.10})$$

注意横向方差结果比表 B.1 中给出的略小。通过等同渐近线惯性副区纵向谱，可得出尺度参数。因此，

$$S_1(f)\rightarrow0.475\sigma_{iso}^2\left(\frac{2\pi l}{V_{\mathrm{hub}}}\right)^{\frac{-2}{3}}f^{\frac{-5}{3}}=0.05\sigma_1^2\left(\frac{\Lambda_1}{V_{\mathrm{hub}}}\right)^{\frac{-2}{3}}f^{\frac{-5}{3}}\Rightarrow l\approx0.8\Lambda_1 \quad\cdots\cdots(\mathrm{B.11})$$

总之，在 Mann 模型中所需的三个参数为：

$$\gamma = 3.9$$
$$\sigma_{iso} = 0.55\sigma_1 \quad \cdots\cdots (B.12)$$
$$l = 0.8\Lambda_1$$

其中 σ_1 和 Λ_1 由 6.3 中给出。

对于三维湍流速度仿真，速度分量通过谱张量分解和近似离散傅立叶变换确定。因此，三维空间域被分成等效的空间离散点，每一点的速度矢量由下式给出：

$$\begin{bmatrix} u_1(x,y,z) \\ u_2(x,y,z) \\ u_3(x,y,z) \end{bmatrix} = \sum_{k_1,k_2,k_3} e^{i\frac{xk_1+yk_2+zk_3}{l}} \begin{bmatrix} C(k_1,k_2,k_3) \end{bmatrix} \begin{bmatrix} n_1(k_1,k_2,k_3) \\ n_2(k_1,k_2,k_3) \\ n_3(k_1,k_2,k_3) \end{bmatrix} \quad \cdots\cdots (B.13)$$

其中：

$$\begin{bmatrix} C(k_1,k_2,k_3) \end{bmatrix} \approx \sigma_{iso}\sqrt{\frac{2\pi^2 l^3 E(k_0)}{N_1 N_2 N_3 \Delta^3 k_0{}^4}} \begin{bmatrix} k_2\zeta_1 & k_3 - k_1\zeta_1 + \beta k_1 & -k_2 \\ k_2\zeta_2 - k_3 - \beta k_1 & -k_1\zeta_2 & k_1 \\ \frac{k_0{}^2 k_2}{k^2} & -\frac{k_0{}^2 k_1}{k^2} & 0 \end{bmatrix}$$

u_1, u_2, u_3——复数矢量分量，其实部和虚部为湍流速度场的独立实现；

n_1, n_2, n_3——复数高斯随机值，对于每个不同的波数，它们是独立的并且具有单位方差的实部和虚部；

x, y, z——空间网格点的座标；

N_1, N_2, N_3——三个方向上的空间网格点的数量；

Δ——空间网格的分辨率。

在本表达式中，符号 $\sum_{k_1,k_2,k_3}$ 表示网格中所有无量纲波数的总和，可用 FFT（快速傅立叶变换）方法得到。当空间域在任何方向上小于 $8l$ 时，建议对波张量因数分解 $[C(k_1,k_2,k_3)]$ 进行修正。Mann 对具体方法进行了详细说明（1998）。

B.2 Kaimal（1972）[19] 谱和指数相干模型

分量功率谱密度以无量纲形式由下式给出：

$$\frac{f\,S_k(f)}{\sigma_k^2} = \frac{4f\,L_k/V_{hub}}{(1+6f\,L_k/V_{hub})^{5/3}} \quad \cdots\cdots (B.14)$$

式中：

f——频率，单位 Hz；

k——表示速度分量方向的下标（即 1=纵向，2=横向，3=竖向）；

S_k——速度矢量偏分量谱；

σ_k——速度分量标准偏差（见式（B.2））；

L_k——速度分量积分尺度参数。

$$\sigma_k^2 = \int_0^\infty S_k(f)\,df \quad \cdots\cdots (B.15)$$

19） 注意表 B.1 中湍流分量方差率以及竖向速度分量的方程形式与初始 Kaimal 谱密度模型略有不同。纵向尺度的选择应使其接近初始 Kaimal 谱模型，而对于横向和竖向尺度，应满足 6.3 中渐进惯性副区的谱要求，并且其方差率由表 B.1 给出。

表 B.1 给出了湍流谱参数。

表 B.1 Kaimal 模型湍流谱参数

	速度分量下标(k)		
	1	2	3
标准偏差 σ_k	σ_1	$0.8\sigma_1$	$0.5\sigma_1$
积分尺度参数 L_k	$8.1\Lambda_1$	$2.7\Lambda_1$	$0.66\Lambda_1$

其中:σ_1 和 Λ_1 分别是 6.3 中规定的湍流标准偏差和尺度参数。

下面的指数相干模型可和 Kaimal 自谱相结合,来说明纵向速度分量的空间相关结构。

$$Coh(r,f)=\exp\left[-12\left((f\cdot r/V_{hub})^2+(0.12r/L_c)^2\right)^{0.5}\right] \quad \cdots\cdots\cdots\cdots\cdots (B.16)$$

式中:

$Coh(r,f)$——是相干函数,定义为由自谱函数分开的两个空间分离点的矢量风速纵向分量正交谱密度合成值;

r——两点之间分离矢量在垂直于主风向平面上的投影幅值;

f——频率,Hz;

$L_c=8.1\Lambda_1$——相干尺度参数。

B.3 参考文献

[1] J. C. Kaimal, J. C. Wyngaard, Y. Izumi, O. R. Cote. *Spectral characteristics of surface-layer turbulence*. Q. J. R. Meteorol. Soc. ,1972(98):563-598.

[2] T. von Karman. *Progress in the statistical theory of turbulence*. Proc. Nat. Acad. 1948(34):530-539.

[3] J. Mann. *The spatial structure of neutral atmospheric surface-layer turbulence*. J. of Fluid Mech. ,1994(273):141-168.

[4] J. Mann. *Wind field simulation*. Prob. Engng. Mech. 1998,4(13):269-282.

附 录 C
（资料性附录）
地震载荷评估

当进行复杂分析比较困难时，可采用本附录介绍的简化、保守方法来计算地震载荷。

主要简化是忽略高于一阶塔架弯曲模态的振动模态，并假设整个结构的加速度一样。忽略二阶模态是一个重要的非保守简化，但通过合并塔架质量和塔顶质量以及采用保守的空气动力载荷进行补偿。

推导重力加速度的方法应与11.6一致。当缺少详细的场址数据时，应做保守的假设。本附录的术语以ISO 3010为基础。

该方法包括下面的步骤：

- 根据当地相关标准的要求，评价或估计场址和土壤情况。
- 在一阶塔架弯曲特征频率下，假设阻尼为临界阻尼的1%，利用标准化设计响应谱和地震的危险区系数来确定加速度。
- 根据以上加速度计算系统的载荷，其中整个风轮、机舱和50%的塔架质量都集中在塔架顶部。
- 把结果加到在额定风速下发生紧急关机的特征载荷上。
- 将结果与风力发电机组设计载荷或设计抗力作比较。

如果塔架能抵抗合成的组合载荷，则不需要进一步的验证。否则，应根据11.6进行全面的验证。

附 录 D
(资料性附录)
尾流及风电场湍流

D.1 尾流影响

在正常风况下，对于疲劳计算，可通过有效湍流强度 I_{eff} 来考虑邻近风力发电机组的尾流影响(Frandsen,2003)。在轮毂高度处的平均风速下，有效湍流强度可被定义为：

$$I_{\mathrm{eff}}(V_{\mathrm{hub}})=\left\{\int_0^{2\pi} p(\theta|V_{\mathrm{hub}})\,I^m(\theta|V_{\mathrm{hub}})\,\mathrm{d}\theta\right\}^{\frac{1}{m}} \quad\cdots\cdots(\mathrm{D.1})$$

式中：

p——是风向的概率密度函数；

I——来自风向 θ 方向的环境和尾流的合成湍流强度；

m——材料的 Wöhler(S-N 曲线)指数。

下面假设 $p(\theta|V_{\mathrm{hub}})$为均匀分布。如果不是均匀分布可以调整公式[20]。假设风电场内平均风速不减少。

如果 $\min\{d_{\mathrm{I}}\}\geqslant 10\ D$：

$$I_{\mathrm{eff}}=\frac{\hat{\sigma}}{V_{\mathrm{hub}}} \quad\cdots\cdots(\mathrm{D.2})$$

如果 $\min\{d_{\mathrm{I}}\}<10\ D$：

$$I_{\mathrm{eff}}=\frac{\hat{\sigma}_{\mathrm{eff}}}{V_{\mathrm{hub}}}=\frac{1}{V_{\mathrm{hub}}}\left[(1-Np_{\mathrm{w}})\hat{\sigma}^m+p_{\mathrm{w}}\sum_{i=1}^{N}\hat{\sigma}_{\mathrm{T}}^m(d_i)\right]^{\frac{1}{m}};p_{\mathrm{w}}=0.06 \quad\cdots\cdots(\mathrm{D.3})$$

式中：

$\hat{\sigma}$——估计的环境湍流标准偏差；

$\hat{\sigma}_{\mathrm{T}}=\sqrt{\dfrac{0.9V_{\mathrm{hub}}^2}{(1.5+0.3d_i\sqrt{V_{\mathrm{hub}}/c})^2}+\hat{\sigma}^2}$——是最大中心尾流在轮毂高度处的湍流标准偏差；

d_i——通过风轮直径归一化，到邻近第 i 号风力发电机组的距离；

c——等于 1 m/s 的常数；

I_{eff}——有效湍流强度；

N——邻近风力发电机组的数量；

m——所考虑结构部件材料的 Wöhle 曲线指数。

不需要考虑“隐藏”在其他风力发电机组后面的风力发电机组尾流影响，例如，在一排中只需考虑最近两台风力发电机组的尾流。根据风电场布置，计算 I_{eff} 所包括的最近风力发电机组数量由下表给出。

在图 D.1 中举例说明了“风电场内多于 2 排”的布置情况。

---

20) 当风向分布不是均匀分布时，可通过邻近风力发电机组方向上的实际风向概率与均匀风向分布概率的比值来调整 p_{w}。

表 D.1

风电场布置	N
2 台风力发电机组	1
1 排	2
2 排	5
风电场内多于 2 排	8

在大型风电场内，风力发电机组会产生它们自己的环境湍流。因此，当

a） 从被考虑的风力发电机组到风电场边缘，风力发电机组的数量多于 5，或者

b） 垂直于主导风向的各排之间间距小于 $3D$，应假设环境湍流为：

$$\hat{\sigma}=\frac{1}{2}\left(\sqrt{\hat{\sigma}_{w}^{2}+\hat{\sigma}^{2}}+\hat{\sigma}\right) \quad \text{(D.4)}$$

式中：

$$\hat{\sigma}_{w}=\frac{0.36V_{hub}}{1+0.2\sqrt{d_{r}d_{f}/C_{T}}} \quad \text{(D.5)}$$

C_T 是推力系数，d_r 和 d_f 分别是一排内风力发电机组之间的距离和各排之间的距离（以风轮直径为单位）。

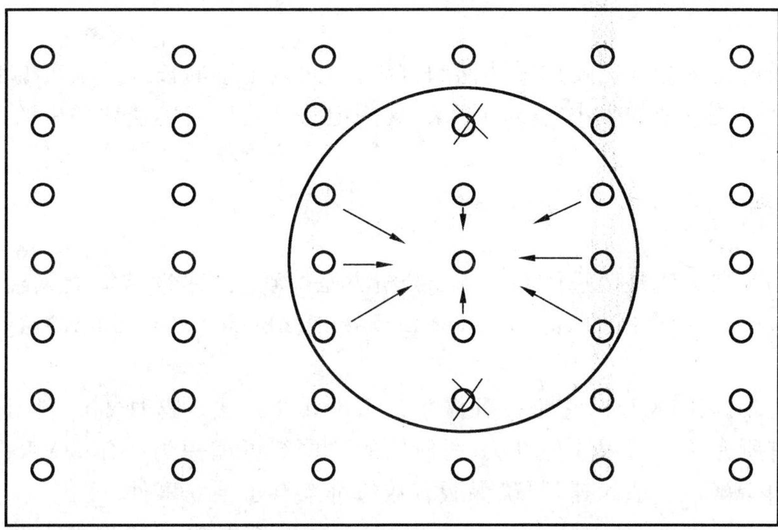

图 D.1 风电场内多于两排风力发电机组的布置

D.2 参考文献

[1] S. Frandsen (2003), *Turbulence and turbulence generated fatigue in wind turbine clusters*, Risø report R-1188.

附 录 E
（资料性附录）
采用测量-相关-预测(MCP)方法预测风力发电机组场址的风分布

特定场址的风力发电机组适应性评估，需要评估场址的设计临界风速参数。通常情况下，风电场内没有一点有足够的数据可以进行这种评估。然而，可基于其他地点的长期记录数据，采用外推法合成场址内的长期数据。MCP方法是合成场址长期数据的一种方法。以下的解释源于“风能场址的极大风速预测(在ETSU资助下完成的指导文件，合同号为W/11/00427/00)”，该项目由国家风力发电公司和东英格兰大学气候研究所完成。

E.1 测量-相关-预测(MCP)

由于数据变化的平均周期和方向特性不同，MCP方法有多种形式。这里介绍的一种形式是基于风力发电机组场址和附近参考气象站同期小时数据。交叉划分这些数据，并且用于推导扇区线性回归方程；各个扇区要与气象站采用的相一致，典型为30°的扇区。用于推导回归方程的数据组宜尽可能取长期数据，至少应包括季节变化的保守部分。

E.2 应用于年平均风速和分布

可对气象站的长期记录分扇区使用上述回归方程，时间应足够的长以消除短期变化的影响，大概至少7年。所得到的结果是场址的每小时平均记录，这些记录可处理成场址评估中的概率分布。

E.3 应用于极大风速

预测极大风速的经典方法是改进的Gumbel分析方法[例如：“建筑结构上风载荷的设计指导，N J Cook，Butterworths，1995”中介绍的BLUE(Best Leiblein Unbiased Estimators)法]。建议数据组长度至少为10年。

也可能采用独立暴风法(MIS)，它是一种派生的Gumbel方法。这种方法利用数据组中每年多点数据，Cook对此也有所介绍。采用这种方法，所使用的数据组可缩短为7年。MIS通过采用门限值和时间过滤器来选择单个暴风峰值风速，以确保所有数值都来自于独立事件。

对于基本的Gumbel按年、对MIS按暴风事件和按扇区，在气象站的最大小时风速表中应用特定扇区的回归系数。因此，为风力发电机组场址建立了类似的表格。在Gumbel分析中，提取出候选场址的年最大值以供使用。

在此可以使用这些系数，因为它们来源于每小时平均数据，并且应用于每小时平均数据。在这个方法中，没有假设候选地点最大值与参考场址最大值出现在同一扇区。考虑两个场址之间的关系，通过使用特定扇形的回归系数，能更准确地确定候选地址的最大值。

在极大风速分析中，相关重现周期的选择宜考虑每年发生事件的次数。

应通过场址测量数据或理论方法估算阵风因子。

E.4 参考文献

[1] N J Cook. *The designers guide to wind loading of building structures*. Butterworths. 1995.

[2] National Wind Power and Climatic Research Unit of the University of East Anglia, *Prediction of extreme wind speed at wind energy sites*, a set of guidelines prepared under ETSU contract W/11/00427/00.

[3] R I Harris. *Gumbel re-visited—a new look at extreme value statistics applied to wind speeds*. Journal of Wind Engineering and Industrial Aerodynamics, 1996, 59:1-22.

[4] D C Quarton *Wind Farms in Hostile Terrain. Final Report*. A report prepared under ETSU contract W/43/00501/00/00, 1999, 7.

[5] R I Harris, *The accuracy of design values predicted from extreme value analysis*. Journal of Wind Engineering and Industrial Aerodynamics, 2011, 89:153-164.

附 录 F
（资料性附录）
用于极限强度分析的载荷统计外推法

F.1 载荷统计外推法

当临界区域的应力超出了材料的承载能力时，结构就会发生破坏。假设局部应力与载荷有关，因此局部应力随载荷的增加而逐渐增大，结构件的强度可以定义为使结构破坏的极限载荷。给定运行载荷，可应用适当的安全系数，通过比较极限载荷与承载力极限值来评估结构的适应性。

风力发电机组载荷取决于不同风况下的湍流风。因此，为确定适当的特征载荷，有必要在统计基础上分析载荷的极限值。对于一个给定的风况，可以按稳态随机过程模拟短期的载荷响应。再进一步假设，最大载荷值出现在非常离散的时间点上，从而在统计学上是相互独立的。在观测时间 T 内最大载荷 F_{ext} 大于给定载荷 F 的概率由下式给出（见 Gumbel，1958 和 Cramer，1966）。

$$\mathrm{Prob}(F_{ext} \geqslant F \quad | V,T) = 1 - [F_{max}(F \mid V)]^{E(n|V,T)} \qquad \text{(F.1)}$$

式中：

$F_{max}(F|V)$——局部最大载荷的短期概率分布函数；

$E(n|V,T)$——观测时间内局部最大值的期望数。可以看出，以上统计量以平均风速 V 为条件，并且取决于观测时间 T。

考虑到所有运行风况，长期的超越概率可通过在整个的运行风速区间积分得到：

$$\mathrm{Prob}(F_{ext} \geqslant F \quad | T) \equiv P_e(F,T) = \int_{V_{in}}^{V_{out}} \mathrm{Prob}(F_{ext} \geqslant F \quad | V,T) p(V) \mathrm{d}V \qquad \text{(F.2)}$$

式中：

$p(V)$——轮毂高度风速的概率密度函数，并且是 6.3.1.1 中标准风力发电机组等级所描述的。可接受的超越概率是与特征载荷相关的重现周期 T_r 与时间间隔 T 之比的倒数。特征载荷 F_k，可通过下式求解：

$$P_e(F_k,T) = \frac{T}{T_r} \qquad \text{(F.3)}$$

函数 $\mathrm{Prob}(F_{ext} \geqslant F|V,T)$ 由响应仿真确定，极值可以通过下列方法得到：

- 选择提取极值的原则是保证这些极值是相互独立的；
- 极值的数量应足以确定其分布类型（Gumbel，Weibull，等），并提供可靠的尾部分布估计；
- 湍流造成的最大载荷时的风速应包含在仿真中。

特征载荷可通过下列步骤估算：

a) 对于一个给定的风速 V_j，从仿真数据提取载荷的独立极值，一种方法是在连续向上交叉的平均数加上 1.4 倍标准偏差的载荷计算中选取最大值；

b) 拟合所选极值数据的分布。Moriarty，et. al.（2002）介绍了一种拟合分布的指导方法。宜检查所选择的分布类型，以确定数据的拟合效果是否可以接受，以及是否有足够多的数据以可靠估计数据尾部分布。建议至少选用分布在重要风况范围内的 300 分钟时序数据；

c) 在典型 10 分钟观察期间 T 内，最大值的期望数量可由式（F.4）估计：

$$n_j = n_s \frac{T}{T_s} \qquad \text{(F.4)}$$

式中：

T_s——给定风速 V_j 下所有仿真的总时间周期；

n_s——从相同的所有仿真数据下所提取最大值的总数目。

d) 作为载荷水平函数的长期超越概率由式(F.5)计算(假定 6.3.1.1 给出的标准风力发电机组等级按 Rayleigh 风速分布)：

$$P_e(F)=\sum_j\left\{1-\left[F_{\max}(F\mid V_j)\right]^{n_j}\right\}\left\{e^{-\pi\left(\frac{V_j-\Delta V_j/2}{2V_{ave}}\right)^2}-e^{-\pi\left(\frac{V_j+\Delta V_j/2}{2V_{ave}}\right)^2}\right\} \quad\cdots\cdots\cdots\cdots(F.5)$$

式中：

V_j——风速区间(bin)中心；

ΔV_j——区间(bin)宽度。

e) 对于 50 年重现周期和 10 分钟参考周期，用图形或数值根求解技术来求解特征载荷：

$$P_e(F_k)=3.8\times10^{-7} \quad\cdots\cdots\cdots\cdots(F.6)$$

在上述步骤中，应注意选择足够的风速区间(bin)的数量和分辨率来逼近式(F.2)中的积分，风速在 V_r 和 V_{out} 附近时应注意。通过忽略每个其他区间(bin)值以及计算特征载荷合成差异可估计离散化精确度。

图 F.1 说明了如何从所计算的长期超越概率中确定 1 年一遇和 50 年一遇的极大值。用额定风速下平均叶片弯矩载荷对叶片弯矩载荷进行归一化。图中还表明在切入和切出风速之间，不同平均风速下所有仿真中所计算出的最大叶片弯曲载荷。

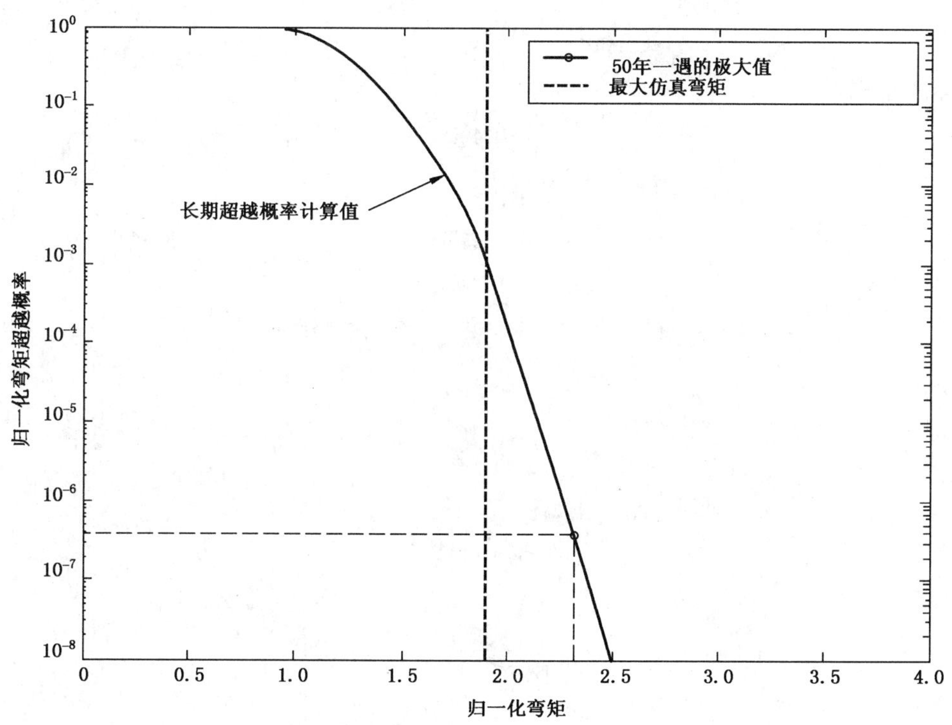

图 F.1 10 min 平面外最大叶片弯曲载荷超越概率
(已经用额定风速下平均叶片弯矩载荷进行了归一化)

F.2 参考文献

[1] Cramér, H. *On the Intersections Between Trajectories of a Normal Stationary Stochastic Process and a High Level*, Arkiv för Matematik. 1966, 6:337-349.

[2] Gumbel, E. J. *Statistics of Extremes*. Columbia Univ. Press, 1958:73.

[3] Patrick J. Moriarty. P. J. , Holley. W. E. and Butterfield. C. P. *Effect of turbulence variation on extreme loads prediction for Wind turbines*. paper AIAA-2002-0050, 2002.

附 录 G
（资料性附录）
使用 Miner 准则载荷外推法进行疲劳分析

G.1 疲劳分析

疲劳失效是由交变载荷引起的损伤累积所致。从宏观疲劳的角度上看，一般认为损伤的增加是由局部应力-应变图表中显示的所有滞后循环引起的。因此，载荷时间序列中每个局部最大值和最小值成对出现，组成一个全循环（雨流循环计数法，见 Matsuishi & Endo，1968，或 Dowling，1972）。每个循环均由成对的极值来表征（或者用幅度和中点值等效，即两对循环极值的差值和均值）。如果损伤是线性积累，且每个循环相互独立（Palmgren，1924，Miner 1945），那么总损伤 D 可由下式给出[21]：

$$D=\sum_i \frac{1}{N(S_i)} \qquad \text{(G.1)}$$

式中：

S_i——第 i 次循环的载荷幅度；

$N(.)$——幅度由自变数（即 S-N 曲线）给出的等幅载荷作用下的失效循环次数。

在上述表达式中，进一步假设失效部位的局部应力与载荷是线性相关的。典型地，疲劳分析所选用的 S-N 曲线与由材料数据确定此曲线时所给定的存活率（常为 95%）和置信度（常为 95%）相关。因此，当损伤总和为 1 时即为期望的理想最低可靠度。

在风力发电机组的寿命期内，由于大范围的风况会产生很多大小不同的循环。因此，设计中必须估计载荷谱。载荷谱的最大循环可由数据的平滑拟合来估计，其中数据可由仿真或持续时间比风力发电机组寿命短得多的试验获得。对于每种风况，可假定载荷由稳态随机过程模拟。因此，对于一个给定风速 V 和指定时间周期 T，损伤的期望值由下式给出：

$$E\langle D \mid V,T\rangle=\int_0^\infty \frac{n_{ST}(S \mid V,T)}{N(S)}\mathrm{d}S \qquad \text{(G.2)}$$

式中：

$n_{ST}(S|V,T)$——为循环数密度函数定义的短期载荷谱。

在这种情况下，时间周期 T 内，在任何载荷幅度间隔（S_A，S_B）中，期望循环数由下式给出：

$$\int_{S_A}^{S_B} n_{ST}(S \mid V,T)\mathrm{d}S$$

在整个风力发电机组的寿命期内，正常运行载荷造成的期望损伤值可通过延长时间间隔到全寿命期，并对整个运行风速的范围积分得到。

$$\begin{aligned}E\langle D\rangle&=\frac{Lifetime}{T}\int_{V_{in}}^{V_{out}} E\langle D|V,T\rangle p(V)\,\mathrm{d}V\\&=\frac{Lifetime}{T}\int_{V_{in}}^{V_{out}}\int_0^\infty \frac{n_{ST}(S|V,T)}{N(S)}p(V)\,\mathrm{d}S\mathrm{d}V\end{aligned} \qquad \text{(G.3)}$$

21） 为了表达方便，忽略每次循环中点载荷变化的影响，当变化的中点值可由等效循环幅度来表示时，这个约束随后消除。

式中：

$p(V)$——6.3.1.1 中标准风力发电机组等级所规定的轮毂高度处风速的概率密度函数。

现在给出长期载荷谱定义：

$$n_{\mathrm{LT}}(S)=\frac{Lifetime}{T}\int_{V_{\mathrm{in}}}^{V_{\mathrm{out}}} n_{\mathrm{ST}}(S|V,T)\,p(V)\,\mathrm{d}V \quad\cdots\cdots(\mathrm{G}.4)$$

则可得：

$$E\langle D\rangle=\int_{0}^{\infty}\frac{n_{\mathrm{LT}}(S)}{N(S)}\mathrm{d}S \quad\cdots\cdots(\mathrm{G}.5)$$

许多实际情况中出于方便的目的，将载荷幅度和风速值划分成离散区间(bin)。这种情况下，损伤的期望值可由下式近似给出：

$$E\langle D\rangle\approx\sum_{j,k}\frac{n_{jk}}{N(S_k)} \quad\cdots\cdots(\mathrm{G}.6)$$

式中：

n_{jk}——第 j 个风速区间和第 k 个载荷区间(bin)，寿命期内载荷循环的期望数；

S_k——第 k 个载荷区间(bin)的中间值。

因此，从以上定义可知：

$$n_{jk}=\frac{Lifetime}{T}\int_{V_j-\Delta V_j/2}^{V_j+\Delta V_j/2}\int_{S_k-\Delta S_k/2}^{S_k+\Delta S_k/2} n_{\mathrm{ST}}(S|V,T)\,p(V)\,\mathrm{d}S\mathrm{d}V \quad\cdots\cdots(\mathrm{G}.7)$$

式中：

ΔV_j——第 j 个风速区间(bin)的宽度；

ΔS_k——第 k 个载荷区间(bin)的宽度。

利用上述结果，并考虑到 7.6.3 中所要求的应用于载荷的安全系数，那么疲劳分析的极限状态关系变为下式：

$$\int_{0}^{\infty}\frac{n_{\mathrm{LT}}(S)}{N(\gamma S)}\mathrm{d}S\leqslant 1 \quad\cdots\cdots(\mathrm{G}.8)$$

式中：

$\gamma=\gamma_{\mathrm{f}}\gamma_{\mathrm{m}}\gamma_{\mathrm{n}}$ 为载荷、材料和失效后果局部安全系数的乘积。离散化后，式(G.8)变为：

$$\sum_{j,k}\frac{n_{jk}}{N(\gamma S_k)}\leqslant 1 \quad\cdots\cdots(\mathrm{G}.9)$$

如果在表 2 中所列的一种以上的载荷工况下出现重大损伤，则对于所有载荷工况，按照式(G.9)左边累加计算的疲劳损伤结果应小于或等于 1。

但该公式忽略了每个载荷循环中点值变化的影响。处理这种变化的简单方法是用一个固定的中点值来定义损伤等效载荷循环。这种情况下，用等效循环得出的损伤和用中点值变化的循环得出的损伤完全相同。因此，对相同数量的等效循环幅度为 S_{eq} 的恒幅值循环与任意给定循环幅度和中点值的循环将同时发生失效(平均来说)。因此对于变化的中点值，定义一族 S-N 曲线，等效损伤公式为：

$$N(S_{\mathrm{eq}},M_0)=N(S,M) \quad\cdots\cdots(\mathrm{G}.10)$$

给定 S、M 值，并选择恒定的中点值 M_0，可求解 S_{eq}。可用数学公式表示为：

$$S_{\mathrm{eq}}=N^{-1}[N(S,M),M_0] \quad\cdots\cdots(\mathrm{G}.11)$$

式中给定第二个自变量，对函数求逆，可求解第一个自变量 N。典型地，当等效载荷循环处于所直接观测的载荷数据值范围的中间时，选择 M_0 来给出 R 值(最大载荷与最小载荷之比)。通常可接受的值是考虑了所有运行风速的平均载荷。由解析解(如幂律或指数形式)定义 S-N 曲线的大多数情况下，等效循环载荷幅度是容易被计算的。然而，当幅度变大时应引起注意。选择中点值使给定循环的最大或最小载荷值接近静态强度,在这种情况下,简单的高循环 S-N 曲线可能并不适用。同样,对于更大幅度的值,局部应力或应变可由压-压或拉-拉为主的状态变成拉-压状态,而这种拉-压状态 S-N 曲线的解析形式是不同的,重要的是要利用合适的 S-N 曲线来确定等效的循环幅度。对于给定的载荷时间序列,首先定义雨流循环,然后对每个循环考虑合适的 S-N 曲线,计算出一组等效的恒中点值循环。接着评估这些等效循环的分布,并给出新的短期等效载荷谱。然后利用这个新的等效载荷谱来确定每个载荷和风速区间(bin)下,损伤破坏所使用的循环数。使用这个方法的主要优势是等效载荷谱的评估统计上比使用跟踪作为自变量的中点值更稳健。该优势的产生是因为对于每个载荷和风速区间(bin),从典型时间序列载荷数据中计算的载荷循环数比分别跟踪中点区间(bin)计算的载荷循环数要多很多。

在确定短期载荷谱中出现的另外一个实际问题是用雨流方法确定的大量小循环。这些小循环可能经常发生在时间点附近,因此可能是相关联的。小循环也可以使尾部分布的解析近似形式失真。因此,建议在尾部的短期分布逼近时,只考虑门限值以上的循环。实际上,典型的至少在门限值 95%以上工作良好。如果小循环已被排除,或者增加的用于拟合数据点的数量预计产生重要的附加统计可靠性,则较低的门限值可能是适合的。

对于风力发电机组的实际设计应用,应从动态仿真数据评估短期等效载荷谱,然后计算寿命损伤。方法之一如下:

a) 考虑所有风速,选择参考中点值作为平均载荷值;

b) 从给定风速下的仿真数据中提取局部最大值和最小值序列。对于相同的风况,从多个时间序列中提取的局部最大值和最小值序列可连接成一个序列;

c) 使用雨流法来确定每个仿真载荷循环的中点值和幅度;

d) 对于每个载荷循环,确定与所选参考中点值相关的等效幅度;

e) 对于所选门限值以上的数据,确定等效载荷循环的短期概率分布 $F_{ST}(S|V,T)$的解析拟合式。Moriarty 和 Holley2003 年提出了拟合分布的方法。应检查所选择的分布类型,看数据拟合是否可接受,是否有足够的数据来进行尾部分布的可靠性评估;

f) 在每个区间(bin)中,当载荷区间(bin)低于门限值时,使用数据来确定期望的寿命循环数。而当载荷区间(bin)高于门限值时,使用拟合载荷分布来确定期望的寿命循环数。结果如下式:

$$n_{jk} \approx \left(\frac{Lifetime}{T}\right) P_j \begin{cases} m_{jk} & S_k \text{ 低于第 } j \text{ 个门限值} \\ M_j\left[F\left(S_k+\frac{\Delta S_k}{2}|V_j,T\right)-F\left(S_k-\frac{\Delta S_k}{2}|V_j,T\right)\right] & S_k \text{ 高于第 } j \text{ 个门限值} \end{cases} \quad \cdots\cdots(G.12)$$

式中:

m_{jk}——仿真的疲劳循环数,计入了门限值以下的第 j 个风速区间(bin)和第 k 个载荷区间(bin)的数据;

M_j——疲劳循环数,计入了门限值以上的仿真。

假定 Rayleigh 风速分布时,风速在第 j 个区间(bin)内的时间概率:

$$P_j = e^{-\pi\left(\frac{V_j-\Delta V_j/2}{2V_{\text{are}}}\right)} - e^{-\pi\left(\frac{V_j+\Delta V_j/2}{2V_{\text{ew}}}\right)}$$

1) 使用公式(G.9)左边对损伤求和。

2) 对所有疲劳载荷工况下总寿命损伤求和。

在使用上述方法时,应注意下列两个问题:

a) 风速和载荷幅度区间(bin)的分辨率应足以达到所要求的数值精度;

b) 应使用足够大的载荷幅度,以充分表示长期载荷分布的尾部情况。

第一个问题可这样处理,即近似把误差当作两个不同区间(bin)分辨率(每隔一个风速或载荷幅度则数据跳过)所计算的结果差值的一半。另一个方法是用区间(bin)端点值代替中心值,计算损伤总和。

第二个问题可这样处理,即逐渐增加最大载荷幅度的区间(bin)值,直到观测到寿命损伤的增量可忽略不计为止。值得注意的是,因为$\frac{Lifetime}{T}$的比值是个大数,所要求的最大载荷区间(bin)可能会比仿真数据中观测到的最大循环大得多。这是因为整个载荷仿真时间比风力发电机组的寿命小得多,并且要求统计外推法来精确地评估由长期载荷分布尾部所产生的损伤。

G.2 参考文献

[1] Dowling,N. E. Fatigue Failure Predictions for Complicated Stress-strain Histories. J. of Materials,1972,7(1):71-87.

[2] Matsuishi,M. Endo,T. Fatigue of Metals Subjected to Varying Stress. Proc. Japan Soc. of Mech. Engrs. 1968,68(2):37-40.

[3] Miner,M. A. Cumulative Damage in Fatigue. J. of Applied Mech. 1945(12):159-164.

[4] Moriarty,P. J. Holley,W. E. Using Probabilistic Models in Wind Turbine Design. Proc. ICASP9,San Francisco,CA,2003,6-9.

[5] Palmgren,A. ,Die Lebensdauer von Kugellagern,Zeitschrift der Vereines Deutscher Ingenieure,1924,68(14):339-341.

参 考 文 献

[1] IEC 60034 (all parts), *Rotating electrical machines*

[2] IEC 60038, *IEC standard voltages*

[3] IEC 60146 (all parts), *Semiconductor converters*

[4] IEC 60173:1964, *Colours of the cores of flexible cables and cords*

[5] IEC 60227 (all parts), *Polyvinyl chloride insulated cables of rated voltages up to and including 450/750 V*

[6] IEC 60245 (all parts), *Rubber insulated cables of rated voltages up to and including 450/750 V*

[7] IEC 60269 (all parts), *Low-voltage fuses*

[8] IEC 60287 (all parts), *Electric cables—Calculation of the continuous current rating (100% load factor)*

[9] IEC 60439 (all parts), *Low voltage switchgear and control gear assemblies*

[10] IEC 60446:1999, *Basic and safety principles for man-machine interface, marking and identification—Identification of conductors by colours or numerals*

[11] IEC 60529:1989, *Degrees of protection provided by enclosures (IP Code)*

[12] IEC 60617, *Graphical symbols for diagrams*

[13] IEC 60755:1983, *General requirements for residual current-operated protective devices*

[14] IEC 60898:1995, *Electrical accessories—Circuit breakers for overcurrent protection for household and similar installations*

[15] IEC 61310-1:1995, *Safety of machinery—Indication, marking and actuation—Part 1: Requirements for visual, auditory and tactile signals*

[16] IEC 61310-2:1995, *Safety of machinery—Indication, marking and actuation—Part 2: Requirements for marking*

[17] ISO 3010:2001, *Basis for design of structures—Seismic actions on structures*

[18] ISO 8930:1993, *General principles on reliability for structures—List of equivalent terms*

[19] ISO/TR 13989-1:2000, *Calculation of scuffing load capacity of cylindrical, bevel and hypoid gears—Part 1: Flash temperature method*

ICS 27.180
F 11

中华人民共和国国家标准

GB/T 18451.2—2012/IEC 61400-12-1:2005
代替 GB/T 18451.2—2003

风力发电机组　功率特性测试

Power performance measurements of electricity producing wind turbines

(IEC 61400-12-1:2005, Wind turbines—Part 12-1: Power performance measurements of electricity producing wind turbines, IDT)

2012-05-11 发布　　2012-10-01 实施

中华人民共和国国家质量监督检验检疫总局
中国国家标准化管理委员会　发布

前　言

本标准按照 GB/T 1.1—2009 给出的规则起草。

本标准代替 GB/T 18451.2—2003“风力发电机组　功率特性试验”。与 GB/T 18451.2—2003 相比主要技术变化如下：

——修改了标准名称“风力发电机组　功率特性测试”；

——小量调整了测量扇形区最大测量角度范围；

——改写了附录 A～附录 D,增加了附录 F～附录 J；

——将表 1 和表 2 细化为表 1～表 4；

——增加了图 4、图 5。

本标准使用翻译法等同采用 IEC 61400-12-1:2005《风力发电机组　第 12 部分:风力发电机组　功率特性测试》。

与本标准中规范性引用的国际文件有一致性对应关系的我国标准有：

——GB 1208—2006 电流互感器(IEC 60044-1:2003,MOD)

为了便于使用,本标准做了下列编辑性修改：

a) 将“IEC 61400 的本部分”改为本标准；

b) 保留了 IEC 61400-12-1:2005 的引言,同时增加了本标准的前言。

c) 删除了 IEC 61400-12-1:2005 中资料性概述要素(包括封面、目次和前言)；

d) 在“1 范围”中将标准的适用范围另其一行编辑为:本标准适用于所有类型和容量的并网风力发电机组。

e) 将 IEC 60044-1:1996《仪表用变压器　第 1 部分:电流互感器》,包括修改单 1(2000)、修改单 2(2002),用现行 IEC 60044-1:2003 替代；

f) 将 IEC 60688:1992《交流电气量转换为模拟或数字量的电气测量变送器》,包括修改单 1(1997)、修改单 2(2001),用现行 IEC 60688:2002 替代；

g) 将 IEC 61400-2:1996《风力发电机组　第 2 部分:小型风力发电机组设计要求》,用现行 IEC 61400-2:2006 替代；

h) 将参考标准 IEC 60186 电磁式电压互感器,用现行 IEC 60044-2:2003 替代。

本标准由中国机械工业联合会提出。

本标准由全国风力机械标准化技术委员会(SAC/TC 50)归口。

本标准起草单位:中国电力科学研究院、中国农业机械化科学研究院呼和浩特分院等。

本标准主要起草人:秦世耀、王建平、李庆、陈默子、张世惠、薛扬、马晓晶、付德义、焦渤。

IEC 引言

IEC 61400-12-1 的目的是提供一种统一的方法，以保证风力发电机组功率特性测试和分析的一致性、准确性和可重复性。本标准将适用于：

风力发电机组制造商，努力使产品满足定义明确的功率特性要求和/或可能的声明系统；

风力发电机组购买者，能明确功率特性要求；

风力发电机组运营商，可以证实新的或维修好的机组满足所陈述的或所要求的功率特性的技术条件；

风力发电机组计划者和调整者，能够准确公正地评价风力发电机组的功率特性，使新的或更改后的装置符合其规范或许可准则。

本标准在风力发电机组功率特性测试的测量、分析和报告编写方面提供指导。它将使从事风力发电机组制造、安装、计划、运营和管理的机构受益。本标准推荐的测试和分析技术适用于上述各方，以保证风力发电机组的开发和运营的一致性以及技术交流的准确性。希望本标准给出的测量和报告编写程序能得到可以被他人重复的准确结果。同时，标准使用者应认识到由风剪切和湍流的较大变化以及数据选择判据所引起的差别。在功率特性测试合同签署前，标准使用者应考虑这些差别和与测试目的相关的数据选择判据的影响。

功率特性测试的关键因素之一是风速测量。本标准规定使用风杯式风速计测量风速，风杯式风速计具有鲁棒性，长期以来一直被认为适用于功率特性测试。即使采用适当的风洞校核程序、与风矢量(包括幅值和方向)波动有关的现场气流条件，仍会导致不同仪器产生潜在的不同影响。

附录I和附录J给出了风速计分类的方法和步骤。但测试结果仍有可能受风速计选择的影响，所以在风速测量中应特别注意风速计的选择。

风力发电机组　功率特性测试

1　范围

本标准规定了测试单台风力发电机组功率特性的方法。此外,本标准描述了并网及与蓄电池组相连的小型风力发电机组(IEC 61400-2 中定义的风力发电机组)的功率特性测试方法。测试方法可以用来评估特定地理位置的特定风力发电机组的性能。同样,该方法可以用来对不同类型或不同设置的风力发电机组进行一般比较。

本标准适用于所有类型和容量的并网风力发电机组。

风力发电机组功率特性由测量功率曲线和年发电量(*AEP*)决定。测量功率曲线由一定时间段内同步采集的风速和风力发电机组输出功率决定,该时间段要足够长,使得在一定的风速范围和大气条件变化的情况下,能够建立统计意义上的数据库。*AEP* 是利用测量功率曲线和参考风速的频率分布计算而得,且假定风力发电机组的可利用率为 100%。

本标准规定的测量方法要求对测量功率曲线和年发电量的不确定度来源及其合成影响进行评估。

2　规范性引用文件

下列文件对于本文件的应用是必不可少的。凡是注日期的引用文件,仅注日期的版本适用于本文件。凡是不注日期的引用文件,其最新版本(包括所有的修改单)适用于本文件。

IEC 60044-1:2003　仪表用变压器　第 1 部分:电流互感器(Instrument transformers—Part 1: Current transformers)

IEC 60688:2002　交流电气量转换为模拟或数字量的电气测量传感器(Electrical measuring transducers for converting a. c. electrical quantities to analogue or digital signals)

IEC 61400-2:2006　风力发电机组　第 2 部分:小型风力发电机组设计要求(Wind turbine—Part 2:Design requirements of small wind turbines)

ISO 2533:1975　标准大气(Standard atmosphere)

ISO 测量不确定度表示指南,1995,ISBN 92-67-10188-9(Guide to the expression of uncertainty in measurement)

3　术语和定义

下列术语和定义适用于本文件。

3.1

准确度　accuracy

被测量(物)的测量值与真实值的接近程度。

3.2

年发电量　annual energy production,*AEP*

利用测量功率曲线和轮毂高度不同风速频率分布估算得到的一台风力发电机组一年时间内生产的全部电能。计算中假设可利用率为 100%。

3.3

复杂地形　complex terrain

测试场地周围地形属显著变化的地带或有可能引起气流畸变的障碍物地带。

3.4

数据组　data set

在规定的连续时段内采集的数据集合。

3.5

距离常数　distance constant

风速计的时间响应指标。定义为风速计显示值达到输入风速实际值的63%时，通过风速计的气流行程长度。

3.6

外推功率曲线　extrapolated power curve

用估计方法对测量功率曲线从测量的最大风速到切出风速的延伸。

3.7

气流畸变　flow distortion

由障碍物、地形变化或其他风力发电机组引起的气流改变，其结果是相对自由流产生了偏离，造成一定程度的风速测量不确定度。

3.8

轮毂高度　hub height

从地面到风力发电机组风轮扫掠面中心的高度。

注：垂直轴风力发电机组的轮毂高度为旋转平面的高度。

3.9

测量功率曲线　measured power curve

按确定的测量程序测试、修正和标准化处理后，风力发电机组净电功率输出与风速的函数关系，用图形和表格表示。

3.10

测量周期　measurement period

功率特性测试中收集具有统计意义的重要数据的时间段。

3.11

测量扇区　measurement sector

测取功率曲线所需数据的风向扇区。

3.12

区间方法　method of bins

将测试数据按照风速间隔区间分组的数据处理方法。

注：对于各区间数据，记录采集数与它们的和，并计算各区间参数的平均值。

3.13

净有功功率　net active electric power

风力发电机组输送给电网的电功率值。

3.14

障碍物　obstacles

阻挡风流动，产生气流畸变的固定物体，如建筑物和树。

3.15

桨距角　pitch angle

在指定的叶片径向位置(通常为100%叶片半径处)，叶片弦线与风轮旋转平面间的夹角。

3.16

功率系数　power coefficient

风力发电机组净功率输出与风轮扫掠面上从自由流得到的功率之比。

3.17

功率特性　power performance

风力发电机组发电能力的度量。

3.18

额定功率　rated power

部件、仪器和装置在特定运行条件下测得的功率值，通常由制造商标定。

注：正常工作条件下，风力发电机组的设计要达到的最大连续输出电功率。

3.19

标准不确定度　standard uncertainty

用标准偏差表示的测量结果不确定度。

3.20

扫掠面积　swept area

对于水平轴风力发电机组，是指旋转风轮在垂直于旋转轴平面上的投影面积；对于翘翘板式风轮，指的是风轮在垂直于低速轴的平面上的投影面积；对于垂直轴风力发电机组，指的是旋转风轮在垂直平面的投影面积。

3.21

测试场地　test site

被测风力发电机组所在地点及环境。

3.22

测量不确定度　uncertainty in measurement

关系到测试结果的，表征由测量造成可得量值合理离散的参数。

4　符号和单位

A	风轮扫掠面积	[m²]
AEP	年发电量	[kWh]
B	大气压	[Pa]
$B_{10\ min}$	测量气压的 10 min 平均值	[Pa]
C_h	皮托管头系数	
$C_{P,i}$	第 i 个区间的功率系数	
C_{OA}	广义气动扭矩系数	
C_T	推力系数	
c	参数的(偏微分)灵敏系数	
$c_{B,i}$	第 i 个区间的气压灵敏系数	
$c_{d,i}$	第 i 个区间的数据采集系统灵敏系数	
c_{index}	指标参数的灵敏系数	
$c_{k,i}$	第 i 个区间的第 k 个分量的灵敏系数	

$c_{m,i}$	第 i 个区间的空气密度校正灵敏系数	W/(kg/m³)
$c_{T,i}$	第 i 个区间的气温灵敏系数	[W/K]
$c_{V,i}$	第 i 个区间的风速灵敏系数	W·(m/s)⁻¹
D	风轮直径	[m]
D_e	等效风轮直径	[m]
D_n	邻近运行风力发电机组的风轮直径	[m]
d	测风塔直径	[m]
$F(V)$	风速的瑞利累计概率分布函数	
f_i	一个风速区间内风速的相对出现概率	
H	风力发电机组的轮毂高度	[m]
h	障碍物的高度	[m]
I	风杯式风速计的转动惯量	[kg·m²]
k	级数	
k_b	阻塞校正系数	
k_c	风洞校准系数	
k_f	相对其他风洞的风洞校正系数(只用于不确定度估算)	
k_ρ	空气密度的湿度校正	
$K_{B,t}$	气压计灵敏度	
$K_{B,s}$	气压计增益	
$K_{B,d}$	气压计采样率	
$K_{T,t}$	温度传感器	
$K_{T,s}$	温度传感器增益	
$K_{T,d}$	温度传感器采样率	
$K_{p,t}$	压力传感器灵敏度	
$K_{p,s}$	压力传感器增益	
$K_{p,d}$	压力传感器采样转换	
L_m	三支架测风塔的支架间距	[m]
L	风力发电机组与测风塔之间的距离	[m]
L_e	风力发电机组或测风塔与障碍物之间的距离	[m]
L_n	风力发电机组或测风塔与邻近运行风力发电机组之间的距离	[m]
I_h	障碍物的高度	[m]
I_w	障碍物的宽度	[m]
M	每个区间内的不确定度分量个数	
M_A	A 类不确定度分量个数	
M_B	B 类不确定度分量个数	
N	区间个数	

N_h	一年的小时数，约 8 760 小时	[h]
N_i	风速区间 i 内 10 min 数据组个数	
N_j	风向区间 j 内的 10 min 数据组个数	
n	采样间隔内的采样数	
n	速度廓线指数(n=0.14)	
$P_0(P_1)$	障碍物的孔隙度(0:实心的，1:无障碍物)	
P_i	第 i 个区间的标准化平均功率	[W]
P_n	标准化功率	[W]
$P_{n,i,j}$	第 i 个区间内数据组 j 的标准化功率输出	[W]
$P_{10\ min}$	测量功率的 10 min 平均值	[W]
p_w	蒸气压力	[Pa]
Q_a	气动扭矩	[N·m]
Q_f	摩擦扭矩	[N·m]
R	到测风塔中心的距离	[m]
R_0	干燥空气气体常数(R_0=287.05 J/(kg·K))	[J/(kg·K)]
R_w	水蒸气气体常数(R_w=461.5 J/(kg·K))	[J/(kg·K)]
r	风速计校准相关系数	
s	A 类不确定度分量	
s_A	风洞风速时间序列的 A 类不确定度	
$s_{k,i}$	第 i 个区间内分量 k 的 A 类标准不确定度	
s_i	第 i 个区间内合成标准不确定度	
$s_{p,i}$	第 i 个区间内功率的 A 类标准不确定度	[W]
$s_{w,i}$	第 i 个区间内气象变量的 A 类标准不确定度	
$s_{\alpha,j}$	第 j 个区间内风速比的 A 类标准不确定度	
T	绝对温度	[K]
TI	湍流强度	
$T_{10\ min}$	测量绝对气温 10 min 平均值	[K]
t	测风塔实度	
t	时间	[s]
U	用于测试场地障碍物评估的风速	[m/s]
U_d	中心风速偏差值	[m/s]
U_{eq}	等效水平风速	[m/s]
U_h	障碍物高度 h 处的自由风速	[m/s]
U_i	第 i 个区间内的风速	[m/s]
U_t	临界风速	[m/s]
$\vec{U}$	风速矢量	

u	风速纵向分量	[m/s]
u	B类不确定度分量	
u_{AEP}	年发电量估计的合成标准不确定度	[Wh]
$u_{B,i}$	第 i 个区间内气压的B类标准不确定度	[Pa]
$u_{c,i}$	第 i 个区间内功率的合成标准不确定度	[W]
u_i	第 i 个区间内的B类合成标准不确定度	
u_{index}	索引参数的B类标准不确定度	
$u_{k,i}$	第 i 个区间内分量 k 的B类不确定度	
$u_{m,i}$	第 i 个区间内空气密度校正的B类标准不确定度	[kg/m^3]
$u_{P,i}$	第 i 个区间内功率的B类不确定度	[W]
$u_{V,i}$	第 i 个区间内风速的B类不确定度	[m/s]
$u_{T,i}$	第 i 个区间内气温的B类标准不确定度	[K]
$u_{\alpha,i,j}$	场地标定在风速区间 i 和风向区间 j 内的合成不确定度	[m/s]
V	用于功率特性测试的风速	[m/s]
V_{ave}	轮毂高度的年平均风速	[m/s]
V_i	第 i 个区间标准化平均风速	[m/s]
V_n	标准化风速	[m/s]
$V_{n,i,j}$	第 i 个区间内数据组 j 的标准化风速	[m/s]
V_{10min}	测量风速的10 min平均值	[m/s]
v	风速横向分量	[m/s]
$\bar{v}$	平均气流速度	[m/s]
w	风速垂直分量	[m/s]
w_i	确定偏差包络的加权函数	
X_k	预处理时间周期内的参数平均	
X_{10min}	10 min参数平均	
x	下风向障碍物到测风塔或风力发电机组的距离	[m]
z	地面以上的高度	[m]
z_0	粗糙长度	[m]
α	受扰扇区	[°]
α_{in}	攻角	[°]
α_j	风向区间 j 内的风速比(风力发电机组位置相对测风塔位置处)	
ΔU_z	障碍物对风速的影响	[m/s]
$\xi_{max,i}$	风速范围内任意风速区间的最大偏差	[m/s]
κ	卡尔曼常数(κ=0.4)	
λ	速度比	
ρ_{cc}	区间不确定度相关系数	[kg/m^3]

ρ	空气密度	[kg/m^3]
ρ_0	标准空气密度	[kg/m^3]
ρ_{10min}	空气密度的 10 min 平均值	[kg/m^3]
$\sigma_{P,i}$	第 i 个区间内标准化功率数据的标准偏差	[kW]
$\sigma_{10\ min}$	参数 10 min 平均的标准偏差	
$\sigma_u/\sigma_v/\sigma_w$	纵向/横向/垂直风速的标准偏差	
ϕ	相对湿度(范围从 0～1)	
ω	角速度	[rad/s]

5 功率特性测试的前期准备

与风力发电机组功率特性测试相关的测试条件,应在测试报告中详细说明,详见第 9 章。

5.1 风力发电机组及其电气连接

如第 9 章中所述,应描述并记录风力发电机组及其电气连接情况,用以唯一确定待测风力发电机组的配置。

5.2 测试场地

应在测试场地待测风力发电机组附近竖立测风塔,以确定驱动风力发电机组的风速。测试场地可能会对待测风力发电机组测量功率特性产生重大影响。特别是气流畸变可能引起测风塔上风速与风力发电机组的风速不同,尽管彼此是相关的。

测试前,需要对测试场地可能引起气流畸变的因素进行评估,以便:

- 选择测风塔安装位置;
- 确定合适的测量扇区;
- 评估适当的气流畸变修正系数;
- 评定气流畸变引起的不确定度。

应特别考虑以下因素:

- 地形变化;
- 其他风力发电机组;
- 障碍物(建筑物,树林等)。

测试场地的情况应描述清楚,详见第 9 章中的说明。

5.2.1 测风塔的位置

应特别注意测风塔的安装位置。它不应距风力发电机组太近,否则在风力发电机组前面的风速会受影响。而且它也不应距风力发电机组太远,否则风速和输出功率之间的相关性将减小。测风塔应定位在距风力发电机组 $2D$～$4D$(D 为风力发电机组风轮直径),推荐使用 $2.5D$ 的距离;测风塔应安装在所选的测量扇区。对于垂直轴风力发电机组,D 等价定义为 $2\sqrt{A/\pi}$(A 为风轮扫掠面积),距离定为 $L+0.5D$,(L 为水平轴风力发电机组塔架中心到测风塔的距离)。

进行功率特性测试前,为帮助选择测风塔位置,应考虑在所有扇区内排除测风塔或风力发电机组受气流干扰的测量扇区。多数情况下,测风塔的最佳位置是位于风力发电机组的上风向,测试过程中大部分有效风都来自这个方向。不过,有些情况下,将测风塔安置在风力发电机组旁边也许更适合,例如风力发电机组安装在山脊上的情况。

5.2.2 测量扇区

测量扇区应排除有明显障碍物和其他风力发电机组的方向,从被测风力发电机组和测风塔二者看过去都应如此。

应当运用附录A的程序排除所有受邻近的风力发电机组和障碍物的尾流影响的扇区。测风塔与被测风力发电机组距离分别是 $2D$、$2.5D$ 和 $4D$ 时,测风塔受到被测风力发电机组尾流影响而排除的扰动扇区如图1所示。减小测量扇区的原因可能是特殊的地形情况,或者在有复杂构造物的方向上获取了不合适的测量数据。减小测量扇区的所有原因都应有明确记录。

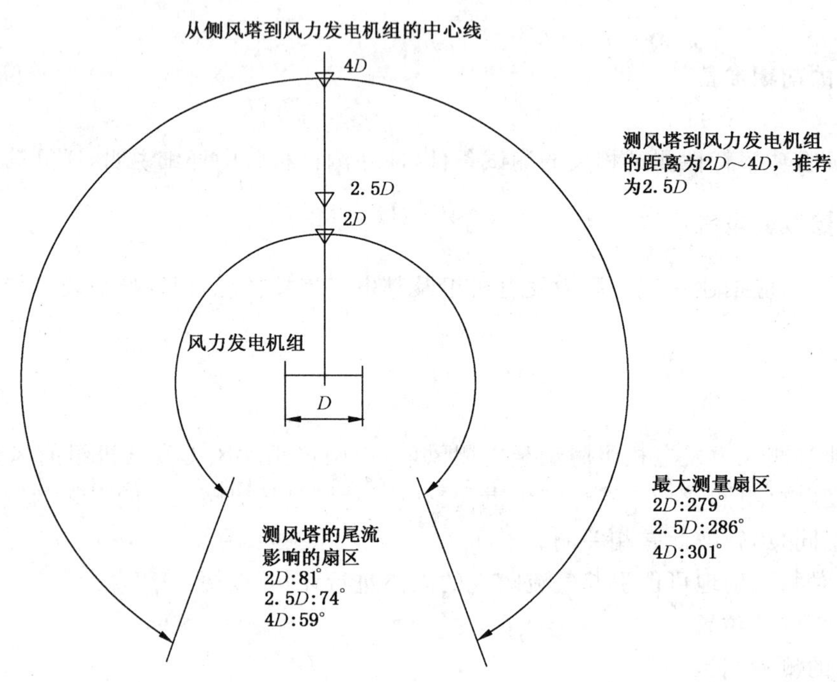

图1 测风塔距离要求及允许的最大测量扇区

5.2.3 地形产生的气流畸变带来的修正系数和不确定度

由于地形变化可能引起气流畸变,应对测试场地进行评估。场地评估应确定在不进行场地标定的情况下是否可以测量功率曲线。如果测试场地满足附录B的要求,就无需进行场地标定。假定不需要气流畸变修正,则当测风塔在距风力发电机组 $2D$～3D处,由测试场地气流畸变引起的不确定度至少是测量风速的2%;当测风塔在 $3D$～$4D$ 处,不确定度为3%或更大。除非有客观证据对上述不确定度有不同的量化。

如果测试场地不满足附录B的要求,或者要减小测试场地气流畸变引起的不确定度,则应依据附录C进行测试场地标定,对每个扇区给出测量的气流修正系数。

6 测试设备

6.1 电功率

风力发电机组净电功率的测量应采用功率测量装置(例如:功率变送器),并基于每相的电流和电压进行。

电流互感器级别应满足 IEC 60044-1 的要求；如果使用电压互感器，级别应满足 IEC 60044-2 的要求。两种互感器的准确度应为 0.5 级或更高。

如果功率测量装置是功率变送器，它的准确度应满足 IEC 60688 的要求，级别为 0.5 级或更高。如果功率测量装置不是功率变送器，则其测量准确度应等同于功率变送器的 0.5 级。功率测试装置的量程应设置为测量风力发电机组瞬时功率的正负峰值。建议功率测试装置的满刻度量程应设置为风力发电机组额定功率的－50％～200％。在测试期间所有数据都应作周期性检查，以确保不超过功率测量装置的量程。功率变送器应依据可溯源性标准进行校准。功率测试装置应安装在风力发电机组和电网连接点之间，以确保测量的仅是净有功功率，即减去风力发电机组消耗的功率，应说明测量是在变压器的风力发电机组侧还是电网侧进行。

6.2 风速

应使用风杯式风速计测量风速，风速计应满足附录 I 的要求。用于功率特性测试的风速计级别至少应为 1.7 A，对于不满足附录 B 的要求需进行场地标定的地形，推荐使用级别高于 2.5B 或 1.7S 的风速计。此外，风速计应当有很好的余弦响应特性。待测风速定义为瞬时风速矢量的水平分量的平均幅值[1]，仅包含纵向和横向的湍流分量但不包括垂直湍流分量。因此，风速计的角响应是余弦形（见附录 J）。所有报告中记录的风速，所有与运行特性相关的不确定度都应与此风速定义有关。

测试前后应分别对风杯式风速计进行校准。在 6 m/s～12 m/s 的风速范围内两次校准拟合曲线的差值应在±0.1 m/s 以内。功率特性测试仅使用测试前校准结果。应依据附录 F 中的程序对风杯式风速计进行校准。校准过程中风杯式风速计应安装在与功率特性测试时安装结构类似的垂直管上。

作为复校准的替代方案，应对风杯式风速计在测试期间是否一直保持校准状态进行记录。采用附录 K 中所述的方法。

风杯式风速计应正确安装在测风塔顶部，安装高度与轮毂对地高度的差在±2.5％范围内，具体安装程序依据附录 G。

风速测量不确定度来自三个方面（见表 D.1）：仪器校准，风速计运行特性和仪器安装引起的气流畸变。校准不确定度利用附录 F 得出，运行特性不确定度利用附录 I 中风速计分类得出，仪器安装不确定度利用附录 G 得出。

6.3 风向

使用风向标来测量风向，风向标应依据附录 G 要求安装在测风塔的横杆上。由校准、运行和定位引起的风向测量合成不确定度应低于 5°。

6.4 空气密度

空气密度应通过测量得到的气温和气压利用式(1)计算得到。在高温时推荐测量相对湿度，并对空气密度进行校正。校正相对湿度对空气密度的影响应使用式(F.1)。

温度传感器和湿度传感器（如果使用）应安装在与轮毂高度差小于 10 m 范围内，以代表风轮中心的气温。

为能更好代表风轮中心的气压，气压传感器应安装在接近轮毂高度的测风塔上。如果气压传感器安装高度不接近轮毂高度，气压测量应根据 ISO 2533 对轮毂高度作校正。

1) 按照这个定义使用仪器进行风速测量可以得到大多数场地条件下一致的功率曲线。此处的一致性是指倾斜气流下测量功率曲线与非倾斜气流下测量功率曲线是基本相似的。应特别注意正确安装风速计和检查变形的风杯式风速计。安装不正确和风杯变形会产生偏差极大的结果。

6.5 转速和桨距角

如有特殊需要可以测量转速和桨距角，例如进行与噪声测试相关的测量。如果进行测试，需要在报告中按照第9章进行说明。

6.6 叶片状况

叶片状况可能影响功率曲线，尤其对失速控制的风力发电机组。对可能影响叶片状况的因素进行监控有益于对风力发电机组运行状态的理解，这些因素包括降雨、结冰、昆虫和污垢等。

6.7 风力发电机组控制系统

应识别、验证和监控足够多的状态信号以便根据7.4的标准来筛选数据。这些状态信号如果可以从风力发电机组控制系统得到，则是完全可行的[2)]。应在报告中说明每种状态信号的定义。

6.8 数据采集系统

数据采集系统用于收集测量数据并存储预处理数据，每个通道的采样速率至少是1 Hz。

将已知信号注入传感器末端并将这些输入信号与记录数据进行比较，可以验证数据采集系统通道(传输、信号调理和数据存储)的校准和准确度。通常，与传感器的不确定度相比，数据采集系统的不确定度可忽略不计。

7 测量程序

7.1 概述

测量程序的目标是采集满足一系列明确定义要求的数据，测量程序应确保这些数据有足够的数量和质量，以精确确定风力发电机组功率特性。如第9章所述，测量程序应详细记录，使每个步骤和测试条件都可以重新查看，如有必要，可以重复测量。

如附录D所述，测量准确度可以用测量不确定度表述。测试期间，数据应周期性检查以保证测试结果的高质量及可重复性。在功率特性测试期间，应把所有重要事件写入工作日志。

7.2 风力发电机组运行

在测试期间，风力发电机组应按照其运行手册中的规定正常运行，同时风力发电机组的配置不能改变。通过第9章中所述状态信号记录风力发电机组的运行状态。测试期间可对风力发电机组进行正常维护，但应在测试日志中记录。任何特殊维护操作，如为了保证良好的功率特性所进行的经常性叶片清洗都应特别注明。默认情况是不进行此类特殊维护，除非测试开始前签约双方有约定。

7.3 数据收集

数据应该以1 Hz或更高的采样速率连续采集。气温、气压、降雨量及风力发电机组状态可以用较低采样速率采集，但至少每分钟一次。

数据采集系统应储存采样数据，或数据的以下统计值：

- 平均值；
- 标准偏差；
- 最大值；

2) 发电机的并网状态信号足以验证切出迟滞控制算法。

● 最小值。

所选数据组应基于 10 min 的连续测量数据。数据应持续采集，直到满足 7.6 中定义的要求。

7.4 数据筛选

应确保只有在风力发电机组正常运行下采集的数据用于分析，且数据没有被破坏，下列情况下的数据组应从数据库中剔除：

- 风速以外的其他外部条件超出风力发电机组的运行范围；
- 风力发电机组故障引起风力发电机组停机；
- 在测试中或维护运行中人工停机；
- 测量仪器故障或降级(例如，由结冰引起)；
- 风向在 5.2.2 规定的测量扇区之外；
- 风向在场地标定有效扇区之外。

其他任何筛选标准都应在报告中明确说明。

功率曲线应记录切入控制算法的滞后影响以及切入风速以下的附加损失。切出控制算法中大的滞后环对功率曲线的影响可能相当大。在测试期间风力发电机组有切出动作的情况下，应提供两个数据库。一个包含所有数据点(数据库 A)。另一个应剔除由于高风速时风力发电机组切出而停止发电情况下的所有数据点(数据库 B)[3)]。

测量期间特殊运行条件(如灰尘、盐、昆虫和结冰引起的叶片高粗糙度)或大气条件(如降雨、风剪切)下所收集的子数据库可以被选定为特殊数据库。

如果电网频率以 2 Hz 或更高的阶次变化，应选择不同频率条件下的功率特性作为一个特殊数据库。这种情况下，电网频率应划分为频率区间，区间中心为电网频率的整数值。

7.5 数据修正

对于所选数据组，风速应依据场地标定中的气流畸变进行修正(见 5.2)，若气压不在靠近轮毂高度测量还要作气压修正(见 6.4)。

7.6 数据库

数据标准化之后(见 8.1)，所选数据组采用区间法存储(见 8.2)。所选数组应至少覆盖扩展的风速范围，即从切入风速以下 1 m/s 到风力发电机组额定功率 85%对应风速的 1.5 倍。另一选择为，风速范围应从切入风速以下 1 m/s 到“*AEP*-测量值”大于或等于“*AEP*-外推值”(见 8.3)95%时对应的风速。必须在报告中说明使用了上述哪一种方法确定测量功率曲线的风速范围。风速范围划分为以 0.5 m/s整数倍的风速为中心，左右各 0.25 m/s 的连续区间。

当满足下列条件时，数据库认为是完整的：

- 每一个区间至少包含 30 min 的采样数据；
- 数据库包含至少 180 h 的采样数据。

如果某一区间不完整导致测试不完整，则可用 2 个邻近区间的线性插值来估计其区间值。为完善高风速时的功率曲线，可采用下述方法：

- 对于风力发电机组额定功率 85%对应风速 1.6 倍以上的风速，测量扇区开放(360°)。

应用这两种测试方法时应满足以下条件：根据扩展方法得到的 *AEP* 测量值与一直扩展到最高完

---

3) 数据库 A 的功率曲线可以用来估算风力发电机组切出动作的影响。在不同地点和时间测试，数据库 A 的功率曲线可能表现出不同特性。数据库 B 的功率曲线不包括切出滞后的功率损失，可以用来比较或验证一般的功率曲线。

整风速区间的 *AEP* 外推值(按照8.3中的瑞利分布)之间的偏差小于1%。

数据库应在测试报告中表示出来,详见第9章。

8 导出结果

8.1 数据标准化

所选数据组应标准化到两种参考空气密度条件下。一为海平面空气密度,参考ISO标准大气密度(1.225 kg/m³);另一个为测试场地有效数据采集期间测量的空气密度平均值,四舍五入到最接近0.05 kg/m³。当实际空气密度在1.225 kg/m³±0.05 kg/m³范围内时,无需把空气密度标准化为实际平均空气密度。另一选择为,将空气密度标准化至测试场地预定义的标准空气密度下。空气密度可根据公式(1)由气温和气压测量值得出:

$$\rho_{10\ \mathrm{min}}=\frac{B_{10\ \mathrm{min}}}{R_0\cdot T_{10\ \mathrm{min}}} \qquad (1)$$

式中:

$\rho_{10\ \mathrm{min}}$ ——得到的空气密度10 min平均值;

$T_{10\ \mathrm{min}}$ ——测得的绝对气温10 min平均值;

$B_{10\ \mathrm{min}}$ ——测得的气压10 min平均值;

R_0 ——干燥空气的气体常数287.05 J/(kg·K)。

对定桨距、定转速的失速调节风力发电机组,应根据式(2)对输出功率进行标准化:

$$P_{\mathrm{n}}=P_{10\ \mathrm{min}}\cdot\frac{\rho_0}{\rho_{10\ \mathrm{min}}} \qquad (2)$$

式中:

P_{n} ——标准化的输出功率;

$P_{10\ \mathrm{min}}$ ——测量功率10 min平均值;

ρ_0 ——标准空气密度。

对有功功率控制的风力发电机组,应根据式(3)对风速进行标准化:

$$V_{\mathrm{n}}=V_{10\ \mathrm{min}}\left(\frac{\rho_{10\ \mathrm{min}}}{\rho_0}\right)^{1/3} \qquad (3)$$

式中:

V_{n} ——标准化的风速;

$V_{10\ \mathrm{min}}$ ——测量风速10 min平均值。

8.2 测量功率曲线的确定

测量功率曲线是对标准化后的数据组用"区间法"确定的,即用0.5 m/s的区间,依据式(4)和式(5)对每一风速区间计算标准化后的风速平均值和标准化后的输出功率平均值得到:

$$V_i=\frac{1}{N_i}\sum_{j=1}^{N_i}V_{\mathrm{n},i,j} \qquad (4)$$

$$P_i=\frac{1}{N_i}\sum_{j=1}^{N_i}P_{\mathrm{n},i,j} \qquad (5)$$

式中:

V_i ——第 i 个区间标准化的平均风速;

$V_{\mathrm{n},i,j}$ ——第 i 个区间数组 j 标准化的风速;

P_i ——第 i 个区间标准化的平均输出功率;

$P_{n,i,j}$ ——第 i 个区间数组 j 标准化的平均输出功率；

N_i ——第 i 个区间内 10 min 数组的数目。

测量功率曲线应在测试报告中按照第 9 章所述要求给出。如果在测试期间风力发电机组有切出动作，应提供两个功率曲线：基于数据库 A 的功率曲线 A，基于数据库 B 的功率曲线 B，如 7.4 所述。这两个功率曲线都应在测试报告中按照第 9 章所述要求给出。

8.3 年发电量（*AEP*）

年发电量是对不同参考风速的频率分布应用测量功率曲线进行估计得到的。用与形状参数为 2 的威布尔分布完全相同的瑞利分布作为参考风速的频率分布。当轮毂高度年平均风速分别为 4 m/s、5 m/s、6 m/s、7 m/s、8 m/s、9 m/s、10 m/s 和 11 m/s 时，可根据式(6)估算年发电量：

$$AEP = N_h \sum_{i=1}^{N} \left[F(V_i) - F(V_{i-1}) \right] \left(\frac{P_{i-1} + P_i}{2} \right) \quad \cdots\cdots(6)$$

式中：

AEP ——年发电量；

N_h ——一年中的小时数，约为 8 760 小时；

N ——区间个数；

V_i ——第 i 个区间标准化的平均风速；

P_i ——第 i 个区间标准化的平均输出功率。

并且：

$$F(V) = 1 - \exp\left[-\frac{\pi}{4} \left(\frac{V}{V_{ave}} \right)^2 \right] \quad \cdots\cdots(7)$$

式中：

$F(V)$ ——风速的瑞利累积概率分布函数；

V_{ave} ——轮毂高度的年平均风速；

V ——风速。

求和初始化设置：$V_{i-1} = V_i - 0.5$ m/s，$P_{i-1} = 0.0$ kW。

特定情况下，可能知道影响测试场地风况的标称场地条件。这种情况下，还要报告该特定场地信息并计算基于此特定场地情况的特定 *AEP*。

AEP 应通过两种方法计算，一种称为"*AEP*-测量值"，另一种称为"*AEP*-外推值"。如果测量功率曲线不包含一直到切出风速的数据，功率曲线应从最高测量风速外推到切出风速。

AEP-测量值应从测量功率曲线得到，即认为所有测量功率曲线范围之外的风速对应的功率均为零。

AEP-外推值从测量功率曲线得到，但认为在测量功率曲线上，在最低风速以下风速对应的功率为零，在测量功率曲线的最高风速及切出风速之间的风速对应的功率为常数；外推所使用的常数功率应是在测量功率曲线的最高风速区间的功率值。

AEP-测量值和 *AEP*-外推值应在测试报告中按照第 9 章所述要求给出。对所有的 *AEP* 计算，风力发电机组可用率应设为 100%。对给定的年平均风速，当计算表明 *AEP*-测量值小于 *AEP*-外推值 95%时，应把 *AEP*-测量值标记为"不完整"。

对所有给定的年平均风速的 *AEP*-测量值，根据附录 D 要求，应在报告中估计年发电量 *AEP* 的标准不确定度。

如上所述，*AEP* 不确定度仅针对功率特性测试引起的不确定度，没有考虑其他与给定风力发电机组实际发电量相关的重要因素引起的不确定度。

8.4 功率系数

测试结果中应将风力发电机组功率系数 C_P 按照第 9 章所述要求给出。C_P 由测量功率曲线确定，见式(8)：

$$C_{P,i}=\frac{P_i}{\frac{1}{2}\rho_0 AV_i^3} \qquad \cdots\cdots(8)$$

式中：

$C_{P,i}$——第 i 个区间的功率系数；

V_i ——第 i 个区间标准化的平均风速；

P_i ——第 i 个区间标准化的平均输出功率；

A ——风轮扫掠面积；

ρ_0 ——标准空气密度。

9 报告格式

测试报告应包含以下信息：

a) 被测风力发电机组具体结构的识别及描述(见 5.1)：
  1) 风力发电机组制造商，型号，序列号，生产日期；
  2) 风轮直径及所用验证方法描述或风轮直径的参考记录；
  3) 风轮转速或转速范围；
  4) 额定功率及额定风速；
  5) 叶片数据：制造商，型号，序列号，叶片数目，定桨距/变桨距和验证的桨距角；
  6) 轮毂高度和塔架类型；
  7) 控制系统描述(设备和软件版本号)和用来进行数据筛选的状态信号文档；
  8) 风力发电机组的并网条件描述，包括电压、频率和它们的允许偏差范围，描述功率变送器安装位置的接线图，特别是与内部或外部变压器和功率消耗有关的情况。

b) 测试场地描述(见 5.2)，包括：
  1) 所有测量扇区照片，最好从风力发电机组的轮毂高度拍摄；
  2) 覆盖至少以 20 倍风轮直径为半径的周围区域的测试场地地图，并指明地形，风力发电机组、测风塔和有影响障碍物的位置，其他风力发电机组和测量扇区；
  3) 场地评估结果，即有效测量扇区；
  4) 如果进行了场地标定，必须在报告中说明最终的测量扇区，包括对场地评估结果做出修改的依据。

c) 测试设备描述(见第 6 章)：
  1) 传感器及数据采集系统的识别，包括对传感器、传输线和数据采集系统的校准记录；
  2) 测风塔上风速计的安装描述，如附录 G 中的要求和描述；
  3) 测风塔仪器配置草图，标明测风塔和仪器安装固定的尺寸；
  4) 测试期间证明风速计保持良好校准状态的方法描述及表明一直维持良好校准状态的文件。

d) 测试方法描述(见 5.1 和第 7 章)：
  1) 测试步骤、测试条件、采样速率、平均时间和测量周期的记录；
  2) 在功率特性测试期间记录所有重要事件的测试日志；包括测试期间进行维护活动的清单，

以及为保证良好测试性能进行的所有特定活动(如叶片清洗)的清单;

3) 不同于7.4中所列的数据筛选标准。

e) 测量数据表示(见7.3到7.6):

数据用表格和图形两种格式表示,给出测量输出功率相对风速和重要气象参数函数的统计值,包括:

1) 输出功率平均值、标准偏差、最大值和最小值与风速关系的散点图(数据点必须包括采样频率信息),如图2的示例;

2) 平均风速和湍流强度与风速关系的散点图;

3) 湍流强度与风速关系的散点图,每个风速区间的平均湍流强度;

4) 在特殊运行工况或大气条件下采集到的数据构成特定数据库,同样采用上述方法给出相应的关系图表;

5) 如果测量了转速和桨距角,应给出包括风速分区间后相对的转速和桨距角的散点图及表格;

6) 状态信号的定义和测试期间的状态信号图。

f) 对应海平面空气密度的(见8.1和8.2)测量功率曲线表示:

1) 功率曲线应以与表1类似的表格表示。每一风速区间内,表格应列出:

- 标准化的平均风速;
- 标准化的平均输出功率;
- 数据组数目;
- C_P计算值;
- A类标准不确定度(见附录D和附录E);
- B类标准不确定度(见附录D和附录E);
- 合成标准不确定度(见附录D和附录E)。

2) 应提供与图3类似的功率曲线。该图应表示为标准化平均风速的函数:

- 标准化后的平均输出功率;
- 合成标准不确定度。

3) 给出与图4类似的C_P曲线。

4) 所有的图和表都应标准化到海平面空气密度1.225 kg/m^{3}下。

5) 如果测试过程中达到了切出风速,应以与款1),2),3)和4)类似的形式提供功率曲线和C_P曲线,或受切出滞后影响的部分曲线。

g) 对应场地实际空气密度的测量功率曲线表示:

如果场地平均空气密度不在1.225 kg/m^3±0.05 kg/m^{3}范围内,或要求预定义标称空气密度,则应提供另一条测量功率曲线。对提供的功率曲线的要求与海平面空气密度功率曲线的要求相同,但能表示对测试场地实际空气密度下标准化后的功率曲线结果。

h) 特殊运行工况和大气条件下测量功率曲线表示(见7.5):

也可能报告在特殊运行工况和大气条件下采集数据形成的功率曲线。如果存在这种情况的话,功率曲线应标准化至海平面空气密度,但应在所有图表中清楚表示特殊运行工况和大气条件。

i) 对应海平面空气密度的估计年发电量表示(见8.3):

1) 含每一轮毂高度年平均风速的表格应包含:

- *AEP*-测量值;
- *AEP*-测量值的标准不确定度(见附录D和附录E);
- *AEP*-外推值。

2) 表格还应含有:

- 标准空气密度；
- 切出风速。

3） 若对任何年平均风速 *AEP*-测量值小于 *AEP*-外推值 95%时，应在表格 *AEP*-测量值一栏中注明“不完整”。

4） 在测试期间风速达到切出风速的情况下，包含切出滞后的估计年发电量应以类似于款 1）和 3)的形式另外提供；表格中应注明参考空气密度。

j） 对应场地实际空气密度的估计年发电量表示（见 8.3）：
如果场地平均空气密度不在 1.225 kg/m³±0.05 kg/m³ 范围内，或期望应用预定义标称空气密度，则应再做一张 *AEP* 表格。这个表格与海平面空气密度下的表格形式相同，但给出标准化到场地实际空气密度下的 *AEP* 结果。

k） 测量功率系数表示（见 8.4）：
测量功率系数应以表格和图形的形式表示为风速的函数，图形中应指出风轮的扫掠面积。

l） 场地标定结果表示（见附录 C）：

1） 若进行了场地标定，应在报告中给出表格和图形。

2） 表格内每一风向区间内应表示：
- 风向的最小值和最大值；
- 区间平均风向；
- 区间平均风速比；
- 数据记录小时数；
- 风速为 6 m/s，10 m/s 和 14 m/s 的合成标准不确定度。

3） 图形表示（见图 5）：
- 标准偏差为 $S_{\alpha,j}$ 的区间平均风速比与风向关系图。

m） 测量不确定度（见附录 D）
应给出所有不确定分量的不确定度假设。

n） 与测量程序的偏离：
任何与本标准要求的偏离都应该在测试报告中单列章节予以清楚阐明，每一偏离都应有技术层面分析及对测试结果影响估计两方面的支持。

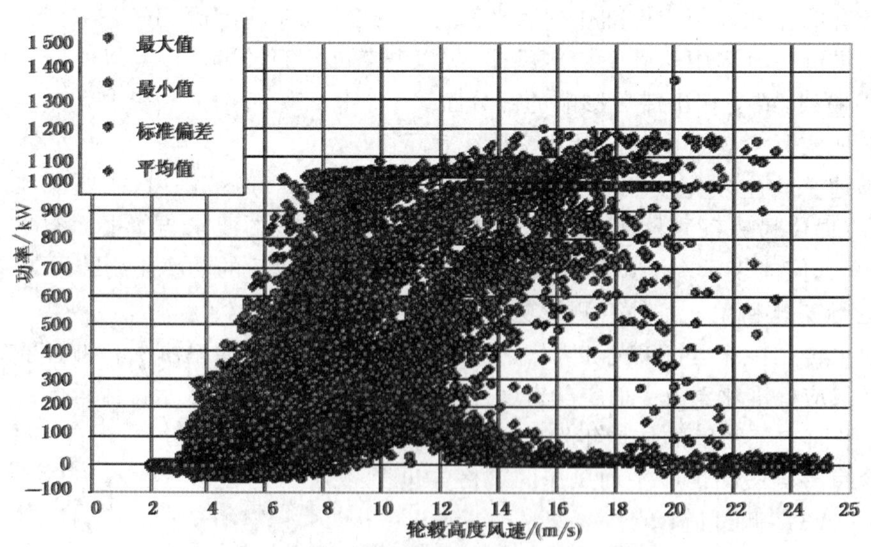

（a）测量功率输出的散点图（数据库 A）

图 2 数据库 A 和数据库 B 的示例：采样频率为 1 Hz 的功率特性测试散点图（10 min 平均值）

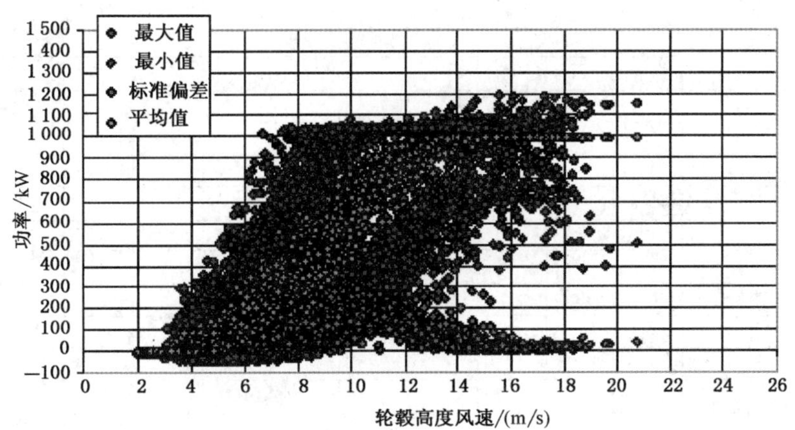

(b) 测量功率输出的散点图(数据库 B)

图 2(续)

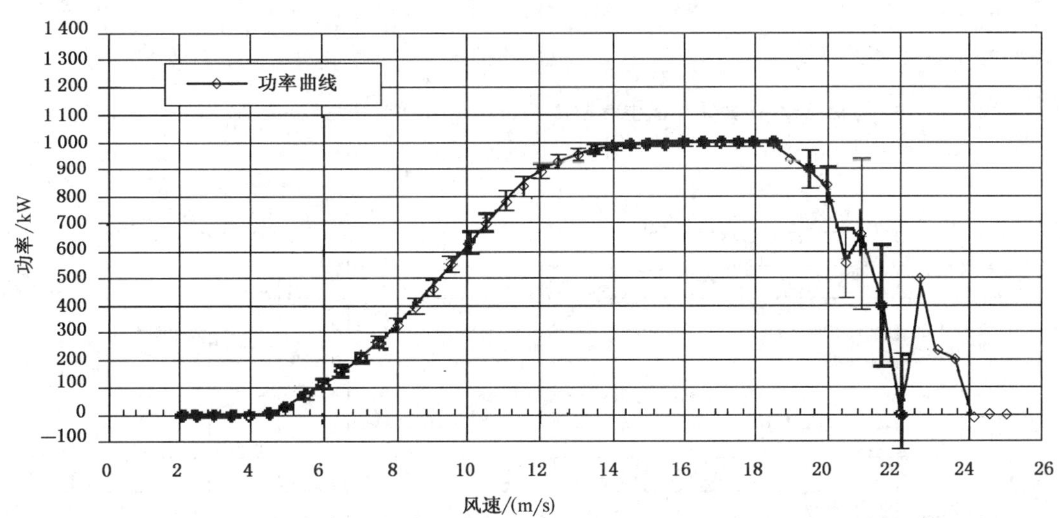

(a) 标准化到海平面空气密度 1.225 kg/m³ 的测量功率曲线(数据库 A)

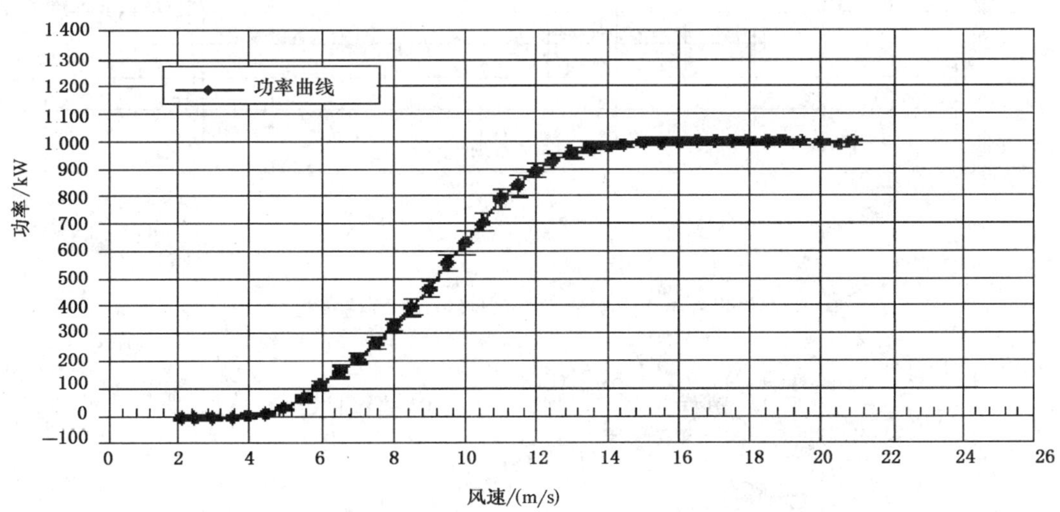

(b) 标准化到海平面空气密度 1.225 kg/m³ 的测量功率曲线(数据库 B)

图 3 数据库 A 和数据库 B 的测量功率曲线的示例

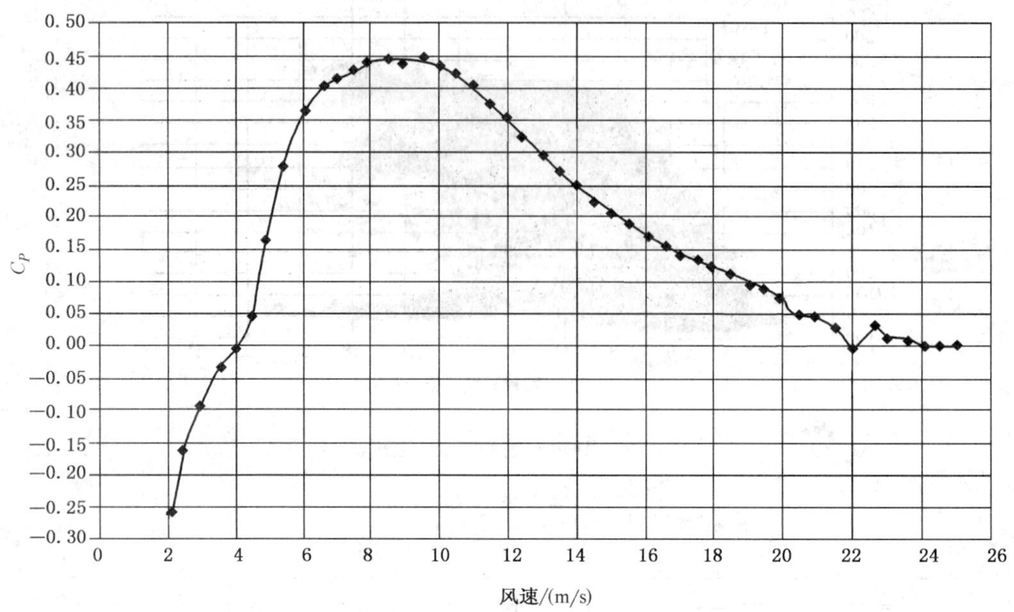

(a) 标准化到海平面空气密度 1.225 kg/m³ 的 C_P(数据库 A)

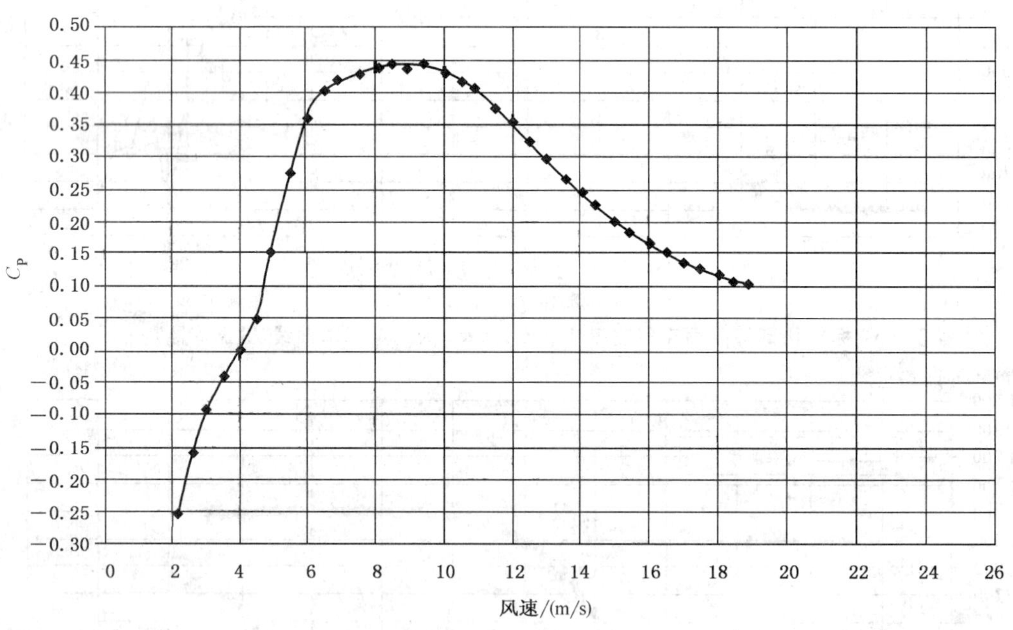

(b) 标准化到海平面空气密度 1.225 kg/m³ 的 C_P(数据库 B)

图 4　数据库 A 和数据库 B 的 C_P 曲线的示例

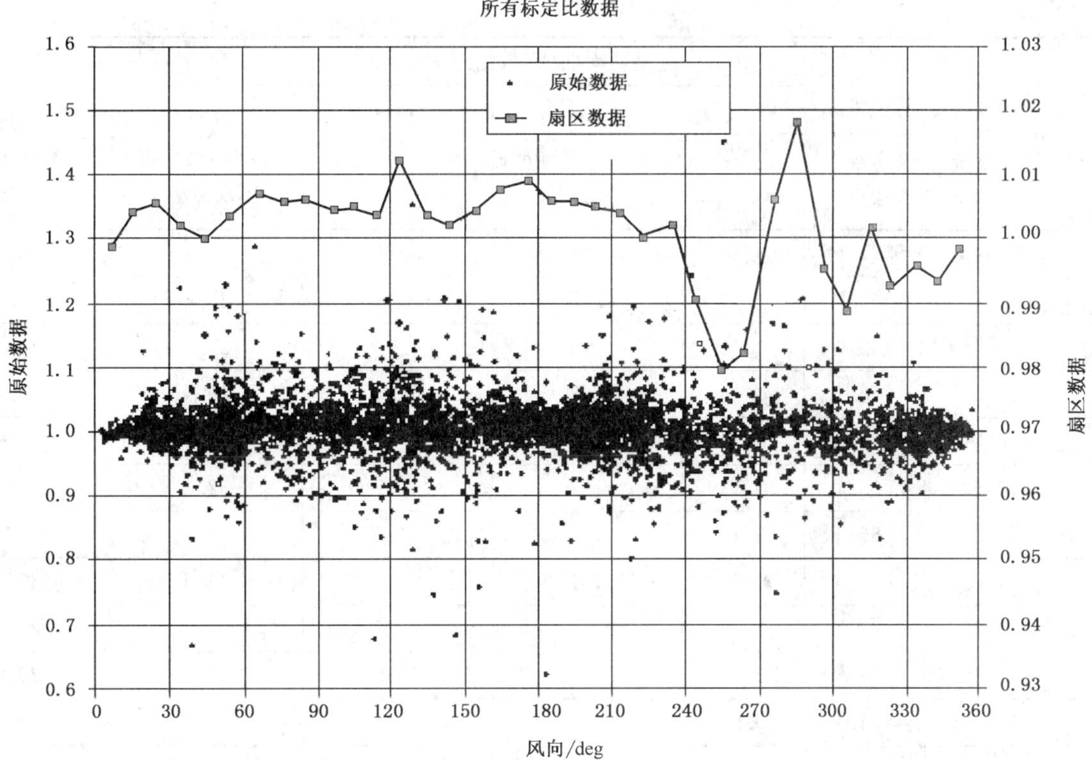

图 5 场地标定的示例(仅 20°～30°,40°～60°,160°～210°和 330°～350°为有效扇区)

表 1 数据库 A 的测量功率曲线示例

测量功率曲线(数据库 A)							
标准空气密度:1.225 kg/m³				数据组的个数(10 min 平均值)	A 类标准不确定度 s_i/kW	B 类标准不确定度 u_i/kW	合成标准不确定度 u_{ci}/kW
区间编号	轮毂高度风速/(m/s)	功率/kW	C_P				
4	2.1	−3.6	−0.26	138	0.05	6.3	6.3
5	2.5	−3.6	−0.16	275	0.04	6.3	6.3
6	3.0	−3.8	−0.10	270	0.13	6.3	6.3
7	3.5	−2.2	−0.03	320	0.56	6.3	6.3
8	4.0	−0.4	0.00	347	0.56	6.3	6.3
9	4.5	6.0	0.05	362	0.67	6.3	6.4
10	5.0	27.7	0.15	333	1.09	6.8	6.9
11	5.5	67.4	0.28	285	1.65	10.9	11.0
12	6.0	111.3	0.36	262	2.26	16.1	16.3
13	6.5	160.9	0.40	265	3.08	20.1	20.3
14	7.0	209.4	0.42	286	3.22	20.4	20.7
15	7.5	262.0	0.43	287	3.23	20.7	20.9

表 1（续）

测量功率曲线（数据库 A）							
标准空气密度：1.225 kg/m^3				数据组的个数（10 min 平均值）	A 类标准不确定度 s_i/kW	B 类标准不确定度 u_i/kW	合成标准不确定度 u_{ci}/kW
区间编号	轮毂高度风速/（m/s）	功率/kW	C_P				
16	8.0	327.6	0.44	248	3.28	23.3	23.5
17	8.5	395.2	0.44	215	4.38	28.6	28.9
18	9.0	462.0	0.44	179	4.94	29.8	30.2
19	9.5	556.1	0.45	183	5.02	29.9	30.3
20	10.0	629.8	0.43	133	5.83	41.5	41.9
21	10.5	703.1	0.42	127	6.82	32.8	33.5
22	11.0	786.5	0.41	119	6.75	36.1	36.7
23	11.5	836.5	0.38	101	6.65	36.5	37.1
24	12.0	893.5	0.36	94	7.27	25.2	26.2
25	12.5	928.6	0.33	74	5.59	28.8	29.3
26	13.0	956.4	0.30	70	6.38	19.5	20.5
27	13.5	971.3	0.27	63	4.66	16.5	17.1
28	14.0	980.9	0.25	71	3.19	13.5	13.8
29	14.5	988.2	0.22	77	2.53	12.2	12.4
30	15.0	993.5	0.20	64	1.37	11.9	11.9
31	15.5	993.7	0.18	47	0.84	11.6	11.6
32	16.0	995.7	0.17	54	0.83	11.3	11.3
33	16.5	996.2	0.15	33	0.42	11.4	11.4
34	17.0	996.4	0.14	23	0.23	11.3	11.3
35	17.5	996.5	0.13	30	0.24	11.3	11.3
36	18.0	996.5	0.12	13	0.18	11.3	11.3
37	18.5	995.7	0.11	11	0.21	11.3	11.3
38	19.0	935.5	0.09	15	0.70	11.3	11.4
39	19.5	900.5	0.08	12	61.11	36.8	71.3
40	20.0	842.5	0.07	8	65.05	23.0	69.0
41	20.5	551.2	0.04	5	122.70	33.9	127.3
42	20.9	661.2	0.05	6	230.33	159.9	280.4
43	21.5	396.5	0.03	8	211.08	77.3	224.8
44	22.0	−6.3	0.00	6	176.06	144.4	227.7
45	22.6	494.3	0.03	4	0.03	224.5	224.5
49	24.6	−6.3	0.00	3	0.19	125.4	125.4
50	25.0	−6.3	0.00	3	0.04	6.3	6.3

表 2 数据库 B 的测量功率曲线示例

测量功率曲线(数据库 B)							
标准空气密度:1.225 kg/m³				数据组的个数(10 min 平均值)	A 类标准不确定度 s_i/kW	B 类标准不确定度 u_i/kW	合成标准不确定度 u_{ci}/kW
区间编号	轮毂高度风速/(m/s)	功率/kW	C_P				
4	2.1	−3.6	−0.26	138	0.05	6.3	6.3
5	2.5	−3.6	−0.16	275	0.04	6.3	6.3
6	3.0	−3.8	−0.10	270	0.13	6.3	6.3
7	3.5	−2.2	−0.03	320	0.56	6.3	6.3
8	4.0	−0.4	0.00	347	0.56	6.3	6.3
9	4.5	6.0	0.05	362	0.67	6.3	6.4
10	5.0	27.7	0.15	333	1.09	6.8	6.9
11	5.5	67.4	0.28	285	1.65	10.9	11.0
12	6.0	111.3	0.36	262	2.26	16.1	16.3
13	6.5	160.9	0.40	265	3.08	20.1	20.3
14	7.0	209.4	0.42	286	3.22	20.4	20.7
15	7.5	262.0	0.43	287	3.23	20.7	20.9
16	8.0	327.6	0.44	248	3.28	23.3	23.5
17	8.5	395.2	0.44	215	4.38	28.6	28.9
18	9.0	462.0	0.44	179	4.94	29.8	30.2
19	9.5	556.1	0.45	183	5.02	29.9	30.3
20	10.0	629.8	0.43	133	5.83	41.5	41.9
21	10.5	703.1	0.42	127	6.82	32.8	33.5
22	11.0	786.5	0.41	119	6.75	36.1	36.7
23	11.5	836.5	0.38	101	6.65	36.5	37.1
24	12.0	893.5	0.36	94	7.27	25.2	26.2
25	12.5	928.6	0.33	74	5.59	28.8	29.3
26	13.0	956.4	0.30	70	6.38	19.5	20.5
27	13.5	971.3	0.27	63	4.66	16.5	17.1
28	14.0	980.9	0.25	71	3.19	13.5	13.8
29	14.5	988.2	0.22	77	2.53	12.2	12.4
30	15.0	993.5	0.20	64	1.37	11.9	11.9
31	15.5	993.7	0.18	47	0.84	11.6	11.6

表 2（续）

测量功率曲线(数据库 B)							
标准空气密度:1.225 kg/m³				数据组的个数(10 min 平均值)	A类标准不确定度 s_i/kW	B类标准不确定度 u_i/kW	合成标准不确定度 u_{ci}/kW
区间编号	轮毂高度风速/(m/s)	功率/kW	C_P				
32	16.0	995.7	0.17	54	0.83	11.3	11.3
33	16.5	996.2	0.15	33	0.42	11.4	11.4
34	17.0	996.4	0.14	23	0.23	11.3	11.3
35	17.5	996.5	0.13	30	0.24	11.3	11.3
36	18.0	996.5	0.12	13	0.18	11.3	11.3
37	18.5	995.7	0.11	11	0.21	11.3	11.3
38	19.0	996.6	0.10	14	0.59	11.3	11.3
39	19.4	996.1	0.09	10	0.21	11.3	11.3
40	20.0	994.1	0.09	5	0.41	11.3	11.3
41	20.5	987.4	0.08	2	2.67	11.4	11.7
42	20.9	996.9	0.08	3	3.38	11.8	12.3

表 3 估计年发电量的示例(数据库 A)

估计年发电量 (数据库 A) 标准空气密度:1.225 kg/m³ 切出风速:25 m/s (按照最后一个区间功率值外推)					
轮毂高度年平均风速(瑞利分布) m/s	*AEP*-测量值(测量功率曲线) MWh	*AEP* 标准不确定度 MWh	*AEP* 标准不确定度 %	*AEP*-外推值(外推功率曲线) MWh	备注
4	481	99	21	481	
5	1 083	129	12	1 083	
6	1 825	152	8	1 825	
7	2 596	168	7	2 596	
8	3 305	181	6	3 305	
9	3 892	197	5	3 892	
10	4 329	216	5	4 329	
11	4 615	238	5	4 615	

表 4 估计年发电量的示例(数据库 B)

估计年发电量 (数据库 B) 标准空气密度:1.225 kg/m³ 切出风速:25 m/s (按照最后一个区间功率值外推)					
轮毂高度年平均风速 (瑞利分布) m/s	*AEP*-测量值 (测量功率曲线) MWh	*AEP* 标准不确定度 MWh	*AEP* 标准不确定度 %	*AEP*-外推值 (外推功率曲线) MWh	备注
4	481	99	21	481	
5	1 083	129	12	1 097	
6	1 825	152	8	1 841	
7	2 597	165	6	2 621	
8	3 307	170	5	3 362	
9	3 890	169	5	4 026	
10	4 318	163	4	4 590	不完整
11	4 591	156	4	5 045	不完整

注:上述所有表格中的不确定度的包含因子为 1。这意味着置信概率(重复性功率特性测试的百分比,其间隔中将包含 *AEP* 的真值)在 58%~68%之间。置信概率只是一个估计值,因为被测物理量的概率分布通常是未知的,上限值(68%)为正态分布,下限值(58%)为矩形分布。

附　录　A
（规范性附录）
测试场地障碍物评估

A.1　有邻近运行风力发电机组时的要求

被测风力发电机组和测风塔，应不受邻近运行的风力发电机组影响。若在测试期间邻近风力发电机组运行过，应按照本附录所述方法确定并说明其尾流影响。如果风力发电机组测试期间一直停止运行，则应视为障碍物，按照A.2中要求考虑。

被测风力发电机组和测风塔距邻近运行风力发电机组的最小距离应是邻近风力发电机组风轮直径 D_n 的2倍；如果被测风力发电机组风轮直径更大，则距离应是被测风力发电机组风轮直径的两倍。因邻近运行的风力发电机组引起的尾流而排除的扇区由图A.1得出。要考虑的参数是邻近运行的风力发电机组的实际距离 L_n 和风轮直径 D_n。排除的扇区既要考虑被测风力发电机组，也要考虑测风塔，扇区的中心线应为从邻近运行的风力发电机组到测风塔或到被测风力发电机组的连线方向。示例见图A.2。

A.2　有障碍物时的要求

距风力发电机组和测风塔合理距离的测量扇区内不应有任何大型障碍物（如建筑物、树、停止运行的风力发电机组）。仅与风力发电机组运行有关的小型建筑物或测量仪器可以接受。

应使用障碍物模型预测障碍物对测风塔和被测风力发电机组轮毂高度处的影响。在测量扇区内引起风力发电机组和测风塔之间轮毂高度处气流变化1%或以上的障碍物应视为大型障碍物。

根据式（A.1）估计障碍物对测风塔或风力发电机组位置高度 z 处的影响：

$$\Delta U_z/U_h = -9.75(1-P_0)\frac{h}{x}\eta\exp(-0.67\eta^{1.5}) \qquad \text{(A.1)}$$

$$\eta = \frac{H}{h}\left(K \cdot \frac{x}{h}\right)^{\frac{-1}{n+2}} \qquad \text{(A.2)}$$

$$K = \frac{2\kappa^2}{\ln\frac{h}{z_0}} \qquad \text{(A.3)}$$

式中：

x ——下风向障碍物到测风塔或风力发电机组的距离，单位为米（m）；

h ——障碍物高度，单位为米（m）；

U_h ——障碍物高度 h 处的自由风速，单位为米每秒（m/s）；

η ——速度廓线指数（η=0.14）；

P_0 ——障碍物的孔隙度（0：实心，1：无障碍物）；

H ——轮毂高度，单位为米（m）；

z_0 ——粗糙长度，单位为米（m）；

κ ——卡尔曼常数0.4。

参考图A.1，含有大型障碍物的扇区应排除。要考虑的尺寸是实际距离 L_e 和障碍物的等效风轮直径 D_e。障碍物等效风轮直径定义为：

$$D_e = \frac{2I_h I_w}{I_h + I_w} \qquad \cdots\cdots(A.4)$$

式中：

D_e——等效风轮直径；

I_h——障碍物高度；

I_w——障碍物宽度。

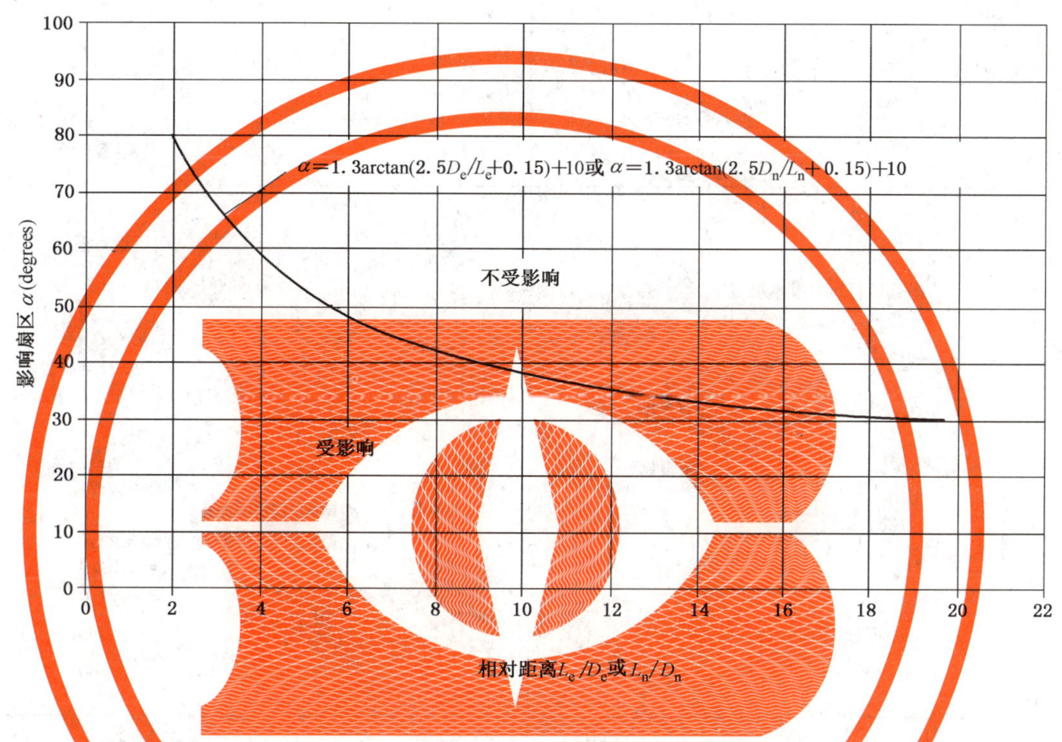

图 A.1 为避免邻近且运行的风力发电机组及大型障碍物的尾流影响而排除的扇区

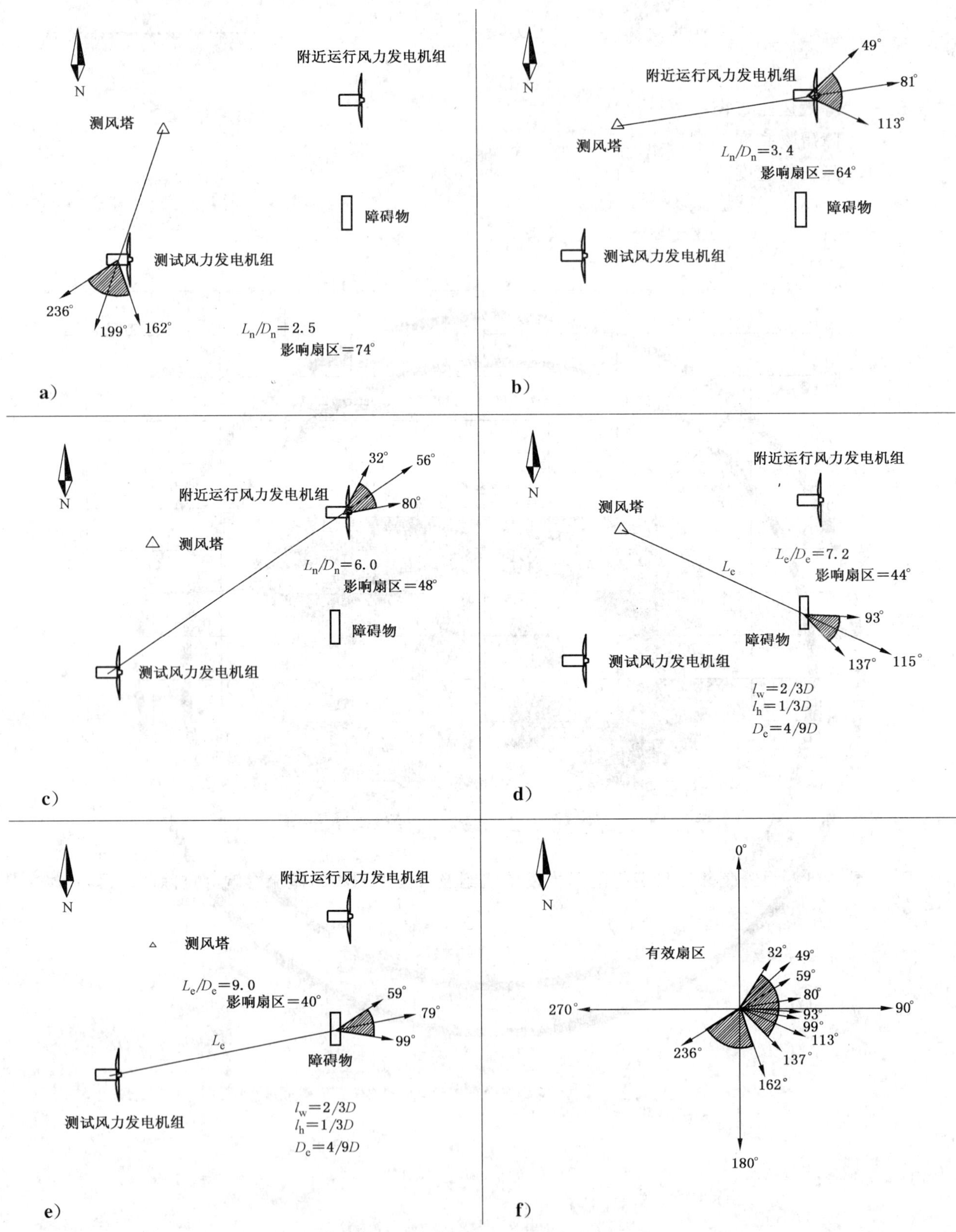

图 A.2　为避免被测风力发电机组、邻近运行风力发电机组及大型障碍物尾流影响而排除的扇区示意图

图中所示为下列情况下应排除的扇区：

a)　测风塔在被测风力发电机组的尾流中；

b） 测风塔在邻近且运行的风力发电机组的尾流中；

c） 风力发电机组在邻近且运行的风力发电机组的尾流中；

d） 测风塔在有影响的障碍物的尾流中；

e） 风力发电机组在有影响的障碍物的尾流中；

f） 以上所有情况的组合。

附 录 B
(规范性附录)
测试场地地形评估

对于不进行场地标定的测试,测试场地地形应与下述平面仅有微小差异,此平面既通过风力发电机组塔架基础,又通过测量扇区内的地形。

如果地形满足表B.1的要求,则不需要进行场地标定。

若地形特征超出表B.1所示最大倾角限值的之外50%范围内,应用气流模型计算决定是否进行场地标定。气流模型需要通过典型测试场地进行验证。若气流模型显示测量扇区内当风速为10 m/s时风速计位置的风速与风力发电机组轮毂位置的风速差异小于1%,则不需要进行场地标定。

否则应进行场地标定。

表B.1 测试场地要求:地形变化

距离	扇区	最大倾角 %	地形偏离平面 的最大偏差
$<2L$	360°	<3[1)]	$<0.04(H+D)$
$\geqslant 2L$ 并且 $<4L$	测量扇区	<5[1)]	$<0.08(H+D)$
$\geqslant 2L$ 并且 $<4L$	测量扇区之外	<10[2)]	不适用
$\geqslant 4L$ 并且 $<8L$	测量扇区	<10[1)]	$<0.13(H+D)$

1) 与扇区地形最吻合、并通过塔架基础的平面的最大倾角。

2) 连接塔架基础和扇区内的每个地形点的直线的最大倾角。

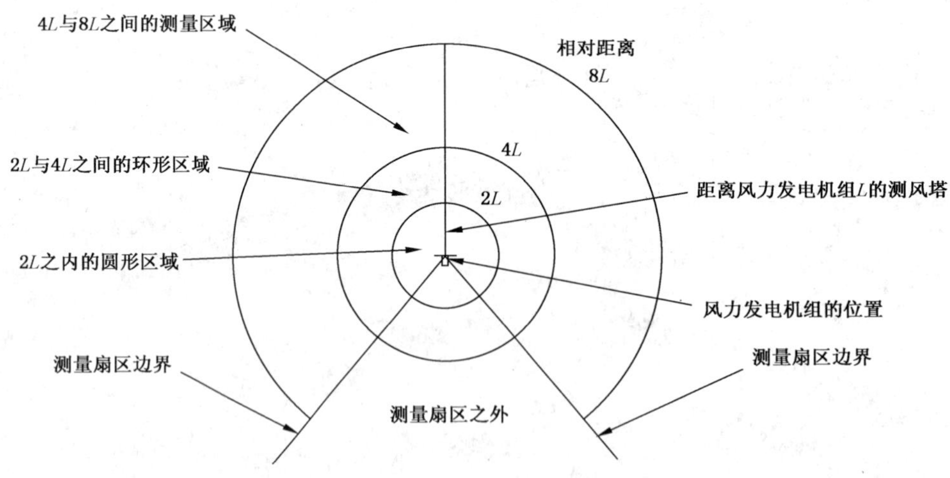

图B.1 评估区域图解,俯视图

附 录 C
（规范性附录）
场地标定

C.1 概述

场地标定可以量化并降低地形和障碍物对功率特性测试的影响。地形和障碍物可能引起测风塔位置和风力发电机组风轮中心位置之间风速的系统性差异。

场地标定的关键结果是包含测量扇区内所有风向的气流校正系数表格。另一结果是这些气流校正系数的不确定度估计。场地标定可以提供修正测量扇区的依据等信息。

C.2 测试准备工作

应在风力发电机组安装前或将风力发电机组移开后竖立两个测风塔。一个竖立于参考位置处，这个测风塔用于功率特性测试。另一个竖立于风力发电机组位置处。测试需要两只风速计，一个风向标和一数据处理/记录系统。参考位置处测风塔上安装的风速计和风向标也可用于功率特性测试中。风力发电机组位置处的临时测风塔上的风速计应安装在尽可能接近风力发电机组轮毂高度的位置，高度差应在轮毂高度的2.5%范围内，测风塔应尽可能接近塔筒中心线且距中心线不得超过0.2H，其中H是风力发电机组轮毂高度。也可以在风力发电机组位置处的临时测风塔上再安装一只风向标，以提供场地气流畸变的补充信息。

场地标定测试中所用传感器应满足第6章的要求。风速计应为运行特性相同的同一型号风速计。风速计应在同一次风速计校准活动中校准。场地标定中测风塔上的仪器应与功率曲线测试时相同。若不满足以上要求应考虑增加不确定度。

C.3 数据采集和分析

数据应以与功率特性测试相同的采样速率连续采集。数据组基于10 min的连续测量数据。导出并保存10 min数据的平均值、标准偏差、最小值和最大值。

数据组按照风向区间存储。每一区间应不超过10°。风向区间应不小于风向传感器的不确定度。

下列情况下的数据组应从数据库中剔除：

1） 测试设备故障或降级(例如由结冰引起)；

2） 超出5.2.2中规定的测量扇区的风向；

3） 平均风速低于4 m/s或高于16 m/s；

4） 任何其他特殊的大气条件，与功率特性测试中作为筛选标准的大气条件相同。

对每个未被排除的风速区间，场地标定数据组应至少包含24 h的数据。这些数据区间中每个区间内应至少有6 h的数据其风速高于8 m/s，至少有6 h的数据低于8 m/s。除这些最低要求外，应对测试活动进行监控以保证数据收敛[4)]。

4） 为了达到这个目的，最具说明性的就是画出标准化后的运行平均值相对每个区间小时数的图。每个运行平均值用分析数据时得到的最终平均值进行标准化。大多数测试场地，在得到8 h到16 h的数据后，可以看到运行平均值收敛于最终平均值的±1%范围内；继续测试至24 h，或每个区间得到更多的数据，将收敛于最终平均值的0.5%范围内。如果有1个或多个运行平均值在稳定之后偏离其标准化值，就需要对数据作进一步分析，以确保风速计和风向标没有问题。

从场地标定数据库中，应得出每一风向区间内由地形引起的气流校正系数平均值α_j（风力发电机组位置处与测风塔位置处的风速之比）。

C.4 不确定度分析

应根据附录D确定气流校正系数不确定度。示例见附录E，附录E中计算了每个风向区间内的合成不确定度。

C.5 最终测量扇区的选择

场地标定中，通常不能获取足够的数据以确定附录A中用于场地评估的所有测量扇区的气流校正系数。此外，2个风向区间之间的校正系数可能发生突然变化。当2个相邻扇区的气流校正系数变化超过0.02时，推荐这2个风向从测量扇区中除去。

某些情况下，场地标定测试显示某障碍物对测量的气流校正系数没有可识别的影响。这种情况下，测量扇区可能增大进而超出附录A规定的要求。测量扇区的增加必须说明障碍物的尾流对被测风力发电机组风轮的潜在影响，即使其不影响轮毂处的风速计。

C.6 报告要求

场地标定报告的要求在第9章中描述。

C.7 结果验证

如果进行了场地标定，通过两个测风塔测量得到的场地标定结果，在功率曲线测试时可以用风力发电机组上的直接测量数据进行检查。额定功率以下，风力发电机组相关的风速可应用测量功率曲线通过电功率的瞬时平均值得出。由电功率估计出的风速与测风塔处的测量风速的比率按照风向区间平均。理想情况下，这些风速系数应与安装风力发电机组之前进行场地标定所确定的风速校正系数相等。

附 录 D
（规范性附录）
测量不确定度评定

本附录描述了确定测量不确定度的要求。利用区间法作为确定不确定度的理论基础，在附录 E 有估计不确定度的示例。

所测功率曲线应附有测量不确定度的评定。评定应基于 ISO 出版的测量不确定度表示指南。

依据 ISO 指南，有两种类型的不确定度：A 类，其不确定度的大小可从测量中推算；B 类，通过其他方法估计。这两类不确定度都以标准偏差表示，并且表示为标准不确定度。

a) 被测物理量

被测物理量为功率曲线，风速和估计年发电量(见 8.3)，其中功率曲线由电功率和风速测量和标准化的区间值确定(见 8.1 和 8.2)。测量不确定度通过灵敏系数转换为被测物理量的不确定度。

b) 不确定度分量

表 D.1 给出了不确定度分析中至少应包含的不确定度参数表。

表 D.1 不确定度分量表

测量参数	不确定度分量	不确定度分类
电功率	电流互感器	B
	电压互感器	B
	功率变送器或功率测量装置	B
	数据采集系统(见备注)	B
	电功率的变化	A
风速	风速计的校准	B
	运行特性	B
	安装效果	B
	数据采集系统(见备注)	B
	地形引起的气流畸变	B
气温	温度传感器	B
	辐射屏蔽	B
	安装效果	B
	数据采集系统(见备注)	B
气压	气压传感器	B
	安装效果	B
	数据采集系统(见备注)	B
数据采集系统	信号传输	B
	系统准确度	B
	信号调理	B

注：这种方法假设风力发电机组的 10 min 平均功率完全可以用同时刻的 10 min 轮毂高度风速和空气密度解释。实际情况并非如此。其他气流变量也影响功率，即使轮毂高度处风速和空气密度相同，同一台风力发电机组在不同场地的功率输出也会有所不同。这些气流变量包括风速的湍流波动(3 个方向)、气流向量相对于水平面

的斜入射、湍流的大小和风轮平均风速的剪切。目前分析工具几乎不能帮助识别这种影响,实验方法难度很大。

结果就是功率曲线随着测试场地改变,但是因为没有测量和考虑其他影响变量,所以功率曲线的差异以不确定度表示。

不确定度来源于不同地形和气候情况下输出功率的差别,即(也就是比较)平坦地形和不平地形下的 AEP 测量的比较。

这种不确定度很难量化。考虑场地情况和气候情况,不确定度可以量化到百分之几。一般情况下,预计不确定度会随着地形的复杂度和非中性大气条件频率的增加而增加。

附 录 E
（资料性附录）
区间方法确定测量不确定度的理论基础

E.1 概述

区间 i 内功率的合成标准不确定度 $u_{c,i}$ 最常见的表示形式为：

$$u_{c,i}^2=\sum_{k=1}^{M}\sum_{l=1}^{M}c_{k,i}u_{k,i}c_{l,i}u_{l,i}\rho_{k,l,i,j} \qquad (E.1)$$

式中：

$c_{k,i}$ ——第 i 个区间的第 k 个分量的灵敏系数；

$u_{k,i}$ ——第 i 个区间内分量 k 的 B 类不确定度；

M ——每个区间内的不确定度分量个数；

$\rho_{k,l,i,j}$ ——区间 i 内不确定度分量 k 与区间 j 内不确定度分量 l 之间的相关系数（在公式中分量 k 和 l 均在区间 i 内）。

对于每一个测量参数的不确定度，不确定度分量都是单独输入量。年发电量估算的合成标准不确定度 u_{AEP} 最常见表示形式为：

$$u_{AEP}^2=N_h^2\sum_{i=1}^{N}\sum_{j=1}^{N}\sum_{k=1}^{M}\sum_{l=1}^{M}f_ic_{k,i}u_{k,i}f_jc_{l,j}u_{l,j}\rho_{k,l,i,j} \qquad (E.2)$$

式中：

f_i ——在区间 i 内 V_{i-1} 和 V_i 之间的风速相对出现的概率：$F(V_i)-F(V_{i-1})$；

$F(V)$——风速的瑞利累积概率分布函数；

N ——区间的个数；

N_h ——一年中的小时数，约 8 760 小时。

明确推导出所有相关系数 $\rho_{k,l,i,j}$ 的值几乎是不可能的，所以通常很有必要简化。为使上述总不确定度的表达式简化至实用水平，引入以下假设：

- 不确定度分量或是全相关（$\rho=1$，意味着通过线性求和得到合成标准不确定度），或是不相关（$\rho=0$，意味着求平方和，即合成标准不确定度是不确定度分量的平方和的平方根）；
- 所有的 A 类不确定度分量彼此都不相关。A 类和 B 类不确定度分量也不相关（它们或来自相同的区间、或来自不同的区间），但 B 类不确定度分量彼此是全相关的（例如不同区间内功率变送器的不确定度）。

应用这些假设，区间 i 内功率的合成不确定度 $u_{c,i}$ 可以表示为：

$$u_{c,i}^2=\sum_{k=1}^{M_A}c_{k,i}^2s_{k,i}^2+\sum_{k=1}^{M_B}c_{k,i}^2u_{k,i}^2=s_i^2+u_i^2 \qquad (E.3)$$

式中：

M_A——A 类不确定度分量的个数；

M_B——B 类不确定度分量的个数；

$s_{k,i}$ ——区间 i 内，分量 k 的 A 类标准不确定度；

s_i ——区间 i 内，A 类合成不确定度；

u_i ——区间 i 内，B 类合成不确定度。

需要指出的是，由于 $s_{P,i}$ 与区间内数据组的个数有关（见式 E.10），故 $u_{c,i}^2$ 与区间大小是相关的。

上面假设意味着年发电量的合成标准不确定度 u_{AEP} 为：

$$u_{AEP}^2 = N_h^2 \sum_{i=1}^{N} f_i^2 \sum_{k=1}^{M_A} c_{k,i}^2 s_{k,i}^2 + N_h^2 \sum_{k=1}^{M_B} \left(\sum_{i=1}^{N} f_i^2 c_{k,i} u_{k,i} \right)^2 \quad \cdots\cdots\cdots\cdots(E.4)$$

这个公式第二项的含义是，假设交叉区间的单独不确定度分量彼此全相关，每一个单独B类不确定度分量作用到相应的 *AEP* 不确定度，最后，交叉区间的合成不确定度平方后分量添加到结果的 *AEP* 不确定度中。

实际上，在交叉区间的B类不确定度分量单独合并之前，对其交叉区间求和并不方便。求跨区间的B类合成不确定度之前(即可以使用 s_i 和 u_i)，允许求出区间内的B类合成不确定度分量，这个近似可导出一个更方便的表达式：

$$u_{AEP}^2 = N_h^2 \sum_{i=1}^{N} f_i^2 \sum_{k=1}^{M_A} c_{k,i}^2 s_{k,i}^2 + N_h^2 \left(\sum_{i=1}^{N} f_i \sqrt{\sum_{k=1}^{M_B} c_{k,i}^2 u_{k,i}^2} \right)^2$$

$$= N_h^2 \sum_{i=1}^{N} f_i^2 s_i^2 + N_h^2 \left(\sum_{i=1}^{N} f_i u_i \right)^2 \quad \cdots\cdots\cdots\cdots(E.5)$$

由此式得到的 u_{AEP} 总是等于或大于由式(E.4)得到的值。

E.2 扩展不确定度

功率曲线和 *AEP* 的合成标准不确定度可用扩展不确定度扩展。参考ISO指南并假定服从正态分布，由表E.1中所示置信概率，可通过合成标准不确定度乘以表中所给包含因子求出。

表 E.1 扩展不确定度

置信概率/%	包含因子
68.27	1
90	1.645
95	1.960
95.45	2
99	2.576
99.73	3

E.3 示例

下面的例子估算了测量功率曲线的每一个区间的A类和B类不确定度。推导了功率曲线的不确定度，最后估算了 *AEP* 的不确定度。

此例遵循ISO指南和上面的假设，根据公式(E.5)合并B类不确定度分量。首先合并每一区间内的不确定度分量，以表示每一测量参数的B类合成不确定度，以风速为例：

$$u_{V,i}^2 = u_{V1,i}^2 + u_{V2,i}^2 + \cdots \quad \cdots\cdots\cdots\cdots(E.6)$$

公式(E.6)不确定度分量指表E.2中的不确定度分量，使用表中所给符号和下标。其次，测量的标准不确定度可用区间 i 内的测量参数的不确定度表示：

$$u_{c,i}^2 = s_{P,i}^2 + u_{P,i}^2 + c_{V,i}^2 u_{V,i}^2 + c_{T,i}^2 u_{T,i}^2 + c_{B,i}^2 u_{B,i}^2 \quad \cdots\cdots\cdots\cdots(E.7)$$

$$u_{AEP}^2 = N_h^2 \left(\sum_{i=1}^{N} f_i^2 s_{P,i}^2 + s_w^2 + \left(\sum_{i=1}^{N} f_i \sqrt{u_{P,i}^2 + c_{V,i}^2 u_{V,i}^2 + c_{T,i}^2 u_{T,i}^2 + c_{B,i}^2 u_{B,i}^2 + c_{m,i}^2 u_{m,i}^2} \right)^2 \right) \quad \cdots(E.8)$$

这里数据采集系统引起的不确定度是每一测量参数不确定度的一部分，且由地形引起的气流畸变包含在风速的不确定度中。与气候变化相关的不确定度 s_W 单独评估。

此例仅考虑了进行不确定度分析时，根据表 D.1 应包含的不确定度分量，本例使用图 2、图 3 和表 1 中所示测量功率曲线。功率曲线用最后一个风速区间的功率作为常数，外推至 25 m/s 的切出风速。本例中的不确定度分析结果表示在图 3、表 1 和表 2 中。所有灵敏系数均列在表 E.4 和表 E.5 中，B 类不确定度列在表 E.6 和表 E.7 中。

E.4 A 类不确定度

A 类不确定度仅需考虑每一区间内测量的和标准化的电功率数据的不确定度。

E.4.1 A 类电功率不确定度

每一区间内的标准化电功率数据分布的标准偏差由公式(E.9)计算：

$$\sigma_{P,i}=\sqrt{\frac{1}{N_i-1}\sum_{j=1}^{N_i}(P_i-P_{n,i,j})^2} \qquad \cdots\cdots(E.9)$$

式中：

$\sigma_{P,i}$ ——第 i 个区间内标准化功率数据的标准偏差；

N_i ——风速区间 i 内 10 min 数据组个数；

P_i ——第 i 个区间的标准化平均功率；

$P_{n,i,j}$ ——第 i 个区间内数据组 j 的标准化功率输出。

表 E.2 B 类和 A 类不确定度列表

B类:仪器	注释	标准	不确定度	灵敏度
功率输出			$u_{P,i}$	$c_{P,i}=1$
电流互感器[1)]	a	IEC 60044-1	$u_{P1,i}$	
电压互感器[1)]	a	IEC 60044-2	$u_{P2,i}$	
功率变送器或[1)]	a	IEC 60688	$u_{P3,i}$	
功率测量装置[1)]	c		$u_{P4,i}$	
风速			$u_{V,i}$	$c_{V,i}=\left\|\frac{P_i-P_{i-1}}{V_i-V_{i-1}}\right\|$
风速计[1)]	b		$u_{V1,i}$	
运行特性[1)]	cd		$u_{V2,i}$	
安装效果[1)]	c		$u_{V3,i}$	
空气密度			—	$c_{T,i}=\frac{P_i}{288.15\ \text{K}}$ $c_{B,i}=\frac{P_i}{1\ 013\ \text{hPa}}$
温度			$u_{T,i}$	
温度传感器[1)]	a		$u_{T1,i}$	
辐射遮蔽[1)]	cd		$u_{T2,i}$	
安装效果[1)]			$u_{T3,i}$	
气压			$u_{B,i}$	
气压传感器[1)]	a	ISO 2533	$u_{B1,i}$	
安装效果[1)]	c		$u_{B2,i}$	

表 E.2（续）

B类:仪器	注释	标准	不确定度	灵敏度
数据采集系统 信号传输[1)] 系统准确度[1)] 信号调理[1)]	b cd		$u_{d,i}$ $u_{d1,i}$ $u_{d2,i}$ $u_{d3,i}$	灵敏系数从实际不确定度参数推出
B类:地形				
地形引起的气流畸变[1)]	bc		$u_{V4,i}$	$c_{V,i}$(见上面)
B类:方法				
方法 空气密度校正	cd		$u_{m,i}$ $u_{m1,i}$	$c_{T,i}$和$c_{B,i}$
A类:统计				
电功率[1)] 气候变化	e e		$s_{P,i}$ s_w	$c_{P,i}=1$ …
1) 不确定度分析所需参数				
注:不确定度识别: a——参考标准; b——标定; c——其他“客观”方法; d——“推测”; e——统计。				

区间内标准化平均功率的标准不确定度可由下式估计:

$$s_i = s_{P,i} = \frac{\sigma_{P,i}}{\sqrt{N_i}} \qquad \text{(E.10)}$$

式中:

$s_{P,i}$——区间 i 中功率的A类标准不确定度;

$\sigma_{P,i}$——区间 i 中的标准化功率数据的标准偏差;

N_i——区间 i 中10 min数据组的个数。

E.4.2 气候变化引起的A类不确定度

功率特性测试可能在特殊大气条件下进行,这些特殊大气条件会系统地影响测试结果,例如很稳定(大的垂直切变和低湍流)或不稳定(小切变和高湍流)的大气分层现象、或频率改变、和/或大的风向改变。此类气候不确定度幅值的阶次可通过下面的方法测试:

a) 把数据记录细分为若干段,每一段应足够长以使功率有小的(统计)不确定度;

b) 对所得的每一段功率曲线估计年发电量;

c) 计算年发电量估计的标准偏差。

E.5 B类不确定度

B类不确定度被认为与仪器、数据采集系统及功率特性测试场地周围地形有关。如果不确定度被表示为不确定度限值，或有隐含的、不一致的包含因子，就必须估计标准不确定度或将其转换为标准不确定度。

注：考虑不确定度被表示为不确定度限值±U。假定服从矩形概率分布，则标准不确定度为：

$$\sigma=\frac{U}{\sqrt{3}} \qquad \cdots\cdots(\text{E.11})$$

如果假定服从三角形概率分布，则标准不确定度为：

$$\sigma=\frac{U}{\sqrt{6}} \qquad \cdots\cdots(\text{E.12})$$

E.5.1 数据采集系统的 B 类不确定度

在数据采集系统中可能存在由信号传输、信号调理、模数转换和数据处理引起的不确定度。每一测量通道的不确定度可能是不同的。对于某个测量通道的满量程范围，数据采集系统的标准不确定度 $u_{d,i}$ 可表示为：

$$u_{d,i}=\sqrt{u_{d1,i}^2+u_{d2,i}^2+u_{d3,i}^2} \qquad \cdots\cdots(\text{E.13})$$

式中：

$u_{d1,i}$——区间 i 上信号传输和信号调理引起的不确定度；

$u_{d2,i}$——区间 i 上数字化引起的不确定度，例如由量化分辨率引起的不确定度；

$u_{d3,i}$——区间 i 上集成数据采集系统的其他部分（软件、存储系统）引起的不确定度。

本例中，我们假设数据采集系统的标准不确定度 $u_{d,i}$ 是每一测量通道量程的 0.1%。

E.5.2 电功率的 B 类不确定度

功率传感器的不确定度由电流互感器、电压互感器和功率变送器的不确定度而来，这些部件的不确定度通常由它们的级别来描述。

每一区间内电功率的标准不确定度 $u_{P,i}$ 是通过综合功率变送器、电流互感器、电压互感器和数据采集系统的标准不确定度计算得来的：

$$u_{P,i}=\sqrt{u_{P1,i}^2+u_{P2,i}^2+u_{P3,i}^2+u_{dP,i}^2} \qquad \cdots\cdots(\text{E.14})$$

式中：

$u_{P1,i}$——第 i 个区间内电流互感器的不确定度；

$u_{P2,i}$——第 i 个区间内电压互感器的不确定度；

$u_{P3,i}$——第 i 个区间内功率变送器的不确定度；

$u_{dP,i}$——第 i 个区间内数据采集系统的功率通道的不确定度。

本例中，假设电流互感器、电压互感器和功率变送器级别都是 0.5 级。

0.5 级的电流互感器（电流互感器的额定负荷设计成与额定功率 1 000 kW 匹配，而不是与额定功率的 200%匹配）。参考 IEC 60044-1，其不确定度限值是 100%负荷时电流的±0.5%，而在 20%和 5%负荷时其不确定度限值分别增加到（100%负荷时）电流的±0.75%和±1.5%。对于风力发电机组的功率特性测试，大部分发电量是在低功率下输出的。因此，我们期望在 20%负荷时不确定度限值为电流的±0.75%是一个合适平均值。假定不确定度服从矩形分布。认为三个电流互感器的不确定度是由外部影响因素，例如气温、电网频率等引起的。因此可假设三个电流互感器的不确定度是全相关的（对于一般假设这是一个例外），可以线性求和。由于每个电流互感器占功率测量的三分之一，故所有电流互感器的不确定度是与功率正比的，即：

$$u_{P1,i}=\frac{0.75\%\cdot P_i[\text{kW}]}{\sqrt{3}}\times\frac{1}{3}\times 3=0.43\%\cdot P_i[\text{kW}] \qquad \cdots\cdots(\text{E.15})$$

参考 IEC 60044-2，0.5 级电压互感器的不确定度限值在所有负荷下是电压的±0.5%。假定不确定度服从矩形分布。电网电压通常是常数且与风力发电机组功率无关。三个电压互感器的不确定度与三个电流互感器一样，均认为是由外部影响因素，例如气温、电网频率等引起的。因此可假设它们是全相关的(对于一般的假设这是一个例外)，可以线性求和。由于每个电压互感器占功率测量的三分之一，故所有电压互感器的不确定度是同功率成正比的，即：

$$u_{P2,i}=\frac{0.5\%\cdot P_i[\text{kW}]}{\sqrt{3}}\times\frac{1}{3}\times 3=0.29\%\cdot P_i[\text{kW}] \quad\cdots\cdots(\text{E}.16)$$

如果电流互感器、电压互感器不在它们的二次回路运行负荷限值内运行，应加上附加不确定度。

参考 IEC 60688，0.5 级功率变送器，额定功率为 2 000 kW(风力发电机组额定功率 1 000 kW 的200%)，其不确定度限值是 10 kW。假定不确定度服从矩形分布。功率变送器的不确定度如下式：

$$u_{P3,i}=\frac{10\ \text{kW}}{\sqrt{3}}=5.8\ \text{kW} \quad\cdots\cdots(\text{E}.17)$$

考虑测量通道的电功率量程是 2 500 kW，且数据采集系统的不确定度是此量程的 0.1%，则在每一个区间内，功率变送器的标准不确定度是：

$$\begin{aligned}u_{P,i}&=\sqrt{(0.43\%\cdot P_i[\text{kW}])^2+(0.29\%\cdot P_i[\text{kW}])^2+(0.58\ \text{kW})^2+(0.1\%\times 2\ 500\ \text{kW})^2}\\&=\sqrt{(0.52\%\cdot P_i[\text{kW}])^2+(6.3\ \text{kW})^2}\end{aligned} \quad\cdots\cdots(\text{E}.18)$$

E.5.3 风速的 B 类不确定度

风速测量的不确定度是若干个不确定度分量的和。通常，最重要的分量是：地形引起的气流畸变、风速计运行特性、风速计安装效果和风速计校准的不确定度。如果地形符合附录 B 的要求，地形引起的气流畸变被确定为 2%或 3%，取决于测风塔到风力发电机组的距离。如果测试场地校准是按附录 C 进行，应使用校准引起的标准不确定度。应考虑由安装效果引起的气流畸变(见附录 G)，除非风速计安装在测风塔顶部的管子上。风速计校准(见附录 F)和运行特性引起的不确定度(见附录 I)可能在测量中占主导地位。

区间 i 上风速引起的 B 类不确定度 $u_{V,i}$ 可以表示为：

$$u_{V,i}=\sqrt{u_{V1,i}^2+u_{V2,i}^2+u_{V3,i}^2+u_{V4,i}^2+u_{dV,i}^2} \quad\cdots\cdots(\text{E}.19)$$

式中：

$u_{V1,i}$——第 i 个区间内风速计校准引起的不确定度；

$u_{V2,i}$——第 i 个区间内风速计运行特性引起的不确定度；

$u_{V3,i}$——第 i 个区间内风速计安装效果引起的气流畸变不确定度；

$u_{V4,i}$——第 i 个区间内地形引起的气流畸变不确定度；

$u_{dV,i}$——第 i 个区间内数据采集系统对于风速采集的不确定度。

灵敏系数定义为测量功率曲线的局部斜率：

$$c_{V,i}=\left|\frac{P_i-P_{i-1}}{V_i-V_{i-1}}\right| \quad\cdots\cdots(\text{E}.20)$$

风速计校准引起的标准不确定度估计为 0.1 m/s；风速计运行特性引起的不确定度按照风速计的分类级别估计(见附录 I)，其估计值为 1.2A 级。假定不确定度服从矩形分布，则该级别对应的标准不确定度为 0.034 m/s+0.003 4 V_i；风速计安装效果引起的气流畸变的标准不确定度估计为风速的1%；。考虑测量通道的风速量程为 30 m/s，数据采集系统的不确定度是该量程的 0.1%，则数据采集系统的标准不确定度是 0.03 m/s。本例中，假定不进行场地标定且地形引起的气流畸变的不确定度估计为风速的 3%。每个区间内风速的不确定度为：

$$u_{V,i}=\sqrt{\begin{matrix}(0.1\ \text{m/s})^2+(0.034\ \text{m/s}+0.003\ 4\cdot V_i[\text{m/s}])^2+\\(0.01\cdot V_i[\text{m/s}])^2+(0.03\cdot V_i[\text{m/s}])^2+(0.001\times 30\ \text{m/s})^2\end{matrix}}$$

$$=\sqrt{(0.032\cdot V_i[\mathrm{m/s}])^2+(0.104\ \mathrm{m/s})^2+(0.034\ \mathrm{m/s}+0.0034\cdot V_i[\mathrm{m/s}])^2} \quad\cdots\cdots(\mathrm{E}.21)$$

在进行场地标定的情况下，场地标定引起的不确定度应包含在地形引起的气流畸变不确定度 $u_{V4,j}$ 中，其值不再是确定值(2%或3%)。每一个风向区间的气流校正系数的A类不确定度取决于测量气流校正系数(风力发电机组和测风塔出的风速比)的分布。每个区间内分布的标准偏差为 $s_{\alpha,j}$，A类不确定度是平均值 $s_{\alpha,j}/\sqrt{N_j}$ 的标准偏差，其中 N_j 是风向区间 j 内的风速比。校准不确定度同功率曲线测量的相同。如果场地标定中两只风速计的型号相同，则其运行不确定度可认为是相关的，因此可以忽略。场地标定不确定度(每个风向区间 j 内的风速比)可以表示为：

$$u_{\alpha,i,j}=\sqrt{2u_{V1,i}^2/V_i^2+2u_{dV,i}^2/V_i^2+s_{\alpha,j}^2/N_j} \quad\cdots\cdots(\mathrm{E}.22)$$

式中：

$u_{\alpha,i,i}$——场地标定在风速区间 i 和风向区间 j 内的合成不确定度；

$u_{V1,i}$——第 i 个区间内风速计校准引起的不确定度；

$u_{dV,i}$——第 i 个区间内数据采集系统对于风速采集的不确定度；

$s_{\alpha,j}$ ——第 j 个区间内风速比的A类标准不确定度；

N_j ——风向区间 j 内的10 min数据组个数。

场地标定不确定度取决于风速。推荐提供特定风速，如10 m/s下的场地标定不确定度。条款6中指定计算三种风速下的不确定度。

当场地标定不确定度包含在风速不确定度中时，场地标定不确定度应乘以灵敏系数，它等于每个区间内的风速。

$$u_{V4,i,j}=\sqrt{2u_{V1,i}^2+2u_{dV,i}^2+s_{\alpha,j}^2V_i^2/N_j} \quad\cdots\cdots(\mathrm{E}.23)$$

功率曲线上每个风速区间上的不确定度应进行加权，加权系数为场地标定中每个风向区间内对应风速区间数据的个数。

$$u_{V4,i}=\frac{\sum_j u_{V4,i,j}N_{i,j}}{\sum_j N_{i,j}} \quad\cdots\cdots(\mathrm{E}.24)$$

上式 $N_{i,j}$ 是风速区间 i 和风向区间 j 上功率曲线数组的个数。

E.5.4 空气密度的B类不确定度

空气密度由气温和气压的测量结果得出。

气温测量可能包含下列不确定度分量：

- 温度传感器校准的不确定度；
- 由温度传感器辐射遮蔽不当(传感器遮蔽不好使传感器温度上升)引起的不确定度；
- 安装效果引起的不确定度(如果温度传感器不安装在轮毂高度，垂直气温分布的昼夜变化会影响所估计温度)。

每一区间内测量气温的标准不确定度可表示为：

$$u_{T,i}=\sqrt{u_{T1,i}^2+u_{T2,i}^2+u_{T3,i}^2+u_{dT,i}^2} \quad\cdots\cdots(\mathrm{E}.25)$$

式中：

$u_{T1,i}$ ——第 i 个区间内温度传感器校准不确定度；

$u_{T2,i}$ ——第 i 个区间内温度传感器辐射屏蔽不当引起的不确定度；

$u_{T3,i}$ ——第 i 个区间内温度传感器安装效果引起的不确定度；

$u_{dT,i}$ ——第 i 个区间内温度传感器的数据采集系统的不确定度。

在海平面条件下，气温测量的灵敏系数由下式估计：

$$c_{\mathrm{T},i} \approx \frac{P_i}{288.15}[\mathrm{kW/K}] \qquad \cdots\cdots(\mathrm{E}.26)$$

如果气压传感器不是安装在轮毂高度，气压传感器的测量可能首先要包括一个校正系数，把气压校正至轮毂高度。可能要考虑由校正引起的不确定度，应包括气压传感器的不确定度(标定)。每一区间内测量气压的标准不确定度可表示为：

$$u_{\mathrm{B},i} = \sqrt{u_{\mathrm{B1},i}^2 + u_{\mathrm{B2},i}^2 + u_{\mathrm{dB},i}^2} \qquad \cdots\cdots(\mathrm{E}.27)$$

式中：

$u_{\mathrm{B1},i}$——区间 i 上气压传感器校准不确定度；

$u_{\mathrm{B2},i}$——区间 i 上气压传感器安装效果引起的不确定度；

$u_{\mathrm{dB},i}$——区间 i 上气压传感器的数据采集系统的不确定度。

在海平面条件下，气压测量的灵敏系数可由下式估计

$$c_{\mathrm{B},i} \approx \frac{P_i}{1\,013}[\mathrm{kW/hPa}] \qquad \cdots\cdots(\mathrm{E}.28)$$

如果平均气温很高，就要考虑由于相对湿度引起的不确定度。在海平面高度、气温 20 ℃条件下，相对湿度在 0%到 100%变化时，空气密度变化 1.2%；在 30 ℃和 40 ℃条件下空气密度分别变化 2.0% 和 4.0%。因此在高温情况下，推荐测量相对湿度以校正空气密度。本例中没有考虑相对湿度的影响。

假设温度传感器的校准标准不确定度是 0.5 ℃。假设温度传感器的辐射遮蔽引起的标准不确定度是 2 ℃。温度传感器的安装效果引起的标准不确定度取决于距轮毂高度的垂直距离，如果安装在距轮毂高度 10 m 以内，则引起的标准不确定度可假定为 1/3 ℃。考虑测量通道的温度量程是 40 ℃，数据采集系统通道引起的不确定度是这个量程的 0.1%，则每一个风速区间内气温的标准不确定度的表达式为：

$$u_{\mathrm{T},j} = \sqrt{(0.5\ \mathrm{K})^2 + (2.0\ \mathrm{K})^2 + (0.3\ \mathrm{K})^2 + (0.1\% \times 40\ \mathrm{K})^2} = 2.1\ \mathrm{K} \qquad \cdots\cdots(\mathrm{E}.29)$$

设气压传感器的校准标准不确定度是 3.0 hPa。假设根据 ISO 2533 把气压校正到轮毂高度(对于标准空气密度，及传感器和轮毂之间的高度差 28 m，气压差是 3.4 hPa)。由安装引起的不确定度估计为校正值的 10%，0.34 hPa。考虑测量通道的压力量程是 100 hPa，数据采集系统通道引起的不确定度是这个量程的 0.1%，气压的标准不确定度表达式为：

$$u_{\mathrm{B},i} = \sqrt{(3.0\ \mathrm{hPa})^2 + (0.34\ \mathrm{hPa})^2 + (0.1\% \times 100\ \mathrm{hPa})^2} = 3.0\ \mathrm{hPa} \qquad \cdots\cdots(\mathrm{E}.30)$$

E.5.5 B 类总不确定度

在每一个风速区间内，B 类总不确定度为：

$$u_i = \sqrt{u_{\mathrm{P},i}^2 + c_{\mathrm{V},i}^2 u_{\mathrm{V},i}^2 + c_{\mathrm{T},i}^2 u_{\mathrm{T},i}^2 + c_{\mathrm{B},i}^2 u_{\mathrm{B},i}^2}$$

$$= \sqrt{\begin{aligned}&(0.52\% \cdot P_i[\mathrm{kW}])^2 + (6.3\ \mathrm{kW})^2 + \\ &c_{\mathrm{V},i}^2[(0.104\ \mathrm{m/s})^2 + (3.2\% \cdot V_i[\mathrm{m/s}])^2 + (0.034\ \mathrm{m/s} + 0.003\,4 \cdot V_i[\mathrm{m/s}])^2] \\ &+ c_{\mathrm{T},i}^2[(2.1\ \mathrm{K})^2 + c_{\mathrm{B},i}^2(3.0\ \mathrm{hPa})^2]\end{aligned}} \qquad \cdots(\mathrm{E}.31)$$

E.5.6 功率曲线合成标准不确定度

合成 A 类不确定度和 B 类不确定度，功率曲线在每一个风速区间内合成标准不确定度为：

$$u_{\mathrm{c},i} = \sqrt{s_i^2 + u_i^2} = \sqrt{s_{\mathrm{P},i}^2 + u_{\mathrm{P},i}^2 + c_{\mathrm{V},i}^2 u_{\mathrm{V},i}^2 + c_{\mathrm{T},i}^2 u_{\mathrm{T},i}^2 + c_{\mathrm{B},i}^2 u_{\mathrm{B},i}^2}$$

$$= \sqrt{\begin{aligned}&s_{\mathrm{P},i}^2 + (0.52\% \cdot P_i[\mathrm{kW}])^2 + (6.3\ \mathrm{kW})^2 + \\ &c_{\mathrm{V},i}^2[(0.104\ \mathrm{m/s})^2 + (3.2\% \cdot V_i[\mathrm{m/s}])^2 + (0.034\ \mathrm{m/s} + 0.003\,4 \cdot V_i[\mathrm{m/s}])^2] \\ &+ c_{\mathrm{T},i}^2[(2.1\ \mathrm{K})^2 + c_{\mathrm{B},i}^2(3.0\ \mathrm{hPa})^2]\end{aligned}} \qquad \cdots(\mathrm{E}.32)$$

E.5.7 年发电量的合成标准不确定度

通过把每个风速区间的A类不确定度和B类不确定度求和，可以求出年发电量 AEP 的合成标准不确定度：

$$u_{AEP}=N_h\sqrt{\sum_{i=1}^{N}f_i^2s_i^2+\left(\sum_{i=1}^{N}f_iU_i\right)^2}$$

$$=N_h\sqrt{\sum_{i=1}^{N}f_i^2s_{P,i}^2+\left(\sum_{i=1}^{N}f_i\sqrt{\begin{array}{l}(0.52\%\cdot P_i[\text{kW}])^2+(6.3\ \text{kW})^2+\\ c_{V,i}^2\left(\begin{array}{l}(0.104\ \text{m/s})^2+(3.2\%\cdot V_i[\text{m/s}])^2+\\(0.034\ \text{m/s}+0.003\,4\cdot V_i[\text{m/s}])^2\end{array}\right)\\ +c_{T,i}^2[(2.1K)^2+c_{B,i}^2(3.0\ \text{hPa})^2]\end{array}}\right)^2}\qquad\cdots\cdots(\text{E}.33)$$

式中：

$f_i=[(F_{i+1}-F_i)+(F_i-F_{i-1})]/2$ 是区间 i 风速的平均概率

表 E.3 场地标定的不确定度

区间编号 i	风速 V_i m/s	场地校准 $u_{V4,i}$
4	2.0	0.147 7
5	2.5	0.147 7
6	3.0	0.147 2
7	3.5	0.147 3
8	4.0	0.147 4
9	4.5	0.147 9
10	5.0	0.147 5
11	5.5	0.148 0
12	6.0	0.148 1
13	6.5	0.148 2
14	7.0	0.147 8
15	7.5	0.147 8
16	8.0	0.148 4
17	8.5	0.148 6
18	9.0	0.148 8
19	9.5	0.148 9
20	10.0	0.149 0
21	10.5	0.149 2
22	11.0	0.149 3
23	11.5	0.149 4
24	12.0	0.149 4
25	12.5	0.149 9
26	13.0	0.149 8

表 E.3（续）

区间编号 i	风速 V_i m/s	场地校准 $u_{V4,i}$
27	13.5	0.149 9
28	14.0	0.150 0
29	14.5	0.150 1
30	15.0	0.150 3
31	15.5	0.150 3
32	16.0	0.150 7
33	16.5	0.151 3
34	17.0	0.151 2
35	17.5	0.152 3
36	18.0	0.153 0
37	18.5	0.152 2
38	19.0	0.152 1
39	19.5	0.153 9
40	20.0	0.154 1
41	20.5	0.150 5
42	21.0	0.151 2
43	21.5	0.154 8
44	22.0	0.153 0
45	22.5	0.153 3
46	23.0	0.155 7
47	23.5	0.156 7

表 E.4 灵敏系数（数据库 A）

功率曲线（数据库 A）			灵敏系数		
区间编号 i	风速 V_i m/s	功率 P_i kW	风速 $c_{V,i}$ kW/ms	气温 $c_{T,i}$ kW/K	气压 $c_{B,i}$ kW/hPa
4	2.13	−3.64	1.71	0.01	0.00
5	2.48	−3.65	0.01	0.01	0.00
6	2.99	−3.78	0.27	0.01	0.00
7	3.51	−2.19	3.06	0.01	0.00
8	3.99	−0.43	3.65	0.00	0.00
9	4.50	6.04	12.83	0.02	0.01

表 E.4（续）

功率曲线(数据库 A)			灵敏系数		
区间编号 i	风速 V_i m/s	功率 P_i kW	风速 $c_{V,i}$ kW/ms	气温 $c_{T,i}$ kW/K	气压 $c_{B,i}$ kW/hPa
10	4.98	27.70	44.69	0.10	0.03
11	5.52	67.39	74.00	0.23	0.07
12	5.98	111.30	94.47	0.39	0.11
13	6.51	160.95	95.05	0.56	0.16
14	7.01	209.42	95.41	0.73	0.21
15	7.50	261.96	107.51	0.91	0.26
16	8.00	327.63	132.16	1.14	0.32
17	8.50	395.23	136.16	1.37	0.39
18	8.99	462.01	134.67	1.60	0.46
19	9.49	556.06	187.71	1.93	0.55
20	10.00	629.80	144.25	2.19	0.62
21	10.47	703.06	157.30	2.44	0.69
22	11.00	786.55	156.23	2.73	0.78
23	11.50	836.48	101.15	2.90	0.83
24	11.99	893.52	116.32	3.10	0.88
25	12.49	928.61	69.27	3.22	0.92
26	13.03	956.44	51.66	3.32	0.94
27	13.50	971.30	31.58	3.37	0.96
28	14.00	980.92	19.49	3.40	0.97
29	14.48	988.17	15.10	3.43	0.98
30	15.00	993.46	10.20	3.45	0.98
31	15.49	993.71	0.50	3.45	0.98
32	15.99	995.70	3.97	3.46	0.98
33	16.54	996.22	0.96	3.46	0.98
34	17.02	996.42	0.42	3.46	0.98
35	17.48	996.48	0.12	3.46	0.98
36	17.95	996.50	0.04	3.46	0.98
37	18.49	995.71	1.48	3.46	0.98
38	18.97	935.54	125.87	3.25	0.92
39	19.45	900.46	71.97	3.12	0.89
40	19.97	842.52	112.19	2.92	0.83

表 E.4（续）

功率曲线(数据库 A)			灵敏系数		
区间编号 i	风速 V_i m/s	功率 P_i kW	风速 $c_{V,i}$ kW/ms	气温 $c_{T,i}$ kW/K	气压 $c_{B,i}$ kW/hPa
41	20.50	551.21	549.95	1.91	0.54
42	20.92	661.19	261.26	2.29	0.65
43	21.47	396.55	480.32	1.38	0.39
44	22.02	−6.30	738.89	0.02	0.01
45	22.60	494.34	861.43	1.72	0.49
46	23.00	231.88	656.95	0.80	0.23
47	23.56	193.49	67.81	0.67	0.19
48	24.02	−7.92	445.39	0.03	0.01
49	24.56	−6.34	2.89	0.02	0.01
50	25.03	−6.30	0.08	0.02	0.01

表 E.5 灵敏系数(数据库 B)

功率曲线(数据库 B)			灵敏系数		
区间编号 i	风速 V_i m/s	功率 P_i kW	风速 $c_{V,i}$ kW/ms	气温 $c_{T,i}$ kW/K	气压 $c_{B,i}$ kW/hPa
4	2.13	−3.64	1.712	0.013	0.004
5	2.49	−3.65	0.014	0.013	0.004
6	2.99	−3.78	0.269	0.013	0.004
7	3.51	−2.19	3.062	0.008	0.002
8	3.99	−0.43	3.645	0.001	0.000
9	4.50	6.04	12.825	0.021	0.006
10	4.98	27.70	44.664	0.096	0.027
11	5.52	67.39	74.049	0.234	0.067
12	5.98	111.30	94.430	0.386	0.110
13	6.51	160.95	95.019	0.558	0.159
14	7.01	209.42	95.472	0.727	0.207
15	7.50	261.96	107.566	0.909	0.259
16	8.00	327.63	131.992	1.137	0.323
17	8.50	395.23	136.290	1.372	0.390
18	8.99	462.01	134.677	0.603	0.456

表 E.5（续）

功率曲线(数据库 B)			灵敏系数		
区间编号 i	风速 V_i m/s	功率 P_i kW	风速 $c_{V,i}$ kW/ms	气温 $c_{T,i}$ kW/K	气压 $c_{B,i}$ kW/hPa
19	9.49	556.06	187.824	0.930	0.549
20	10.00	629.80	145.079	2.186	0.622
21	10.47	703.06	155.957	2.440	0.694
22	11.00	786.55	157.358	2.729	0.776
23	11.50	836.48	100.000	2.903	0.826
24	11.99	893.52	116.327	3.101	0.882
25	12.49	928.61	70.200	3.223	0.917
26	13.03	956.44	51.481	3.319	0.944
27	13.50	971.30	31.702	3.371	0.959
28	14.00	980.92	19.200	3.404	0.968
29	14.48	988.17	15.208	3.429	0.976
30	15.00	993.46	10.192	3.448	0.981
31	15.49	993.71	0.408	3.449	0.981
32	15.99	995.70	4.000	3.455	0.983
33	16.54	996.22	0.909	3.457	0.983
34	17.02	996.42	0.417	3.458	0.984
35	17.48	996.48	0.217	3.458	0.984
36	17.95	996.50	0.000	3.458	0.984
37	18.49	996.71	0.556	3.457	0.983
38	18.97	996.6	0.833	3.459	0.984
39	19.42	996.1	1.111	3.457	0.983
40	19.96	994.1	3.704	3.450	0.981
41	20.51	987.4	12.182	3.427	0.975
42	20.88	996.9	25.676	3.460	0.984

表 E.6 B 类不确定度(数据库 A)

区间编号 i	电功率 $u_{P,i}$ kW	风速 $u_{V,i}$ m/s	风速 $c_{V,i} \cdot u_{V,i}$ kW	气温 $u_{T,i}$ K	气温 $c_{T,i} \cdot u_{T,i}$ kW	气压 $u_{B,i}$ hPa	气压 $c_{B,i} \cdot u_{B,i}$ kW
4	6.29	0.19	0.33	2.09	0.03	3.18	0.01
5	6.29	0.19	0.00	2.09	0.03	3.18	0.01
6	6.29	0.19	0.05	2.09	0.03	3.18	0.01

表 E.6（续）

区间编号 i	电功率 $u_{P,i}$ kW	风速 $u_{V,i}$ m/s	风速 $c_{V,i} \cdot u_{V,i}$ kW	气温 $u_{T,i}$ K	气温 $c_{T,i} \cdot u_{T,i}$ kW	气压 $u_{B,i}$ hPa	气压 $c_{B,i} \cdot u_{B,i}$ kW
7	6.29	0.19	0.60	2.09	0.02	3.18	0.01
8	6.29	0.20	0.71	2.09	0.00	3.18	0.00
9	6.29	0.20	2.53	2.09	0.04	3.18	0.02
10	6.29	0.20	8.86	2.09	0.20	3.18	0.09
11	6.30	0.20	14.81	2.09	0.49	3.18	0.21
12	6.32	0.20	19.05	2.09	0.81	3.18	0.35
13	6.35	0.20	19.35	2.09	1.17	3.18	0.51
14	6.39	0.21	19.57	2.09	1.52	3.18	0.66
15	6.44	0.21	22.27	2.09	1.90	3.18	0.82
16	6.52	0.21	27.70	2.09	2.37	3.18	1.03
17	6.62	0.21	28.85	2.09	2.86	3.18	1.24
18	6.74	0.21	28.86	2.09	3.35	3.18	1.45
19	6.93	0.22	40.68	2.09	4.03	3.18	1.75
20	7.09	0.22	31.64	2.09	4.57	3.18	1.98
21	7.28	0.22	34.97	2.09	5.10	3.18	2.21
22	7.51	0.22	35.13	2.09	5.70	3.18	2.47
23	7.65	0.23	23.03	2.09	6.06	3.18	2.63
24	7.82	0.23	26.81	2.09	6.48	3.18	2.81
25	7.93	0.23	16.19	2.09	6.73	3.18	2.92
26	8.02	0.24	12.24	2.09	6.93	3.18	3.00
27	8.07	0.24	7.58	2.09	7.04	3.18	3.05
28	8.10	0.24	4.74	2.09	7.11	3.18	3.08
29	8.13	0.25	3.72	2.09	7.16	3.18	3.10
30	8.14	0.25	2.55	2.09	7.20	3.18	3.12
31	8.15	0.25	0.13	2.09	7.20	3.18	3.12
32	8.15	0.26	1.02	2.09	7.22	3.18	3.13
33	8.15	0.26	0.25	2.09	7.22	3.18	3.13
34	8.15	0.26	0.11	2.09	7.22	3.18	3.13
35	8.15	0.27	0.03	2.09	7.22	3.18	3.13
36	8.15	0.27	0.01	2.09	7.22	3.18	3.13
37	8.15	0.28	0.41	2.09	7.22	3.18	3.13
38	7.96	0.28	35.16	2.09	6.78	3.18	2.94

表 E.6（续）

区间编号 i	电功率 $u_{P,i}$ kW	风速 $u_{V,i}$ m/s	风速 $c_{V,i} \cdot u_{V,i}$ kW	气温 $u_{T,i}$ K	气温 $c_{T,i} \cdot u_{T,i}$ kW	气压 $u_{B,i}$ hPa	气压 $c_{B,i} \cdot u_{B,i}$ kW
39	7.84	0.28	20.44	2.09	6.53	3.18	2.83
40	7.67	0.29	32.32	2.09	6.11	3.18	2.65
41	6.91	0.29	159.68	2.09	4.00	3.18	1.73
42	7.17	0.29	79.82	2.09	4.79	3.18	2.08
43	6.62	0.30	144.22	2.09	2.87	3.18	1.25
44	6.29	0.30	224.40	2.09	0.05	3.18	0.02
45	6.80	0.31	265.85	2.09	3.58	3.18	1.55
46	6.41	0.31	205.65	2.09	1.68	3.18	0.73
47	6.37	0.32	21.58	2.09	1.40	3.18	0.61
48	6.29	0.28	125.27	2.09	0.06	3.18	0.02
49	6.29	0.29	0.83	2.09	0.05	3.18	0.73
50	6.29	0.29	0.02	2.09	0.05	3.18	0.61

表 E.7　B 类不确定度(数据库 B)

区间编号 i	电功率 $u_{P,i}$ kW	风速 $u_{V,i}$ m/s	风速 $c_{V,i} \cdot u_{V,i}$ kW	气温 $u_{T,i}$ K	气温 $c_{T,i} \cdot u_{T,i}$ kW	气压 $u_{B,i}$ hPa	气压 $c_{B,i} \cdot u_{B,i}$ kW
4	6.29	0.19	0.33	2.09	0.03	3.18	0.01
5	6.29	0.19	0.00	2.09	0.03	3.18	0.01
6	6.29	0.19	0.05	2.09	0.03	3.18	0.01
7	6.29	0.19	0.60	2.09	0.02	3.18	0.01
8	6.29	0.20	0.71	2.09	0.00	3.18	0.00
9	6.29	0.20	2.53	2.09	0.01	3.18	0.02
10	6.29	0.20	8.85	2.09	0.20	3.18	0.09
11	6.30	0.20	14.82	2.09	0.49	3.18	0.21
12	6.32	0.20	19.04	2.09	0.81	3.18	0.35
13	6.35	0.20	19.34	2.09	1.17	3.18	0.51
14	6.39	0.21	19.58	2.09	1.52	3.18	0.66
15	6.44	0.21	22.28	2.09	1.90	3.18	0.82
16	6.52	0.21	27.66	2.09	2.37	3.18	1.03
17	6.62	0.21	28.87	2.09	2.86	3.18	1.24

表 E.7（续）

区间编号 i	电功率 $u_{P,i}$ kW	风速 $u_{V,i}$ m/s	风速 $c_{V,i} \cdot u_{V,i}$ kW	气温 $u_{T,i}$ K	气温 $c_{T,i} \cdot u_{T,i}$ kW	气压 $u_{B,i}$ hPa	气压 $c_{B,i} \cdot u_{B,i}$ kW
18	6.74	0.21	28.86	2.09	3.35	3.18	1.45
19	6.93	0.22	40.71	2.09	4.03	3.18	1.75
20	7.09	0.22	31.82	2.09	4.57	3.18	1.98
21	7.28	0.22	34.61	2.09	5.10	3.18	2.21
22	7.51	0.22	35.38	2.09	5.70	3.18	2.47
23	7.65	0.23	22.77	2.09	6.06	3.18	2.63
24	7.82	0.23	26.81	2.09	6.48	3.18	2.81
25	7.93	0.23	16.41	2.09	6.73	3.18	2.92
26	8.02	0.24	12.20	2.09	6.93	3.18	3.00
27	8.07	0.24	7.61	2.09	7.04	3.18	3.10
28	8.10	0.24	4.67	2.09	7.11	3.18	3.12
29	8.13	0.25	3.75	2.09	7.16	3.18	3.12
30	8.14	0.25	2.55	2.09	7.20	3.18	3.13
31	8.14	0.25	0.10	2.09	7.20	3.18	3.13
32	8.15	0.26	1.03	2.09	7.22	3.18	3.13
33	8.15	0.26	0.24	2.09	7.22	3.18	3.13
34	8.15	0.26	0.11	2.09	7.22	3.18	3.13
35	8.15	0.27	0.06	2.09	7.22	3.18	3.13
36	8.15	0.27	0.00	2.09	7.22	3.18	3.13
37	8.15	0.28	0.15	2.09	7.22	3.18	3.13
38	8.15	0.28	0.23	2.09	7.22	3.18	3.13
39	8.15	0.28	0.32	2.09	7.22	3.18	3.13
40	8.15	0.29	1.07	2.09	7.21	3.18	3.12
41	8.12	0.29	3.54	2.09	7.16	3.18	3.10
42	8.15	0.29	7.54	2.09	7.23	3.18	3.13

附　录　F
（规范性附录）
风杯式风速计的校准程序

F.1　一般要求

风杯式风速计校准的一般要求概括如下：

- 所有传感器和测试设备都应进行可溯源校准。校准证书及报告应包含所有相关的溯源信息。风速计校准过程中采用的所有参考标准应在校准报告中予以阐述。
- 使用的皮托管应在适当风速范围内予以校准，并予以记录。
- 每次校准前，应使用"参考风速计"的比对性校准方法对实验设置完整性加以验证。
- 应进行流场品质的测量。
- 校准的可重复性应加以验证。
- 依据 ISO 指南评估风速计校准中的校准不确定度。

F.2　风洞的要求

风洞应装备完善，以及为准确对风速计校准做精心准备。

风速计不能对风洞流场有实质性影响。测试过程中，风速计会在某种程度上受到风洞的阻塞度或洞壁效应的影响。阻塞度——定义为风速计前方区域（包括安装系统）与整个测试区域的比值——在开口试验段不得大于 0.1，在闭口试验段不得大于 0.05。

通过风速计覆盖范围的流动应是均匀的。在风速计校准前应进行流动均匀性评估，流动均匀性可通过速度感应装置评估，如皮托管、热线、激光多普勒测速计等，测量纵向、横向和垂直方向上的流型。流动均匀性应为 0.2%。应对风洞进行上述评估，并且在风洞空气动力学性能每次改变后再次进行。

风杯式风速计对水平风梯度非常敏感。水平风梯度的变化取决于滤网和平滑装置的污染程度。因此，有必要使用 2 个完全相同的皮托管来检查风梯度，它们应准确放置在风速计的安装位置，头部的跨度基本覆盖风杯的旋转区域。进行一系列测量，并对 2 个皮托管测量的动压线性拟合。其差应小于 0.2%。风速计位置处的轴向湍流强度应小于 2%。

风洞校准系数给出了参考测量位置和风速计位置处风况的关系，应当使用皮托管对该系数进行评估。

设备应通过详细的风速计校准进行重复性检查。指定 1 个参考风速计用于这些测量。参考风速计只用于检测它自身和其他风速计设备的特性。可重复检查包括至少 5 次参考风速计校准（各种大气情况下）。在 10 m/s 风速下多次校准之间的最大偏差应小于 0.5%。出现任何改变或设备再校准后，重复这一过程。

经过一系列测试，设备应能证明其结果能同其他风速计校准设备进行比对。在 4 m/s 到 16 m/s 风速范围内，设备的参考风速计校准平均值（通过以上的重复测试确定）应当与其他校准设备的比对结果在±1%的范围内。

F.3　使用仪器和校准配置要求

专用外部信号调理设备如频压转换器，应在将风速计隔离的条件下单独校准，所以允许风速计的校准和报告编写独立于信号调理设备。

数据采集系统的分辨率至少为 0.02 m/s。如果是模拟电压设备应特别注意，确保信号充分缓冲以阻止其被低阻抗采集设备衰减。

校准过程中，风速计应安装在圆管的顶部使气流畸变最小。这个圆管的尺寸应与风速计在自由空气情况下的安装尺寸一致。安装布置对仪器灵敏度影响很大，特别是当安装管的直径与风速计旋转直径相比很大时。

应确保风速计不受任何参考风速测量设备的影响。反之，风速计也不应影响参考仪器区域的气流。如果出现气流畸变，应重新布放皮托管的位置。移开风速计，然后放回原来位置，观察其余仪器的输出是否改变，用同样方法考察参考仪器（皮托管或参考风速计）。为减小风洞的不可控漂移所导致的不确定度，建议多次重复这些操作。

皮托管应尽可能精确放置在垂直于风洞流场的试验段，最大允许偏差为 1°。

风速计应尽可能精确放置在垂直于风洞流场的试验段，最大允许偏差为 1°。大量研究表明，风杯式风速计相对垂直攻角的灵敏度依赖于仪器的几何外形，通常在垂直角附近非常灵敏。

在校准过程中，应检查风速计输出信号，以确保不被影响或受噪声干扰。

F.4 校准程序

校准开始前应让风速计转动约 5 min，避免大的温度变化对风速计轴承机械摩擦的影响。校准应在 4 m/s～16 m/s 的风速范围内以 1 m/s（或更小）的间隔将风速分别做升速和减速。读出升速过程和降速过程中的值，识别测量仪器是否有滞后效果。

注：1 m/s 间隔允许 2 m/s 的跳升，如 4 m/s，6 m/s，8 m/s，10 m/s，12 m/s，14 m/s，16 m/s，15 m/s，13 m/s，11 m/s，9 m/s，7 m/s，5 m/s。

采样频率至少为 1 Hz，采样间隔至少为 30 s。如果校准低分辨率风速计，采样间隔应加长。确保风速计和参考风速读数在同样的读数范围很重要。在采集每个风速的数据之前，要有充分时间，确保稳定的流场条件已建立。这个时间一般是 1 min，但是会随着不同的仪器而改变。如果 2 个 30 s 平均值彼此相差不超过 0.05 m/s，可以认为已稳定。

空气密度 ρ 根据风洞的平均气温 T，相对湿度 ϕ 和气压 B 用式（F.1）计算得出（标准不确定度小于 10^{-3} kg/m^3）：

$$\rho=\frac{1}{T}\left[\frac{B}{R_0}-\phi p_W\left(\frac{1}{R_0}-\frac{1}{R_W}\right)\right] \qquad \text{(F.1)}$$

式中：

ρ ——空气密度，单位为千克每立方米（kg/m^3）；

B ——大气压力，单位为帕（Pa）；

T ——绝对温度，单位为开（K）；

ϕ ——相对湿度（$0<\phi<1$）；

R_0 ——干燥空气的气体常数（287.05 J/kgK）；

R_W ——水蒸气的气体常数（461.5 J/kgK）；

p_W ——蒸汽压力，单位为帕（Pa）。

$$P_W=0.000\,020\,5exp(0.063\,184\,6\cdot \mathrm{T}) \qquad \text{(F.2)}$$

（F.2）式中蒸汽压力 p_W 与平均气温有关。

风速计位置处的平均流动速度可通过参考位置处不同压力的平均值 Δp_{ref} 计算得出，公式如下：

$$\bar{v}=k_b\frac{1}{n}\sum_{i=1}^{n}\sqrt{\frac{2k_c}{C_h}\frac{\Delta p_{ref,j}}{\rho}} \qquad \text{(F.3)}$$

式中：

C_h——皮托管压头系数；

k_c——风洞校准系数；

k_b——阻塞度修正系数；

n——采样间隔内的采样个数。

闭口式风洞，使用 Maskells 定理计算阻塞度修正因子。如果没有计算阻塞度修正因子，对于闭口式风洞，使用阻塞度的 1/4 来计算校准不确定度；对于开口式风洞，使用阻塞度的 1/16 来计算校准不确定度。

F.5 数据分析

校准数据应通过线性回归分析评价下述回归参数：偏移，斜率，拟合系数，斜率和截距的标准不确定度以及风速的斜率和截距的协方差。风速值应当拟合到风速计输出。尽管风速计输出拟合风速更符合逻辑，但是反过来做更方便。校准过程中，风速计输出通常认为具有高准确度，然而风速测量相对不确定得多。

若数据的相关系数 r 小于 0.999 95，应重新校准。如果相关系数 r 仍小于 0.999 95，说明校准设备不合适，或者风速计非线性程度很高，不能使用。

F.6 不确定度分析

识别水平风速斜入射到风速计时的不确定度很重要。应依据 ISO 指南对包含 A 类和 B 类的不确定度进行评估。不确定度量值的统计评估应考虑以下因素：

- 流场速度测量不确定度（皮托管，传感器，空气密度估计等）；
- 频率测量；
- 含阻塞效应的风洞校准；
- 邻近风速计的流场变化。

F.7 报告格式

相关记录应提供以下程序和设备信息（校准活动的测试报告）及单独风速计校准信息（风速计校准报告）。

校准活动的测试报告应至少包含以下信息：

- 风洞描述；
- 可表示风速计及皮托管在试验段精确位置的风洞草图；
- 流场品质的测试；
- 阻塞度修正系数；
- 设备证书；
- 测试程序；
- 数据评估程序；
- 风速计校准的重复性记录；
- 不确定度分析；
- 与上述要求的偏离。

风速计校准报告应至少包括以下信息：

- 被测风速计的制造商,型号和序列号,若风杯是单独运输的还应有风杯序列号;
- 安装系统的圆管直径;
- 使用的外部转换器的制造商,型号和序列号(例如频压转换器);
- 客户姓名及地址;
- 校准执行人、核查人、校准结果发布批准人的签名;
- 风洞名称;
- 校准期间的环境条件(气温、气压和湿度);
- 拟合参数(偏移、斜率、拟合系数、斜率和截距的标准不确定度及协方差);
- 所有校准点和拟合结果的表格和图形表示(同放大的线性拟合线之间的偏差);
- 与每个测试点相关的不确定度;
- 与校准报告相对应的参考文献,校准日期;
- 显示风速计及其在风洞中安装情况的照片。

F.8 不确定度计算示例

理想情况下,不确定度计算应独立应用于校准测量的每一个风速校准情况。在这个例子中,用额定值为 25 m/s 的风洞校准 10 m/s 的点。

表 F.1 按顺序处理每一个不确定度源,首先是 B 类不确定度。

为避免重复,气压测量的详细评估已略去,可以用与处理气温同样的方法来处理气压。

表 F.1 风速计校准不确定度评估示例

不确定度源 u_i	讨论	数值 u_i	灵敏度值 c_i	$u_i c_i$ m/s
u_f,风洞校正系数,k_f	不同风洞之间与其现行的技术状态相一致的比较表明,风速需要使用 0.5% 的校正系数,即 $k_f=1.005$。建议标准不确定度取校正风速与未校正值之差的一半	0.002 5	$c_f=v/k_f$ $=10(m/s)/1.005$ $=9.95$ m/s	0.025
u_t,风洞校准系数,k_c	风洞校准可以使用 2 个皮托管进行,1 个位于长期参考位置,1 个位于测量风速计位置。通过交换 2 个皮托管系统,所有的 B 类不确定度都可以降低,用标准拟合分析得到一个校正系数(截距强制过原点)和相关的 A 类标准不确定度。 假设校正值为 1.02,标准不确定度为 0.01	0.01	$c_t=0.5v/k_c$ $=0.5\times10/1.02$ $=4.90$ m/s	0.049
$u_{p,t}$,压力传感器的灵敏度,$K_{p,t}$	假设压力传感器额定值为 500 N/m²。当风速为 10 m/s 时,压力约为 60 N/m²,假设制造商给出的不确定度限值为量程的 0.2%(1 N/m²),假设为三角形分布,则等效不确定度偏差为 $1\times1/\sqrt{6}$ 即 0.40 N/m²。 假设传感器灵敏度 $K_{p,t}$ 为每伏 5 000 N/m²(最大输出 100 mV),则 60 N/m² 对应的标准不确定度 $u_{p,t}$ 等于每伏 33 N/m²	33	$c_{p,t}=0.5v/K_{p,t}$ $=0.5\times10/5\ 000$ $=0.001$	0.033

表 F.1(续)

不确定度源 u_i	讨论	数值 u_i	灵敏度值 c_i	u_ic_i m/s
$u_{p,s}$,压力传感器信号调理增益,$K_{p,s}$	假设信号调理设计为将传感器最大输出电压(100 mV)提高为数据采集系统的满量程(10 V),则增益为100,$K_{p,s}=0.01$。假设标准不确定度为0.2%,$u_{p,s}$的值为0.000 02	0.000 02	$c_{p,s}=0.5v/K_{p,s}$ $=0.5\times10/0.01$ $=500$	0.010
$u_{p,d}$压力传感器数据采样转换,$K_{p,d}$	数据系统的分辨率用满量程值规定,例如10V为12位(4 096个数值),即$K_{p,d}$为0.002 44V。量化限值为这个值的1/2,即0.001 22 V,矩形分布时,相关标准不确定度为$0.001\ 22/\sqrt{3}$,即0.000 704 V	0.000 704	$c_{p,d}=0.5v/K_{p,d}$ $=0.5\times10/0.002\ 44$ $=2\ 049$	0.004
$u_{T,t}$,气温传感器,$K_{T,t}$	温度似乎难以处理,因为前面的理论假设温度与传感器输出的相对关系为零偏离,但实际偏移很大。通常对−20 ℃到30 ℃的温度范围温度传感器输出电流为4 mA到20 mA。使用另一种方法会比重新构建数学模型效果好。假设制造商给的传感器不确定度为0.2 ℃,假设三角形分布,则标准不确定度为0.08 ℃,这是温度传感器的不确定度,而不是整个温度测量链的不确定度。再回到风速与T,B,p相关的公式,很容易通过改变温度T(如从15°,288 K升到15.08°,288.08 K)确定风速的相应改变。10 m/s时为0.001 m/s,这个值可以直接插入本表格最后一列,而无需参照基于更一般分析方法的第3列和第4列	*n/a*	$c_{T,t}=0.5v/K_{T,t}$ *n/a*	0.001
$u_{T,s}$温度信号调理增益,$K_{T,s}$	假设电流输出通过500 Ω精密电阻,转换为2 V到10 V的电压输出。则增益$K_{T,s}$为2 mA/V。假设电阻的标准不确定度为0.2 Ω,增益相应的不确定度为0.000 8 mA/V	0.000 8	$c_{T,t}=0.5v/K_{T,s}$ $=0.5\times10/2$ $=2.5$	0.002
$u_{T,d}$温度信号数字转换。$K_{T,d}$	对于上述情况下的气压传感器信号,标准不确定度为0.000 704 V。 对于15 ℃的气温,D/A转换输出电压为7.6 V,标称转换值为3 113。 转换不确定度不超过0.000 002 3 V	0.000 002 3	$c_{T,d}=0.5v/K_{T,d}$ $=0.5\times10/0.002\ 44$ $=2\ 049$	0.004
u_h,皮托管压头系数,C_h	皮托管压头系数由风的攻角决定。可能有2个不确定度来源,一个与皮托管布置在平均气流方向上的准确度相关,另一个由瞬时气流方向上的湍流变化产生。 假设标称管压头系数C_h为0.997,假设推导出的攻角的标准偏差为2°。相关ISO标准建议管压头系数增加0.1%的改变	0.000 997	$C_h=-0.5v/C_h$ $=-0.5\times10/0.997$ $=-5.015$	0.005

表 F.1（续）

不确定度源 u_i	讨论	数值 u_i	灵敏度值 c_i	u_ic_i m/s
$u_{B,t}$，气压计的灵敏系数，$K_{B,t}$	气压的处理与气温相同，因为它也有较大物理偏移		$c_{B,t}=-0.5v/K_{B,t}$	
$u_{B,s}$，气压计信号调理增益，$K_{B,s}$	与处理其他参数信号方法相同		$c_{B,s}=-0.5v/K_{B,s}$	
$u_{B,d}$，气压计信号数字转换，$u_{B,d}$	与处理其他数据采集通道方法相同		$c_{B,d}=-0.5v/K_{B,d}$	
s_A风速时间序列平均的统计不确定度	假设湍流强度为 2%，30 s，2 Hz 采样频率，60 个样本。10 m/s 的平均值标准不确定度为 $\sqrt{1/60}\times 0.02\times 10$	0.026	1	0.026
c_ρ，湿度对密度校正，K_ρ，或者 u_ϕ，相对湿度 φ	如果 c_ρ 以 c_φ 为主，而不是以 c_B 或 c_T 为主，则可以证明 $c_\rho^2u_\rho^2$ 等于 $c_\varphi^2u_\varphi^2$（u_φ 为相对湿度的不确定度，c_φ 为风速对湿度的灵敏度），这是正常情况。 假设相对湿度 φ 通过一个手持式仪表测量，这个表的准确度为 5%，95% 的置信概率。$\varphi=0.5$，$u_\varphi=0.025$，则 $c_\varphi=\frac{\partial\bar{v}}{\partial k_\rho}\cdot\frac{\partial k_\rho}{\partial\varphi}=\frac{1}{2}\frac{\bar{v}}{k_\rho}0.378\frac{p_w}{B}$ 15 ℃时，$p_w=1\,700$ Pa，假设 $B=1\,013$ mbar $=101\,300$ Pa，k_ρ 为 0.997，c_ϕ(10 m/s)为 0.032	$u_\varphi=0.025$	$c_\rho=0.032$	0.001

合成不确定度为表最右列所有不确定度分量的平方和的根。这个值为 0.07 m/s。

这个示例中，B 类不确定度占主要成分。延长校准时间可以降低 A 类不确定度，但是对于 B 类不确定度没有效果。此外，尽管对于某个特定风速，B 类不确定度的源之间互不相关，但它们全都与风速完全相关，这意味着即便是看起来好的校准（好的拟合线），仍然会有很大不确定度。

附　录　G
（规范性附录）
测风塔上设备的安装

G.1　总则

在测风塔上正确布置各种仪器对风力发电机组精确测试十分重要。特别是风速计安装位置应保证气流畸变最小，尤其是来自测风塔和横杆的影响最小。风速计安装在测风塔顶部时气流畸变最小。当风速计安装在沿测风塔方向的横杆上时，应考虑来自测风塔和横杆的气流畸变。测风塔上的其他仪器应安装在靠近轮毂高度处，但应避免干扰风速计。

G.2　顶部安装风速计的首选方法

安装风速计的首选方法是将风速计安装在测风塔顶部，并且周围没有其他仪器。本节的所有规定都是为了使风速测量的偏离达到忽略不计的程度。

风速计安装在一竖直圆管上，圆管尺寸与校准时使用的圆管尺寸一致，电缆通过该管接入风速计内部。竖直方向上的偏离角应小于2°，推荐使用倾斜仪。管子直径不能大于风速计尺寸，风速计风杯应至少高于测风塔塔架及其他气流干扰物0.75 m。连接风速计与垂直管的支架应当密实、平滑和对称。如果有必要保持风速计稳定，可以将小尺寸管安装在大尺寸管上，确保测风塔的任何部分不超出以风杯高度为顶点的1∶5锥形面。其他仪器必须低于风速计1.5 m。这些仪器及其支架可以超出1∶5的锥面。图G.1给出了顶部安装设置的示例。

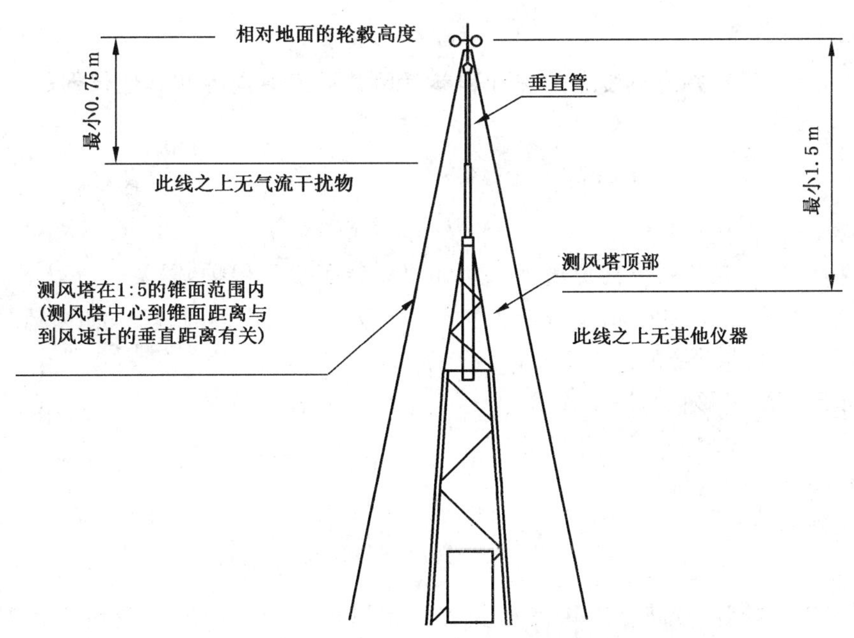

图 G.1　顶部安装的风速计和安装要求示例

G.3 顶部安装风速计的备选方法

使用备选方法要考虑到气流畸变会导致更高的不确定度。2 个风速计并排安装在测风塔顶部，如果 2 个风速计之间的距离以及风速计和测风塔之间的距离足够的话，气流畸变较小。在这个安装方式中，2 个竖直管和安装支架应符合图 G.2 中的要求。风杯应安装在横杆之上，与横杆的最短距离为横杆直径的 15 倍，推荐使用 25 倍的横杆直径。相邻两风杯间水平距离至少 1.5 m，最大 2.5 m。图 G.2 给出了这种安装方法的示例。测试开始前应确定主风速计，另外一个为参考风速计。应排除参考风速计影响主风速计的测量扇区。应确定其他仪器、测风塔和横杆的气流畸变所带来的不确定度。

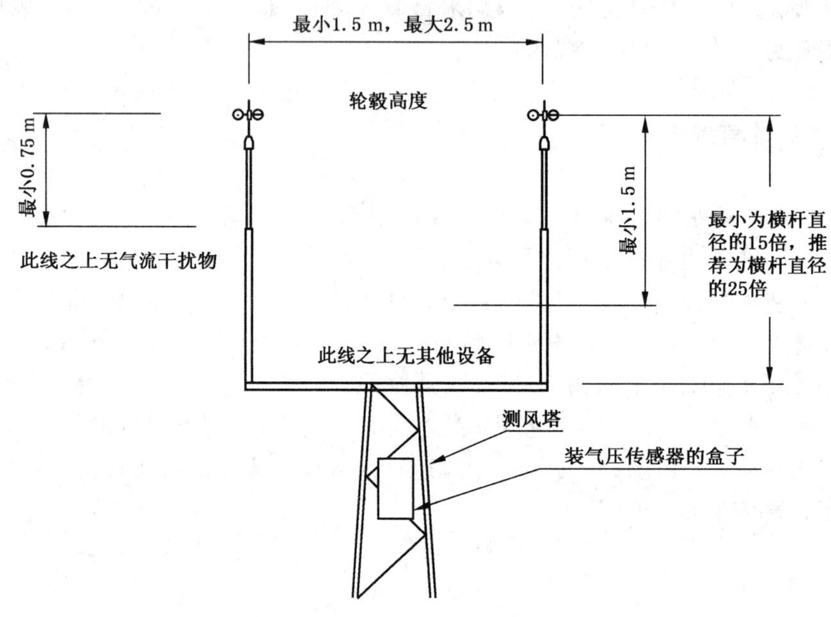

图 G.2 顶部并排安装主风速计和参考风速计及风向标和其他仪器的示例

G.4 防雷保护

避雷针可以保护顶部安装的仪器免遭雷击。如果安装了防雷保护，需要进行以下预防工作：

- 避雷针应安装在测风塔顶部，这样会保护到 60°伞状范围内的风速计；如果风从测量扇区吹来，风速计不能位于避雷针的尾流里；
- 接地导体尺寸应足够且与塔基连接；
- 评估风速计的气流畸变，另加不确定度。

G.5 其他气象仪器的安装

如果使用了参考风速计，应将参考风速计安装在主风速计旁边以便 2 个风速计有良好的相关性。应验证 2 个风速计之间的关系，以确保主风速计在测试期间校准特性不变。另外，参考风速计也不应受主风速计影响。

风向标应安装在主风速计之下至少 1.5 m 处，但应在测风塔轮毂高度的 10％范围内，风向标安装应使对测量扇区的气流畸变影响最小。

温度和压力传感器应安装在靠近轮毂高度处，主风速计之下至少 1.5 m。温度传感器应安装在一个百叶箱内。压力传感器可安装在不受天气影响的箱子内，但应确保箱子有良好通风使压力读数不受箱子周围压力干扰的影响。

其他安装在横杆上的仪器和安装在顶部的风速计的正确布置如图 G.3 和 G.4 所示：

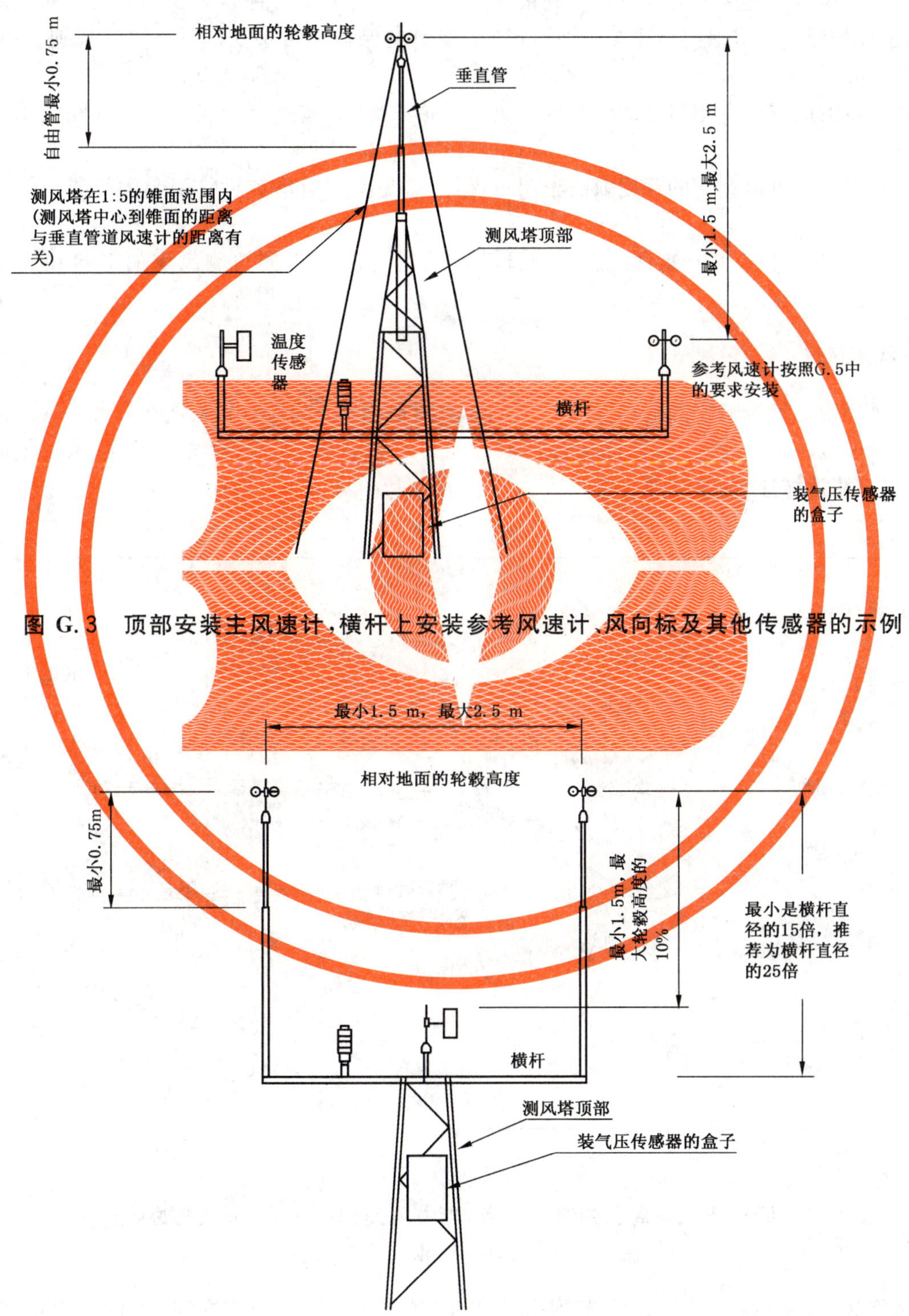

图 G.3 顶部安装主风速计，横杆上安装参考风速计、风向标及其他传感器的示例

图 G.4 顶部并排安装主风速计和参考风速计，横杆上安装风向标及其他传感器的示例

G.6 在横杆上安装风杯式风速计

安装在横杆上的风速计受测风塔和横杆引起的气流畸变的影响。当风杯与横杆距离为横杆直径15倍时,圆管状横杆的影响为0.5%。横杆引起的气流畸变应低于0.5%。

风速计在测风塔的尾流中运行时会受到很大干扰,不能用于功率特性测试。测风塔的气流畸变十分明显,风速计和测风塔应保持适当距离,使气流畸变影响保持在可接受的低水平。风速计-测风塔的推荐距离见G6.1和G6.2。

测风塔拉线的尾流会在相当长的距离内对风速计带来影响,应避免将风速计放置在上主风向拉线的尾流附近。

干扰和不确定度可以接受的程度取决于用户,但应避免使测风塔和横杆引起的气流畸变分别大于1%和0.5%。

测风塔可以是圆柱形或桁架式的。风速计与测风塔之间的距离与测风塔的形状和实度有很大关系。

G.6.1 管状测风塔

管状测风塔附近气流畸变的估算见图G.5。这个图根据Navier-Stokes分析给出了管状测风塔附近气流的等风速点。可以看到,如果与风向差45°,受到的影响最小。一般情况下,测风塔气流上风向有减速,测风塔附近加速,测风塔后面有尾流。

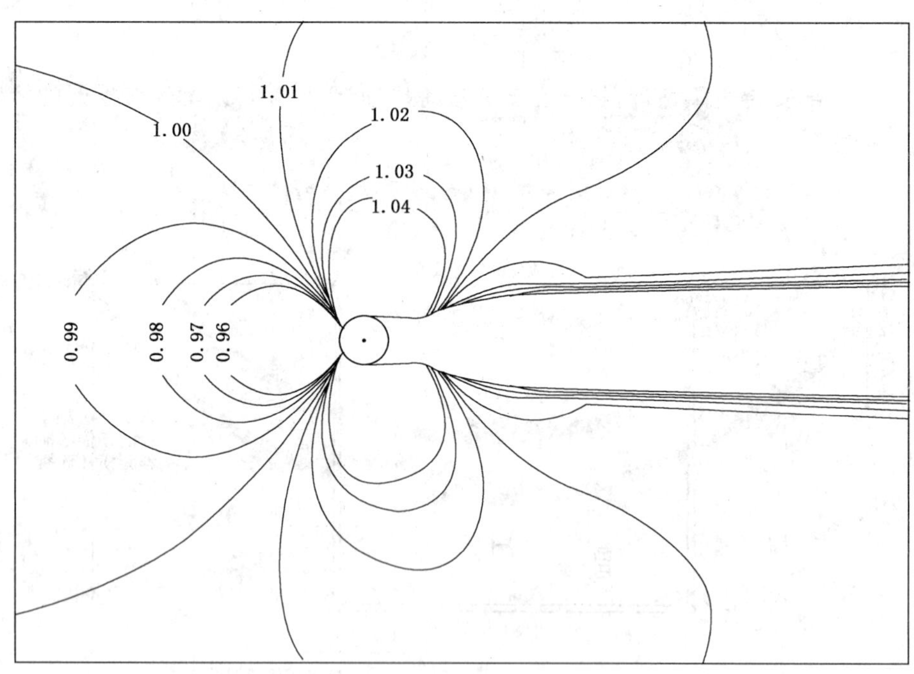

图 G.5 圆柱测风塔周围的等风速点,自由风速作归一化(风从左边吹过来),根据2维Navier-Stokes分析计算

对于风在风速计与测风塔连线45°范围内的情况,最大相对风速出现在风与风速计和测风塔连线方向一致时。图G.6给出了相对风速与距离的函数。值得注意的是,如果风向超出了风速计与测风塔连线的45°,风速畸变可能会大于图G.6所示。

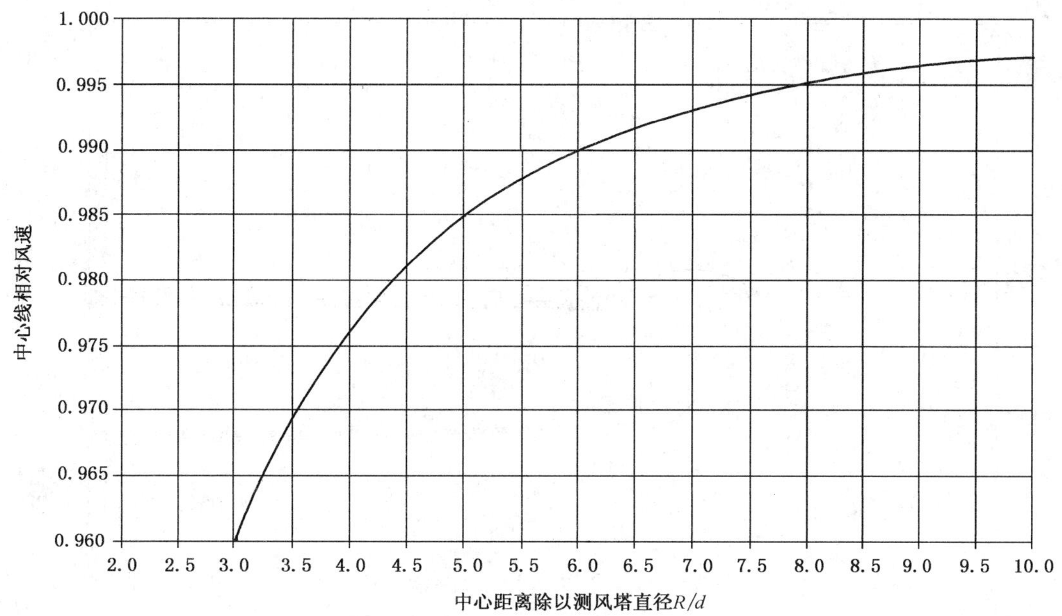

图 G.6　中心线相对风速与 R/d 的函数

R 为到管状测风塔中心的距离，d 为管状测风塔的直径。

R/d 为 8.2 时，相对风速 99.5%；R/d 为 6.1 时，相对风速 99%。

G.6.2　桁架测风塔

桁架结构附近的气流分析基于激励圆盘和 Navier-Stokes 理论和分析的综合。气流受测风塔影响的程度与测风塔实度、各部件的空气阻力、风向、观测点相对测风塔的距离有关。图 G.7 给出了三角桁架结构俯视图相关尺寸。

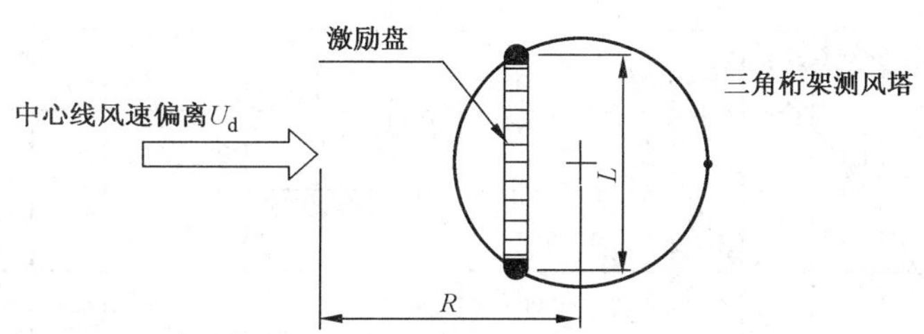

图 G.7　三角桁架测风塔

气流畸变是推力系数 C_T 的函数，与测风塔孔隙度和测风塔各部件的空气阻力有关。C_T 为塔单元长度的总阻力除以压力和宽度 L。

图 G.8 给出了 C_T 为 0.5 时桁架周围的气流。风速计的典型距离 R 大于 2，测风塔的方位（不管面或角迎风）对气流畸变的影响很小，因此无论测风塔的方位如何，可以认为气流畸变都是相同的。

如果测量扇区为 90°或更小，风速计位于测量扇区中心线 90°方位时，气流畸变最小；否则，认为气流畸变与距离有关，由上风向偏离确定。图 G.9 给出了不同 C_T 值时桁架塔计算中心线的相对风速。值得注意的是，如果风向超出了风速计与测风塔连线的 100°，风速畸变可能会大于图 G.9 所示。

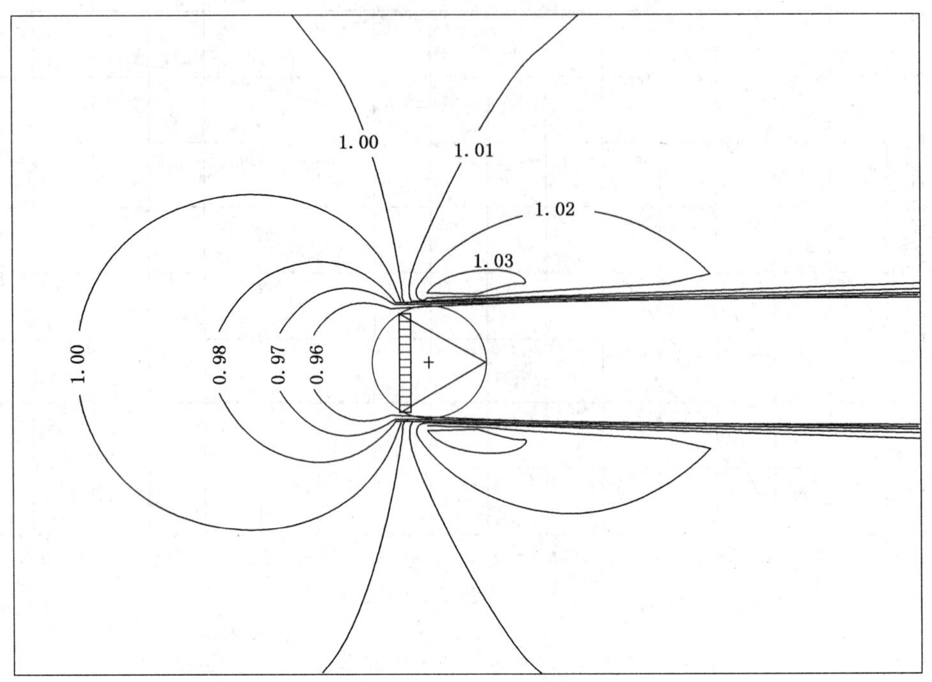

图 G.8　桁架测风塔周围的等风速点，自由风速作归一化（风从左边吹过来），C_T为 0.5，根据 2 维 Navier-Stokes 分析和激励盘综合计算

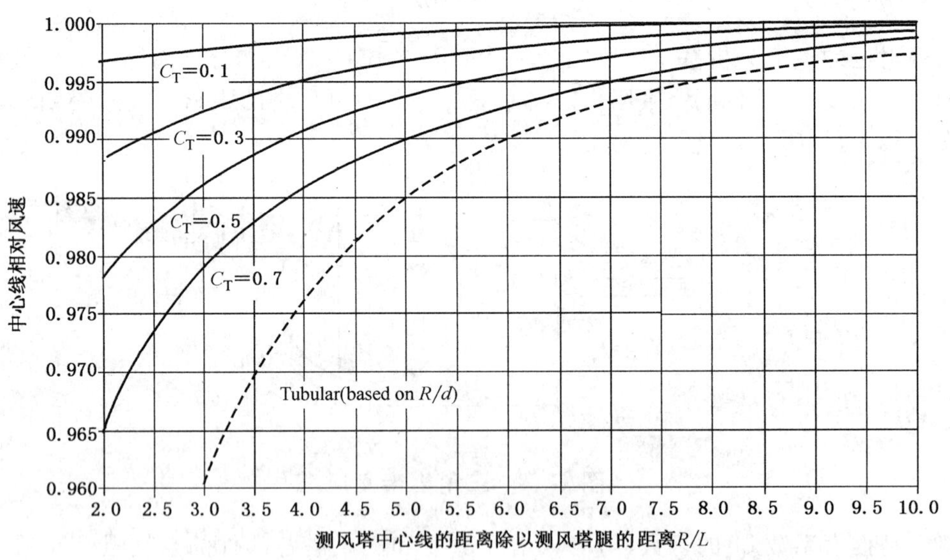

图 G.9　不同 C_T值时，中心相对风速与 R/L 的关系

R 为到三角形桁架测风塔中心的距离，L 为桁架测风塔的面宽度。

可以用下面的公式估算中心线风速的偏差 U_d，它是 C_T与 L/R 的函数。

$$U_d = 1 - (0.062C_T^2 + 0.076C_t) \cdot \left(\frac{L}{R} - 0.082\right) \qquad \text{(G.1)}$$

C_T根据表 G.1 估算。在这个表中，实度 t 为测风塔侧全部构件的投影面积与总面积的比。

表 G.1 不同桁架结构 C_T 估算方法

测风塔的类型	截面	C_T 表达式	可用范围
方形截面，尖边支撑		$4.4(1-t)t$	$0.1<t<0.5$
方形截面，圆支撑		$2.6(1-t)t$	$0.1<t<0.3$
三角截面，圆支撑		$2.1(1-t)t$	$0.1<t<0.3$

另外，如果给出了最大中心线风速偏差，距离 R 可以用下面的公式得到：

$$R=\frac{L_m}{\dfrac{1-U_d}{(0.062C_T^2+0.076C_T)}+0.082} \quad\cdots\cdots(\text{G.2})$$

对于桁架测风塔，C_T 为 0.5，中心线风速偏差为 99.5%，R 应为 5.7 倍测风塔支架间距 L_m。中心线风速偏差为 99% 时，R 下降为 3.7 倍测风塔支架间距。

附 录 H
（规范性附录）
小型风力发电机组的功率特性测试

小型风力发电机组(根据 IEC 61400-2 最新版定义)的功率特性测试需要专门规定。特别地,用于电池充电的风力发电机组应在典型的正常运行下进行,这就不能降低或消除测试过程中电池配置和测试条件的影响。当测试小型风力发电机组时,除满足本标准中描述的要求外还要求满足以下附加条件及变化:

a) 5.1 中:当描述电池充电特性时,风力发电机组包括风力机,风力机塔筒,风力发电机组控制器及风力发电机组和负荷间的接线。风力发电机组还包括充电控制器,它是电压保护装置,当电池充满电时减少风力发电机组输出功率。还可能包括一阻尼负荷用来消耗电池充满情况下风力发电机组发出的电量。风力发电机组不包括电池组,它被看作负荷的一部分。

b) 5.1 中:当描述系统对电网的输出时,风力发电机组包括风力机,风力机塔筒,风力发电机组控制器及风力发电机组和负荷间的接线,充电控制器和上述阻尼负荷(若在用的话)。另外,机组还可包括一电压型变流器。如果在电压型变流器和电网之间装有变压器,变压器应视作风力发电机组或负荷的一部分。

c) 5.1 中:风力发电机组应连接至风力发电机组设计时考虑的典型电负荷上。在用于电池充电时,负荷包括电池组,调压器及流过调压器功率消耗(消耗流过调压器功率的)装置。理想测试系统中,电池组不存储风力发电机组发出的电量。风力发电机组的输出都通过调压装置。这样,只要风力发电机组与负荷之间的电压保持在规定范围内,电池组的容量一般小于典型推荐值。

d) 5.1 中:风力发电机组应根据制造商规定的安装系统进行安装。若风力发电机组没有明确说明安装系统,发电机应安装在至少为 10 m 轮毂高度处。

e) 5.1 中:为使风力发电机组和负荷之间接线引起的影响最小,与负荷的连接最近不能靠近塔底,最远不得超出塔高的三倍。小型风力发电机组与负荷之间的接线应与制造商的要求一致。如果技术要求中接线的长度是一个范围,应尽可能接近平均值。如果没有要求,配线应使风力发电机组与负荷之间的电压降落等效为额定功率标称电压的 10%。

f) 5.1 中:调压器应使风力发电机组与负荷连接处电压维持在表 H.1 中设定值,即风力发电机组功率量程的 10%范围内。1 min 负荷电压平均值必须在包含有可用数据组的表 H.1 中设定值的 5%范围内的(可用数据组应包括在表 H.1 给定值的 5%范围内的 1 min 负荷电压平均值)。

g) 5.2.1 中;若将风速计安装在与风力发电机组塔筒相连的长横杆上更实际可行,就不需要单独的测风塔。为了使风速计、风向标及其安装硬件的尾流对风轮气流影响最小,这些部件应安装在距风轮至少 3m 的位置。此外,风速计安装应使轮毂高度下方 1.5 倍风轮直径水平高度之上的截面积最小。

h) 6.1 中:风力发电机组输出功率应在负荷连接点测量。

i) 6.1 中:除了电功率,也应测量负荷连接点电压。

j) 6.4 中:气温和压力传感器应安装在轮毂下方至少 1.5 倍风轮直径处,即使这样安装的结果会使它们距地面不足 10 m。

k) 6.6 中:仅在风力发电机组控制器指示风力发电机组故障迹象时才需对小型风力发电机组状态进行监控。

l) 7.2 中:如果风力发电机组充电控制器在高电压设置选项下使机组的出力降低,则该装置应调整到更高电压。若风力发电机组充电控制器进行过调整，测试报告应记录调整前后的设置。任何对风力发电机组控制器的调整都应详细记录。

m) 7.3 中：预处理数据长度采用 1 min。测试小型风力发电机组时本标准中所有后续 10 min 数据组都适用于 1 min 数据组。

n) 7.6 中：当满足以下条件时可认为测试数据库是完整的：

1) 从低于切入风速 1 m/s 到 14 m/s 的每个风速区间至少包含 10 min 采样数据；

2) 整个数据库包含小型风力发电机组风速范围内至少 60 h 的数据；

3) 对于折尾的风力发电机组，数据库应包括折尾时风力发电机组特性的完整风速区间。

o) 8.1 中：对于功率被动控制的风力发电机组，例如折尾或叶片颤振，应用式(2)(功率调整)，式(3)(风速调整)或其他方法对风速进行标准化。如果使用了其他方法，应详细记录。

p) 8.3 中：对于高风速时不关机的小型风力发电机组，*AEP* 测量值和 *AEP* 计划值应采用满风速区间和 25 m/s 之间的大值作为最大切出风速进行计算。

q) 9 中：作为 6 中所列信息的补充，风力发电机组和测试配置的描述应包含以下信息；

1) 连接风力发电机组和负荷的接线尺寸，导线材料，型号，长度和连接端子；

2) 变流器和负荷之间的测量电阻；若没有变流器，风力发电机组和负荷之间的测量电阻；

3) 任何过电压或欠电压保护装置的电压设置；

4) 电池组额定电压(例如 12 V，24 V，48 V)；

5) 电池组容量(安培小时)，型号和寿命；

6) 用来维持电池组电压在给定限值内的调压装置的制造商、型号和规格。

r) 推荐采集附加特性数据以量化电池组电压变化对风力发电机组特性的影响。这些附加功率曲线可以通过设置电池组的电压为表 H.1 中的值及采集至少 30 h 的 1 min 预平均值数据来得到。给出这些功率曲线时，应用图和表详细给出电压设置。推荐用 1 个图表示功率随风速和电池组电压的变化。

表 H.1　电池组电压设置

额定电压	要求设定值	可选低设定值	可选高设定值
12	12.6	11.4	14.4
24	25.2	22.8	28.8
36	37.8	34.2	43.2
48	50.4	45.6	57.6
其他	2.1[1)]	1.9[1)]	2.4[1)]
1) V/每块电池			

附 录 I
(规范性附录)
风速计分级

I.1 总则

风速计是用来测量风速的仪器。外部环境容易影响其运行特性进而影响风速测量。众所周知的风杯式风速计影响参数是湍流、气温、空气密度和气流平均倾角。用于功率特性测试的风速计应按附录D(表D.1)要求评估这些影响参数[5]和运行不确定度。本附录描述了风速计的分类方法,用来确定运行不确定度。这个方法与功率变送器的分类方法相似,见IEC 60688。

同一型号的风速计至少应评估两个。出现任何可能影响风杯式风速计摩擦转矩的几何外形变化或内部设计变化,均应重新进行评估。

用已分级的风速计进行功率特性测试之前,推荐根据相应的分级描述,检查风速计的几何形状。

I.2 影响参数的范围和等级

影响参数的范围可以通过两种方法来应用。一是用通用影响参数范围决定级数 k。级数 k 与所有影响参数在影响范围内变化导致的风速计响应偏差评估有关。级数 k 定义为风速测量范围内风速计最大响应偏差(水平方向上风速输入),通过下式得到[6]:

$$w_i = 5\ \text{m/s} + 0.5 \cdot U_i$$
$$k = 100 \cdot \max|\varepsilon_i / w_i| \qquad \text{(I.1)}$$

式中:

w_i ——决定偏离包络的加权函数;

$\varepsilon_{max,i}$——风速测量范围内任一风速区间 i 内的最大偏差,单位是米每秒(m/s);

k ——级数;

U_i ——区间 i 内的风速。

通用参数范围分为两级,取决于地形是否满足附录B的要求(A级影响参数范围,见表I.1)或是否需进行场地标定(B级影响参数范围,见表I.1)

表 I.1 A级和B级影响参数范围(基于10 min平均值)

	A级 地形符合附录B的要求		B级 地形不符合附录B的要求	
	最小值	最大值	最小值	最大值
风速覆盖范围/(m/s)	4	16	4	16
湍流强度	0.03	0.12+0.48/V	0.03	0.12+0.96/V
湍流结构 $\sigma_u/\sigma_v/\sigma_w$[7]	1/0.8/0.5 (非各向同性湍流)		1/1/1 (各向同性湍流)	

5) 其他影响参数为雪,冰,霜。如果风速计的正常运行出现这些参数,应评估这些参数的不确定度。

6) 级数1对应10 m/s为1%,10 m/s以下大于1%,10 m/s以上小于1%。

7) 对于使用仿真进行分级评估,建议使用Kaimal风谱,径向湍流长度350 m,见IEC 61400-1。

表 I.1（续）

	A级 地形符合附录B的要求		B级 地形不符合附录B的要求	
	最小值	最大值	最小值	最大值
气温/℃	0	40	−10	40
空气密度/(kg/m³)	0.9	1.35	0.9	1.35
平均气流倾斜角度/(°)	−3	3	−15	15

应用影响参数范围的另一种方法是确定一特殊级别S。对于S级所要求的低级数k，其影响参数范围是单独规定的。S级影响参数范围应在与表I.1相当的表格中表示出来。

在测量中选择何种级别的风速计取决于地形和测量要求的精确度。

A级：适用于满足附录B要求的地形，一般影响参数范围适用于此类地形。

B级：适用于不满足附录B要求的地形，一般影响参数范围适用于复杂地形。

S级：适用于规定的准确度，为符合风速计规定的准确度要求，应对影响参数范围加以限制。另外，级数相关的影响参数范围可能不包括A级或B级，或者影响参数范围在功率特性测试期间发生改变[8)]。

风速计分级用级数k和类型kA和kB或kS规定，例如1.7A和2.5S。风杯式风速计运行的标准不确定度(见表D.1和E.2)可假定服从矩形分布，这时功率特性测试中使用的标准不确定度估计为

$$u_{V2,i}=(0.05\ \mathrm{m/s}+0.005U_i)\cdot k/\sqrt{3} \qquad (\text{I.2})$$

8) 功率特性测试期间确定的影响参数范围包括已经测量的参数：风速、湍流、气温和空气密度。平均气流倾斜可以在场地标定期间通过风力发电机组位置上测风塔安装在轮毂高度的3维超声波风速计确定。

附 录 J
（资料性附录）
风杯式风速计评估

J.1 总则

风速计分级评估可以通过风洞测试、其他实验室测试、实地测试、模型关联和外推进行。全面的评估方法应包括风洞测试和实地测试，且测试之间能相互验证。

一种型号的风杯式风速计的评估应包含能综合下述基本特性对风速计运行影响的验证程序：

- 角响应特性；
- 不同转子加速和减速转矩特性引起的动态效果；
- 轴承上的摩擦转矩。

J.3 和 J.4 给出了 2 个评估示例。一种型号的风杯式风速计的实际评估可以基于这些示例，也可以基于其他方法，只要它们包括综合上述基本特性影响的验证步骤。

J.2 风杯式风速计特性测试

J.2.1 风洞中的角响应特性测试

在风洞中测试风速计的角响应特性。对给定的三个风速（从 4 m/s～16 m/s 平均分布，推荐取 5 m/s，8 m/s，12 m/s），气流倾斜度至少应从－30°变化至＋30°，角特性测试的分辨率为 2°。图 J.1 是风速计角响应测试的一个示例（包括理想的余弦响应形状）。

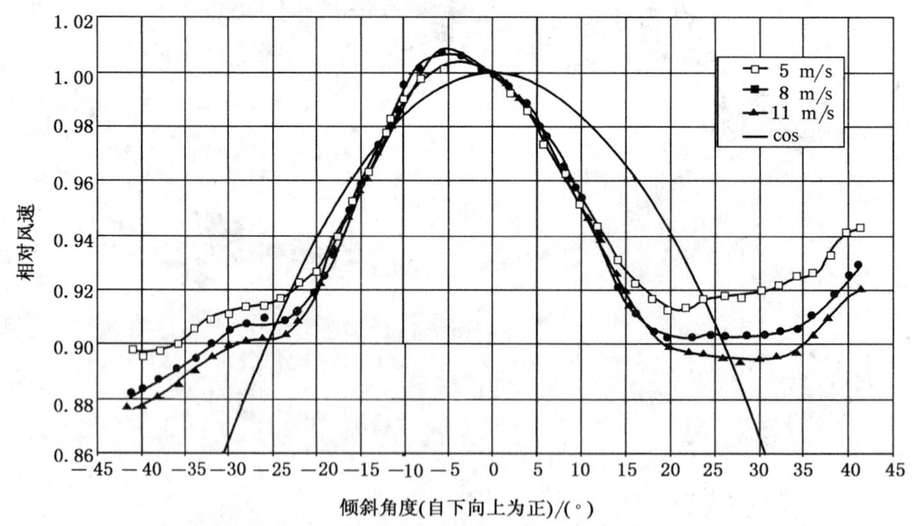

图 J.1 风杯式风速计测量角响应与余弦响应比较

J.2.2 风洞中的加速及减速力测试

风洞中风杯式风速计转子的转矩可通过将一细轴连接至风速计转子顶部进行测量，通过此轴使风速计以相对于风洞气流速度为失衡转速的速度旋转，可以测量轴上的反扭矩，它同风速计的转子转矩相等。有必要进行更详细、更精确的接近平衡转速比的测量(在下图对应的转矩测试示例中),风洞气流速度保持为恒定值 8 m/s 的扭矩测量示例中,其转子转速变化如图 J.2 所示。

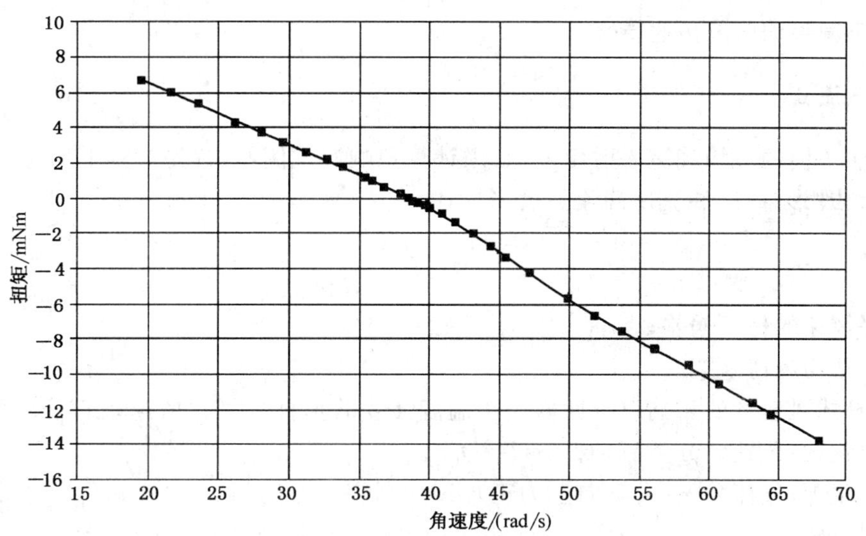

图 J.2 8 m/s 时风洞对风杯式风速计扭矩测量

J.2.3 风速计轴承摩擦转矩测试

摩擦转矩测试必须通过用飞轮替代风速计转子进行,当飞轮转速从相当于风速计在风速为 20 m/s 左右时开始测量飞轮减速度。作用于转子的转矩有轴承上的摩擦转矩和飞轮上的空气摩擦转矩,后者已从测量转矩中减去。图 J.3 给出了一个摩擦转矩测量的示例。

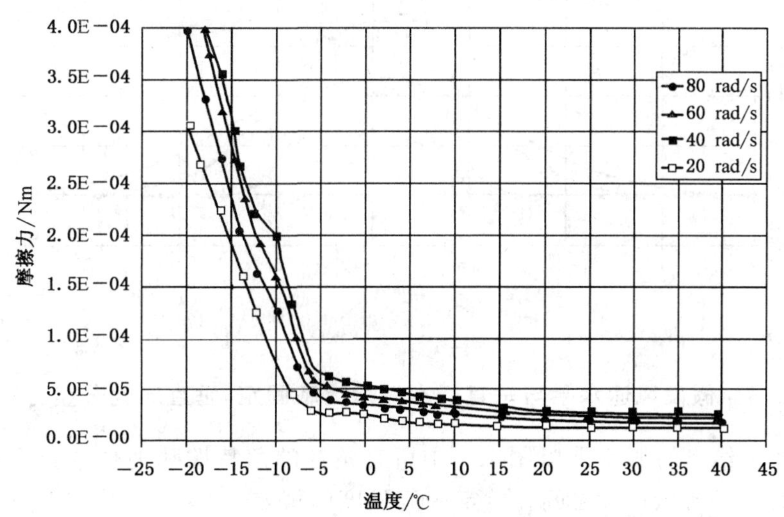

图 J.3 轴承摩擦转矩测量示例

J.2.4 自由流场实地比较测量

自由流场实地比较测量中,一只风杯式风速计和一只风洞已校准的 3 维超声波风速计如 G.2 所示顶部安装。只有垂直于横杆的较小扇区内的 10 min 平均测量值可用。可接受的数据库必须相对湍流强度范围(如从 0.04~0.14)选择。

J.3 基于风洞及实验室测试和自由流场实地比较的等级为S1风速计评估方法

J.3.1 湍流中不同平均气流角的特性

J.3.1.1 平均气流0°

湍流中,对于不同的平均气流入射角度,必须计算角响应。例如,首先考察平均流动水平(平均气流倾角为0°)的平坦地形条件,湍流用湍流强度来描述

$$TI = \sigma_U / U \tag{J.1}$$

式中:

σ_U——水平风速的标准偏差;

U——水平平均风速。

湍流中,风杯式风速计的角响应特性取决于湍流强度的垂直分量。风速垂直分量的标准偏差小于水平分量的标准偏差(风速计分类时,取$\sigma_v = 0.8\sigma_U$)。

不同湍流强度下,气流角度(自下向上为正)出现的概率见图J.4。

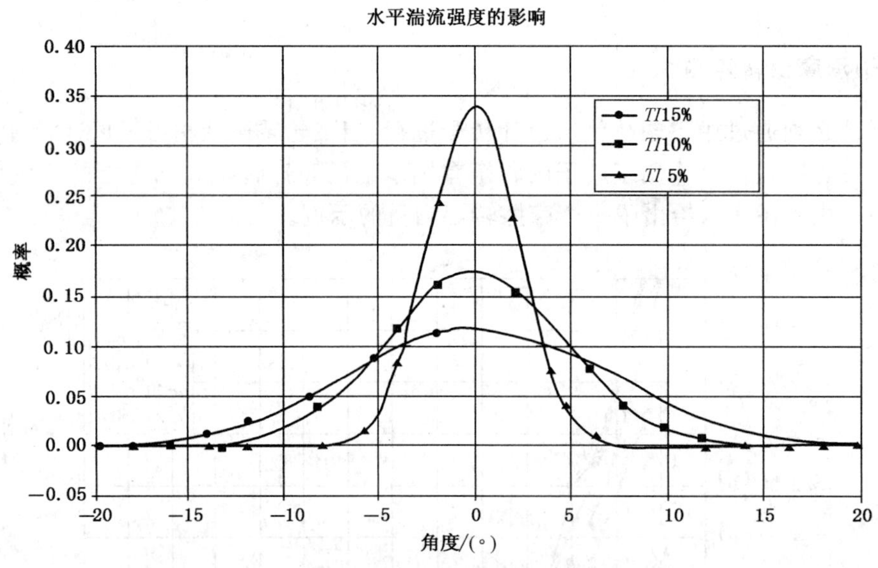

图J.4 假设风速水平与垂直标准偏差比率固定,垂直风速分量分布

下一步,用图J.4中给出的概率乘以图J.5中所有角度的角特性和理想余弦形状之差,得到一个值,代表已分类风速计和理想风速计之间在特定湍流强度的偏差(如图J.4中$TI=0.15$时为0.8%),这些偏差如图J.5b所示,取整个湍流强度上限为$TI=0.2$。

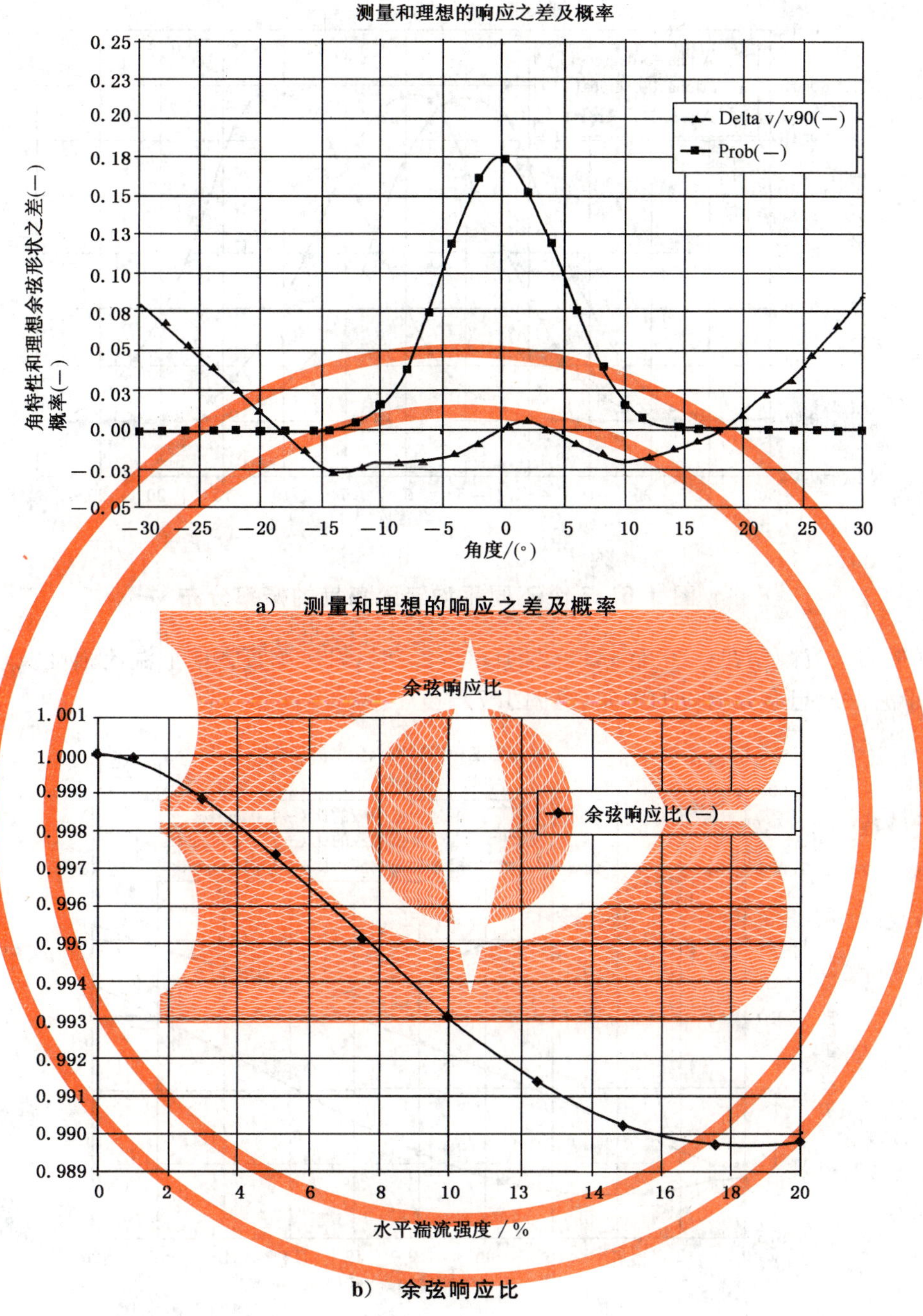

a) 测量和理想的响应之差及概率

b) 余弦响应比

图 J.5 总的偏差相对余弦响应的计算

J.3.1.2 平均气流－20°至＋20°

如果复杂地形平均气流不是0°,气流角度概率在平均气流角度最大,如图 J.6 所示。

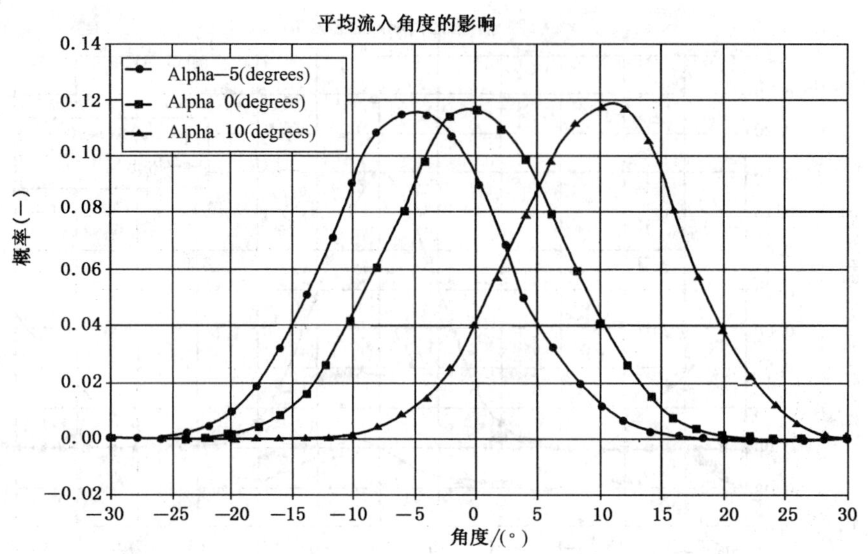

图 J.6 3个不同平均流入角度的概率分布

应计算平均气流倾角在－20°至＋20°之间(5°步长)时,风速垂直方向上湍流强度波动引起的风速计响应,并记录它对理想余弦响应的偏差(见图J.7)。

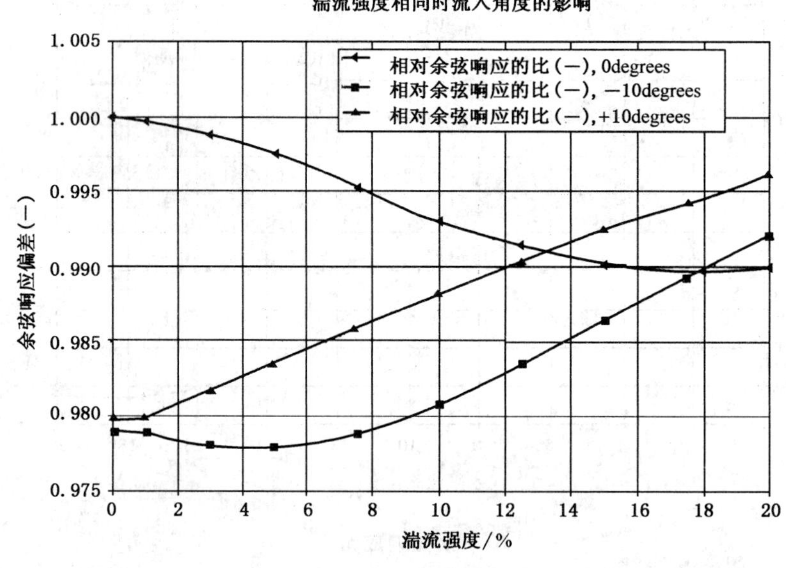

图 J.7 3个不同平均入流角相对水平湍流强度的总余弦响应偏差

从这些结果可以确定1级风速计的平均气流角度和湍流强度范围。在这些运行范围内,已分级的风杯式风速计偏离理想余弦响应不超过1%。

J.3.2 非稳态流动引起的动力效应

除上述非稳态流动引起的风杯式风速计角特性外,某些风速计还有一种动态效应,通常称为气动过速。此效应应通过实地测试分类。

实地比较应在30 m高度进行。待分类的风杯式风速计应与校准过的超声波风速计比较。应测试并报告与湍流强度相关的过速效应(用风杯式风速计和超声波风速计之差的斜率表示),见图J.8。

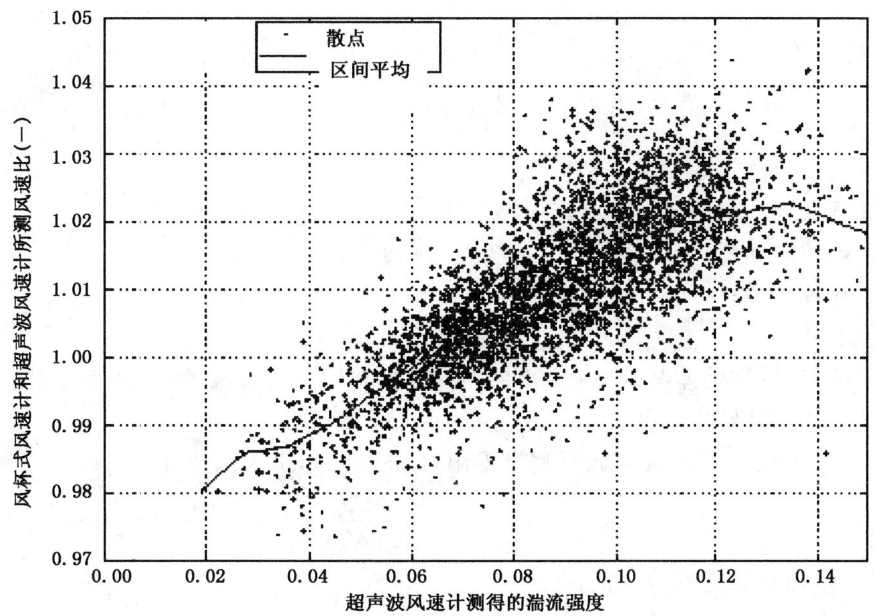

图 J.8　不符合斜率标准的风速计的示例

1 级风速计在湍流强度范围为 0.2 时，斜率小于 0.05，对应过速效果小于 1%。

J.3.3　轴承摩擦

风洞中风速计校准通常在接近室温条件下进行，而风速计运行在很广的温度范围内。应考查温度变化时风速计输出的偏差。1 级风速计在运行温度范围内的偏差不得大于 1%。

根据以上方法得到的偏差可正可负，1 级风速计在功率曲线测试的运行影响参数范围内的总偏差不超过 1%。

J.4　基于风洞及实验室测试和风速计建模的评估方法

J.4.1　方法

本方法基于在风洞及实验室中测量某种型号的风杯式风速计的基本特性、对风速计模型及人工风数据的仿真来确定对所有影响参数范围内的响应。

J.4.2　风杯式风速计建模

风速计的测量基本特性包括正规的认证校准、角特性、不同速度比对应的转矩系数、摩擦，及一些物理特性，如 1 个风杯的转动惯量、面积、风杯旋转半径、风杯式风速计模型的任意风输入响应。正确的风杯式风速计模型应较好符合以上基本特性。可采用下述风速计模型：

通过驱动转矩微分方程可得出风杯式风速计响应，其中转子转矩是气动转矩和摩擦转矩的和。

$$I\frac{\mathrm{d}\omega}{\mathrm{d}t}=Q_{\mathrm{A}}+Q_{\mathrm{f}} \qquad \cdots\cdots\cdots(\mathrm{J}.2)$$

气动转矩 Q_{A} 是瞬时风速矢量 $\overline{U}=\{u,v,w\}$ 的函数，其流入角和标量分别为

$$\alpha=\arctan\frac{w}{\sqrt{u^2+v^2}} \qquad |\vec{U}|=\sqrt{u^2+v^2+w^2} \qquad \cdots\cdots\cdots(\mathrm{J}.3)$$

由入流角及风速矢量的标量可得出等值水平(方向上的)风速

$$U_{eq}=F_a(a,|\vec{U}|)\cdot|\vec{U}| \quad\cdots\cdots(J.4)$$

气动转矩可表述为：

$$Q_A=\frac{1}{2}\rho ARU_{eq}^2C_{QA}(\lambda) \quad\cdots\cdots(J.5)$$

式中：

ρ ——空气密度；

A ——一个风杯的面积；

R ——风杯旋转半径；

U_{eq}——等值水平风速；

U_t ——临界风速(校准偏差减去摩擦影响后的差,如果摩擦为0,则临界风速等于校准偏差)；

C_{QA}——广义转子气动转矩系数。

广义转子气动转矩系数可由风洞转矩测量得出,此时U_{eq}等于风洞风速：

$$C_{QA}=C_{QA}(\lambda)=\frac{Q_A}{0.5\rho ARU_{eq}^2} \quad\cdots\cdots(J.6)$$

广义转子气动转矩系数是速度比的函数：

$$\lambda=\frac{\omega R}{U_{eq}-U_t} \quad\cdots\cdots(J.7)$$

摩擦转矩是温度和摩擦测量中求出的转速的函数：

$$Q_f=Q_f(T,\omega) \quad\cdots\cdots(J.8)$$

J.4.3 影响参数范围变化和等级确定

可使用产生三维人工风的湍流模型来改变影响参数范围。将风杯式风速计模型置于人工风内10 min可得出风杯式风速计响应。由相同风速数据得出所有影响参数的范围内风速计响应值与精确值的偏差,用这些偏差来确定风速计等级。图J.9描述了A类风速计影响参数变化带来的偏差的范例。结果,相应风速计的评估等级为2.0 A。

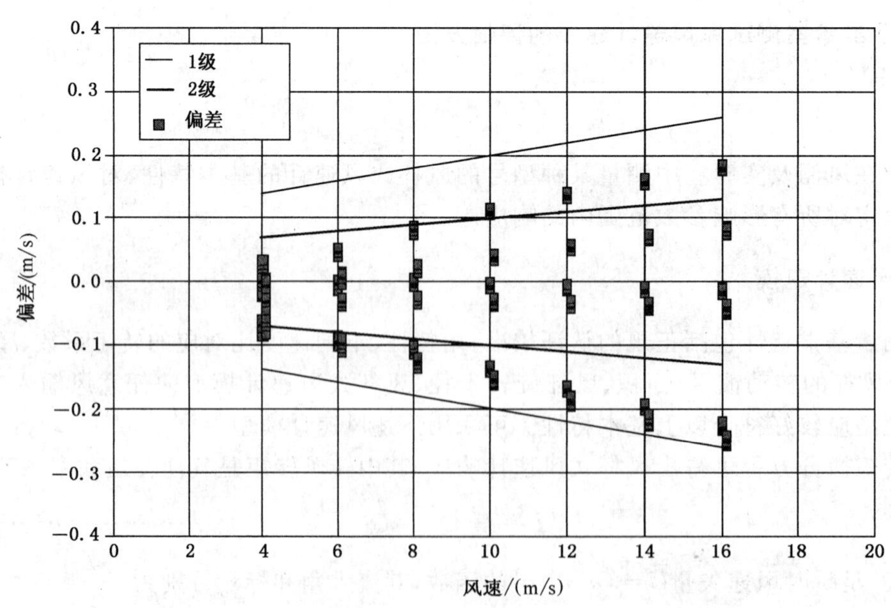

图 J.9 等级为2.0 A的风速计的偏差的示例

附 录 K
（资料性附录）
风速计现场比对

K.1 总则

应证明功率曲线测试所用风速计在测试期间同校准时相比没有发生变化。风速计可在测试结束后在风洞中校准以得到与初次校准的区别。另一种可用方法即所谓的现场比对，在测试活动中对主风速计与安装在主风速计附近的参考风速计进行比较。应注意如果参考风速计以相似的速度降级的话，则这种方法不能识别风速计校准的渐进式降级。

K.2 先决条件

测试过程中依据附录 G 的要求将两只风速计安装在测风塔上。主风速计用来进行功率特性测试，参考风速计用来进行比对。风速计有以下两种安装方式：

- 方式 1：采用条款 G.2 所述顶部安装方法；
- 方式 2：采用条款 G.3 所述备用顶部安装方法。

K.3 实现

测试期间所有记录的 10 min 平均值都应考虑。将数据过滤，得到窄风向扇区（例±20°或±40°中心与横杆成 90°，独立于测量扇区）和风速范围为 6 m/s 至 12 m/s 的数据。采用区间法分析测量中两只风速计的关联性，区间步长为 1 m/s（参考风速计风速）。

从测试周期的第一部分直到测试结束的所有 1 m/s 区间（每区间内最少 3 个值，最多 8 星期），都应进行线性回归分析，其中参考风速计作为因变量，测量功率曲线的主风速计作为自变量。

线性拟合系数确定后应用公式(K.1)：

$$V_{control\_corr} = m \cdot V_{control} + b \qquad \cdots\cdots(K.1)$$

根据风速计的不同型号，可能需要用高阶公式获得更好的拟合效果。这种比对的目的只是显示风速计随时间而可能产生的特性变化，不是绝对校准。

K.4 评定标准

若满足下述两个标准要求，测试结束后就不需在风洞中对主风速计进行重复校准（只有线性拟合后记录的数据应加以分析）。

a) 每一区间内至少有 30 min 的采样数据。

b) 计算每一风速区间内校正参考风速计($V_{control\_corr}$)的风速数据与主风速计($V_{primary}$)之差的平均值（系统偏差）。还应计算每一风速区间内校正参考风速计的风速数据与主风速计之差的标准不确定度（统计偏差）。每一风速区间内风速差的标准不确定度通过将风速差的标准偏差除以每个风速区间内的数据点个数的平方根来得到。系统偏差和统计偏差的均方根在每个风速区间应小于 0.1 m/s。

参 考 文 献

［1］ IEC 60044-2:1997,Instrument transformers—Part 2:Inductive voltage transformers
修改单 1(2000)
修改单 2(2002)

［2］ IEC 61400-1: Wind turbines—Part 1:Design requirements

ICS 11.020
C 05

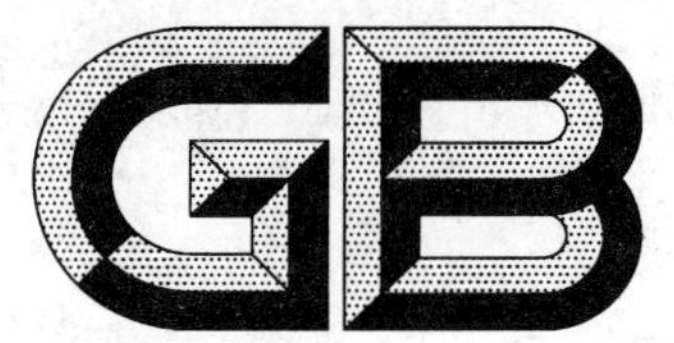

中华人民共和国国家标准

GB 18469—2012
代替 GB 18469—2001

全血及成分血质量要求

Quality requirements for whole blood and blood components

2012-05-11 发布　　2012-07-01 实施

中华人民共和国卫生部
中国国家标准化管理委员会 发布

前　言

本标准的第4章为强制性的，其余为推荐性的。

本标准按照GB/T 1.1—2009给出的规则起草。

本标准代替GB 18469—2001《全血及成分血质量要求》，与GB 18469—2001相比，主要技术变化如下：

——将英文名称由“Standards for whole blood and blood components quality”修改为“Quality requirements for whole blood and blood components”；

——调整了标准的框架结构，对血液的要求分为血液安全性检测要求和血液质量控制要求两部分阐述；

——增加了去白细胞全血、冰冻红细胞、病毒灭活新鲜冰冻血浆、冰冻血浆、病毒灭活冰冻血浆、混合浓缩血小板、辐照血液和速冻的定义；

——将血液制剂、成分血、红细胞成分血、单采成分血、全血、浓缩红细胞、悬浮红细胞、洗涤红细胞、冰冻解冻去甘油红细胞、浓缩血小板、新鲜冰冻血浆、冷沉淀凝血因子、浓缩少白细胞红细胞、悬浮少白细胞红细胞、单采血小板、单采少白细胞血小板、单采新鲜冰冻血浆、单采粒细胞的定义进行修订；

——将GB 18469—2001中少白细胞血液制剂的名称修订为去白细胞血液制剂；

——增加了去白细胞全血、去白细胞悬浮红细胞、病毒灭活新鲜冰冻血浆、冰冻血浆、病毒灭活冰冻血浆、混合浓缩血小板的质量要求；

——删除全血及成分血标签的相关内容，由其他相关国家标准衔接；

——增加了300 mL规格全血和相应成分血的质量要求；

——将全血和成分血外观要求中“无黄疸”改为“无色泽异常”；

——将全血和成分血外观要求中“储血容器无破损”改为“血袋完好”；

——将全血外观要求中导管的长度由“20 cm”调整至“35 cm”；

——将全血的容量要求的表述方式调整为“不包括保养液的容量”；

——删除了全血中K^+、Na^+、pH和血细胞比容的质量控制项目；

——在全血中增加了“血红蛋白含量”的质量控制项目；

——将全血中“血浆血红蛋白”质量控制项目调整为“储存期末溶血率”；

——将悬浮红细胞外观要求中“上清呈无色透明”改为“无色泽异常”，并将导管的长度由“20 cm”调整至“35 cm”；

——在悬浮红细胞中增加了“血红蛋白含量”和“储存期末溶血率”的质量控制项目；

——将洗涤红细胞外观要求中“保留注满洗涤红细胞的转移管”的内容改为“保留注满洗涤红细胞或全血经热合的导管”；

——将洗涤红细胞中“红细胞回收率”质量控制项目调整为“血红蛋白含量”；

——删除了洗涤红细胞“白细胞清除率”质量控制项目；

——将洗涤红细胞“血浆蛋白清除率”质量控制项目调整为“上清蛋白质含量”；

——在洗涤红细胞中增加“溶血率”要求；

——在洗涤红细胞中增加“无菌试验”要求；

——将冰冻解冻去甘油红细胞“红细胞回收率”质量控制项目调整为“血红蛋白含量”；

——删除了冰冻解冻去甘油红细胞“残留血小板”和“体外溶血试验”的质量控制项目；

——在冰冻解冻去甘油红细胞中增加了“无菌试验”要求；

——将浓缩血小板的 pH 由“6.0～7.4”调整为“6.4～7.4”；

——将单采血小板的 pH 由“6.7～7.4”调整为“6.4～7.4”。

本标准由中华人民共和国卫生部提出并归口。

本标准负责起草单位：上海市血液中心。

本标准主要起草人：邹峥嵘、章怿、龚裕春、徐忠、张晰、谢云峥、徐蓓、邱颖婕。

本标准所代替标准的历次版本发布情况为：

——GB 18469—2001。

全血及成分血质量要求

1 范围

本标准规定了一般血站提供和临床输注用全血及成分血的质量要求。

本标准适用于一般血站提供和临床输注用全血及成分血。

2 规范性引用文件

下列文件对于本文件的应用是必不可少的。凡是注日期的引用文件，仅注日期的版本适用于本文件。凡是不注日期的引用文件，其最新版本(包括所有的修改单)适用于本文件。

GB 14232.1 人体血液及血液成分袋式塑料容器 第1部分：传统型血袋

3 术语和定义

GB 14232.1界定的以及下列术语和定义适用于本文件。

3.1

保养液 preservative solution

以抗凝剂、葡萄糖等为主要成分的用于防止血液凝固、维持血液内各种组分活性和生理功能的一类药剂。

3.2

血液制剂 blood product

将一定量符合要求的献血者的血液或血液成分与一定量的保养液混合在一起形成的均一制品。

3.3

添加液 additive solution

对某一种血液制剂进行再加工时，针对某一种血液成分而加入的能保持和(或)营养该血液成分生物活性，维持其生理功能的一类药剂。

3.4

成分血 blood components

在一定的条件下，采用特定的方法将全血中一种或多种血液成分分离出而制成的血液制剂与单采成分血的统称。

3.5

红细胞成分血 red blood cells components

以全血内红细胞为主要组分的一类成分血。

3.6

单采成分血 apheresis components

使用血细胞分离机将符合要求的献血者血液中一种或几种血液成分采集出而制成的一类成分血。

3.7

全血 whole blood

采用特定的方法将符合要求的献血者体内一定量外周静脉血采集至塑料血袋内，与一定量的保养液混合而成的血液制剂。

3.8

去白细胞全血　whole blood leukocytes reduced

使用白细胞过滤器清除全血中几乎所有的白细胞，并使残留在全血中的白细胞数量低于一定数值的成分血。

3.9

浓缩红细胞　red blood cells

采用特定的方法将采集到多联塑料血袋内的全血中的大部分血浆分离出后剩余部分所制成的红细胞成分血。

3.10

去白细胞浓缩红细胞　red blood cells leukocytes reduced

使用白细胞过滤器清除浓缩红细胞中几乎所有的白细胞，并使残留在浓缩红细胞中的白细胞数量低于一定数值的红细胞成分血；或使用带有白细胞过滤器的多联塑料血袋采集全血，并通过白细胞过滤器清除全血中几乎所有的白细胞，将该去白细胞全血中的大部分血浆分离出后剩余部分所制成的红细胞成分血。

3.11

悬浮红细胞　red blood cells in additive solution

采用特定的方法将采集到多联塑料血袋内的全血中的大部分血浆分离出后，向剩余物加入红细胞添加液制成的红细胞成分血。

3.12

去白细胞悬浮红细胞　red blood cells in additive solution leukocytes reduced

使用白细胞过滤器清除悬浮红细胞中几乎所有的白细胞，并使残留在悬浮红细胞中的白细胞数量低于一定数值的红细胞成分血；或使用带有白细胞过滤器的多联塑料血袋采集全血，并通过白细胞过滤器清除全血中几乎所有的白细胞，将该去白细胞全血中的大部分血浆分离出后，向剩余物内加入红细胞添加液制成的红细胞成分血。

3.13

洗涤红细胞　washed red blood cells

采用特定的方法将保存期内的全血、悬浮红细胞用大量等渗溶液洗涤，去除几乎所有血浆成分和部分非红细胞成分，并将红细胞悬浮在氯化钠注射液或红细胞添加液中所制成的红细胞成分血。

3.14

冰冻红细胞　frozen red blood cells

采用特定的方法将自采集日期 6 d 内的全血或悬浮红细胞中的红细胞分离出，并将一定浓度和容量的甘油与其混合后，使用速冻设备进行速冻或直接置于−65 ℃以下的条件下保存的红细胞成分血。

3.15

冰冻解冻去甘油红细胞　deglycerolized red blood cells

采用特定的方法将冰冻红细胞融解后，清除几乎所有的甘油，并将红细胞悬浮一定量的氯化钠注射液中的红细胞成分血。

3.16

浓缩血小板　platelets

采集后置于室温保存和运输的全血于采集后 6 h 内，或采集后置于 20 ℃～24 ℃保存和运输的全血于 24 h 内，在室温条件下将血小板分离出，并悬浮于一定量血浆内的成分血。

3.17

混合浓缩血小板　pooled platelets

采用特定的方法将 2 袋或 2 袋以上的浓缩血小板合并在同一血袋内的成分血。

3.18

单采血小板　apheresis platelets

使用血细胞分离机在全封闭的条件下自动将符合要求的献血者血液中的血小板分离并悬浮于一定量血浆内的单采成分血。

3.19

去白细胞单采血小板　apheresis platelets leukocytes reduced

使用血细胞分离机在全封闭的条件下自动将符合要求的献血者血液中的血小板分离并去除白细胞后悬浮于一定量血浆内的单采成分血。

3.20

新鲜冰冻血浆　fresh frozen plasma

采集后储存于冷藏环境中的全血，最好在 6 h(保养液为 ACD)或 8 h(保养液为 CPD 或 CPDA-1)内，但不超过 18 h 将血浆分离出并速冻呈固态的成分血。

3.21

病毒灭活新鲜冰冻血浆　fresh frozen plasma methylene blue treated and removed

采集后储存于冷藏环境中的全血，按 3.20 要求分离出血浆在速冻前采用亚甲蓝病毒灭活技术进行病毒灭活并速冻呈固态的成分血。

3.22

单采新鲜冰冻血浆　apheresis fresh frozen plasma

使用血细胞分离机在全封闭的条件下自动将符合要求的献血者血液中的血浆分离出并在 6 h 内速冻呈固态的单采成分血。

3.23

冰冻血浆　frozen plasma and frozen plasma cryoprecipitate reduced

采用特定的方法在全血的有效期内，将血浆分离出并冰冻呈固态的成分血，或从新鲜冰冻血浆中分离出冷沉淀凝血因子后将剩余部分冰冻呈固态的成分血。

3.24

病毒灭活冰冻血浆　frozen plasma methylene blue treated and removed

采用亚甲蓝病毒灭活技术对在全血的有效期内分离出的血浆或从新鲜冰冻血浆中分离出冷沉淀凝血因子后剩余的血浆进行病毒灭活并冰冻呈固态的成分血。

3.25

冷沉淀凝血因子　cryoprecipitated antihemophilic factor

采用特定的方法将保存期内的新鲜冰冻血浆在 1 ℃～6 ℃融化后，分离出大部分的血浆，并将剩余的冷不溶解物质在 1 h 内速冻呈固态的成分血。

3.26

单采粒细胞　apheresis granulocytes

使用血液单采机在全封闭的条件下自动将符合要求的献血者血液中的粒细胞分离出并悬浮于一定量的血浆内的单采成分血。

3.27

辐照血液　irradiated blood components

使用照射强度为 25 Gy～30 Gy 的 γ 射线对血液制剂进行照射，使血液制剂中的 T 淋巴细胞失去活性所制成的成分血。冰冻解冻去甘油红细胞和血浆成分不需辐照处理，红细胞成分应在全血采集后 14 d 内完成辐照，经辐照后的血液制剂，其质量控制要求与原血液制剂的要求相同。

3.28

标示量　labeled volume

在血液制剂的标签上表明该血液制剂容量的方式，以毫升为单位，标示量根据当地实际情况自行制定。

3.29

速冻　freezing

血浆制品经过快速冷冻在 1 h 内使血浆核心温度降低到－30 ℃以下。

4　血液安全性检测要求

4.1　血型检测

4.1.1　ABO 血型定型试验结果正确。

4.1.2　RhD 血型定型试验结果正确。

4.2　人免疫缺陷病毒(HIV-1 和 HIV-2)标志物筛查试验结果阴性，具体标志物及其检测方法有 2 种选择，可任选其中 1 种：

——采用 1 个生产厂家的 ELISA 试剂检测 HIV-1 和 HIV-2 抗体，采用另一个生产厂家的 ELISA 试剂联合检测 HIV-1 和 HIV-2 抗原和抗体；

——采用 1 种 ELISA 试剂检测 HIV-1 和 HIV-2 抗体或联合检测 HIV-1 和 HIV-2 抗原和抗体，采用 1 种试剂检测 HIV 核酸。

4.3　乙型肝炎病毒(HBV)标志物筛查试验结果阴性，具体标志物及其检测方法有 2 种选择，可任选其中 1 种：

——采用 2 个不同生产厂家的 ELISA 试剂检测 HBsAg；

——采用 1 种 ELISA 试剂检测 HBsAg，采用 1 种试剂检测 HBV 核酸。

4.4　丙型肝炎(HCV)病毒标志物筛查试验结果阴性，具体标志物及其检测方法有 2 种选择，可任选其中 1 种：

——采用 2 个不同生产厂家的 ELISA 试剂检测 HCV 抗体或联合检测 HCV 抗原和抗体；

——采用 1 种 ELISA 试剂检测 HCV 抗体或联合检测 HCV 抗原和抗体，采用 1 种试剂检测 HCV 核酸。

4.5　丙氨酸氨基转移酶检测合格，采用 1 种试剂(速率法)进行 1 次检测，检测结果合格。

4.6　梅毒螺旋体标志物筛查试验结果阴性，具体标志物及其检测方法为采用 2 个不同生产厂家的 ELISA 试剂检测梅毒特异性抗体。

4.7　血液安全性检测的具体方法和要求按照国家相关规定执行。

5　血液质量控制要求

5.1　全血

全血质量控制项目和要求按照表 1 执行。

表 1 全血质量控制项目和要求

质量控制项目	要求
外观	肉眼观察应无色泽异常、溶血、凝块、气泡及重度乳糜等情况；血袋完好，并保留注满全血经热合的导管至少 35 cm
容量 （不包括保养液）	200 mL 规格的全血　容量为 200 mL±20 mL 300 mL 规格的全血　容量为 300 mL±30 mL 400 mL 规格的全血　容量为 400 mL±40 mL
血红蛋白含量	200 mL 规格的全血　含量≥20 g 300 mL 规格的全血　含量≥30 g 400 mL 规格的全血　含量≥40 g
储存期末溶血率	<红细胞总量的 0.8%
无菌试验	无细菌生长

5.2 去白细胞全血

去白细胞全血质量控制项目和要求按照表 2 执行。

表 2 去白细胞全血质量控制项目和要求

质量控制项目	要求
外观	肉眼观察应无色泽异常、溶血、凝块、气泡及重度乳糜等情况；血袋完好，并保留注满全血经热合的导管至少 35 cm
容量	标示量(mL)±10%
血红蛋白含量	来源于 200 mL 全血：含量≥18 g 来源于 300 mL 全血：含量≥27 g 来源于 400 mL 全血：含量≥36 g
白细胞残留量	来源于 200 mL 全血：残余白细胞≤2.5×10^{6} 个 来源于 300 mL 全血：残余白细胞≤3.8×10^{6} 个 来源于 400 mL 全血：残余白细胞≤5.0×10^{6} 个
储存期末溶血率	<红细胞总量的 0.8%
无菌试验	无细菌生长

5.3 浓缩红细胞

浓缩红细胞质量控制项目和要求按照表 3 执行。

表 3　浓缩红细胞质量控制项目和要求

质量控制项目	要求
外观	肉眼观察应无色泽异常、溶血、凝块、气泡等情况；血袋完好，并保留注满全血经热合的导管至少 35 cm
容量	来源于 200 mL 全血：120 mL±12 mL 来源于 300 mL 全血：180 mL±18 mL 来源于 400 mL 全血：240 mL±24 mL
血细胞比容	0.65～0.80
血红蛋白含量	来源于 200 mL 全血：含量≥20 g 来源于 300 mL 全血：含量≥30 g 来源于 400 mL 全血：含量≥40 g
储存期末溶血率	＜红细胞总量的 0.8%
无菌试验	无细菌生长

5.4　去白细胞浓缩红细胞

去白细胞浓缩红细胞质量控制项目和要求按照表 4 执行。

表 4　去白细胞浓缩红细胞质量控制项目和要求

质量控制项目	要求
外观	肉眼观察应无色泽异常、溶血、凝块、气泡等情况；血袋完好，并保留注满全血经热合的导管至少 35 cm
容量	来源于 200 mL 全血：100 mL±10 mL 来源于 300 mL 全血：150 mL±15 mL 来源于 400 mL 全血：200 mL±20 mL
血红蛋白含量	来源于 200 mL 全血：含量≥18 g 来源于 300 mL 全血：含量≥27 g 来源于 400 mL 全血：含量≥36 g
血细胞比容	0.60～0.75
白细胞残留量	来源于 200 mL 全血：残余白细胞≤2.5×10^6 个 来源于 300 mL 全血：残余白细胞≤3.8×10^6 个 来源于 400 mL 全血：残余白细胞≤5.0×10^6 个
储存期末溶血率	＜红细胞总量的 0.8%
无菌试验	无细菌生长

5.5　悬浮红细胞

悬浮红细胞质量控制项目和要求按照表 5 执行。

表 5　悬浮红细胞质量控制项目和要求

质量控制项目	要求
外观	肉眼观察应无色泽异常、溶血、凝块、气泡等情况；血袋完好，并保留注满全血经热合的导管至少 35 cm
容量	标示量(mL)±10%
血细胞比容	0.50～0.65
血红蛋白含量	来源于 200 mL 全血：含量≥20 g 来源于 300 mL 全血：含量≥30 g 来源于 400 mL 全血：含量≥40 g
储存期末溶血率	<红细胞总量的 0.8%
无菌试验	无细菌生长

5.6　去白细胞悬浮红细胞

去白细胞悬浮红细胞质量控制项目和要求按照表 6 执行。

表 6　去白细胞悬浮红细胞质量控制项目和要求

质量控制项目	要求
外观	肉眼观察应无色泽异常、溶血、凝块、气泡等情况；血袋完好，并保留注满全血经热合的导管至少 35 cm
容量	标示量(mL)±10%
血红蛋白含量	来源于 200 mL 全血：含量≥18 g 来源于 300 mL 全血：含量≥27 g 来源于 400 mL 全血：含量≥36 g
血细胞比容	0.45～0.60
白细胞残留量	来源于 200 mL 全血：残余白细胞≤2.5×10^6 个 来源于 300 mL 全血：残余白细胞≤3.8×10^6 个 来源于 400 mL 全血：残余白细胞≤5.0×10^6 个
储存期末溶血率	<红细胞总量的 0.8%
无菌试验	无细菌生长

5.7　洗涤红细胞

洗涤红细胞质量控制项目和要求按照表 7 执行。

表7 洗涤红细胞质量控制项目和要求

质量控制项目	要求
外观	肉眼观察应无色泽异常、溶血、凝块、气泡等情况；血袋完好，并保留注满洗涤红细胞或全血经热合的导管至少20 cm
容量	200 mL全血或悬浮红细胞制备的洗涤红细胞容量为：125 mL±12.5 mL 300 mL全血或悬浮红细胞制备的洗涤红细胞容量为：188 mL±18.8 mL 400 mL全血或悬浮红细胞制备的洗涤红细胞容量：250 mL±25 mL
血红蛋白含量	来源于200 mL全血：含量≥18 g 来源于300 mL全血：含量≥27 g 来源于400 mL全血：含量≥36 g
上清蛋白质含量	来源于200 mL全血：含量＜0.5 g 来源于300 mL全血：含量＜0.75 g 来源于400 mL全血：含量＜1.0 g
溶血率	＜红细胞总量的0.8%
无菌试验	无细菌生长

5.8 冰冻解冻去甘油红细胞

冰冻解冻去甘油红细胞质量控制项目和要求按照表8执行。

表8 冰冻解冻去甘油红细胞质量控制项目和要求

质量控制项目	要求
外观	肉眼观察应无色泽异常、溶血、凝块、气泡等情况；血袋完好，并保留注满解冻去甘油红细胞经热合的导管至少20 cm
容量	来源于200 mL全血：200 mL±20 mL 来源于300 mL全血：300 mL±30 mL 来源于400 mL全血：400 mL±40 mL
血红蛋白含量	来源于200 mL全血：含量≥16 g 来源于300 mL全血：含量≥24 g 来源于400 mL全血：含量≥32 g
游离血红蛋白含量	≤1 g/L
白细胞残留量	来源于200 mL全血：含量≤2×10^7个 来源于300 mL全血：含量≤3×10^7个 来源于400 mL全血：含量≤4×10^7个
甘油残留量	≤10 g/L
无菌试验	无细菌生长

5.9 浓缩血小板

浓缩血小板质量控制项目和要求按照表9执行。

表 9 浓缩血小板质量控制项目和要求

质量控制项目	要求
外观	肉眼观察应呈黄色云雾状液体，无色泽异常、蛋白析出、气泡及重度乳糜等情况；血袋完好，并保留注满血小板经热合的导管至少 15 cm
容量	来源于 200 mL 全血：容量为 25 mL～38 mL 来源于 300 mL 全血：容量为 38 mL～57 mL 来源于 400 mL 全血：容量为 50 mL～76 mL
储存期末 pH	6.4～7.4
血小板含量	来源于 200 mL 全血：含量≥2.0×10^{10}个 来源于 300 mL 全血：含量≥3.0×10^{10}个 来源于 400 mL 全血：含量≥4.0×10^{10}个
红细胞混入量	来源于 200 mL 全血：混入量≤1.0×10^{9} 个 来源于 300 mL 全血：混入量≤1.5×10^{9} 个 来源于 400 mL 全血：混入量≤2.0×10^{9} 个
无菌试验	无细菌生长

5.10 混合浓缩血小板

混合浓缩血小板质量控制项目和要求按照表 10 执行。

表 10 混合浓缩血小板质量控制项目和要求

质量控制项目	要求
外观	肉眼观察应呈黄色云雾状液体，无色泽异常、蛋白析出、气泡及重度乳糜等情况；血袋完好，并保留注满血小板经热合的导管至少 15 cm
容量	标示量(mL)±10%
储存期末 pH	6.4～7.4
血小板含量	≥2.0×10^{10}个×混合单位数
红细胞混入量	≤1.0×10^{9} 个×混合单位数
无菌试验	无细菌生长

5.11 单采血小板

单采血小板质量控制项目和要求按照表 11 执行。

表 11 单采血小板质量控制项目和要求

质量控制项目	要求
外观	肉眼观察应呈黄色云雾状液体,无色泽异常、蛋白析出、气泡及重度乳糜等情况;血袋完好,并保留注满血小板经热合的导管至少 15 cm
容量	储存期为 24 h 的单采血小板容量:125 mL～200 mL 储存期为 5 d 的单采血小板容量:250 mL～300 mL
储存期末 pH	6.4～7.4
血小板含量	≥2.5×10^{11}个/袋
白细胞混入量	≤5.0×10^{8} 个/袋
红细胞混入量	≤8.0×10^{9} 个/袋
无菌试验	无细菌生长

5.12 去白细胞单采血小板

去白细胞单采血小板质量控制项目和要求按照表 12 执行。

表 12 去白细胞单采血小板质量控制项目和要求

质量控制项目	要求
外观	肉眼观察应呈黄色云雾状液体,无色泽异常、蛋白析出、气泡及重度乳糜等情况;血袋完好,并保留注满血小板经热合的导管至少 15 cm
容量	储存期为 24 h 的单采血小板容量:125 mL～200 mL 储存期为 5 d 的单采血小板容量:250 mL～300 mL
储存期末 pH	6.4～7.4
血小板含量	≥2.5×10^{11}个/袋
白细胞残留量	≤5.0×10^{6} 个/袋
红细胞混入量	≤8.0×10^{9} 个/袋
无菌试验	无细菌生长

5.13 新鲜冰冻血浆

新鲜冰冻血浆质量控制项目和要求按照表 13 执行。

表 13 新鲜冰冻血浆质量控制项目和要求

质量控制项目	要求
外观	肉眼观察融化后的新鲜冰冻血浆,应呈黄色澄清液体,无色泽异常、蛋白析出、气泡及重度乳糜等情况;血袋完好,并保留注满新鲜冰冻血浆经热合的导管至少 10 cm
容量	标示量(mL)±10%
血浆蛋白含量	≥50 g/L
Ⅷ因子含量	≥0.7 IU/mL
无菌试验	无细菌生长

5.14 病毒灭活新鲜冰冻血浆

病毒灭活新鲜冰冻血浆质量控制项目和要求按照表14执行。

表14 病毒灭活新鲜冰冻血浆质量控制项目和要求

质量控制项目	要求
外观	肉眼观察应呈黄色或淡绿色澄清液体,无色泽异常、蛋白析出、气泡及重度乳糜等情况;血袋完好,并保留注满病毒灭活新鲜冰冻血浆经热合的导管至少10 cm
容量	标示量(mL)±10%
血浆蛋白含量	≥50 g/L
Ⅷ因子含量	≥0.5 IU/mL
亚甲蓝残留量	≤0.30 μmol/L
无菌试验	无细菌生长

5.15 冰冻血浆

冰冻血浆质量控制项目和要求按照表15执行。

表15 冰冻血浆质量控制项目和要求

质量控制项目	要求
外观	肉眼观察应呈黄色澄清液体,无色泽异常、蛋白析出、气泡及重度乳糜等情况;血袋完好,并保留注满冰冻血浆经热合的导管至少10 cm
容量	标示量(mL)±10%
血浆蛋白含量	≥50 g/L
无菌试验	无细菌生长

5.16 病毒灭活冰冻血浆

病毒灭活冰冻血浆质量控制项目和要求按照表16执行。

表16 病毒灭活冰冻血浆质量控制项目和要求

质量控制项目	要求
外观	肉眼观察应呈黄色或淡绿色澄清液体,无色泽异常、蛋白析出、气泡及重度乳糜等情况;血袋完好,并保留注满病毒灭活冰冻血浆经热合的导管至少10 cm
容量	标示量(mL)±10%
血浆蛋白含量	≥50 g/L
亚甲蓝残留量	≤0.30 μmol/L
无菌试验	无细菌生长

5.17 单采新鲜冰冻血浆

单采新鲜冰冻血浆质量控制项目和要求按照表 17 执行。

表 17 单采新鲜冰冻血浆质量控制项目和要求

质量控制项目	要求
外观	肉眼观察应呈黄色澄清液体，无色泽异常、蛋白析出、气泡及重度乳糜等情况；血袋完好，并保留注满单采新鲜冰冻血浆经热合的导管至少 10 cm
容量	标示量(mL)±10%
血浆蛋白含量	≥50 g/L
Ⅷ因子含量	≥0.7 IU/mL
无菌试验	无细菌生长

5.18 冷沉淀凝血因子

冷沉淀凝血因子质量控制项目和要求按照表 18 执行。

表 18 冷沉淀凝血因子质量控制项目和要求

质量控制项目	要求
外观	肉眼观察融化后的冷沉淀凝血因子，应呈黄色澄清液体，无色泽异常、蛋白析出、气泡及重度乳糜等情况；血袋完好，并保留注满血浆经热合的导管至少 10 cm
容量	标示量(mL)±10%
纤维蛋白原含量	来源于 200 mL 全血：≥75 mg 来源于 300 mL 全血：≥113 mg 来源于 400 mL 全血：≥150 mg
Ⅷ因子含量	来源于 200 mL 全血：≥40 IU 来源于 300 mL 全血：≥60 IU 来源于 400 mL 全血：≥80 IU
无菌试验	无细菌生长

5.19 单采粒细胞

单采粒细胞质量控制项目和要求按照表 19 执行。

表 19 单采粒细胞质量控制项目和要求

质量控制项目	要求
外观	肉眼观察应无色泽异常，无凝块、溶血、气泡及重度乳糜出现等情况；血袋完好，并保留注满单采粒细胞经热合的导管至少 20 cm
容量	150 mL～500 mL
中性粒细胞含量	≥1.0×10^{10}个/袋
红细胞混入量	血细胞比容≤0.15
无菌试验	无细菌生长

ICS 29.180
K 41

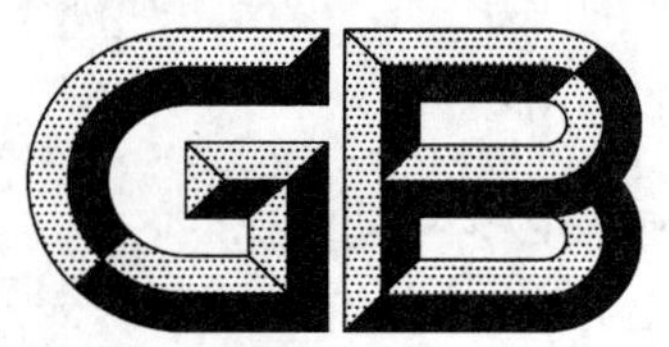

中华人民共和国国家标准

GB/T 18494.3—2012

变流变压器
第3部分：应用导则

Converter transformers—Part 3: Application guide

（IEC 61378-3:2006,MOD）

2012-06-29 发布　　　　2012-11-01 实施

中华人民共和国国家质量监督检验检疫总局
中国国家标准化管理委员会　发布

前　言

GB/T 18494 系列标准在总标题《变流变压器》下，共包括下列几部分：

——第 1 部分：工业用变流变压器；

——第 2 部分：高压直流输电用换流变压器；

——第 3 部分：应用导则。

本部分为 GB/T 18494 的第 3 部分。

本部分按照 GB/T 1.1—2009 给出的规则起草。

本部分使用重新起草法修改采用 IEC 61378-3:2006《变流变压器　第 3 部分：应用导则》(英文版)。

本部分与 IEC 61378-3:2006 的技术性差异及其原因如下：

——关于规范性引用文件，本部分作了具有技术性差异的调整，以适应我国的技术条件，调整的情况集中反映在第 2 章“规范性引用文件”中，具体调整如下：

- 用等效采用国际标准的 GB 1094.1 代替了 IEC 60076-1；
- 用修改采用国际标准的 GB 1094.3 代替了 IEC 60076-3；
- 用等效或等同采用国际标准的 GB/T 3859(所有部分)代替了 IEC 60146(所有部分)；
- 用修改采用国际标准的 GB 10230.1 代替了 IEC 60214-1:2003；
- 用修改采用国际标准的 GB/T 10230.2 代替了 IEC 60214-2:2004；
- 用等同采用国际标准的 GB/T 13499 代替了 IEC 60076-8:1997；
- 用等同采用国际标准的 GB/T 18494.1 代替了 IEC 61378-1:1997；
- 用修改采用国际标准的 GB/T 18494.2 代替了 IEC 61378-2:2001。

——删除了 IEC 61378-3:2006 的 11.8.4(对应本部分 11.8.4)中的“在某些国家，极性反转试验是与长时外施直流电压试验一起进行的”。因为我国产品的这两项试验是分开进行的，因此为符合我国的实际情况，删除了此内容。

——删除了 IEC 61378-3:2006 的 11.8.5(对应本部分 11.8.5)中的“在某些国家中”。因为本标准只在我国使用，因此删除此内容。

本部分还作了下列编辑性修改：

——参考文献中增加了 GB 1094.10—2003　电力变压器　第 10 部分：声级测定；

——在 IEC 61378-3:2006 的 11.5.2 标题“性能数据”下增加：

性能数据如下：

——空载损耗；

——将 IEC 61378-3:2006 的 11.8.4 的一级列项“——特殊负载要求：”中的“9.1.5”改为“9.1.3”；

——将 IEC 61378-3:2006 的 11.8.4 中的两个一级列项“变压器”和“冷却器”改为一级列项“——声级限值”下的二级列项；

——将 IEC 61378-3:2006 的 15.3.5 中的“15.2”改为“15.3.4”；

——将“本国际标准”一词改为“本部分”；

——删除 IEC 61378-3:2006 的前言。

请注意本文件的某些内容可能涉及专利。本文件的发布机构不承担识别这些专利的责任。

本部分由中国电器工业协会提出。

本部分由全国变压器标准化技术委员会(SAC/TC 44)归口。

本部分起草单位：沈阳变压器研究院、保定天威保变电气股份有限公司、顺特电气设备有限公司、特变电工沈阳变压器集团有限公司、西安西电变压器有限责任公司、江西变压器科技股份有限公司、北京新华都特种变压器有限公司、北京华泰变压器有限公司、明珠电气有限公司、沈阳华美变压器制造有限公司、西安西变中特电气有限责任公司。

本部分主要起草人：张显忠、李文平、刘燕、王健、宓传龙、李冬林、嘉陵、何宝振、蔡定国、孙涛、任甄。

引　言

0　概述

GB/T 18494 由三部分组成：

——第 1 部分适用于一般“工业”用的变流变压器(如:制铜、铝熔炼和某些气体电解)；

——第 2 部分适用于高压直流输电用的换流变压器；

——第 3 部分即本应用导则，适用于 0.2 至 0.12 节所涉及的内容。

GB/T 18494.1 适用于“工业”用变流变压器，适用于铝熔炼、铜精炼及生产某些气体的电源变压器，也适用于轧钢机和船舶驱动系统。第 1 部分不适用于安装在电机车上的牵引用电力拖动装置，但仍适用于固定式牵引系统中的变流器应用装置。此外，对于范围广泛的较小容量的变流器，本部分及第 1 部分均同样适用。

GB/T 18494.2 适用于高压直流(HVDC)输电用的换流变压器。高压直流输电系统有两种类型：一种为“背靠背”型，另一种为“输电”型。在这两种系统中运行的变压器，其运行和评估是包括在 GB/T 18494.2 和本部分之内的。

0.1　额定值(第 5 章)

在 GB/T 18494.1 和 GB/T 18494.2 中，对变流变压器的额定值的规定与传统上所用的方法是不同的。在传统方法中，变压器铭牌电流的额定值是用电流的方均根值来定义的。GB/T 18494 对变压器额定值定义的方法提出了一个根本性的变动。阐明了变压器铭牌额定值以电压和电流的基波分量为基础。由基波分量得出的铭牌额定值为阻抗和损耗保证值的基础。

0.2　绕组结构(第 6 章)

已有大量的绕组联结和原理应用于工业和高压直流输电用的变流变压器。多年来，它们已得到不断的发展。各种整流联结的运行特性，绝大多数已包括在 GB/T 3859(半导体变流器)内。在本部分中，就联结对变压器结构和某些运行方面的影响进行了研讨。

不同调压方式在工业应用中是常见的，本部分给出了几种调压方法的原理图。

0.3　分接和阻抗(第 7 章)

高压直流输电用换流变压器的阻抗需特别注意，并需要特殊的设计方案。主要关心的是在整个分接范围下阻抗变化的限值和不同变压器间的阻抗差异的限值，以及在某些应用中的星结绕组和角结绕组间阻抗差异的限值。本部分将讨论这些限值和其实际应用。

通常，变流变压器的分接范围比常规变压器大。本部分讨论了这种大分接范围对变压器和分接开关的影响。

0.4　绝缘及绝缘试验(第 8 章)

本章将涉及两个方面，首先在工业应用中增加采用“混合绝缘”的绝缘结构。其次是 HVDC 输电用变压器绝缘结构在外施直流电压试验中和在运行中的绝缘能力。

讨论了交流和外施直流电压试验的基本原理、试验方法和试验电压水平。对与所推荐试验规范相关的安全措施进行了评论。

0.5 损耗(第9章)

本部分详述了在考虑非正弦负载电流对各类变流变压器的影响时所用的原理、试验方法和计算方法的相关内容。

用计算实例详述了 HVDC 应用中的双频试验原理。这些由试验和计算得到的损耗值被作为确定温升试验中用于建立油和绕组温度梯度试验电流的基础。

0.6 铁心和噪声(第10章)

对电压谐波和直流偏磁电流对铁心结构和性能的影响进行了讨论和总结。

对噪声产生的原因、常规的工厂噪声测量值与现场实测值及预期值之间的预期差异进行了评述。

讨论了估算变流变压器噪声的最新方法。

0.7 技术规范(第11章)

变流变压器的规范与电力变压器明显不同。详细的要点是编制技术规范和功能性规范的指导文件的一部分。

给出了在订货投标阶段,用户和制造方各自宜提出哪些规定内容的一些指导原则。

0.8 短路(第12章)

在常规电力变压器中,绕组内部短路电流计算只与变压器及变压器所接电源的电抗和电阻分量有关。

但对于变流用的变压器,需要考虑变流器内发生故障时所产生的故障电流峰值可能高于常规电力变压器所出现的短路电流峰值的情况。这种情况在本部分中详述。

0.9 组件(第13章)

在进行工业用和 HVDC 输电用变流变压器设计时,有载分接开关的选择和运行是个关键性的问题。本部分列举了分接开关用于这些场合时的某些原则规定。

在 HVDC 应用中,阀侧套管的设计和与总体的结合是关键性问题。

详述了对套管的一般要求、结构建议、套管与变压器的结合和试验要求。现正在编写一个 HVDC 输电用套管的标准。本部分中所提出的技术建议将是此新标准的拟定内容。

0.10 维护(第14章)

统计表明,HVDC 输电用换流变压器需要高标准的维护。特别需要注意的是有载分接开关和阀侧套管。本部分提出了维护的要求。

0.11 监测和现场调研(第15章)

如果希望减少现场出现问题,建议作变压器现场监测。在这方面,只讨论状态监测。本部分亦对现场出现事故后应进行的工作程序和实际操作提出了建议。这些建议的提出,就是要在调查研究的开始阶段中,使那些重要的证据和数据不会丢失或损毁。

本章也讨论了为了这种应用目的而适用的状态监测。

0.12 补充信息

制定本部分时,特别是关于 GB/T 18494.2 中 HVDC 变流应用方面的内容,明显地受到 CIGRE 联合工作组 12/14.10 各专题论文的影响。

变流变压器
第3部分：应用导则

1 范围

GB/T 18494 的本部分向用户给出了有关工业用和 HVDC 输电用变流变压器在设计、结构、试验和运行方面与电力系统用常规变压器的不同之处。此外，也向制造方给出了 GB/T 18494.1 和 GB/T 18494.2 的技术背景。

本部分适用于对 GB/T 13499《电力变压器应用导则》的补充，但不代替 GB/T 13499，因为 GB/T 13499 中所含的一般原理也同样地适用于变流变压器。

2 规范性引用文件

下列文件对于本文件的应用是必不可少的。凡是注日期的引用文件，仅注日期的版本适用于本文件。凡是不注日期的引用文件，其最新版本（包括所有的修改单）适用于本文件。

GB 1094.1—1996 电力变压器 第1部分 总则(eqv IEC 60076-1:1993)

GB 1094.3—2003 电力变压器 第3部分：绝缘水平、绝缘试验和外绝缘空气间隙(IEC 60076-3:2000,MOD)

GB/T 3859(所有部分) 半导体变流器［IEC 60146(所有部分)］

GB 10230.1 分接开关 第1部分：性能要求和试验方法(GB/T 10230.1—2007,IEC 60214-1:2003,MOD)

GB/T 10230.2 分接开关 第2部分：应用导则(GB/T 10230.2—2007,IEC 60214-2:2004,MOD)

GB/T 13499—2002 电力变压器应用导则(IEC 60076-8:1997,IDT)

GB/T 18494.1—2001 变流变压器 第1部分：工业用变流变压器(IEC 61378-1:1997,IDT)

GB/T 18494.2—2007 变流变压器 第2部分：高压直流输电用换流变压器(IEC 61378-2:2001,MOD)

IEC 60296 电工流体 变压器和开关用的未使用过的矿物绝缘油(Fluids for electrotechnical applications—Unused mineral insulating oils for transformers and switchgear)

IEC 60422 电气设备用矿物油监测和维护导则(Supervision and maintenance guide for mineral insulating oils in electrical equipment)

IEC 60567 充油式电气设备 供游离和溶解气体分析的油和气体取样导则(Oil-filled electrical equipment—Sampling of gases and of oil for analysis of free and dissolved gases—Guidance)

IEC 60599:1999 运行中的矿物油浸渍式电气设备 油中溶解气体分析和判断导则(Mineral oil impregnated electrical equipment in service—Guide to the interpretation of dissolved and free gases analysis)

3 术语和定义

GB/T 18494.1 和 GB/T 18494.2 中界定的术语和定义适用于本文件。

4 符号及名称

本部分中各种变量的符号及名称如下：

I_1 ——额定电流(A)；

I_X ——频率 f_X下的负载损耗试验电流(A)；

I_{LN} ——所考虑绕组运行时的负载电流方均根值(A)；

I_h ——h 次谐波电流(A)；

I_{eq} ——与绕组在运行中负载损耗等效的正弦电流方均根值(A)；

h ——谐波次数；

U_1 ——额定电压(V)；

S_R ——额定容量(VA)；

P_1 ——基波频率(50 Hz 或 60 Hz)下的总负载损耗(W)；

P_X ——频率 f_X下测得的负载损耗(W)；

I_1^2R ——额定电流下的电阻损耗(W)；

R ——包括内部引线在内的绕组直流电阻(Ω)；

P_{WE1}——基波频率下的绕组涡流损耗(W)；

P_{SE1} ——基波频率下结构件(不包括绕组)中的杂散损耗(W)；

P_N ——总运行负载损耗(W)；

f_1 ——额定频率，亦即基波频率(Hz)；

f_X ——用于确定涡流损耗分布的频率，不小于 150 Hz(W)；

f_h ——h 次谐波的频率(Hz)；

F_{WE} ——绕组涡流损耗附加系数；

F_{SE} ——结构件中杂散损耗附加系数；

K_h ——电流 I_h与额定电流 I_1的比值；

U_{ac} ——阀侧绕组的外施交流试验电压(方均根值)(V)；

U_m ——网侧绕组的最高系统电压(V)；

U_{dm} ——每个阀桥的最高直流电压(V)；

U_{dc} ——阀侧绕组的外施直流试验电压(V)；

U_{pr} ——阀侧绕组的极性反转试验电压(直流电压)(V)；

U_{vm} ——变流变压器阀侧绕组的最大相间交流工作电压(V)；

N ——从直流线路的中性点至与变压器相连的整流桥间所串接的 6 脉波桥的数量。

“阀侧”和“网侧”表明了变压器的外部接线。网侧绕组是指接到交流电网的绕组，而阀侧绕组则是指接到变流器的绕组。

5 额定值

GB/T 18494.1 和 GB/T 18494.2 所述的变压器额定特性是用额定基波频率下的电流和电压这两个参数的正弦波稳态值来表示的。保证的损耗、阻抗和声级值是指这些参数值下的对应值。额定电压和额定电流是指线电压和线电流的基波分量。

选择基波分量作为各种保证值(如损耗和阻抗)的基准，该基准不受运行条件以及谐波频谱的影响。确定运行特性的试验只能是在正弦参数量下进行，当试品带有饱和电抗器进行试验时，用正弦量进行试验可能不合适。此时，用户和制造方在合同签订之前，应就试验的方法达成共识。

温升的保证值与用户和制造方协议所规定的负载条件有关。由于变流变压器会受到一定谐波电流的影响，故实际损耗会与纯正弦电流产生的损耗不同。通常，电流中有谐波分量时，其损耗值要比纯正弦电流下的损耗大。

通常，在变流器运行时施加的电压波形与正弦波形间的差异可以忽略不计。因此，正常运行时的空载损耗完全可用额定电压下的空载损耗来确定。

变流器运行时的实际负载损耗计算，用 GB/T 18494.1 和 GB/T 18494.2 给出的计算方法可得到足够准确的结果。由所给出的公式组，可推导出建立相应的温升时所需的试验电流值（见 GB/T 18494.1—2001 中 6.4 或 GB/T 18494.2—2007 中 11.5）。

需注意的是，用仪器测量运行中的实际负载电流的方均根值可能比额定电流大。这是因为铭牌上的额定电流是负载电流的基波分量。

6 绕组结构

6.1 概述

本章介绍了几种已用于工业用变流变压器和 HVDC 输电用换流变压器的绕组结构。

通常，通过绕组的排列，应该使三相平衡系统为 6 脉波变流桥系统供电。在一个周期中，每相导通 2 次，1 次为正、1 次为负，各为 120°电角度或 1/3 周期，见图 1。

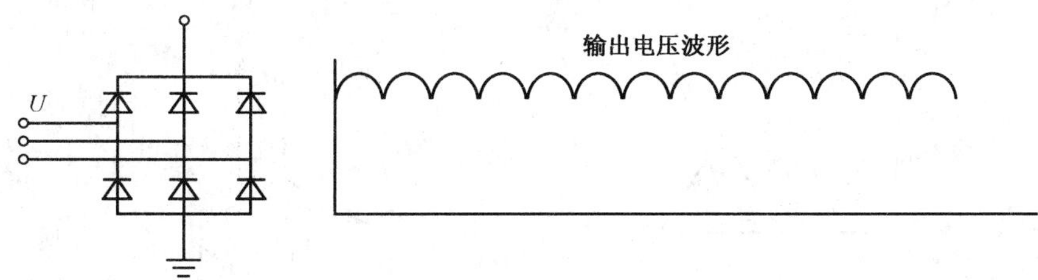

说明：图中的符号表示二极管或晶闸管。

图 1　6 脉波桥原理图

两个或多个 6 脉波桥，可以串联或并联连接。如果用时间错开的网侧三相电源电压对单个电桥供电，则网侧电流以及阀侧电压和电流中的谐波含量便会降低。在采用由两个 6 脉波桥连接构成的所谓 12 脉波排列中，两个三相电源之间的电角度之差应为 30°。变流器上的脉波数越多，则要求系统电源间的相角差越小，见图 2 和图 3。

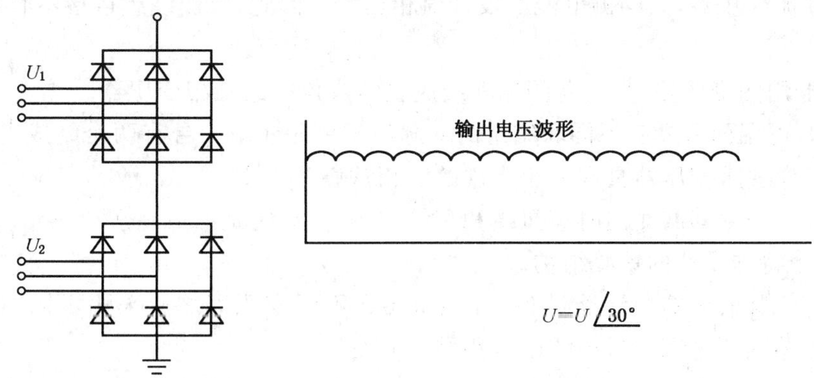

说明：图中的符号表示二极管或晶闸管。

图 2　12 脉波桥原理图

注：脉波数增加，电压和电流中的谐波含量会减少。

为了使两个三相系统间具有30°的相位移，通常用两台变压器，网侧接到同一母线上。一台变压器的网侧和阀侧绕组联结相同，同是星-星或角-角结。另一台变压器则为星-角或角-星结。

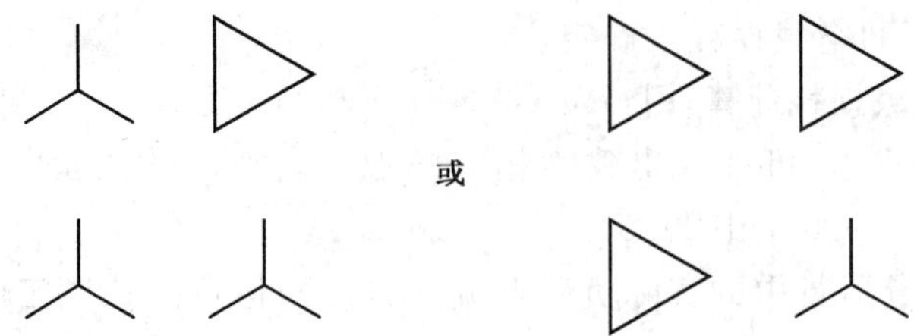

图3 两台变压器绕组联结为星-角联结和星-星联结或者为角-角联结和角-星联结以得到阀侧电压之间有30°相位移

两台相同的变压器，如网侧与阀侧的相位移为15°，则可用来得到两个阀侧绕组电压之间30°的相位移。一台变压器接法为正序(A-R、B-S和C-T)，另一台接法为负序(A-S、B-R和C-T)，这种接法使阀侧与网侧的相位移为+15°和-15°。

最好是将两个绕组中的一个绕组做成曲折结或外延角结，这样便可得到网侧电压与阀侧电压之间具有15°相位移，见图4。

图4 优先选用外延角结或曲折联结做成具有15°相位移

注：这两种联结亦可用来做其他相位移，例如做成24脉波桥的7.5°相位移。

6.2 工业应用

6.2.1 变流变压器

通常，工业用变流变压器，其阀侧电流的设计值相当大。因此，阀侧绕组连接不必复杂，一般采用星结或角结即可。

6脉波桥变流器用的变压器，是一台阀侧联结成星结或角结的三相变压器。

12脉波桥类型，可用两台具有不同联结组的6脉波桥单元或用一台有两个结成星形和三角形的阀侧绕组的变压器，后者要求变压器具有一个常规的三相铁心。

在情况更复杂时，需要其网侧同时有星结和角结，且阀侧绕组是结成星形或三角形。这些特殊的绕组排列可能需要一个特殊设计的铁心结构。

对于具有超过12脉波数的变流器设备，可能需要在不同变压器之间采用不同的相位移角度。为此，要在各台变压器的网侧采用曲折结或外延角结。

变压器的布置，最好是将阀侧绕组置于外部，以便于阀侧绕组的出线最简单。阀侧绕组出线排列与变流器结构有关。

如果变流器要求装有饱和电抗器时，则它们通常是装在变压器油箱内。此时，每相还须提供两个引线。接线按图5。

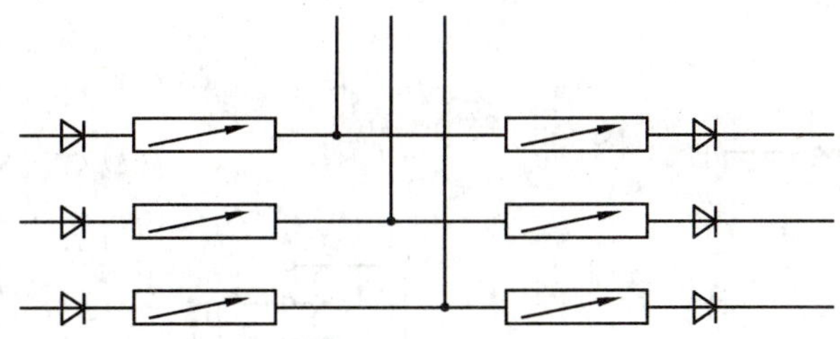

说明：

▭——自饱和电抗器。

图中的符号表示二极管或晶闸管。

图 5 自饱和电抗器接线图

本方案的难点在于绕组总体布置时要考虑到变压器油箱内的接线。很难控制大电流对几何尺寸的影响，如漏磁产生的热、阻抗等。

6.2.2 电压调节

通常，需要对电压进行调节，并且此电压调节范围非常大，从百分之几一直到高出铭牌电压。调压范围之所以大，目的是要减少无功容量损失和变流器运行时的谐波污染。根据实践经验，大的调压范围，往往需要在交流端子与变流变压器之间装设一台独立的调压变压器。

根据电网电压，调压变压器既可做成自耦型式，也可做成旨在减少高压暂态波侵入变流变压器的有两个独立绕组的型式。

6.2.3 自耦变压器设计

图 6～图 10 示出了各种常用的联结图。

6.2.3.1 星结-开相

这种绕组的原理图如图 6 所示。

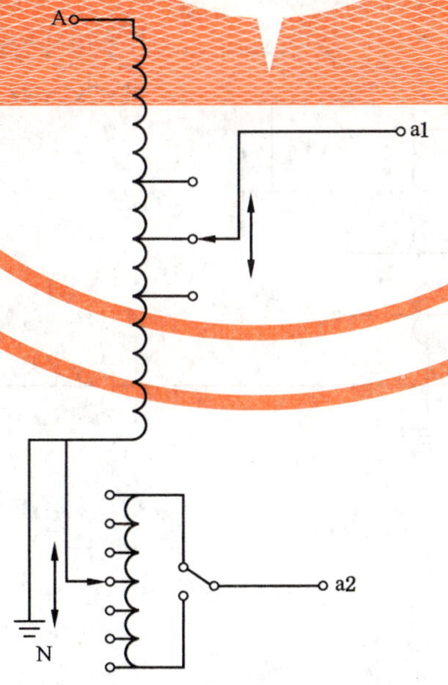

说明：

A ——线端；

N ——网侧中性点；

a1 ——变流变压器；

a2 ——变流变压器。

图 6 自耦变压器的开相概念图

6.2.3.2 星结-闭相

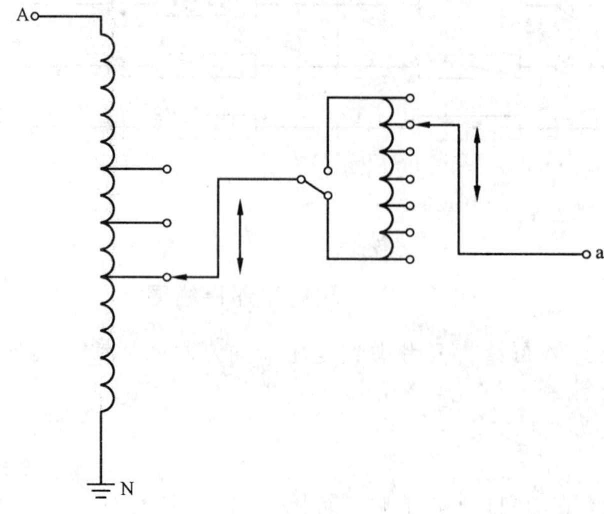

说明：

A ——线端；

N ——外侧中性点；

a ——变流变压器。

图 7 供小调压级用的有粗调和细调的常规自耦变压器的闭相原理图

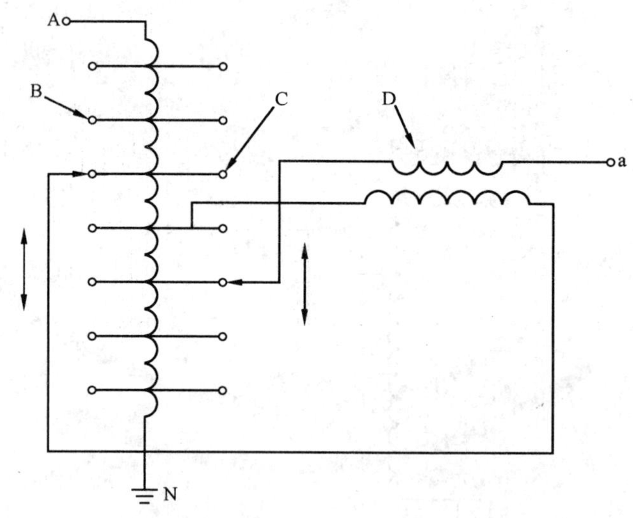

说明：

A ——线端；

a ——变流变压器；

B ——细调分接；

C ——粗调分接；

D ——升压器；

N ——网侧中性点。

图 8 供小调压级用的有粗调和细调的升压自耦变压器的闭相原理图

6.2.3.3 角结

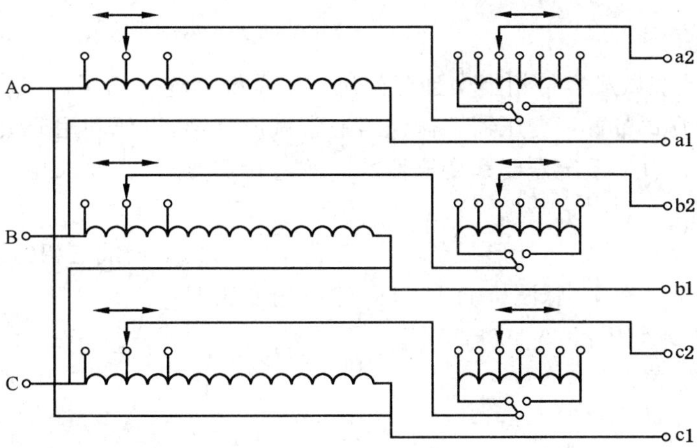

说明：

A ——线端；

a1 ——变流变压器；

a2 ——变流变压器；

B ——线端；

b1 ——变流变压器；

b2 ——变流变压器；

C ——线端；

c1 ——变流变压器；

c2 ——变流变压器。

图 9 带分接绕组角结

6.2.3.4 双绕组设计

一般在低压侧调压。

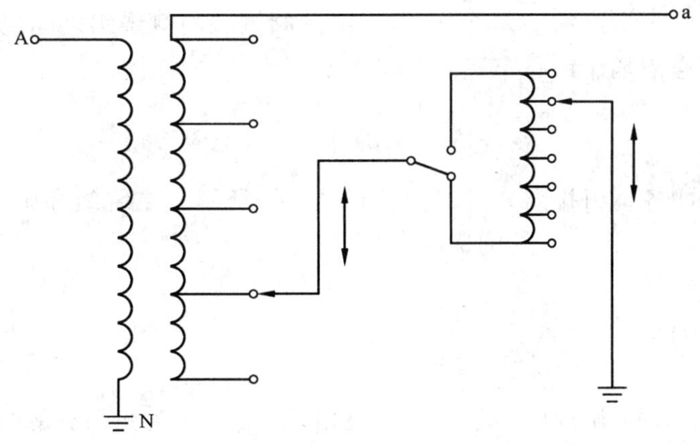

说明：

A ——线端；

a ——变流变压器；

N ——网侧中性点。

图 10 带分接绕组的双绕组设计

6.3 高压直流(HVDC)应用

6.3.1 变压器布置型式

通常,HVDC 输电系统做成容量相当大且与交流高压系统相连。为了减少交流和直流系统中的谐波,通常将桥做成 12 脉波式布置。变压器网侧绕组通常做成星结,以便利用分级绝缘的优点,且可在靠近接地端进行电压调节。由于系统需要和变流器的高效运行需要,常常要求相当大的调压范围,该范围可达铭牌电压值的 40%。

根据容量大小、电压高低及实体外形限制,换流变压器可做成单相或三相的结构。

下列解决方案可用于具有 12 脉波桥的 HVDC 输电用变压器:

a) 六台单相、双绕组变压器:
   - 三台结成星/角;
   - 三台结成星/星;
b) 三台单相、三绕组变压器:
   - 全部结成星/角-星;
c) 两台三相双绕组变压器:
   - 一台结成星/角;
   - 一台结成星/星;
d) 一台三相三绕组变压器:
   - 结成星/角-星。

变流变压器通常做成具有两个或三个主绕组。只有在某些特殊情况下才需要辅助绕组,例如,提供试验电压和接到特殊的滤波装置。

6.3.2 绕组布置

6.3.2.1 概述

在心式变压器中,各绕组都是圆柱形且以铁心为中心同心布置。网侧绕组的分接部分通常做成一个独立的绕组,构成调压绕组。各绕组的高度几乎相等,因而沿高度方向的安匝分布也一样。

通常,调压绕组紧靠网侧绕组的主体部分,但不位于阀侧和网侧绕组之间(见第 7 章及第 9 章)。

如果有辅助绕组,它通常紧靠铁心布置。

6.3.2.2 双绕组

通常,双绕组变压器的各绕组排列方式有两种,如图 11 所示。主绕组和调压绕组组成网侧绕组,阀侧绕组为单个绕组。两种绕组排列方式的优缺点见表 1。

6.3.2.3 三绕组

主要解决方法如下:

在单相变压器设计中,通常做成两个心柱均有绕组,其中一个为星/角结绕组;另一个为星/星结绕组。这意味着角结的阀侧绕组的匝数为星结绕组的$\sqrt{3}$倍,但其负载电流为星结绕组中的 $1/\sqrt{3}$ 倍。

各绕组之间的相对位置,与双绕组变压器相同(见表 1)。

如尺寸能满足容量及网侧电压的限制,例如对中等规模的背靠背式变流器,变压器可做成三相三绕组结构。要求网侧端子对两个阀侧端子之间的阻抗值近似,进而需要两个绕组轴向排列于同一个心柱上,即所谓的轴向分裂。两个带调压绕组的网侧绕组为并联连接,其中一个阀侧绕组为角结,另一个为星结。分开的各绕组实体的相对位置应按图 11 布置。

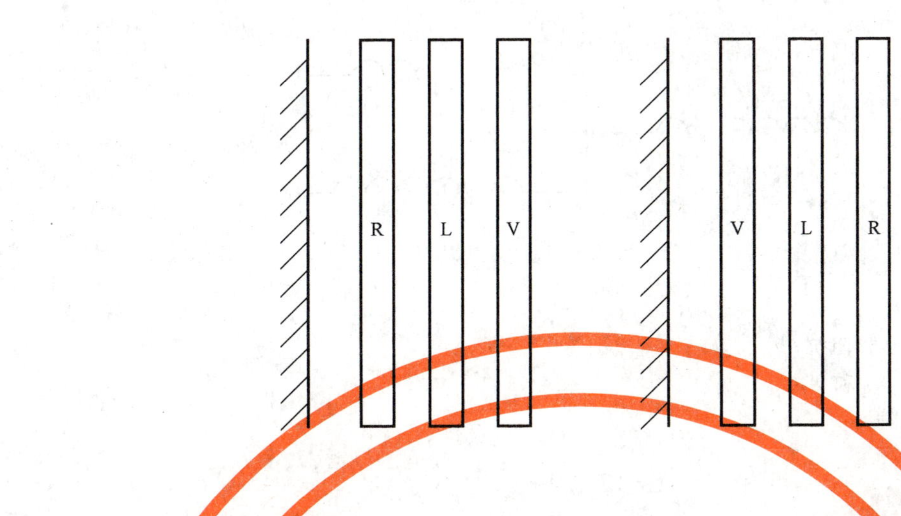

说明：
R——调压(分接)绕组；
L——网侧绕组；
V——阀侧绕组。

图 11 双绕组变压器两种基本排列

表 1 双绕组排列

绕组相对位置	优 点	缺 点
调压-网侧-阀侧	DC 引线出线简单； 调压在中性点	调压绕组 AC 出线结构受限
阀侧-网侧-调压	AC 引线出线容易； 调压出线容易； 在中性点侧调压	DC 引线出线困难

如果每个阀侧绕组各有两个同心线圈，则通常不采用将这两个阀侧绕组线圈布置成位于网侧绕组的相对两侧这种排列。对带电压调节的变压器，很难在所有分接位置均使阀侧的两个绕组都具有相同的阻抗。

6.3.3 阻抗-互抗的考虑

6.3.3.1 概述

一个网侧端和两个阀侧端之间的阻抗，可以看作是三个阻抗连接于一点。从该点有两条分支分别接到两个阀侧端子，另一个分支接到网侧端子，此阻抗又可称为公共互抗。见图 12。

通常，公共互抗应尽可能低，以免换(整)流时，各电压间相互影响。

在双绕组变压器中，不存在由变压器构成的公共互抗；公共互抗只能从公共母线得到。在两个阀侧绕组分别位于不同心柱上的三绕组变压器中，也没有公共互抗。采用轴向分裂的三绕组变压器，也同样得到低值的公共互抗。

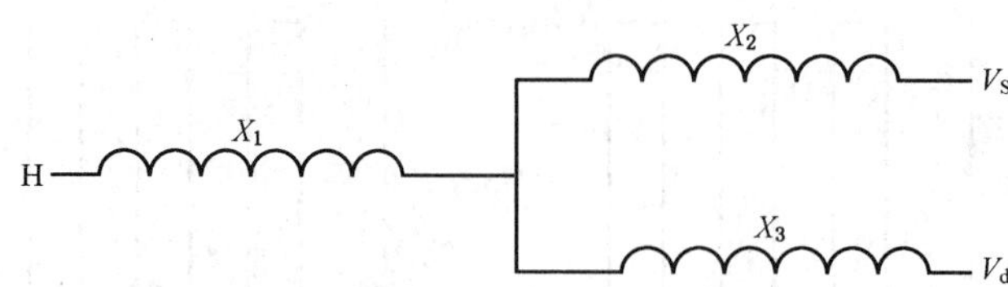

说明：
$X_1+X_2=X_1+X_3$——变压器阻抗；
X_1 理想为零，通常远小于 X_2 和 X_3；
下标“s”和“d”指星结和角结。

图 12　互抗

7　分接和阻抗-HVDC 应用

7.1　阻抗值

阻抗值的选择受一些要求的影响。阻抗增加使谐波电流降低，但阻抗过高时，会使换向电抗加大，从而导致变流器吸收的无功容量增加，因而滤波回路和阀组成本也就增大。

低阻抗对短路力有影响，导致变压器的尺寸和质量增加，从而对成本和运输有影响。

7.2　阻抗的变化

使实际的和测量的变压器阻抗与规定值之差保持在一定的范围内是基本要求。偏差可能是系统性的，也可能是随机性的。

系统偏差可能是由于设计和制造所引起的，但随机偏差则是与制造中的差异和试验的不确定性有关，当阻抗偏差随分接位置不同而不同时，可以看作是系统偏差。其中，分接排列类型，例如，线性或正、反接，对偏差的变化有影响。

阻抗值的允许偏差如下：

——主分接下与规定阻抗值偏差；

——各相间差异；

——各台变压器间差异；

——分接范围内差异；

——星-角结绕组间偏差。

用户可规定所有 5 个方面的偏差限值。

如无另行规定，GB 1094.1 规定的允许偏差及下述要求均适用。

用户规定的阻抗偏差，在分接开关的常用运行范围内，不应超过 5%。在常用运行范围之外时，可增至 10%（见图 13）。

相间、星-角结绕组间阻抗变化在同一分接上不宜超过 3%。为有效去除谐波，12 脉波桥线路要求阻抗变化小。相间、各台间及星－角结绕组间阻抗变化大，会增大滤波电路的尺寸。

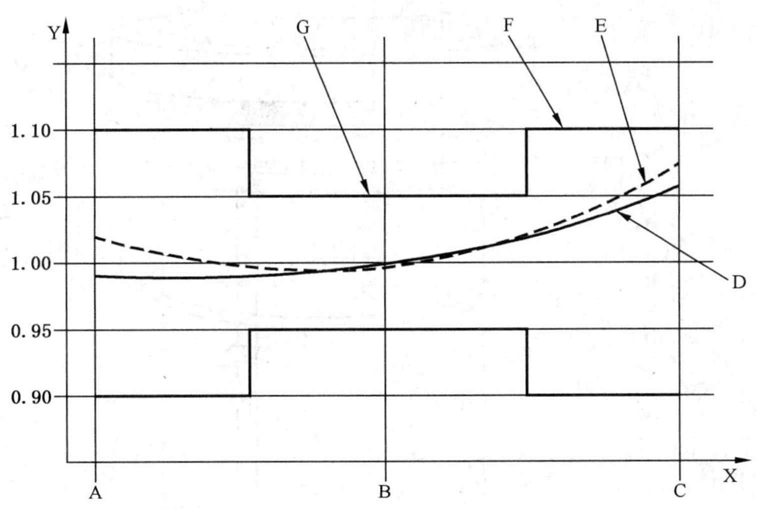

说明：
A——最小匝；
D——线性分接；
G——±5%偏差带；
B——额定匝数；
E——反分接；
X——匝；
C——最大匝数；
F——±10%偏差带；
Y——变压器阻抗，标幺值。

图 13 典型阻抗

8 绝缘及绝缘试验

8.1 混合绝缘系统

8.1.1 概述

混合绝缘系统主要用于工业用变流变压器，这种绝缘系统在此类高温变压器中运行有优势。

“混合”绝缘系统，指高温绝缘材料(如芳族聚酰胺纸或高温漆)与低温材料(如纤维素)组合使用。

绝缘材料用作变压器不同的绝缘件，如导线绝缘、垫块、筒、角环等(见图 14)。

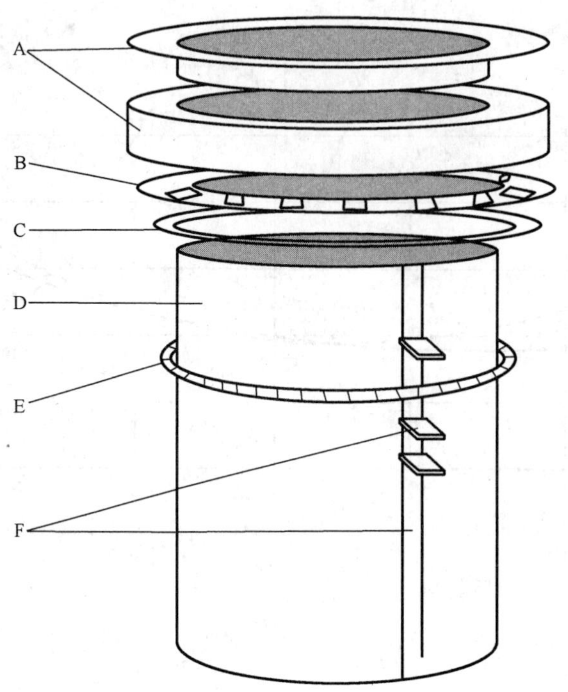

说明：

A ——角环和反角环；

B ——端圈；

C ——静电板；

D ——筒；

E ——导线绝缘；

F ——撑条和垫块。

图 14 典型的工业用换流变压器绝缘系统元件

混合绝缘已经用于油浸式变压器多年。高温材料用于与铜直接接触(导体绝缘)或接近的元件(垫块),而所有其他的绝缘材料都由纤维素构成。带有混合绝缘的绕组的设计平均温升高于纤维素绝缘绕组的温升(不降低变压器寿命),这样就加大了单位体积的功率。

8.1.2 工业用变流变压器的混合绝缘

当变压器与变流器一起使用时,绕组中就有谐波电流流过。此谐波电流会增加绕组中的涡流损耗,增大的损耗系数见 GB/T 18494.1 和 GB/T 18494.2。在常规变压器中,涡流损耗取决于漏磁通的辐向和轴向分量以及导体在漏磁通中的几何尺寸(见 GB/T 18494.1)。涡流损耗沿绕组高度是变化的。在绕组中部损耗低,因为漏磁通大致平行于导体的厚度方向;在端部损耗高,因为漏磁通几乎与导线宽度垂直。损耗不均匀分布导致在绕组高度上温度也不均匀分布。因此与通用结构相比,其热点与平均温度之差变大了。

在变流变压器中,考虑到谐波电流的影响,由于涡流损耗增加,所以对应的绕组热点与平均温度之差会进一步加大(见 GB/T 13499—2002 中 9.6)。

对热点分布不均问题已有一些合适的解决办法。如果不能将热点温度降到许可的 105℃ 温度限值,那么按照与用户的协议,在热点区域采用高温绝缘材料就是一种解决办法。

在电力变压器中,混合绝缘通常用于提升绕组的平均温度从而增加容量。因而,高温绝缘材料用于所有靠近绕组导体的地方。在变流变压器中,混合绝缘应也能用于局部热点邻近区域,同时平均温升不变。通常建议高温绝缘材料用在热点区域的绕组导体上。

8.2 绝缘试验

8.2.1 概述

本章绝缘和绝缘试验主要针对 HVDC 输电用换流变压器。工业用变流变压器的绝缘水平和绝缘试验与常规变压器相同，按 GB 1094.3 规定。

HVDC 输电用换流变压器绝缘会受到外施电压和感应电压的作用。对网侧绕组和端子，外施电压与常规变压器相同，即稳态的交流电压和暂态电压（如雷电冲击和操作冲击电压）。阀侧绕组及其端子，除需要承受常规变压器承受的电压之外，还要承受直流电压。交流和直流叠加后，相应的会导致交直流复合场强的升高。

整个绝缘系统变化的电压分布，完全是由绝缘材料的几何尺寸和介电常数来决定。以下各节所述的绝缘材料，主要是变压器油和纤维素材料。稳定状态下，直流电压在油和纤维素绝缘中的分布与随时间变化的电压（冲击和交流）有明显的不同，主要是由视在电阻决定的。电阻很大程度上受绝缘中电荷迁移的影响。因此，电阻不是常数，而是随参数（如温度、电场强度、湿度、油的流速、电压施加的时间、老化及化学结构）而变化。这些现象，用空间电荷的时间模型能得到较好的表示。

实际上，一般是将绝缘结构看成是 R-C 网络，由此来确定其在直流电压下的特性。在复合型绝缘结构中，当直流电压开始加上时，电压分布是电容型的，在最终或稳定状态，直流电场由构成此材料的相对电阻决定。在大多数情况下，用 R-C 模型能得到较保守且安全可靠的设计裕度。固体绝缘与油的电阻比，在室温下可为 10∶1 到 500∶1。随着温度增加，电阻比的典型值会下降，最多可下降 个数量级。

图 15 所示模型可用于模拟绝缘系统。设油与纤维隔板之间的界面是等位面。

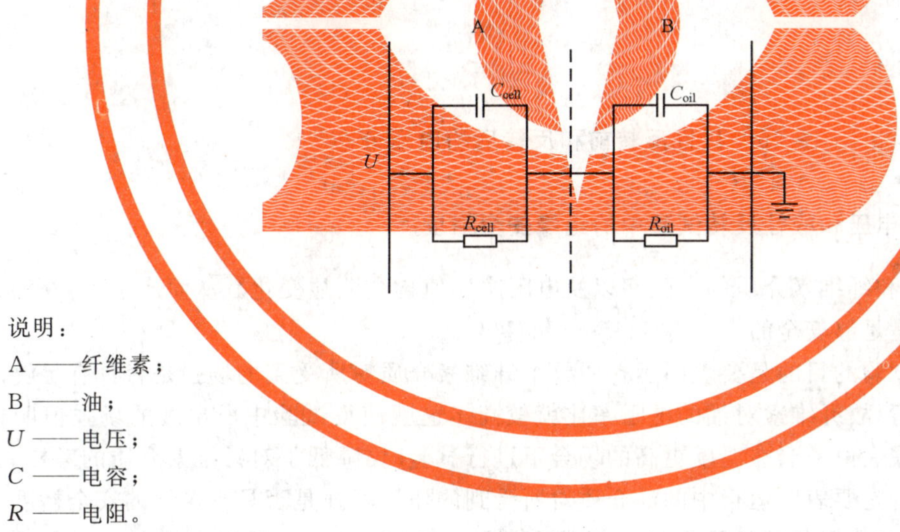

说明：

A ——纤维素；

B ——油；

U ——电压；

C ——电容；

R ——电阻。

图 15 绝缘系统的等效 R-C 电路

由于交流和直流的场强主要是由独立参数决定的，因此可以假定任何复杂的电场均能够被分为交流和直流两个分量。由此，可分别计算出每种电压作用下的场强，然后将此两个场强合成为实际场强。

图 16 示出稳态直流及紧随的极性反转下的电场分布图，它是两种临界场强图。当纤维素对油的电阻比值高时，便出现了最大的场强值。

在稳态下，电阻分布决定了直流电压。通常电阻分布使总电压的大部分加到纤维素上。连同交流分量在内，组合绝缘上的电压分布便如图 16 中下部那条线所示。因此，固体绝缘中的场强相当高，且它主要是由施加的直流电压所产生。

当极性反转后（图 16 上部那条线），纤维中的电荷保持反方向极性，但在阶电压 $2U$（$-U$～$+U$）的电容电压下电荷将减少。结果,使加到油上的电压明显增加。加到油上暂态电压是由油的电阻和介电常数决定的。该电压值一般比刚施加$+U$或$-U$时立即在油中出现的电压值高,但在稳态时会降至某一较低值(主要是交流电压)。

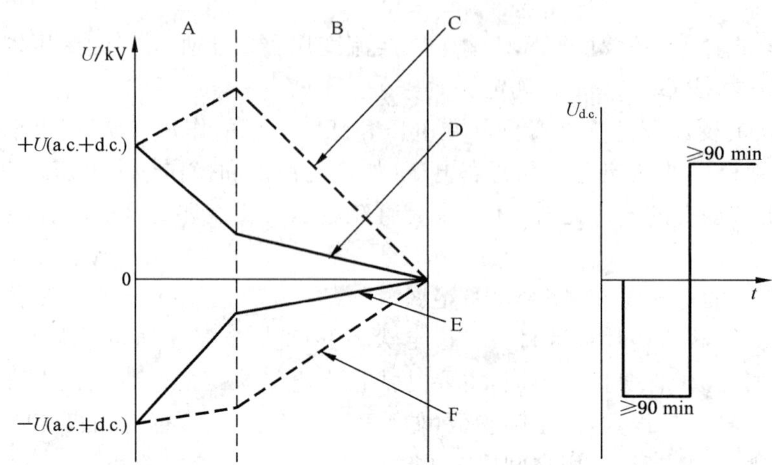

说明:

A ——纤维素;

B ——油;

C ——反转后的起始分布;

D ——反转后的终止分布;

E ——反转前的终止分布;

F ——反转前的起始分布;

t ——时间;

U ——电压。

图 16 极性反转前和反转后的电压分布

8.2.2 在长时外施直流电压和极性反转试验中的绝缘安全裕度

在整个运行期间,油和纤维素介质的电阻率以及电阻率比值均会明显变化。从而产生了一个问题:工厂试验能否表明设计是足够安全的。

长时外施直流电压试验的目的是要表明运行中整个纤维素介质对所受到的场强是否具有足够的安全裕度。试验在室温进行,故纤维素对油的电阻率比就较高。这就使得试验中所出现的场强值明显地高于运行中可能出现的最大值。当在温度更高的场合下进行试验时,降低了对纤维素介质的考核。

极性反转试验的目的是要表明运行中的油介质对所受到的作用场强是否具有足够的安全裕度。但是在试验条件下,极性反转所引起的场强持续时间却有问题。现已表明,运行期间的电阻率之比可达1∶1,故运行期间出现的油介质中的场强很可能不能用极性反转试验作出准确的验证。由于这个原因,已规定采用一项带局部放电测量的1 h外施交流电压试验。它足以表明在运行中极性反转时的最不利情况下的安全裕度。

外施直流电压试验应在20 ℃±10 ℃(见GB/T 18494.2中11.4.3.1)进行。如果是在温升试验完了后立即进行本试验,由于温度高,绝缘系统充电和再充电的时间常数要小些,这可能导致不正确地表示出绝缘裕度。

对此,可参考8.2.3和CIGRE JWG12/14.10论文:“HVDC输电用换流变压器和平波电抗器中关于试验场强与运行场强间关系是电阻率比值的函数的问题”。

该CIGRE论文中的有关建议,已纳入GB/T 18494.2的绝缘试验要求内。总之,GB/T 18494.2已

纳入下述三项绝缘试验,以确认阀侧绕组的直流绝缘结构是否符合要求:

——长时外施直流电压耐压试验;

——极性反转试验;

——外施交流电压耐压试验。

8.2.3 绝缘试验方法解释

8.2.3.1 概述

图 17 示出交、直流转换原理的简化线路图,U_{vm}和U_{dm}的定义见第 4 章。

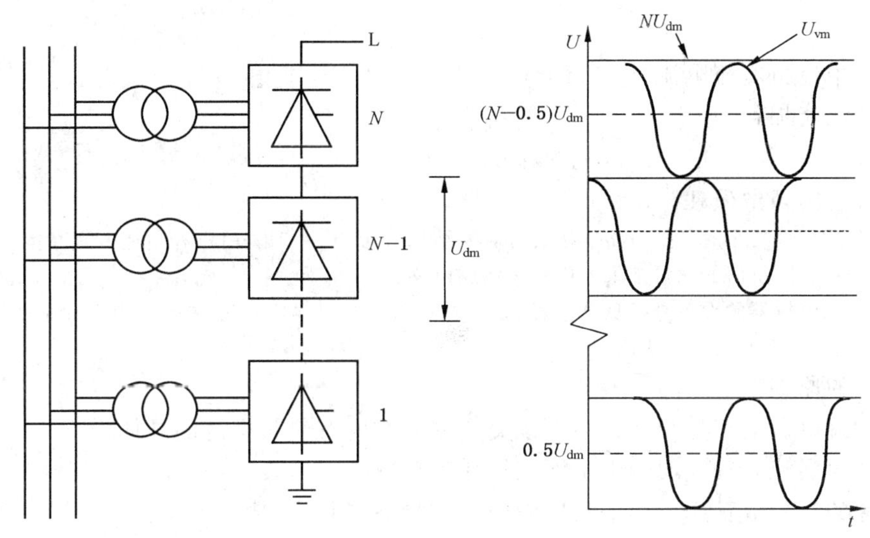

说明:

L ——线路;

t ——时间。

图 17 AC/DC 转换简图

8.2.3.2 外施直流耐压试验

试验电压U_{dc}见 GB/T 18494.2—2007 中 9.2.3 的公式。

按照图 17,分量$(N—0.5)U_{dm}$是变压器绕组的外施直流电压水平。

叠加的交流电压峰值水平是$0.7U_{vm}$。0.7 是一个由相间电压的方均根值得出此峰值的系数。

与用来确定长时间交流电压试验电压值的方法一样,为得到试验电压水平也是用乘数 1.5。

8.2.3.3 极性反转试验

试验水平U_{pr}见 GB/T 18494.2 中 9.2.4 的公式。

所采用的原则,与 8.2.3.2 相同。然而,要考虑到直流中叠加有交流的情况,极性反转时,直流分量加倍,而交流分量也增加,但不是加倍。从而只加上交流分量的一半,故倍数为 0.35。最后,乘上 1.25 以得到最终值,用以表示安全裕度。

极性反转包括由正极性到负极性,和由负极性到正极性。之所以有如此规定,是因为绝缘结构不是完全对称的,且在反转时,其上出现的场强随极性不同而不同。

8.2.3.4 外施交流电压耐压试验

试验水平U_{ac}见 GB/T 18494.2 中 9.2.5 的公式。

外施交流电压试验水平是用阀侧绕组中的外施直流电压值和相对地交流电压峰值之和除以$\sqrt{2}$后所得方均根值来表示的。为了与 GB 1094.3 中在确定长时外施交流电压试验值时所用方法一样，本试验也采用系数 1.5 以求出其试验电压值。

本试验并不是用来代替极性反转试验的试验。它只是一项补充试验。

9 损耗

9.1 概述

9.1.1 一般考虑

当变压器绕组中流过交流电流时，除了产生 I^2R 损耗外，还产生：

——绕组中的涡流损耗；

——大电流母线排(如果有)中的涡流损耗；

——钢结构件中的杂散损耗。

注 1：由于测量负载损耗所用的外部短路连接会对测量结果有影响。因此，用户和制造方宜在本试验开始前，就试验线路的损耗和阻抗值的测量结果如何修正达成协议。

注 2：当对带有饱和电抗器的设备进行负载损耗试验时，电气参数可能不是正弦的。用户和制造方宜在试验开始前，就试验结果如何修正达成协议。

各种损耗产生的原因如下：

流过绕组的交流电流会产生交变磁通。该交变磁通在所有与其交链的导体中产生电动势。该电动势在所有导体中产生涡流，由此，便产生了涡流损耗和杂散损耗。

电动势与磁通的导数成正比。如果我们考虑正弦状态，则电动势正比于：

$$f \times B$$

式中：

f——频率；

B——磁密。

感应产生的涡流大小正比于：

$$(f \times B)/R'$$

式中：

R'——涡流回路电阻。

考虑到 B 通常正比于绕组电流 I，那么涡流损耗正比于：

$$(f^2 \times B^2)/R'$$

因而：

$$P_{\text{eddy}} = A \times (f^2 \times I^2)/R' \qquad \cdots\cdots(1)$$

式中：

A——常数。

这个公式对钢结构中的杂散损耗也适用，但需在未饱和状态下。

9.1.2 损耗和频率

由交流磁场在导体中感应而产生的涡流，在导体截面中的分布是不均匀的，集中在表面附近。这个现象叫“趋肤效应”。

涡流电流的趋肤深度与该导电材料的电、磁性能以及交流磁场的频率有关。其关系如下：

$$H = \frac{1}{\sqrt{\mu \times \pi \times f \times \sigma}} \qquad \cdots\cdots(2)$$

式中：

H ——趋肤深度；

μ ——材料磁导率；

f ——频率；

σ ——材料的电导率。

趋肤效应会影响到导体在给定频率下的电阻。公式(1)可以改写为：

$$P_{\text{eddy}} = A \times \frac{f^2 \times I^2}{R(f)} \quad \cdots\cdots (3)$$

导体的电阻在某一频率(临界频率)以下保持为定值，如果频率高于临界频率，电阻按 GB/T 18494.1—2001 中附录 A 给出的方式增加。

给定导体的涡流损耗在临界频率以下，与频率的平方成正比增加。频率更高时，关系如下：

$$P_{\text{eddy}} \propto f^x \quad \cdots\cdots (4)$$

式中：

x——$0.5 < x \leqslant 2$，并随频率增加而减小。

给定导体的临界频率明显地与其几何尺寸有关，几何尺寸大时，临界频率低(见 GB/T 18494.1—2001 中附录 A)。

变压器中导体的材料可分为两大类：

——绕组导体，其尺寸[1)]通常与基频的趋肤深度相当。

——大电流母线及钢结构件，至少一个尺寸明显地大于基频下的趋肤深度。

这两类不同的导体之间几何尺寸差异，反映了涡流损耗与频率之间的关系是不同的。绕组中的涡流损耗按 f^2 变化，而对于母线和钢结构件的涡流损耗，则按 $f^{0.8}$ 变化。

只采用两个指数是为了简化 GB/T 18494.1—2001 中附录 A。然而，通过一些测量和仿真显示，这两个指数是既安全又合理的。

9.1.3 谐波电流

谐波电流会使变压器的涡流损耗和杂散损耗增加。并可能会达到使变压器出现故障的程度。

接到变压器的变流器就是一个谐波电流源。其谐波与下述情况有关：

——变流器接线方式(电路结构)；

——变流器的控制技术；

——变流器与其所在系统的相互影响；

——电力电子元件的性能。

变压器制造方没有预测变流器产生谐波方面必需的知识和信息。因此，GB/T 18494.1 和 GB/T 18494.2 均要求在“变压器技术规范”中指明谐波频谱及其幅值和相位的信息。用户有义务给出变压器要承受的谐波，而制造方有责任在设计变压器时考虑到规定的谐波。

GB/T 3859 分类给出了变流器不同的主电路电联结图。每种电联结图对应一个脉波数 p，此 p 可用于预测谐波。

目前电子学的发展使采用新的实时控制技术成为可能，这可以明显地改变变流器的性能。其结果是变流器电源电路结构与脉波数间进而和电流谐波值之间的关系反而模糊不清、无法确定。

9.1.4 一个心柱上有 3 个或更多个绕组的变压器

以下将以心式变压器为例，说明绕组排列及漏磁场。相同的方法也适用于壳式变压器。

---

1) 箔式绕组例外(见 GB/T 18494.1 中附录 A 的公式 A.4)。

在双绕组变压器中，如果忽略励磁电流，那么安匝数是平衡的。阀侧绕组中的谐波电流被网侧绕组中的谐波（具有相同的标幺值）电流平衡；因而涡流损耗附加系数对网侧和阀侧绕组是相同的。

在三绕组变压器中，众所周知，所有绕组安匝数之和为零，因此有必要详细考虑如何计算绕组涡流损耗附加系数。

通过三绕组心式变压器阀侧绕组的耦合特性，能够区分出下列结构：

a） 密耦合——两个交叉绕制的阀侧绕组，一个网侧绕组；

b） 无耦合——两对“阀侧－网侧”绕组被中间铁轭分开；

c） 松耦合：

- 一个网侧绕组辐向位于两个阀侧绕组中间构成双同心式变压器；
- 两个网侧绕组轴向排列，一个在另一个上面，每个网侧绕组正对着一个阀侧绕组。

在变压器所有3个（对）端子上测量电流谐波后能够发现，当将谐波电流注入阀侧绕组后，其中一些在网侧绕组出现了相同标幺值的电流，另外一些并不出现。

因而，有可能将注入阀侧绕组的谐波分成两组：

1） 同相谐波——阀侧绕组中的谐波间没有相位移；它们的总和反映到网侧绕组上；

2） 反相谐波——阀侧绕组中的谐波间具有180°的相位移；它们互相抵消，并不在网侧出现[2]。

同相谐波电流正是造成总涡流损耗的原因之一。

反相谐波电流的影响，与阀侧绕组的耦合有关（见GB/T 18494.1—2001中5.2）：

a） 密耦合——在两个相互交叉绕制的阀侧绕组中，它们产生的漏磁通可以忽略，所以只产生 I^2R 损耗（见图18）；

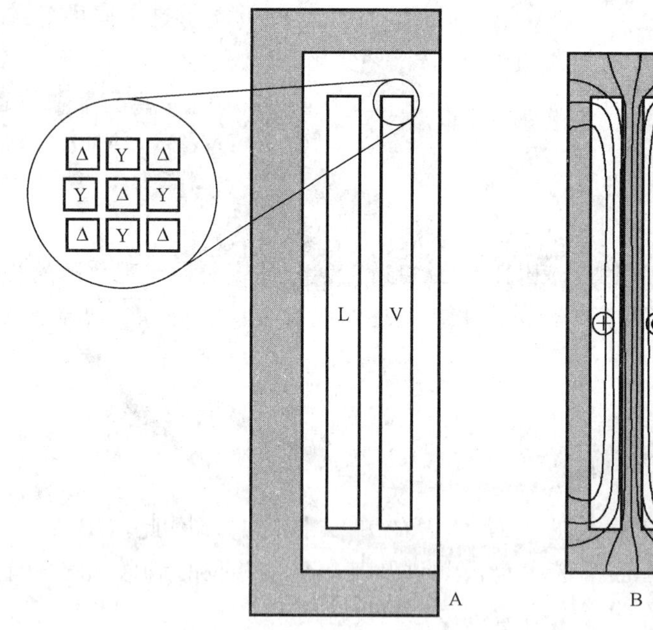

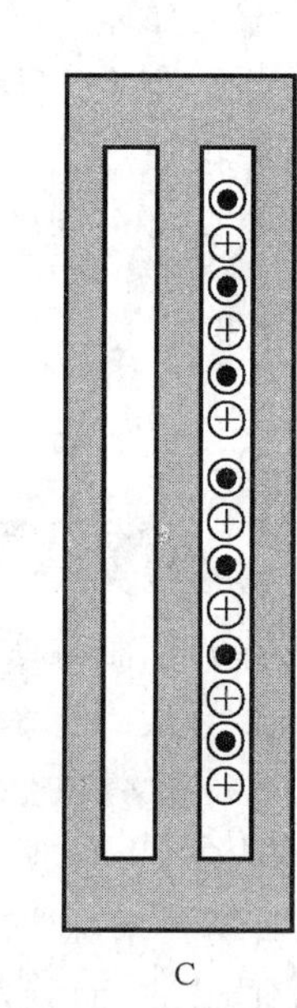

说明：

A——铁心窗口处绕组排列；

B——同相谐波产生的漏磁通；

C——具有180°相位移的谐波产生的漏磁通；

L——网侧绕组；

V——交叉绕制阀侧绕组。

图18 阀侧绕组为密耦合的三绕组变压器的漏磁场

2） 就如同双星单拍整流器中的偶次谐波。

b) 无耦合——中间轭将两对阀侧－网侧绕组的磁路分开；反相谐波在每个阀侧－网侧绕组耦合间平衡，所以在阀侧和网侧既产生 I^2R 损耗也产生涡流损耗(见图 19)；

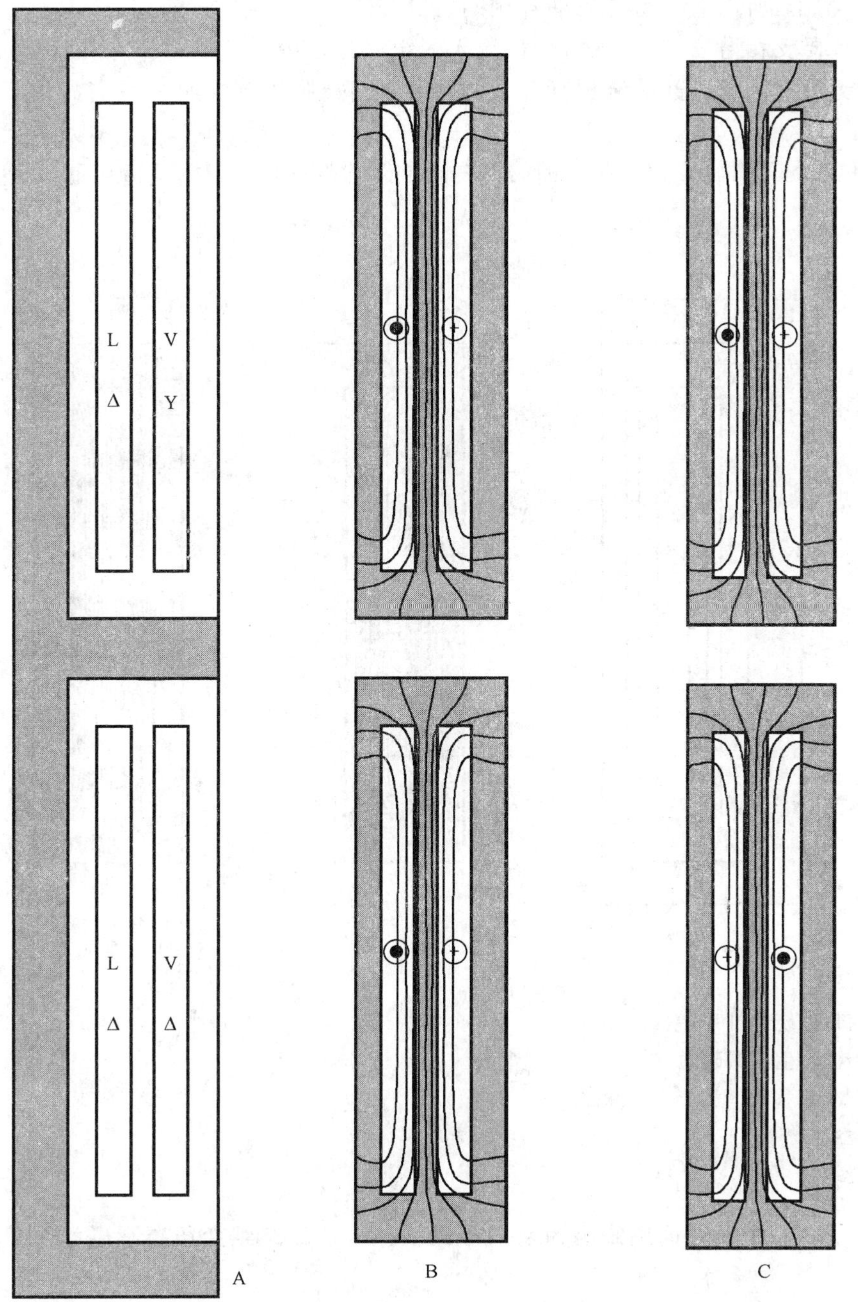

说明：

A ——铁心窗口处绕组排列；

B ——同相谐波产生的漏磁通；

C ——具有 180°相位移的谐波产生的漏磁通；

L ——网侧绕组；

V ——阀侧绕组。

图 19 阀侧绕组无耦合的三绕组变压器的漏磁场

c) 双同心式阀侧绕组形成的松耦合——因为反相谐波在阀侧绕组中平衡了，所以谐波并不在网侧绕组中流动，在阀侧绕组中产生 I^2R 损耗和涡流损耗（见图 20）；

d) 由两个网侧绕组轴向平行叠加排列产生的松耦合——反相谐波在每个阀侧网侧绕组间几乎全部平衡了，所以应认为与无耦合相同（见图 21）。

无论何时，只要反相谐波有一定的辐值，流入的绕组是松耦合绕组，其产生的漏磁场（有明显的辐向分量）就会产生无法控制的局部涡流损耗。在这些情况下，强烈建议通过适当的仿真研究反相谐波的作用。

当考虑多于 3 个绕组或壳式变压器时，基于绕组的互耦合的考虑也是适用的。

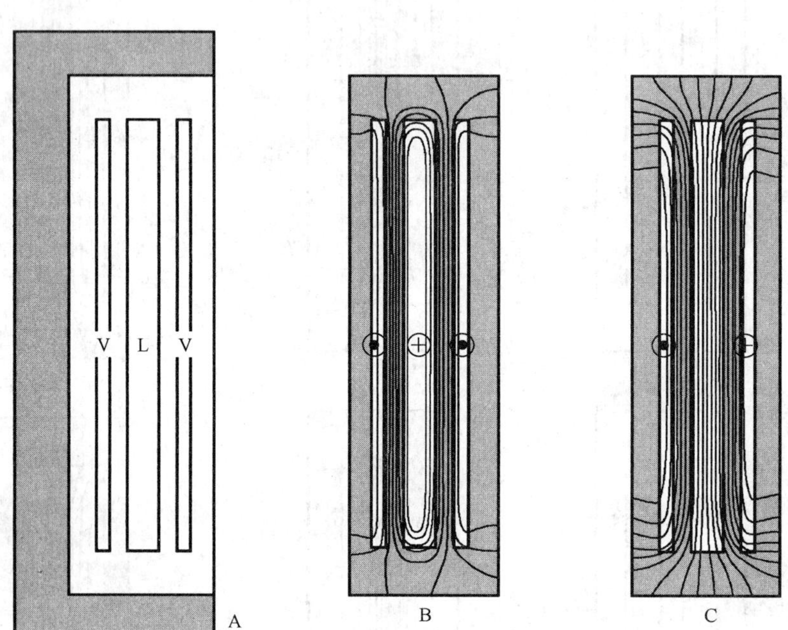

说明：

A ——铁心窗口处绕组排列；

B ——同相谐波产生的漏磁通；

C ——具有 180°相移的谐波产生的漏磁通；

L ——网侧绕组；

V ——阀侧绕组。

图 20 阀侧绕组为双同心式松耦合的三绕组变压器漏磁场

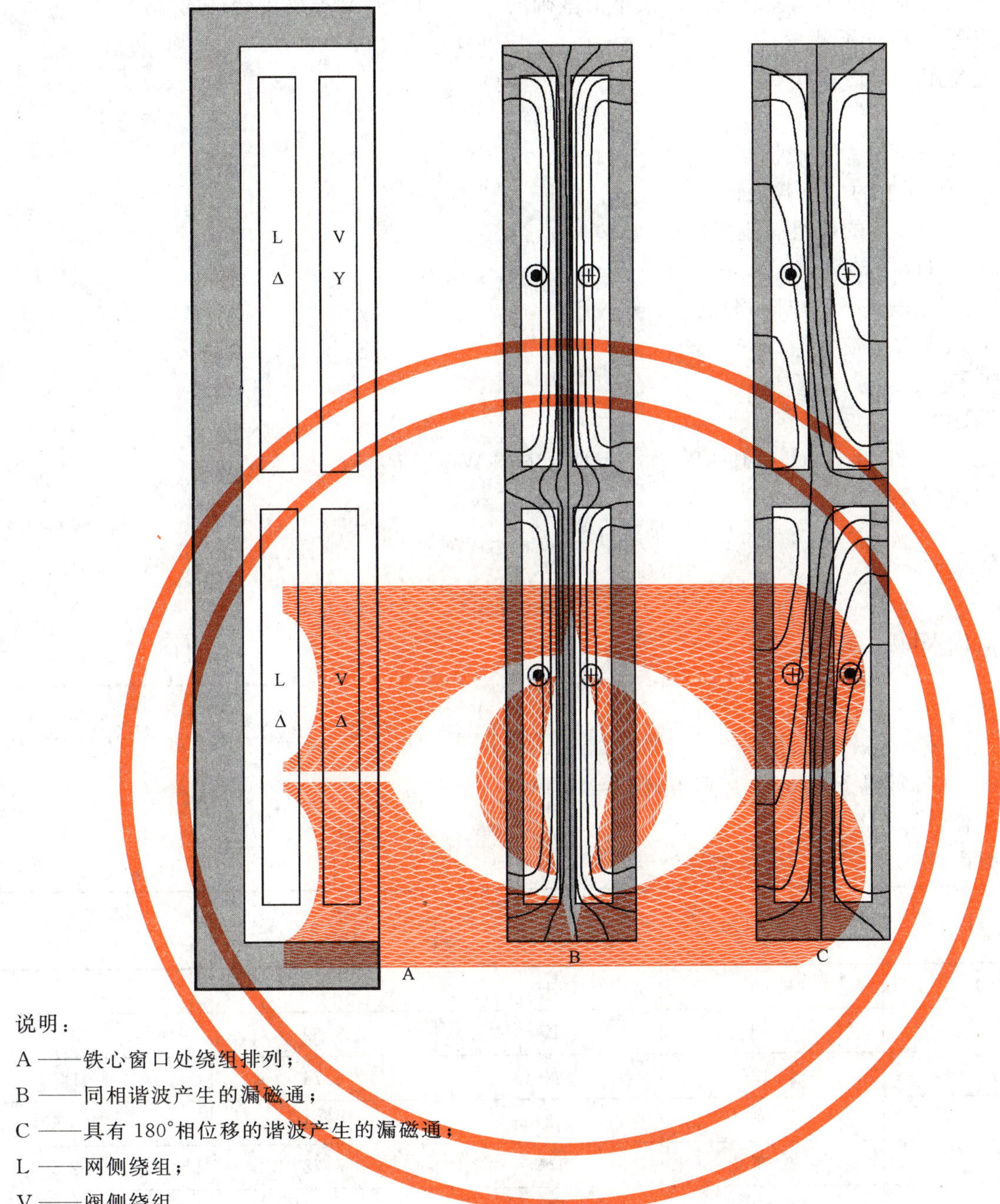

说明：

A——铁心窗口处绕组排列；

B——同相谐波产生的漏磁通；

C——具有180°相位移的谐波产生的漏磁通；

L——网侧绕组；

V——阀侧绕组。

图21 两个阀侧绕组沿轴向分置且为松耦合的三绕组变压器漏磁场

9.1.5 HVDC输电用变压器的双频试验

本试验方法是根据9.1.1中所述的绕组涡流损耗特性与钢结构件中的杂散损耗特性之间不同而确立的。按照GB/T 18494.2—2007中11.3.2所述的方法，采用双频测量，有可能将涡流损耗和杂散损耗分开计算。分析表明，如果负载损耗测量在两个频率相差足够大的条件下进行时，这种区分法能得到合理的准确度。如果第一次测量时频率为工频50 Hz或60 Hz，则第二个测量频率应高于或等于150 Hz。第二个频率的电源通常可用感应耐压试验用的试验设备。本方法不拟用于GB/T 18494.1所涉及的变压器，因为这种变压器的涡流损耗分布是用理论估算法来计算的。

双频法意味着：

——试验结果是以确认良好的测量技术为基础的，从而可以得到准确度合理的“区分”；

——避免在 kHz 下测量；

——避免用理论估算。

计算举例：

P_1是 50 Hz 下的总负载损耗；

P_5是 250 Hz 下的总负载损耗；

P_{WE1}是 50 Hz 下的绕组涡流损耗；

P_{SE1}是 50 Hz 下的钢结构件杂散损耗；

I_{LN}^2R 是额定电流下的电阻损耗；

I_V是 V 次谐波电流；

f 是频率。

变压器数据：

$$P_1=449\ \text{kW} \qquad I_{LN}^2R=366\ \text{kW} \qquad P_5=1\ 500\ \text{kW}$$

给出下列公式：

$$P_1=I_{LN}^2R+P_{WE1}+P_{SE1}$$

$$P_5=I_{LN}^2R+P_{WE1}\left(\frac{f_5}{f_1}\right)^2+P_{SE1}\left(\frac{f_5}{f_1}\right)^{0.8}$$

将数值代入，得：

$$449=366+P_{WE1}+P_{SE1} \qquad (5)$$

$$1\ 500=366+P_{WE1}\left(\frac{250}{50}\right)^2+P_{SE1}\left(\frac{250}{50}\right)^{0.8} \qquad (6)$$

解式(5)和(6)，得 $P_{WE1}=39$ kW 和 $P_{SE1}=44$ kW。

运行损耗估算：

谐波频谱：

$\left(\frac{f_V}{f_1}\right)$	$\left(\frac{I_V}{I_{LN}}\right)$	$\left(\frac{f_V}{f_1}\right)^2$	$\left(\frac{f_V}{f_1}\right)^{0.8}$	$\left(\frac{I_V}{I_{LN}}\right)^2$
1	0.96	1	1	0.92
5	0.18	25	3.62	0.032
7	0.12	49	4.74	0.014
11	0.06	121	6.81	0.003 6
13	0.05	169	7.78	0.002 5
17	0.03	289	9.64	0.000 9
19	0.02	361	10.5	0.000 4

运行损耗：

$$P_N=I_{LN}^2R+P_{WE1}\times\sum_1^V\left[\left(\frac{I_V}{I_{LN}}\right)^2\times\left(\frac{f_V}{f_1}\right)^2\right]+P_{SE1}\times\sum_1^V\left[\left(\frac{I_V}{I_{LN}}\right)^2\times\left(\frac{f_V}{f_1}\right)^{0.8}\right] \qquad (7)$$

上式可改写为：

$$P_N=I_{LN}^2R+F_{WE}\times P_{WE1}+F_{SE}\times P_{SE1}$$

式中 F_{WE}和 F_{SE}是附加系数，见 GB/T 18494.2。

将有关数值代入式(7)后：

P_N=366+39(0.92×1+0.032×25+0.014×49+0.003 6×121+0.002 5×169+0.000 9×289+0.000 4×361)+44(0.92×1+0.032×3.62+0.014×4.74+0.003 6×6.81+0.002 5×7.78+0.000 9×

9.64+0.000 4×10.5)=366+3.67×39+1.17×44=560 kW

9.1.6 多个变压器器身置于一个油箱内的变压器

例如，一台工业用变流变压器，在一个油箱里可能装有一台自耦调压变压器(接网络)，向两台变比固定的降压变压器(接整流器)供电。

这两台变压器的阀侧绕组相位移为30°，每台接一个6脉波桥。

由于是6脉波运行，因此每个降压变压器均承受谐波(谐波次数$=6\times k\pm1, k=1,2,3\cdots$)。

然而，两个6脉波系统相互间有30°相位移，因此，其网侧便呈现12脉波运行。所以自耦变压器上的谐波是12脉波运行。(谐波次数$=12\times k\pm1, k=1,2,3\cdots$)。

自耦变压器绕组的涡流损耗附加系数就比降压变压器的小，因为少了5次和7次谐波。

杂散损耗附加系数也不同。但只有各器身杂散损耗的和可以从测量推导出。

下述假定是合理的，即认为每个器身产生杂散损耗的一部分，这部分与额定容量与短路阻抗(标幺值)的积成正比。

只有给一台有多个器身的变压器的所有绕组规定了谐波电流频谱时，才能按GB/T 18494.1的规定并利用上述的修正进行杂散损耗附加系数的计算。

9.2 温升试验

9.2.1 概述

变流变压器温升试验的基本原理是如何适当地增加正弦波试验损耗和试验电流值，以反映谐波电流对涡流损耗和杂散损耗的影响。

9.2.2 工业用变流变压器的试验电流和损耗计算

除GB/T 18494.1描述过的，重要的是要指出由于变压器具有多个器身，会有下列问题：

——由于谐波抵消，某一个器身的额定电流和F_{WE}可能明显地比另一个低，有可能使这个器身在温升试验中出现过载的现象；

——属于不同器身的绕组内部连接，会对用电阻法测量的温升有影响。

这两个问题，宜在订货时由用户和制造方协商解决。

9.2.3 HVDC输电用变压器的损耗和试验电流计算

运行时的负载损耗用9.1.5的办法进行估算。

为了模拟温升试验时的负载损耗，可采用从双频法测量结果中推导出的等效负载电流。

以9.1.5的计算例子来说明。

基频下的负载损耗$P_1=449$ kW；

运行时负载损耗$P_N=560$ kW；

根据上述数值，等效试验电流为：

$$I_{eq}=I_1\times\left(\frac{560}{449}\right)^{0.5}=1.12\times I_1 \qquad (8)$$

见GB/T 18494.2—2007中11.5的公式。

9.2.4 热点和温升试验的局限

GB/T 18494.1和GB/T 18494.2规定了产生谐波电流时的总损耗的工频等效正弦电流的方均根值(某个特定绕组)，此正弦波电流下的试验不可能模拟运行时的漏磁场分布及绕组端部区域因谐波而增加的涡流损耗。总之，需要指出，等效试验电流在绕组内部产生的局部损耗分布不会与在谐波负载情况下所产生的局部损耗分布相同。

特别需要注意，用正弦电流进行温升试验时所确定的热点温度及其发生的部位不会与变流器实际运行时一样。因此，由于试验方法上的缘故，必须在试验阶段中避免使其所受到的热应力超过运行中所产生的热应力。采用在绕组内部安装光纤传感器，不论对温升试验还是对实际负载温升，确是一种检查产品热特性的有用工具。

10 铁心和噪声

10.1 铁心

10.1.1 结构特点

变流变压器和常规电力变压器的磁路设计一般是相同的。铁心结构可以是三相或单相、心式或壳式，采用如GB/T 13499所示的几种常用的由铁轭、套绕组心柱和不套绕组心柱所构成的方案中的一种结构方案。

采用哪种型式的铁心和设计，通常是由变压器制造方决定的。其目的是为了得到最佳的技术设计。但是，铁心设计也可能会受到用户技术要求的影响。例如，要求它与现有设备相容或能够互换。

铁心的材质、心柱和铁轭的形状、夹件和支撑结构、铁心的绝缘结构以及磁通的控制措施等，一般也采用常规电力变压器所用的技术。

10.1.2 谐波效应

对于电网换相的整流阀，例如就非熄灭阀而言，网侧和阀侧电压波形都是或接近于工频正弦。假定在网侧的电压是正弦波，则在阀侧上的电压波形可能仅仅会由于变压器的内部压降而偏离正弦波。

由于电压是正弦波形，故主磁通也是正弦波形，且其空载损耗和励磁电流与正常的交流运行时一样。关于在网侧和阀侧电流中的直流偏磁效应，将在10.1.3中予以详述。

对于强迫换相整流阀，外施电压的波形可能会偏离真正的正弦波形，且电压中的谐波会对磁通中的谐波分量有影响，这点必须考虑。

10.1.3 直流偏磁的影响

流过阀侧绕组的低值直流偏磁电流可能是由不同的原因引起的。阀操作时的轻微差异，可能会引起具有直流性质的低值剩余电流通过阀侧绕组。系统中性点与星结的网侧绕组接地点间的电位差可能使网侧绕组中有直流偏磁电流现象。这个电位差可能是因为附近有直流系统接地点，即系统以大地做为回线引起的。

直流偏磁电流可通过单极性或直流分量对磁通产生影响。一般来说，轻微的偏磁会对空载损耗产生有限的影响。影响空载损耗的两个主要因素是磁滞损耗和由再励磁而在铁心片中感应出的循环电流的损耗，后者不受偏磁的影响。

直流偏磁的另一个影响是由于铁心单向饱和引起的噪声增加。

10.1.4 小结

换流操作与常规交流运行的主要不同是有直流偏磁存在，它不受变压器设计者的控制。因而改进对偏磁的控制并减少偏磁就非常重要。

10.2 噪声

10.2.1 概述

现在越来越要求设备运行时的噪声不超过环境可接受的声级限值。

实际上,这些声级限值,通常是由政府或其他法定管理机构规定的。通常,这些限值适用于整个换流站而不是其中的某个设备。声级值是指由围绕整个设备四周(通常称为边界)的一个或几个测量点测出的。

因此,当对变流站规定了整个变流站总体的声级水平时,则应由其导出每个变压器连同其他有关设备的噪声水平。所得出的值,应代表变压器运行时允许的最大声级水平。

与常规交流下运行的变压器不同,变流变压器的声级与下述几点有关:

——变流变压器在运行时除受到直流偏磁电压和电流影响外,还可能受到频率范围较宽的且辐值不同的谐波电压和电流的作用;

——设备中有饱和电抗器和平衡电抗器;

——在规定整个现场声级的允许值时,存在着两个问题,即确定一台变压器实际允许发出值和证明此值将不会被超过。

目前,尚无一个标准试验规程来确定在现场中的变流器负载声级特性,以便与规定的现场声级限值对比。目前的标准规定:由用户规定声级测量值,该声级值是在工厂中在基频下的额定空载试验中所测出的。

10.2.2 基本考虑

10.2.2.1 声源

常规变压器的噪声主要来自于铁心和叠片式磁屏蔽中的磁致伸缩效应。此外,也存在着数值较低但却重要的由绕组、油箱和包括非导磁的磁屏蔽层在内的各种结构件中出现的电磁力所引起的噪声。

由磁致伸缩产生的噪声分量,主要与磁密幅值和频率这两个因素有关。其次,铁心的其他细节如铁心片的性能、铁心尺寸和质量、铁心结构及制造质量、铁心夹紧方式及夹紧力等都对噪声有明显的影响。由于磁致伸缩现象与磁通方向正、负极性无关,故噪声的基频是施加电压频率的 2 倍。

对于一台给定设计的产品,磁致伸缩是瞬时磁密的函数。这意味着声级与磁化程度有关。在过励磁下的变压器,将会比在额定励磁下的变压器产生更高的噪声。

在一台略带有直流偏磁的变流变压器中,电流将会使磁密-时间曲线从原来绕零值对称发生偏移,从而使一个方向的磁密辐值加大,而另一方向的磁密辐值减小。这种磁通偏移同样地反映到时间-磁致伸缩以及噪声上。一般来说,直流偏磁时,噪声将会加大。

电磁力产生的噪声,是由负载引起的。该力与电流平方成正比,因此噪声的(频率和)辐值与力产生的振动的平方成正比。在交流下运行的常规电力变压器中,由负载电流产生的噪声,其频率基本上与由铁心所产生的噪声的频率相同,但辐值却低于铁心所产生的噪声。因此,电磁力所引起的噪声对变压器声级的作用可以不必考虑。

在具有高次谐波电流的变流运行时,谐波对电磁力有很大的影响。由谐波产生的噪声分量的频率范围,处于人耳敏感区内,因而能够被拾音器收到。

10.2.2.2 声级测量

关于变流变压器的声级,用户和制造方面临着两个问题:能够测量并量化一台运行中的变流变压器发出的噪声,或者用在工厂测出的噪声来预测运行时的噪声。正如以前指出的,这个问题因以下原因而复杂:

——在现场中,要将变流变压器产生的噪声与邻近处出现的其他噪声分开来是很困难的。

——根据工厂空载噪声试验测得的空载声级来预测变流变压器在负载下的声级是困难的。即在工厂现有空载声级测量值中,如何能将现场额定电压和额定电流负载运行中产生的由谐波和直流偏磁所引起的噪声分量加在其内仍是有困难的。

目前人们普遍期望用“声功率”对噪声进行对比。通过对比可以容易地获得噪声源的声功率输出参考值,而无需考虑距离或其他干扰噪声。

“声功率”测量是不能直接进行的。它仅可由“声压”或“声强”测定值来计算。目前,出于方便,人们测量的都是“声压”。但是“声压”仅仅表征了“声功率”的大小。然而,“声强”表示了“声功率”的大小及方向。声强测定法常常作为一个推荐方法,用于验证现场噪声程度。

上述两种方法来自于GB/T 1094.10,要对它们进一步了解,详见此标准。

11 技术规范

11.1 总则

变压器技术规范由用户提出。变压器技术规范的目的是明确规定用户对变压器的所有技术要求和对合同的要求。通常用户负责提出技术规范,但如果用户没有提出,则应由制造方或由独立的专家如顾问或其他特殊的提供人提出适当的技术规范。也可由用户联合提出技术规范。

本章提出HVDC输电或工业用变流变压器的技术规范中需要考虑的重要特性。但不可能涉及全部。在此情况下,建议有购买意愿的用户与潜在的制造方协商所没有包括的任何问题。

绝大多数考虑都是围绕着现场和网络的,很多部分也许已经是标准研究的内容。这些宜尽可能采用,因为他们提供了某些被证明了的运行性能和对试验水平的保证。

此外,采用已有的标准,使用证明了的材料及组件,并同时在整个制造、试验及投入运行时采用准确的质量保证方法和规程是基本条件。当与常规的、被证明了的经验产生偏差且被采用时,就需要仔细地调查及评估任何新的内容。时刻要记住的是,技术规范并不是不变的,也要受外部变化的影响。他们不只受以往经验的影响,还受经济、技术、政治和环境的影响。甚至在重复采购的情况下,原先的技术规范在采用前宜再次进行研究。技术规范需要时时更新。更新的动力来自于以往的设计和制造以及运行的经验。此外,自最新版本发布起,可能又引入新的技术发展或新的法规或环境要求。在提出新的技术规范前,建议重新评估。

11.2 技术规范和功能规范

11.2.1 概述

一般有两种规范。即“技术规范”和“功能规范”。用户必须决定他们希望采用的规范,同时,用户的选择几乎全部取决于其已有的内部或外部资源的深度。

11.2.2 技术规范

技术规范不只含有对变压器的主要性能的描述,还有相当数量的技术内容,详述了对变压器主要和附属部件的工程上的要求。这样的规范还要包括变压器设计、制造、装配、试验、调试及投入运行全过程的详细要求。在许多情况下,其目的是将变压器限定到一定程度,即这个产品不止是描述性的,而且是定制性的,即与要求的细节相比几乎没有变化的空间。这样的规范通常来自于大量的交流变压器的经验以及在直流方面的附加条款。近十年来,采用这样的规范已经少了很多,取而代之的是更关注变压器内部细节的功能性规范。

11.2.3 功能规范

功能性规范是用户对所希望的变压器性能的描述。它还应该包括机械和电气方面与外部系统连接的要求,如电压、额定值、阻抗、损耗等。

11.3 HVDC 输电用变压器规范

设计、制造 HVDC 输电用变压器的技术和材料与 HVAC 变压器大部分相同。主要区别是负载电流具有不同的运行特性，即存在非常高的谐波成分和交直流复合电场对绝缘特性的影响。

11.5 和 11.8 列出某些在编制 HVDC 输电用变压器规范时需要考虑的信息。11.5 包括了由制造方向用户提供的信息，以使用户或系统设计者检查是否符合规范，并正确地将变压器集成到整体设计中。11.8 包括了由系统设计者或用户提供的信息，以保证变压器制造方进行正确的设计。

上述两条列出的要求代表了在编制 HVDC 输电用变压器技术规范时至少宜考虑的内容。两个条款中的数据是从实际应用中提取的精华，可用作起草 HVDC 输电用变压器技术规范的指导。从必要性来看，这些数据本质上属于通用要求，并且也适用于所有零部件的安装，但是，还是应该规定用户细则或者叫安装细则。本版本没有写进来，其实是应适时追加到上述两个条款中。

用户及制造方宜清楚某些直流项目需要特殊考虑。

11.4 对用户和制造方各自提出的技术规范的注释和评论

注释和评论见 11.5，可作为用户/系统设计者和制造方单独考虑的准则。

在几种情况下，需要用户与制造方就有关设计满足运行条件的可信度问题进行必需的详细讨论。除工厂试验外，用计算来证明也是合适的。需要明晰保证参数测量的试验条件与实际运行条件的区别。最终达成的技术规范应明确这些不同点，特别在损耗上，既要有经济上的考虑，也要有运行上的考虑。

11.5 制造方需提供的资料

11.5.1 概述

为了适应用户的要求，通常，制造方将会提出一份关于设备的设计方案和试验建议等的一般性说明。

注：制造方宜提出所推荐设备的设计方法和试验程序的说明。这一点，对于多绕组设计和变流运行时的导线股间电压的特殊运行条件而言是很重要的。其中关键是制造方要向用户明确地表示出任何特殊要求均能满足。

11.5.2 性能数据

性能数据如下：

——空载损耗。

通常会提出空载损耗保证值，但宜明确地按照电网电压条件进行验证。

——负载损耗：

- 分接位置；
- 额定值；
- 参考温度。

如同空载损耗，负载损耗值宜按负载条件来验证。如果要求了特殊运行条件下的损耗保证值，则有必要对所设想的运行负载电流作出规定。

——冷却器损耗；

——正序阻抗：

- 分接位置；
- 绕组对；
- 特殊公差；
- 零序阻抗；
- 工厂试验/运行条件。

当有多个绕组对时,各绕组对的阻抗保证值宜与负载条件同时列出。宜明晰如何表示出任何有效运行阻抗。应表示出每个分接位置处的不同相或不同变压器之间阻抗差异的公差(见 GB/T 18494.2):

——绕组匝数比:

- 分接位置。

——温升:

- 绕组平均温升及热点温升。

与其他大型电力变压器相同,HVDC 输电用变压器通常也是用短路法进行温升和负载电流试验。温升保证值通常是假设在规定的运行条件下的值,但在工厂试验中往往得不到这种条件。因此,在签订合同时,宜与用户一起将这些偏差值也包括在保证值内。

——声级:

- 变压器;
- 冷却器。

工厂试验时测得的声级不同于运行时的声级。因此,现场负载条件下噪声的任何保证值应说明其运行条件,在签订合同时与用户协商确定运行中的声级值偏差。

11.5.3 补充资料

补充资料如下:

——铁心:

- 材料;
- 心柱数;
- 总体结构;
- 磁化曲线;
- 过励磁要求。

在任何具体的铁心说明中,宜阐明所用的心柱数。这是由于它对运行性能有影响,特别是有直流剩磁或有谐波电压分量时。铁心片的磁化特性曲线对判断铁心的谐波性能是重要的。

——绕组说明:

- 布置;
- 绕组类型;
- 导线材质;
- 绝缘。

绕组的布置和设计直接受 HVDC 运行性能要求的影响。因此,宜在说明中阐明所用的绕组排列是如何满足规范要求的:

- 电磁方面;
- 绕组夹紧力——绕组力;
- 磁屏蔽类型。

与许多大型电力变压器一样,HVDC 输电用变压器中的漏磁场控制(特别是当其负载电流中的谐波分量显著时)是很重要的问题。不论采用哪一种控制装置,宜就下列内容阐明其目的和结构:

- 电路参数;
- 绕组电容、串联和并联;
- 套管电容;
- 阻抗频率特性;
- 交流电阻频率特性。

为了使换流站能在各种不同条件下运行,必须确定变压器有效线路参数。通常是给出绕组电容的基本信息，这样绕组设计者便能以此来反映运行状况。因此，宜明确地表示出此电容是如何计算出的。

同样，套管电容以及阻抗或电阻的频率特性，宜根据测量及计算进行确认，以利于系统设计者使用。

——套管：

- 制造单位；
- 类型；
- 额定电流；
- 电压等级；
- 可能漏入阀室的油量；
- 伞裙设计；
- 爬电距离。

对运行中有关方面所做的统计表明：外部环境条件、内部绝缘结构和邻近的接地轮廓等都会使套管存在潜在的问题。因此（变压器）制造方宜向套管供应商提出有关情况的专门规定，且确认它们已列入向（变压器）用户提供的关于套管说明方面的内容内。

套管与变压器之间的接口要在规范中规定，并在试验中确认。这也是同样重要的。

——分接开关：

- 制造单位；
- 类型；
- 额定电流；
- 分接开关维护要求；
- 悬浮绕组电压控制方法；
- 采用非线性电阻电压控制；
- 开关容量。

除了正常的交流要求外，高压直流用的分接开关还会受到较高的电流上升率（di/dt）的作用，故在考虑开关容量时建议顾及这点。

——冷却设备：

- 泵的额定容量和起动电流；
- 风扇额定容量和起动电流；
- 冷却器连接尺寸（管路可拆卸）；
- 每组风扇数；
- 每组泵数；
- 有关运输参数；
- 尺寸；
- 质量；
- 所充的介质。

——现场信息：

- 布置图；
- 质量；
- 总油量及检修放油量；
- 储油柜体积；
- 各组件质量；
- 注油要求；
- 拆卸细节。

注 1：尽管 HVDC 输电用变压器要求的现场信息与其他大型电力变压器一样，但其拆卸细节特别重要。

——油性能。

注2：由于在HVDC运行条件下的介电的特殊考虑，为了交付使用和持续安全运行，制造方宜规定油的相应品质，特别是油的电阻率。

11.6 质量保证和试验大纲

制造方宜列出所推荐的试验程序内容，特别是试验顺序。在制造过程中进行的质量控制试验是用来确认最终试验所不包括在内的那些性能，如换位导线的内部绝缘能力，这些试验宜包括在内。

详细的质量保证和试验大纲，宜同现行的质量保证(QA)文件一起在签订合同时提交。

11.7 减少停运时间的措施和有效性

快速更换变压器及某些元件，往往是HVDC设施的一项要求。宜提供的有关如何做到这一点的说明如下：

——接触到拟要求进行维修的元器件的路径，例如：分接开关触头；

——更换元件用的设备；

——更换变压器用的设备；

——元件维护和检查要求。

11.8 由用户或系统设计者提供的信息

11.8.1 一般说明

宜列出相关的标准。

11.8.2 系统参数

系统参数如下：

——交流系统电压波动；

——交流系统频率波动；

——阀侧绕组电流波形信息，包括谐波水平和剩余直流分量；

规定出预期的阀侧绕组电流波形及其谐波含量和剩余直流分量是很重要的。谐波一般影响变压器的损耗，但更重要的是导致绕组产生局部损耗，从而出现潜在的高温热点。如果知道了谐波频谱，利用现代的计算技术，就可以设计绕组使温升不会高到不可接受的程度。为了避免在设计上的不必要的复杂化，宜由系统设计者对特定设备的谐波含量进行分析，而不是采取一般化的近似方法。

剩余直流分量以及少量的谐波分量会对铁心损耗和声级有影响。另一方面，设计人员也会受到假定典型值的误导，所以，尽可能准确地预测运行状况对于设计人员至关重要。

——直流系统电压波动；

如同交流变压器，宜确认其预期的最大连续或长期运行电压值，以保证变压器的设计和试验电压有一个合适的安全裕度。最高运行电压也要求变压器设计有合适的过压保护设备。

——交流系统短路容量；

系统设计者宜告知制造方特殊的直流电流运行条件，如：因为换相失败而产生的电流截断的频次，或因电流控制技术不完备而导致的故障下的非对称峰值数的增加。这些都可能对短路设计有影响。

——系统接地方式。

11.8.3 环境参数

环境参数如下：

——环境温度水平包括相关的阀室温度；

除常规运行温度限值考虑(如长期老化或局部热点)外，HVDC输电用变压器的绝缘性能以及相关元器件都会受温度波动的影响。重要的是，要在整个运行温度范围内，用计算的方法对绝缘设计进行验证。

确认特殊的环境温度条件是否适合于元件也同样重要。例如，直流侧套管，它要进入整流室，这里的条件与外部有很大不同。在套管和绝缘上会有一个很大的温差，特别是在寒冷季节合闸时。

——现场海拔；

——大气污染；

在评估HVDC系统运行性能和可靠性时，明确地指出了套管外绝缘闪络是最频繁发生的事故特征之一。绝缘套“污染”是套管发生闪络的原因。这可能是因为固体污染物质和潮湿结合，从而导致短期或长期性的闪络发生。

不均匀受潮的无污染的绝缘伞裙，是引发闪络的另一种原因。因此，宜在计及适当长的时间范围内，对现场中的大气条件进行认真的调研，并在规范书中规定出，以便将合适的外绝缘、试验和运行程序结合在一起。

——最大风力负荷；

——地震信息；

——环境噪声。

工业设施(如换流站)对环境的影响(如噪声)越来越受到人们的关注。地方法规适用于工业设施。环境噪声通常用于在设施边界处的最大许可噪声等级的表示。由此，可用计算法得出设施中每一台设备在负载和运行条件下的最大声级许可值，且规定出保证值，见11.5.2的规定。

11.8.4 性能要求

性能参数如下：

——额定容量；

在决定HVDC输电用换流变压器的额定容量时，除了把它们当作交流系统用变压器进行考虑外，还要考虑谐波负载的影响。因而，在任何规范中宜明确其运行安全和保证的性能参数要求是在怎样的谐波负载下提出的。额定容量通常是与损耗保证值和温升限值相关的。如果将谐波分量考虑进去后性能参数仍难以确定时，也可以不予考虑，但是在技术协议中要指明负载损耗或温升或者两个指标的制定是否考虑了谐波分量。

规范书中宜明确是用试验得出的性能参数来验证合同保证的性能，以及以试验为基础得出的数据通过计算来验证合同保证的性能，还是规定所有的合同保证值都用含模拟谐波负载成分的试验来验证。

——特殊负载要求；

如同交流系统用变压器一样，重要的是在提出任何特殊负载要求时，还要同时规定出此时可接受的温度限值。然而，在HVDC输电用变压器情况下，宜如9.1.3中所指的那样提出谐波负载含量的特殊考虑。除了正常的绕组和油的温升外，对于变压器其他部分的温升，例如具有不同运行环境温度的套管，亦应认真地考虑。

——无功功率传递；

在使用辅助绕组传输无功功率的情况下，必须弄清由负载条件产生的绕组漏磁通与铁心励磁磁通间的矢量关系。在铁心的某些部位，这些磁通是合成为一体的，且此合成的最终值与它们间的矢量关系有关。无功功率传递值决定绕组漏磁的大小和矢量。无功功率传递值应包括在规范内，以便变压器设计者能控制铁心局部过热。

——特殊负载电流考虑；

在 11.8.2 和 11.8.4 中包括了负载电流的某些特殊考虑。然而，或许还有其他的负载电流考虑，特别是与多绕组负载组合或阀短时期运行条件相关的负载电流考虑。

——空载电压比；

——相间额定电压；

——绕组联结组和矢量关系；

——电压比变化（包括电压范围和分接级数）；

——阻抗和/或电抗（在包括整个电压分接范围内的特殊偏差和变化值）；

在 HVDC 线路中，系统设计和运行方面对变压器阻抗值及其偏差值的要求，要比交流线路更为苛刻。但是，重要的是要认识到，要得到所要的变压器阻抗是会受到一些约束的。主要是由不同绕组间的相对位置来确定的。

绕组布置同样也受其他变压器设计方面的影响。根据交流和直流绕组的分接范围和绝缘水平，存在着一个优选的绕组排列，以便尽可能减少结构复杂性，从而降低成本。负载条件下的最终安匝分布及分接位置不同引起的分布变化，决定阻抗的大小。随着设计更加复杂，有可能得到一些其他的绕组排列，以便得到不同的阻抗特性。建议系统设计者与变压器设计者进行密切沟通，以便得到最佳的绕组布置。通常建议各相间及各变压器间的阻抗密切匹配，以得到最佳的变流运行。最新标准规定的 HVDC 设施的许可偏差比以往的要小。随着制造工艺的改进，此偏差值还可以再降低，但在实际应用中，对于某一特定产品的设计，建议任何分接位置上的偏差小于5%。相同设计的各台产品之间的偏差建议小于5%，如欲更小时，须作特别考虑。

——冷却类别及布置；

——绕组和油的温升限值；

根据标准，有关温升限值的规定通常与交流系统用变压器相同。对于 HVDC 输电用变压器，宜包括负载电流谐波分量引起的附加损耗以及由此产生的特殊热点温度。交流条件下的温升加上适当的裕度，同时考虑在规定的直流负载条件下的损耗增加及热点温度的计算值，就能提供其负载能力的充分说明。

——频率；

——每台的相数和每相的绕组数；

系统设计者可对绕组排列提出特殊要求，特别是考虑到阀侧绕组用独立的星－角绕组或在一台中组合的星/角绕组来实现相位移时。

——绕组绝缘水平，包括：

- 感应电压及其局部放电量限值；
- 雷电冲击电压；
- 操作冲击电压；
- 交流外施耐压；
- 直流极性反转电压及其局部放电量限值；
- 长时外施直流电压及其局部放电量限值。

过去曾建议既可以采用极性反转试验，也可以采用一个 2 min 的短时试验和一个 1 h 的长时试验来代替。现在，极性反转试验通常按 GB/T 18494.2 进行。对于每一种试验情况，都可以用预计的运行电压和其他系统参数，通过公式可求出所要求的试验电压值。

关于局部放电判定准则，由于直流局部放电特点与交流局部放电特点明显不同，故其局部放电脉冲许可值和频率需作特别的考虑和规定。

——单位损耗价格；

——声级限值：

- 变压器；

与大多数电力变压器一样，对 HVDC 输电用变压器通常亦规定其声级限值。它一般是用工厂试验测量值来表示的，应承认，在运行条件下，在现场中产生的声级会更高些，这是由于存在着谐波和直流的影响，且这种影响与铁心设计有关。所规定的声级值宜考虑最终的运行要求。

- 冷却器。

——特殊的系统设计参数要求：

- 绕组及套管电容；
- 阻抗和电阻的频率特性。

HVDC 输电用变压器在谐波频率下的特性与容量相当的交流电力变压器相比更为重要。由于谐波性能的影响，所以要求先对视在阻抗随频率变化的特性予以确认和估算。因此，凡是对套管电容和变压器的阻抗或频率特性起约束作用的因素均宜予以规定。通常，要求对阻抗/频率特性进行说明。

从无线电频率方面考虑，变压器是一个重要的线路元件。如果合适，用户宜阐明此方面问题的重要性，并要求规定所要求的性能参数。

11.8.5 试验要求

与常规电力变压器相同的低压下的例行试验：

——绕组电阻测量；

——绕组电压比测量；

——绕组极性/向量关系检定；

——分接开关操作；

——铁心、夹件绝缘及绕组绝缘电阻测量；

——绕组绝缘的介质损耗因数(tgδ)测量；

——负载损耗和阻抗测量；

——规定容量及规定分接位置下的负载损耗测量；

——规定容量及规定分接位置下的阻抗测量；

——阻抗/频率特性测量；

——零序阻抗电压(如适用)；

——规定分接位置下的空载损耗测量；

——励磁电流测量；

——冷却设备损耗测量。

如前所述，实际绕组电流波形含有谐波成分，从而对绕组负载损耗、铁心以及其他结构件，尤其是热点方面的考虑有影响。常规的试验要求仅用于测量交流损耗，通常验证的是保证值。额定容量下的绕组热点温度只能用计算来验证或运行时直接测量。如果供需双方协商规定了要考虑附加运行损耗时，则可能还需要计算方法或试验方法(见 GB/T 18494.2)。

有关阻抗测量方面的考虑与损耗测量相类似。虽然在运行条件下的额定频率下的阻抗值是很接近于工厂试验测量值，但电阻分量则将随绕组运行损耗增加而增加。

为了提供在谐波负载和暂态条件下必须的性能信息，通常规定了阻抗/频率特性测量试验项目。由于受试验设备的限制，因此此试验通常是在低容量下进行。根据运行时的高频负载及变压器设计，由于变压器某些非线性响应元件的影响，因此可能会导致测量结果不准确。然而，没有证据说明这个不准确是不可接受的。

高压试验：

——带局部放电测量的交流感应过电压试验；

——外施交流耐压试验；

——雷电冲击试验；

——操作冲击试验(外施、感应)；

——带局部放电测量的外施直流耐压试验；

——直流极性反转试验。

如同任何一台变压器一样，HVDC 输电用变压器的绝缘结构设计，应与各种系统的要求和施加的试验电压值相配合。然而，直流下的绝缘要求与交流下的要求往往是不同的，有时互相矛盾。因而，重要的是要辨别所规定的试验目的是要检验什么。需要考虑包括交流、直流极性反转、雷电冲击和操作冲击电压在内的联合作用的效应问题。从传统上看，每一种作用电压下的独立试验，都是用来证明受试产品的运行能力。温度对电压分布的影响以及类似问题应予以考虑。

根据上述内容，交流雷电冲击和操作冲击耐受电压可按交流绝缘配合技术来决定。

至于直流试验电压值，不允许选用等效的单一极性耐压试验来代替极性反转试验。这种规定表明，它避免了绕组对地绝缘受到过高的试验电压值的作用，且更接近于运行操作实际情况。

热性能试验：

——长期负载电流试验；

——温升试验(额定容量/分接位置)。

必须用温升试验来确定油和绕组在额定条件下的温升。此外，满负载的通流能力宜通过长期负载电流试验来证明。后一试验的持续时间宜不低于 12 h，且试验期间宜取油样进行油中气体分析。

除了证明油和绕组的保证温升值外，试验的持续时间宜足够长，以充分确认不会出现因漏磁通或不良连接而引起的负作用。

温升试验实际上只能考虑用交流等效负载进行。附加损耗宜由用户和制造方协商确定且在温升试验期间以合适的方式施加。同样地，温升试验中的绕组平均温升和热点温升值，宜经双发协商以能反映运行条件的方式来确立。如 11.8.2 所述，需要一些必要的计算。

附加试验：

——变压器声级测定；

——冷却器声级测定；

——油箱机械压力、真空试验；

——绝缘和温升试验期间的取油样和油中气体分析；

——辅助设备的功能试验；

——抗地震试验或抗震能力的论证(视设备适用性而定)。

在工厂进行声级测定，要符合常规的交流变压器的规定。然而，需要对测得的声级值进行适当校正，以便得出在运行负载下的声级值。这种校正宜在签订合同时由用户和制造方协商确定，并作为规范的一项内容。当规定的声级值很低时，宜考虑负载电流及剩余直流的影响。

11.8.6 工厂试验顺序

用户可以考虑一个自己希望的特定试验顺序。例如，将温升试验列于绝缘试验之前进行可能是更合适的。同样地，绝缘试验顺序也可以按 GB/T 18494.2 所列出顺序予以规定。

11.8.7 现场试验

——铁心、夹件绝缘试验；

——绕组绝缘电阻测量；
——电压比测量；
——辅助设备功能试验；
——油(质量)试验，用来检查注油前和注油后的油是否符合相应标准；
——介质损耗因数(tanδ)测量；
——到达现场时的干燥度检查；
——运行中的例行检查。

调试前通常取油样检查，以确保油的各种品质参数符合要求。表征变压器绝缘结构的直流工作能力的一个重要指标是油的电阻率。因此，重要的是检查此值是否符合用户和制造方的协议值。

11.8.8 设计和结构要求

设计和结构要求如下：

——油箱及组件的设计：
- 压力和真空要求；
- 阀门型式和法兰要求；
- 内部组件检查方法的要求；
- 主油流通道和排气管道；
- 接地细节；
- 表面处理；
- 绝缘和接地。

——油保护：
- 储油柜的型式；
- 除湿装置。

——现场布置：
- 总体布置要求；
- 外形尺寸和质量限制；
- 噪声抑制说明；
- 抗震措施；
- 绝缘与接地。

——运输：
- 外形尺寸和质量限制；
- 充入介质：干燥的气体、含水量；
- 碰撞记录要求；
- 包装和标志要求。

——安装：
- 接收时的现场检查；
- 现场移动设备。

——其他：
- 固定件和紧固件。

11.8.9 辅助设备

辅助设备如下：

——套管：

- 类型及结构；
- 额定电压和额定电流；
- 试验要求：交流、直流局部放电及发热；
- 试验设置（准备）；
- 介质损耗因数测量（$\tan\delta$）；
- 外部无线电干扰电压（RIV）水平；
- 防污染；
- 相关的内部电气绝缘结构；
- 安装现场环境温度；
- 爬电距离。

套管在工厂以及运行中已经存在一些问题，包括在油和空气中的绝缘击穿和外部闪络问题。其原因是通常未对套管就电压值、包括污秽在内的运行条件以及套管与变压器内部其他绝缘部分之间的界面布置等方面作出正确的规定。特别重要的是，套管宜单独进行试验，且试验宜尽可能结合其安装实际情况和环境条件来进行。对于直流套管这点特别重要。这是由于邻近绝缘结构会引起直流套管电场分布出现明显的差异。套管单独试验的电压水平宜高于变压器试验运行时的水平，以免变压器试验时（套管）击穿。如果要考虑变压器试验温度，则套管试验要求中宜反映此点。不论是套管的型式试验还是例行试验，均宜对这些进行考虑。

在直流套管伸入阀厅（室）的特殊应用中，宜在设计中考虑万一套管故障时，漏入阀室中的油尽量少。

——分接开关：

- 类型：有载、无励磁；
- 在油箱内，用螺栓连接；
- 油膨胀、分离；
- 滤油要求；
- 控制系统；
- 特殊电流考虑。

在直流应用中，重要的是要考虑电流上升率及其对切断容量的影响。用户和系统设计者宜提供这方面的信息。

——冷却：

- 冷却介质及其品质；
- 冷却结构。

如用户在现场提供油时，出于对用于直流的介质特性的考虑，宜对油的品质，特别是对油的电阻率进行考虑。此外，宜在投入运行前、后，就测得的油的品质参数向制造方进行咨询以获得同意。

如同发电机变压器，HVDC 输电用变压器通常也是能连续工作的关键性设备。因此，冷却结构宜确保其备用容量有高度的可靠性。

——其他：

- 压力释放装置；
- 气体继电器、压力开关和气体收集装置；
- 避雷器；
- 监控装置。

——控制：

- 绕组温度指示元件；
- 电流互感器（CT）要求；

- 冷却器开关；
- 辅助电源；
- 分接开关操作，并联和保护；
- 辅助磁通探测绕组；
- 控制柜布置及结构；
- 油流动监视；
- 油及绕组温度指示。

11.8.10 减少停运时间的措施及可能性

用户宜对有关内部元器件检查、维护、更换的要求予以规定。

在任何给定系统中，HVDC 设施绝大多数是唯一的。与交流系统不同，不论是在硬件方面还是在供电方面，均无适宜的备用品。因此，通常要对备用设备的提供、设备更换速度和有故障设备修理速度给予特别的考虑。这些考虑宜在规范书中明确地提及；并且由于它们对变压器设计有明显的影响，因此还需要与制造方进行讨论。

12 短路

对晶闸管阀的常规保护，是在桥内每组晶闸管臂的两端间接有金属氧化物避雷器。

图 22 示出 6 脉波全波基本线路图和潜在的短路故障条件。

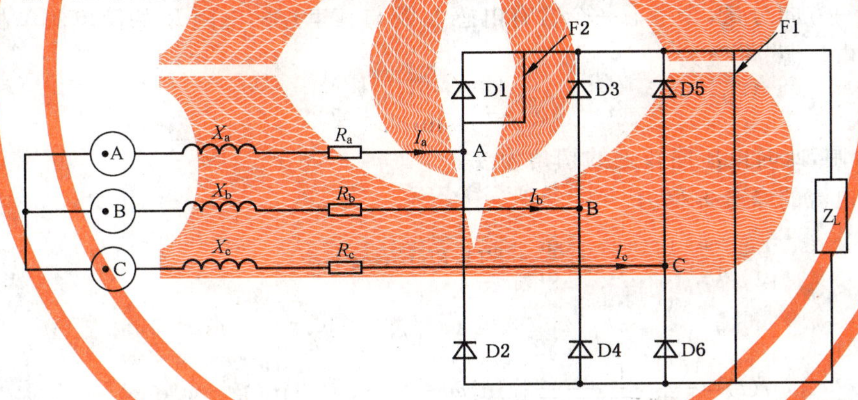

说明：

F1——故障 1；

F2——故障 2；

Z_L——负载。

图 22 短路故障条件

故障 1 情况是指全波桥阀的两个端子间的短路(F1)。此时，电流如同常规电力线路，是由电源和变压器的电抗及电阻值来决定的。

故障 2 是指桥的任何一个臂的两端之间的故障。避雷器发生故障时才会发生(F2)。这种故障发生的概率很小。

在汞弧变流器(MAR)中，亦有上述类似的情况发生。

在这些装置中，变压器所遭受的最大故障电流峰值的条件便称为“逆弧”或“逆火”条件。

“逆弧”或“逆火”是在汞弧变流器(MAR)槽出现了故障且不再认为是导电时的情况，即此时的阳极电压对阴极而言是负极性的。

变压器绕组中的故障电流值与故障发生时在电压波形上的位置有关。它明显地比常规交流电力系统中三相短路时由正常电抗所限制的故障电流值要高。

见图 22，当臂 D1(F2)出现故障时，在相同半桥上的其他臂(D3 和 D5)可继续导通，但另外半桥(D2、D4 和 D6)不能导通。

在这种情况下，故障电流包含直流分量，它叠加到交流分量上。本章以后会对此进行解释。此单一方向的分量随时间衰减，而交流分量是恒定的。

直流分量在故障发生后的极短时间引起非对称的峰值电流。此非对称的峰值电流，在变压器绕组中产生极高的机械力，因而在设计变压器时就必须知道其在最不利情况下可能出现的短路电流峰值。

为此，可以用对称分量法来考虑三相交流系统中两相之间的短路。稳态的故障电流方均根值便为：

$$I_{fs}=\frac{U_{VN}}{Z_{+}+Z_{-}}$$

式中：

U_{VN} ——变压器阀侧相间额定电压方均根值；

Z_{+} 和 Z_{-}——变压器和向变压器网侧供电的电力系统两者的正序和负序阻抗值，均折算到变压器阀侧。

如果变压器远离旋转电机，则意味着阻抗主要是考虑变压器与发电机之间的静止的系统元件上的阻抗，即 $Z_{+}\approx Z_{-}=Z$，

此时：

$$I_{fs}=\frac{U_{VN}}{2Z}$$

为了说明单一方向分量，今考虑一个含有电感 L 及与其串连的电阻 R 的简单的单相线路。将此线路接到一个交流电压源，电压为：

$$u(t)=\hat{U}\sin(\omega t+\Psi)$$

当 $t=0$ 时合闸，此时电压曲线上的相角为 Ψ。

该线路中的电流的微分方程为：

$$L\frac{\mathrm{d}i}{\mathrm{d}t}+Ri=\hat{U}\sin(\omega t+\Psi)$$

其解为：

$$i(t)=\frac{\hat{U}}{\sqrt{R^{2}+(\omega L)^{2}}}\left[\sin(\omega t+\Psi-\varphi)-\sin(\Psi-\varphi)\mathrm{e}^{-t/\tau}\right]$$

式中：

φ ——电压和电流间的夹角$\left(等于 \arctan\frac{\omega L}{R}\right)$；

τ ——电路的时间常数$\left(等于\frac{L}{R}\right)$；

R 和 L ——包括变压器和变压器网侧电源系统的总电路的总电阻和总电感。

$$Z=\sqrt{R^{2}+(\omega L)^{2}}$$

上述 $i(t)$ 公式中括号内的第一项是电流的交流稳态分量，而第二项则为暂态的单一方向分量。括号外的 $\hat{U}/Z$，则表示交流稳态分量的辐值。当由上述单相线路转入三相系统非对称状态时，此时系数便按前面所述的情况变为 $\hat{U}/(2Z)$，故有：

$$i(t)=\frac{\hat{U}}{2Z}\left[\sin(\omega t+\Psi-\varphi)-\sin(\Psi-\varphi)\mathrm{e}^{-t/\tau}\right]$$

实际上，$R\ll\omega L$ 且 $\varphi\approx\pi/2$。电流的最大瞬时值与时间 $t=0$ 时合闸(故障发生时)的相位角 Ψ 有关。

如果故障是在 $\Psi=0$ 时发生,便得到最大的 $i(t)$值。该故障电流是在故障发生后约经半个周期,即当 $\omega t\approx\pi$ 时出现的。如果指数函数近似等于 1(它表示 t 很大),括号内的值便近似等于 2,由此有:

$$i(t)\max\approx\frac{\hat{U}}{Z}$$

当 $t=10\text{ms}\sim50\text{ms}$ 时,$i(t)\max$ 在下述范围内变化,即:$(0.7\sim0.9)\frac{\hat{U}}{Z}$

如果故障在电压为峰值时($\Psi=\pi/2$)时发生,则括号内的后一项就没有了(即直流电流为零)。电流将以时间轴对称。当 $\omega t=\pi/2$ 时,电流达到峰值($\hat{U}/(2Z)$)。

如果变压器靠近旋转发电机,则意味着变压器与发电机之间的静止元件的阻抗小,有可能 Z_- 小于 Z_+,因此 $Z_-+Z_+<2Z$,从而电流 $i(t)$比上面所述的要相应地大一些。

三相故障时的稳态故障电流(方均根值)为:

$$I_{\text{fs}}=\frac{U_{\text{VN}}}{\sqrt{3}\times Z}=\frac{U_{\text{VN}}}{\sqrt{3}\times Z_+}$$

当$\sqrt{3}\cdot Z_+>Z_++Z_-$时,两相短路故障电流大于三相故障短路电流,由此有:

$$Z_-<0.73Z_+$$

13 组件

13.1 有载分接开关

13.1.1 概述

分接开关主要应用于交流电力变压器电路。对于与工业和 HVDC 输电用的变流器配套的分接开关,由于要面对一组新的运行条件,因而对其规范和运行均要予以注意。对于在这些特殊条件下运行的分接开关,分接开关制造方一般愿意采用这些适用于特定环境的规定,并且确实也对已有的规定进行了改进和精简。然而,对于 GB/T 18494.1 和 GB/T 18494.2 所涉及的变压器,建议变压器制造方和分接开关制造方进行合作,将变压器与分接开关进行整合。

13.1.2 工业用变流器

以下介绍这方面所用的各种方式的分接开关,对于分接开关的特殊要求,应与分接开关制造方共同协商确定:

a) 欲得到数量多的分接位置数,可以在一台有载分接开关上配用多个粗/细调分接来解决。这种布置方式通常是在主变流变压器的网侧接有自耦变压器。在这种布置方式下,分接开关可以在中压系统(如 88 kV 及以下)的线端或中性点处运行。与常规传动机构具有 35 个分接位置相比,这种布置方式的分接位置数可超过 100。因此需要对各种粗、细调分接位置上的操作和试验电压要求给予规定。

b) 这些应用的操作要求,通常也是与宽的分接范围相联系的。例如,分接范围接近 100%并不少见,而常规变压器,其典型的分接范围只不过是 30%或以下。在此情况下,要特别注意分接开关"级电压"。在工业应用中,可能会遇到两种类型的过载条件。第一种是常规过载,即保持常规操作过程时存在着特殊的运行条件。这种过载可能持续几个小时,常规的分接操作可以解决。第二种过载是与其他变压器并联运行的某台变压器,当不需要再承担负载而被切断时发生的。为了使仍在工作的设备的负载减少到安全值,要求这些变压器的分接开关,在比正常满负载还要大的电流及限定的时间内,能正常地进行操作。对于这两种类型的过载,需要对分接开关性能明确理解并予以规范。

13.1.3 HVDC 用变流器

HVDC 的特殊条件要求在规定分接开关时需要注意以下情况：

a) HVDC 用通常要求比常规变压器的分接范围宽。分接范围大于 30%是常见的，如此大的分接范围所要求的运行和试验电压应予以明确规定。

b) 影响 HVDC 用分接开关的最大不同是负载电流波形。晶闸管正常工作时，阀侧电流波形不是正弦波，它将反映到网侧也就是分接开关所在的位置上。这种波形明显地改变了通过切换开关的电流变化率(di/dt)。特别是，这将对主开关触头上的恢复电压，即过渡电阻上电压降有影响。因此，电阻器的额定值应与电流波形的特性相适应。即：在对 HVDC 用分接开关予以规范时，应规定此电流的变化率，以得到合理的过渡电阻值。

目前正在研发的电阻型分接开关，有可能改变上述情形。在切换电路中采用真空断路器，与常规的高速电阻器桥接相比，将会改变分接开关的操作方式。线路中的新元件是真空断路器。目前，确信其性能不会受到电流波形的不利影响。然而，要将这些研究成果应用于实际系统中，建议对此再做进一步的研究。

13.2 阀侧套管

13.2.1 概述

主要由 CIGRE 主持的关于 HVDC 系统特性的大量研究工作已开展多年了。遗憾的是，这些研究一致表明，在 HVDC 系统中，最易于出故障的元件是阀侧套管。这些套管可能是做为变压器的一部分或穿越阀厅墙壁的空气/空气型套管(见图 23)。不论哪一种情况，证据表明，确定套管适用于 HVDC 系统的规范、组装和试验是非常重要的。本部分的目的是给出用于 HVDC 系统的阀侧套管的指南。

阀侧套管附件及相关系统的场强示例见图 24。

现有的许多标准或正在研制的标准适用于本部分。相关内容，已成为本部分的参考内容。

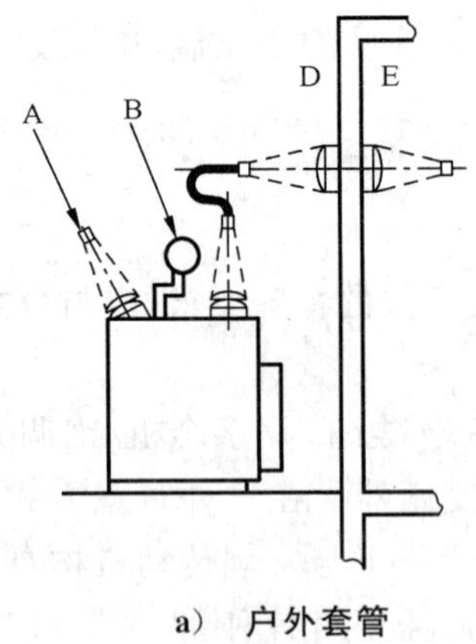

a) 户外套管

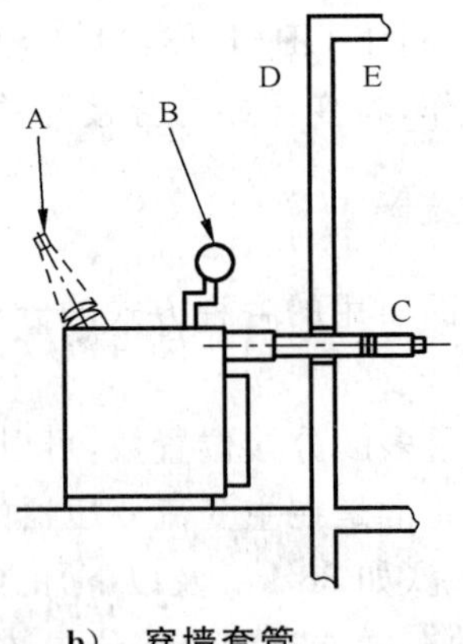

b) 穿墙套管

说明：

A ——交流线路；

B ——储油柜；

C ——阀侧；

D ——户外；

E ——阀厅。

图 23 阀侧套管布置图

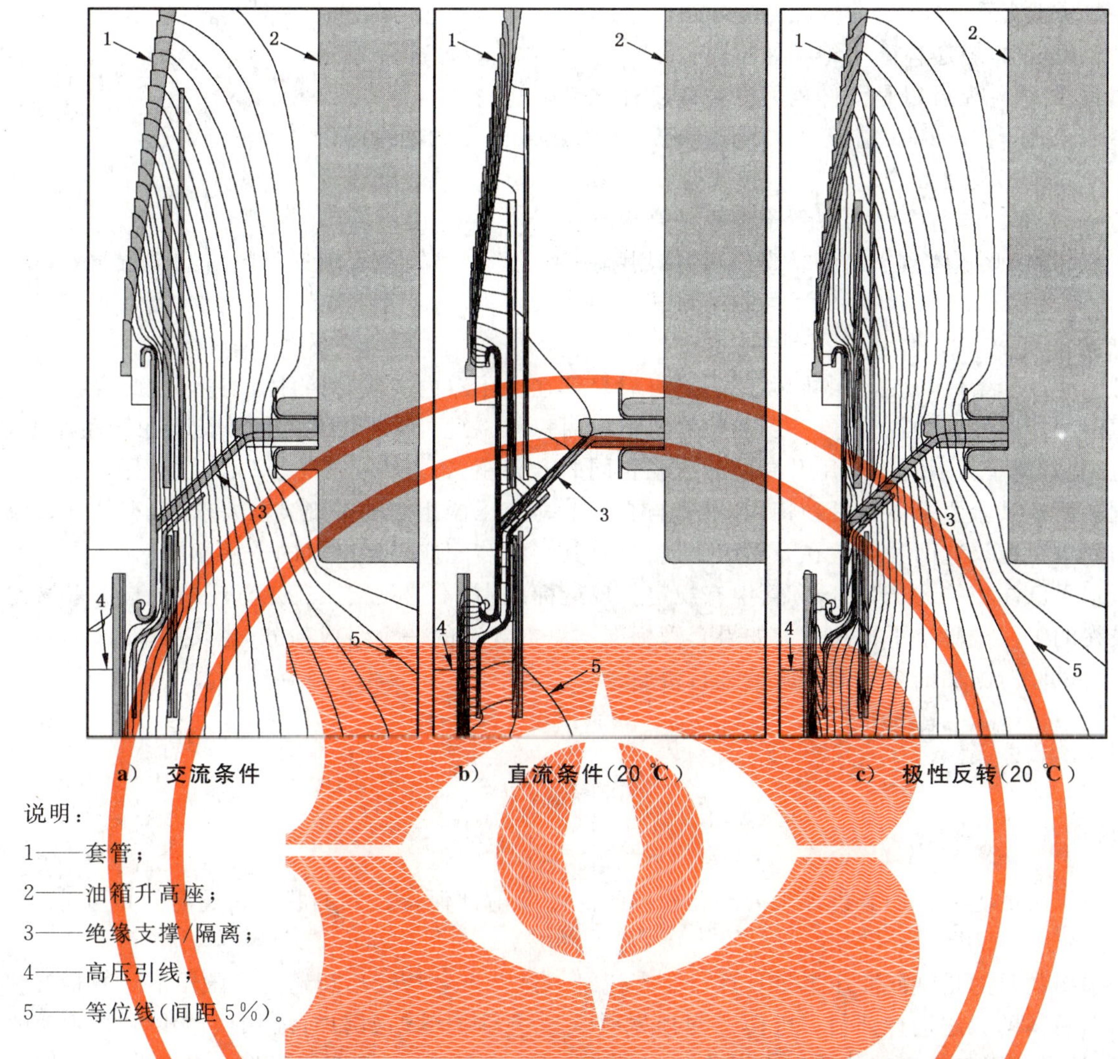

a) 交流条件　　b) 直流条件(20 ℃)　　c) 极性反转(20 ℃)

说明：

1——套管；

2——油箱升高座；

3——绝缘支撑/隔离；

4——高压引线；

5——等位线(间距5%)。

图24　高压套管附件及相关绝缘系统交流、直流及组合电场分布示例

13.2.2　变电站布置

图23示出了几种阀侧套管可能的使用和安装方式。换流站的布置方式可能会对套管的型式和所用的绝缘材料等方面的设计有影响。此外，换流站布置也会受到空间考虑、阀厅内油污染危险以及整个换流站内的火灾危险的影响。

实践证明，安装方式对套管的潜在危险性是致命的。

13.2.3　技术考虑

在HVDC系统中，阀侧套管通常采用电容箔式。然而，其在工作电压和试验电压分布下的场强，与主变压器的绝缘结构一样，是由套管内各绝缘元件的相对电阻率来决定的。

众所周知，由电阻率决定的电压分布会使套管沿面出现爬电场强。此场强值宜控制在许可限值内。理想地说，各相关制造方宜共同参与套管与变压器界面的绝缘结构设计。

13.2.4　套管类型

多年来，已有多种类型和规格的套管作为阀侧套管使用。下面将列出目前使用的两种类型(这种列出，并不对选择予以限制)：

a) 油浸纸套管(OIP)：

- 套管电容芯体置于绝缘外壳内；
- 绝缘外壳可以是瓷件也可以是硅复合材料；
- 芯体与外壳间的空隙可以充油、充SF6气体或干燥的绝缘的聚氨酯泡沫。

b) 干式树脂浸渍套管：

- 套管的电容芯体可以置于绝缘外壳内；
- 如果此芯体置于绝缘外壳内时，则用哪一种绝缘外壳及绝缘填充材料与OIP相同。

13.2.5 试验

尽可能使试验条件与实际相同，以代表运行时套管在变压器内的实际条件。实际上，此要求是要重现变压器内部控制电场的隔板，且其安装位置与运行时一样。此外，如果阀侧套管安装在升高座上，则在试验时，宜安置于与运行时所用升高座的直径相同的升高座上。

阀侧套管在试验要求方面是独特的，既有与交流电力变压器相同的常规试验要求，也有外施直流电压试验的要求。建议这两种试验在升高座上进行，且其绝缘装配应与运行时的条件相同。

试验水平已在相关的HVDC套管中有规定。现行标准中，不论是交流还是直流的试验水平均比变压器在最终的工厂试验水平提高了。如果套管标准不是本规范的一个组成部分，建议在签订合同时，应就阀侧套管试验时施加的更高的试验值进行协商。

14 维护

14.1 概述

变压器维护的主要目的是确保其内部和外部的部件及附件保持良好的状态、“适合目的要求”和长期安全运行。

另一主要的目的是做好变压器每日运行状态记录。这就需要持续不断地对变压器不同的状态和各不同变压器总体的状态进行评估。以便适当地调整或改进维护活动(例如，增加或减少这些活动的次数)。这种记录也用来确定变压器用户规范、设备供应方维护资料、运行性能数据和其他统计数据等的变化。

维护活动不局限于例行性的确保运行中设备的最低安全状态。一项必要的任务是能查出设备出现变劣或达不到标准状态的趋势或可能性；以及推动和展开补救的工作或其他必要的活动。

宜与制造方一起共同制定较详细的供维修人员用的标准操作规程，其中还包括培训和成绩考核准则。

很多设施是受到地方上的或法律规定的环境条例影响的。这需要定期且经常的进行检查。例如，是否漏油或是否排放其他污染物。否则，如有漏油或其他污染物时，将受到严厉的惩罚。

对于HVDC输电用变压器及其相关设备，油品质的重要性怎么强调都是不过分的。同样地，对于变压器的部件，包括通常置于阀厅内的直流套管在内，对清洁度的要求是更高的。

HVDC输电用和工业用变流变压器的维护，原则上与交流变压器所规定的设备的五项主要部分相同，即：

——油；

——绝缘质量；

——油保护系统；

——分接开关；

——附件和附属装置。

此外，还要防止部件(其中包括塑料制成的)受到腐蚀和出现其他劣化现象。劣化现象可能是由于受到紫外线的照射或其他的脆裂而引起的。

14.2 油

14.2.1 概述

矿物油用来对变压器中纤维素绝缘进行浸渍,以提高其绝缘击穿强度。它同时也是将包括绕组在内的一些高温部件的热量散出的冷却介质。它还是分接开关切换室内的熄弧介质。在油及变压器的整个运行寿命期限内,需要对油进行专门的维护,以便顺利地实现上述的预定目标。不允许油变劣和不与其他材料相容或使变压器的安全运行或环境受到危害。

为保证绝缘系统的整体性,尤其是在直流电场和伴随着静电极化效应的情况下,对 HVDC 输电用变压器和相关油浸设备中的油进行维护是很重要的工作。其中油中颗粒的含量和介电常数特别重要。

由于油的使用条件,所以油在运行中会劣化。主要表现为氧化、受潮、酸度增大、出现电弧或放电现象、出现金属或其他杂质颗粒。某些现象相互关联。

只要油与空气接触,就会逐步氧化。当纤维素老化时,也会出现氧化现象,从而对变压器和油的运行温度和含水量有影响。油的颜色变暗,含水量和酸度增加,在恶劣情况下,如果油中无抗氧剂或消耗完了,则会产生沉淀。当整体或某一部分的温度过高时,油的氧化加快或油的酸度增加。宜定期地对油的酸度和含水量进行检测。

油中的水分可能是由油的氧化、纤维素绝缘劣化产生的,或者是在运行中或维修时直接进入的,故需通过例行性的材料分析来确定其含水量。测得的含水量值不宜超过变压器制造方以及套管或分接开关等设备制造方所规定的限值。

变压器内部有缺陷或发生故障导致燃弧或放电时,油中会产生气体。金属杂质和其他诸如纤维素类杂质污染物也可能因同一原因而产生,且会对油的品质产生额外的不利影响,特别是在油中还有水分的情况下。用颗粒的大小、数量及材料来表示颗粒含量,在所有高压油浸式变压器中是非常重要的,因颗粒会损坏油的电气强度,加速油的氧化,增加油的酸度,这一点对 HVDC 输电用变压器尤其重要。要注意经常地控制油中杂质含量,至少要比变压器制造方推荐的标准质量水平严格。

其他方面,相关标准还规定了油的其他性能参数和要求的推荐限值,不过,总的来说,这些推荐限值不宜低于制造方所规定的值。

14.2.2 油质量和变压器质量指标

宜对 HVDC 输电用变压器及其附件进行测试,确保油的质量和变压器整体良好。这些试验包括水分、酸值、诊断性气体分析(DGA)、电阻率、击穿电压值和糠醛测定等。

如果制造方无另行通知,油的电阻率建议每隔四年进行一次测量;而油的击穿电压和酸值则每隔两年进行一次。其他试验项目宜每年至少进行一次。至于有载分接开关中的油维护,已在有关标准中提出建议了。但是首先要保证,油随时要满足制造方在 OLTC 的操作和维修说明中的要求。

糠醛测定(FFA)应定期从变压器取油样进行,以便确定变压器纤维绝缘的总体状态,特别是绝缘老化程度。

14.3 绝缘质量

14.3.1 概述

大多数变压器绝缘采用纤维素纸,且置于主油箱内,也有一部分是置于套管和分接开关等油浸式组件内。作为绝缘的纤维素纸,其性能几乎全部取决于高质量矿物油的充分浸渍。

有些变压器的绝缘件使用“纸板”制成。“纸板”是表示“由高质量的纸压制成板状,然后用胶粘合成更厚的纸板”。现在已能做到几个厘米厚的纸板了,通常必须要充分浸渍,以便运行时绝缘性能更好。

变压器内部的纤维素纸制品，会由于老化、温度以及存在着水分和氧而自然劣化，正如前面所述，这种劣化与油的质量有很大的关系。通过对变压器取油样进行分析，可以观测到纸老化或温度作用的影响。这方面可参考相关标准和指南，如 IEC 60599。在这个过程中的一个主要因素是纸和油中的含水量。纸的劣化或老化受温度影响极大，并且氧化过程中产生水。重要的是，这个过程不会因为外部水分和氧气的侵入，而呈自加速或自动劣化，否则，绝缘寿命的降低会比预期的快得多。如果能够尽可能准确地监视绝缘的状况，则用适当的方法监视油的状况是基本的维护要求。对低、中、高压变压器的绝缘要求，取决于变压器在系统中的重要性，发电机升压变压器和 HVDC 输电用变压器就要求油质量标准非常高。操作者应清楚，老化过程是不可逆的，只能控制，变压器的预期寿命取决于是否能保证对绝缘系统进行合理的使用及维护。

关于油和纸所必需的质量指标，见有关的标准和导则。重要的是应当认识到，情况会随设备的不同而不同，且标准所列出的各种参数的应用必须满足各种局部条件、制造方的要求和设备的主要条件。此外，绝缘状态判断和检测宜包括对所提交供分析用的油样的一些基本数据，以便进行正确的试验室评估。

还有一个重要的考虑是，事实上，不可能从单个的油样或一批油样来判断绝缘的状态。为了得到正确的判断，需要按油样与从其他多个变压器的数据得出的“标准值”之间的相关性来判断。定期地检测绝缘状态是一种更好的且更有效的方法，这是因为：虽然单个时间下的判断是有用的，但是从定期监测和分析中得到的绝缘状态变化“趋势”却是更有意义和更有价值的。

上面提到的纤维素和纸板制品强调一个关于绝缘质量控制的补充特征，即有些绝缘是“活”的，而另一些却是“非活”的。在变压器设计中，这两种绝缘都需要。但只有纸是与载流导体如绕组和引线这些场强最强的部分接触的，而纸板并不是。在判断绝缘状态时，应考虑绝缘系统中的这种“区分”。总之，尽可能准确地对纸的绝缘状态作出判断，要比对纸板重要。不过，纸板的绝缘状态宜经常予以注意。通常纸板绝缘劣化过程不如纸那么带有危险性，但是这个劣化过程尚无一定的规律，且在 HVDC 输电用变压器场合中，其内的固体和液体绝缘的介电常数对变压器电气性能有重要的作用，故出现任何不满意的数据，均宜与制造方共同确定。

在运行几年后，有时可能发现纤维绝缘很潮湿，水的含量相当高。例如，油保护系统故障时。在此情况下，因为纤维素材料吸水能力是油的许多倍，如果只恢复油保护系统并不能降低绝缘的高含水量。变压器投入运行后，油的含水量会迅速变得很高。在此情况下，宜将器身干燥，首选汽相干燥。实际上，这意味着变压器必须运到有必须设备的工厂进行处理以及进行返回工作场地前的试验。然而，用油处理设备及抽真空等工艺措施，在现场进行的热油循环及现场真空干燥的更多传统方法已经很成功地解决此问题。

14.3.2 取油样要求

IEC 60567 提供了从变压器取油样和气样的导则以及关于气体萃取和分析的推荐程序。然而，取样的频度亦是维护的一个同样重要的方面，至今除变压器制造方的规定外，尚无对此程序的规定。

同固体绝缘的情况一样，定期地抽取油样进行评估，可能更有意义。实际上，取油样频度的选择是按变压器的额定容量、电压等级以及其在电网中的重要程度来确定的。一般来说，工业用直流变流变压器不像 HVDC 那样，对有关取油样的规定那么严格，但是，某些工业用变流变压器，例如铝电解炉用的，由于电流非常大，如果触头间的接触电阻逐步增大，出现了局部过热时，也将会非常严重。

HVDC 输电用变压器因其巨大的经济价值和复杂的技术，定期抽取油样并判断其工作状态很重要。至于取样频度，只存在着成本—效果那样的问题要考虑。

无论是工业用变流变压器还是 HVDC 输电用换流变压器，其取油样的频度通常反映变压器运行风险的大小，风险越大，取油样及判断的次数也相应增加。例如，在刚投入运行的初期要求更频繁地抽取油样，或当故障被检出后需要经常地进行检测。而其他时间中，不那么频繁地抽取油样是可接受的。取样的模式是与觉察到的危险相当的，可典型地用“浴盆型”曲线或失效频度对时间曲线进行表示。难点在于曲线的平滑区，即在刚投入运行的初期阶段与寿命终了阶段之间的那段范围。这段曲线或许可达到20年或者更长，取样的时间间隔可能是一年或更长些。这与变压器的重要性有关。显然，这种取样模式不可能检测出在这两次取样之间的时间内所发生的早期故障。因此，凡属电网中特别重要的变压器要在原有的定期取样的计划项目外，还要加装一台在线气体检测器，以便进行试验室分析及对其状态进行判断。

14.3.3 油试验

IEC 60422列出了决定油质量的试验室测试全部规定。将测出值与分成三类的限值表进行对比，就可判断出作为绝缘材料用的油是良好、中等或太差。IEC 60422还提出了当发现油质量是中等或不良好时，宜采取一系列不同的措施来处理。总之，在这些情况下，至少应采取如下要求的措施：

a) 当结果值低于最低的或超出建议的最高的限值或以前的结果时，宜再增加一些油样进行测试以便确认；

b) 如果发现油的劣化速度加快，宜更频繁地抽取油样进行分析，同时也向变压器制造方征求建议。宜相当密集地检测变压器的状态，千万不要忽视劣化上升率或允许裂化上升，致使故障严重化。

作为例行维护的组成部分，油试验可以用合适的现场试验设备在现场进行。它包括了如下项目：颜色及外观、击穿电压、含水量、酸值、介质损耗因数(DDF)或电阻率以及抗氧剂含量(如果有)。前三项是常用的现场测试，尽管现场测试的准确度不如试验室得到的好，但仍有足够的可靠性，这是因为它们不存在试验传递和避免了储存时间过长，而在某些试验室这是不可避免的。

14.3.4 油运输、储存及处理

这些维护内容包括在IEC 60422中及由矿物油生产公司给出的文件内。此外，电气设备制造方编制的运行维护规程亦提出了最低的要求。宜将地方和国家有关安全及环保条例考虑在内。

充入变压器和其附件内的油，至少宜符合设备制造方所规定的最低的质量要求，且能与设备中已有的油相容。应承认，桶装或加油车中的油，连同其所属设备在内，例如，输油管、软管、滤油机和脱气机等如果不用合适的设备预先处理则都是不宜直接用于向变压器注油的。这个问题，对HVDC设备特别重要，因为油的质量水平如何，对变压器内部整个绝缘系统的绝缘状态来说是很关键的。

IEC 60422给出了所需的油处理、再生和回收设备的类型和标准。建议使用该标准时应与油供应商和设备制造方提出的相关文件结合起来。

14.3.5 油保护系统

油保护系统或由用户规范书中规定，或由变压器制造方按照该变压器额定容量、电压和安装现场气候条件提供。其目的是使油的质量在尽可能长的期间内，至少保持符合设备制造方的最低要求，且尽量避免或尽可能减少吸入来自大气中的水分。通常，油保护系统设计成使变压器、特别是其内部的纤维素绝缘件排除水分和脱气，其理由见14.3.1。

大多数变压器设计中考虑了油体积变化，这是运行或环境温度变化的结果，体积的变化有的在变压器油箱中发生(小型工业用变压器)，有的在储油柜中发生。如果油体积变化只是在油箱内时，空气可以直接排除或吸入；或是通过一台设计成只允许干燥空气进入变压器的呼吸器来排除或吸入。如果油箱内的空气与外部的空气不连通时，则称这台变压器为全密封式，在不发生密封件或其他密封缺陷时没有与大气间的水分交换。全密封式的油保护系统一般不需要维护，但在长期运行期间内还宜对油的状态予以注意。

如果变压器装有储油柜，根据温度变化，进出储油柜的油便呈现出双向流动。油面上存在空气层的

储油柜通常装有一个硅胶型呼吸器或冷冻干燥呼吸器。如果储油柜内有惰性气体层，常用氮气，通常是有一个中间容器，排出的氮气进入中间容器，并用另一个存油型隔离器使其与大气隔离。这种油保护系统通常没有呼吸器。

每种油保护系统都要求有其专用的维护规定。关于这些，变压器制造方和有关辅助设备（如呼吸器）供应商会在其所编制的维修文件中给出。

还有另一种常用的油保护系统，它是作成使变压器内的油在储油柜内实现了完全与大气隔离。该系统采用了合成橡胶膜或胶囊。此系统也需要监视，以确认隔膜或胶囊是否牢固可靠，并需要定期地对变压器油的状态进行监视。

储油柜式油保护系统的最常用形式是硅胶式呼吸器。当由于温度下降导致油体积收缩时，硅胶干燥剂便吸收任何通过油浴进入储油柜内的空气中的水分。由于水分含量一直在增加，所以干燥剂的颜色逐渐地发生变化，当颜色不再变时，必须将该硅胶进行干燥。有些硅胶呼吸器做成在线式自动干燥的。重要的是定期检查呼吸器中的干燥剂以确保最小的干燥剂含量，且油杯油面总是高于最低油位。

在大容量、高电压且带有自由呼吸式储油柜的变压器上，通常用更复杂的呼吸器来有效防止水分从大气中进入。冷冻式干燥器即是这类干燥器的一个实例。吸入储油柜的空气经过呼吸器内的一个压电元件（该元件是在低于空气温度下工作的，且将空气中的水分冷冻并从空气中分离）。几小时后，对压电元件进行短时的反向供电，被冷冻的水融化并从干燥器中排出。然后循环进行。除排出吸入的水分外，这个装置还使储油柜油面上部的空气保持干燥。这样一来，便促进了主油箱中油中的水分自然传递，协助变压器油维持一个低的含水量。

氮层式储油柜和装有隔膜或胶囊式储油柜是全密封式储油柜的两个实例。这两种结构均使大气不与储油柜或主油箱中的油直接接触。油体积的任何变化皆可由氮气体积变化、胶囊体积或隔膜体积的胀缩来“吸收”。因此，变压器内部油中水分聚积是变压器内部的纤维绝缘材料老化过程的产物。当变压器内的残余含水量高到不能接受时，应采取措施，使此含水量受到抑制或予以降低。这就需要采用可移动式油处理机对油进行处理，或者在变压器上装一台在线油干燥器。

氮层式、隔膜式或胶囊式油保护系统与其他系统相比，是免维护的。但也需要定期地监视或检测。其规程见制造方给出的文件或变压器制造方编制的操作规程。

硅胶呼吸器需要根据油体积变化的频繁度和幅度以及主要大气条件进行定期的监视和维护，如果呼吸器装有类似冷冻式干燥器系统那样的自动干燥装置，则这些维护工作量将会减少。然而，这两种系统是依靠控制设备调节干燥器的工作效果的，因而这种设备也成为必须检测和维护的对象。

14.4 分接开关

所有有载（OLTC）和无励磁（OCTC）分接开关均需要定期地进行各种形式的维护。通常与分接开关已经操作的次数有关，有时也与操作次数太少有关。

因此，宜参照 GB 10230.1 和 GB 10230.2，特别是要按分接开关制造方的操作和维护规程进行工作。此外，还建议这项工作只能由受过培训的人员进行。

OCTC 是工业用变压器中常用的设备。由于它只在变压器无励磁下进行分接操作，故在运行期间，选择触头的磨损很低，这一点是确定无疑的。除非变压器长期在超过额定温度对应的额定负荷下运行。如果是这样，则触头发热严重，有可能使触头受损。在此情况下，宜查询变压器制造方或分接开关制造方的技术文件，并听从其建议。

OCTC 最明显的操作特点或许是许多分接选择器在运行中实际上并不经常动作。由此，分接选择器触头是“不动”的。分接选择器静触头与动触头间的压力或这些触头间的油膜导致热解碳产生和集聚。如果此现象一直未查出，就有可能导致触头温度上升，最终可能会发生击穿。这往往给变压器或其邻近设备带来灾难性后果。如果定期地对变压器中的油样进行分析，可以查出这种劣化的踪迹。否则，有必要按变压器或分接开关制造方的建议，在变压器不励磁的情况下对分接选择器进行定期的操作。

HVDC 输电用变压器有可能装有 OCTC 或分接头连接器以改变电压比或向量组标志，此时，有关上述 OCTC 的操作和维护的一些考虑，亦可用于此情况。

但是在大多数情况下，HVDC 输电用变压器是装有 OLTC 的。它们是根据分接级电压和分接级数来提供其电压变化范围的。视分接范围大小，某些 OLTC 结构还可能包括一只作为分接选择机构的组成部分的转换选择器。

许多 OLTC 主要是由两部分组成。一是切换开关，它是用来使负载电流不被切断地或使负载电流无明显变化地从正在使用的分接转移到下一个将要使用的分接；另一是分接选择器，它是作成在选择分接时能承载但不能接通和断开电流。当采用转换选择器与分接选择器组合使用时，转换选择器的转换触头的断开与闭合触头间能发生火花放电。

有些分接开关设计是将分接选择器部分置于变压器内部且位于切换部分的下面，并浸入主油箱中的油中。所连接的切换开关安装于一个独立的油室内，该油室通常是用螺栓固定到箱盖上，并用密封件和密封套与主油箱隔开。切换开关通常有自己的储油柜和油保护系统。

另一种 OLTC 设计是将分接选择器和切换开关分别安装于各自的小室内，两小室均位于公共的分接开关油箱内。小容量变压器用的 OLTC 可以将分接选择器和切换开关置于同一个油箱内。这两种类型的 OLTC 均是安装于变压器油箱的外部，且用绝缘隔板在内部与主油箱隔开。其电气连接是通过此隔板且经过小套管或类似的接线端子与分接绕组相连。对于双小室的分接开关，两个分开小室的油状态可以分别地且更有效地进行检测，特别是分接选择器中的油，它不会受到可能在主油箱内析出气体的影响。

分接开关合理的计划维护是基本的。两次维修间的时间间隔，通常是根据上次维修后已经发生的分接次数来确定，或者是根据上次维修后所经历的时间来确定。不管按哪一种方式来确定，都不宜超过 OLTC 制造方所建议的最长时间间隔。还有一种可能依据的方式是：OLTC 的维修是根据 OLTC 的定期监测的状况来确定的。关于这点，宜认真遵守 OLTC 制造方的有关建议。还要清楚分接选择器和切换开关的维护要求彼此是不同的，因为切换开关的工作任务是繁重的。

众所周知，分接开关维护的质量和频度是一项重要工作之一。分接开关是引起变压器非计划退出运行或发生故障的主要原因，这一点已被国际上有关分接开关性能的调查证实了。因此，在变压器的整个寿命期间内，如何有效地进行分接开关的维护是很重要的工作。

14.5 附件和装配件

工业和 HVDC 输电用变压器的附件和配件目录与交流变压器相比，不局限于：

——阀；

——气动或油动继电器；

——套管；

——冷却风扇和泵；

——散热器；

——各种管件；

——绕组和油温度指示器；

——油位计；

——呼吸器和其他油保护系统；

——监控装置；

——控制柜；

——二次布线系统及固定装置；

——密封件；

——油漆；

——抗冷凝漆。

除直流套管外，HVDC 输电用变压器附件的维护要求实际上与交流变压器相同。如果其外绝缘和升高座是位于换流站阀厅内，则重要的是对此升高座和绝缘子表面定期地进行检查并保持干净，连接处和密封件处不应漏油。

除上述外，维护和管理工作还要包括变压器上的其他装置的维护并保持其功能正常。例如，保护变压器用的过流继电器和差动继电器。这些装置通常不属于变压器供应的一个组成部分，但它们对变压器的安全却是重要的。再如，金属氧化物避雷器，在运行中会老化。这可用测量泄漏电流来检查，此泄漏电流为微安级。当泄漏电流明显地增加时，则意味着避雷器阀片老化严重。为此，可购置专门的设备来测量此泄漏电流(见参考文献)。

15 监测

15.1 总则

为了安全运行，大多数变压器都装有保护系统，以便在变压器或电网出现异常运行时不使变压器或电网或二者受损坏。例如这些保护系统，有通常安装的网络和变压器用电流互感器，它们通常安装在变压器端子上给(过电流、差动)继电器供电；气动和油动继电器(气体继电器)及绕组和油温度指示器(WTI 和 OTI)。这些系统对大多数变压器(包括配电变压器)而言是常见的。但监测器系统都是局限于中、大型变压器的，特别是那些在电网中非常重要的变压器，如发电机升压变压器及 HVDC 输电用换流变压器，这些变压器都是电网中唯一的设备。它们如果出现了非计划性退出运行，则对网络会带来非常严重的技术和经济后果。为这些变压器安装监测装置，就是为了减少对其状态进行评估时的难度。

15.2 运行中变压器的状态评估

变压器状态评估是要求对变压器的“健康”进行确定。变压器的完整性对电网持续、良好的运行越重要，则越要有更多的关于每个计划维修节点或运行阶段的状态信息。要求根据这些状态信息作出评估——是否需要对变压器进行检修或提前更换。从经济方面考虑，也需要电网运行可靠性的信息。为此，通常需要安装多个监测系统。

第 14 章讨论了确定变压器状态以便进行维修所需要的信息的类型和内容。本章所涉及的是用以评估变压器在运行中的状态所必需的信息，从而达到可以改善变压器状态，或者对变压器进行检修，或者尽早地用新的变压器来代替的目的。

15.3 监测类型

15.3.1 概述

监测装置是按其主要参数测量能力来分类的，即按其是用来判断变压器的电、力、热或化学状态来分类的。有些监测装置还具有两个或多个功能，这些监测装置通常装有两个或多个传感器以便监测多个变压器参数。

另外一个关键因素是，监测装置是用在什么地方或更确切地说监测装置中的传感器是放在什么位置。例如，为了能尽量准确地监测绕组或绕组油道处的温度，要求将温度传感器尽可能靠近欲测温的热点处。此时，应尽量避免在绕组内部的高场强区域处放置热电偶，而是改用更合适的非电气或非金属的温度测量方法，如光纤传感器。

当使用的传感方法会受到机械力的作用时，例如，在测量振动或是绕组夹紧力时，就要特别考虑传感器可能不那么坚固，有可能要采用更耐用的传感器和信号传递材料。

除了油状态判断一般是在变压器运行中或在变压器退出运行后定期进行外，还有另两组补充的测量方法来确定变压器的运行状态。这两种方法是按所用监测装置的类型来分类的，即非在线的或在线的。然而，在谈及这些特殊监测装置的功用之前，重要的是首先考虑油状态监测的一般可接受的方法。

15.3.2 油状态监测

定期地对变压器油的状态进行分析，是监测变压器一般状态的最广泛使用的方法。油的状态，特别是变压器绝缘的状态，可以用对从变压器内所抽取的油样进行试验室诊断气体分析(DGA)及其他试验来确定。这些试验已在IEC 60296、IEC 60422和IEC 60567中作出了综合性说明。用此法一般能检测出变压器内部出现的潜伏性故障，尽管能解释此故障发生的机理，但要确定故障的位置或许有较多的困难。本法从1960年起，就已开始使用了。至今大多数的分析试验室、主要的变压器制造方和用户，在保持必要的高水平、质量和试验程序的统一性及对分析结果的解释方面，均取得了丰富的经验。

随着试验室设备及对变压器内部产生的化学过程的理解及其分析技术的发展，这种试验的程序和分析也得到了改进。例如，测量变压器油样中的糠醛(FFA)含量就是一个例子。目前，油中的FFA值已成为判断变压器绝缘老化的一个重要的因素，且可能直接用来判断变压器的预期寿命。

除了上述试验室判定外，还有几种可在现场进行的油状态试验，如，含水量、酸值和击穿电压。这些试验可允许更经常地进行油的状态监测，甚至在某种程度上对变压器状态进行监测。

15.3.3 非在线监测

当变压器为了维修的需要而退出运行，或者，由于变压器或电网故障迫使变压器退出运行时，均需要进行非在线的状态监测。现场检测在变压器无励磁条件下进行。

用从变压器内所取油样的试验室诊断气体分析(DGA)和前面已述的其他试验，对变压器及其绝缘结构的一般状态进行判断。

此外，也可进行一些特定的现场试验，以确定变压器的电气和机械状态。为此，可测量下述参数：

——绕组电阻；

——励磁电流；

——阻抗电压；

——介质损耗因数；

——极化频谱；

——低压脉冲法[3)]；

——频率响应图，即阻抗和电压比与频率关系，从工频直到1MHz；

——绝缘电阻，包括铁心和铁轭夹件对地；

——绕组间和绕组对地电容量测量。

除铁心绝缘电阻外，所有上述列出的试验项目均是非破坏性的试验。但除了铁心和夹件接地已引出做成外接地外，铁心绝缘电阻试验可能要将变压器打开以便接线。

15.3.4 在线监测装置

在线监测装置通常是通过SCADA系统远距离对变压器状态进行实时判定的。它们也可以用来在现场以定期检查方式对变压器状态进行监测。

在线实时型监测是使变压器运行和网络安全最佳化的最有效的手段。除了简单、连续地监视变压器状态和具备在线状态指示外，有些类型的监测装置可以在变压器整个运行期间具备执行的功能。除非是万不得已时或者有意在某些特定运行情况下要如此进行时，通常不会扩大为具有常规的切断功能。

绕组和油的温度指示器、某些类型的油位指示器、某些油保护系统以及常用的气动和油动继电器

---

3) 低压脉冲法(RSO)目前采用数字记录设备而不是用示波器记录。

(气体继电器),都可以看作是在线监视器。但是,在变压器状态监测这个范围内,需要有更深入的监测。当变压器已被诊断为“不健康”时,有时还要使用在线监测,此时,需要在负载的情况下进行连续的监测,以便尽可能确认故障发生原因并可靠地确定其发生部位。当变压器开始劣化,有可能成为危及网络安全的隐患时,监测装置还可向电网管理人员发出初级报警。

在线监测装置有时用来优化变压器负载。例如,同时监测运行温度、冷却设备温度和现场环境条件,可使变压器降低损耗,或使变压器过载幅值和运行时间最大化。具有这种能力的监测装置往往有计算机控制程序,以便分析、判断和预测,其中还要考虑到过载前和过载后的负载容量。

总之,使用在线监测装置的最大理由是减少变压器停运时间,特别是非计划停运时间。可以推迟设备更新费用的支出。这就可以减轻甚至避免大量的经常性维修的开支。如果希望按某些预先安排的工作进度从事必要的维修工作,那么在线监测工作是很关键的。

在线监测包括如下实例:

——装有类似于变压器设计人员所用的计算程序的温度监测装置;

——采用将上述程序扩大后的新程序,以实现变压器负载最大化和变压器损耗和费用最低;

——采用能直接测量热点温度(例如绕组内及油道处)的新技术的温度监测方式,以及利用参考上述程序的热分布图通过计算程序来预先估定热点温度的位置;

——局部放电的声音监测及定位;

——绕组和油道内局部放电的电气监测及定位;

——与变压器的负载电流及环境温度相适应的强油冷却器最大运行效率监测;

——同上,但为电网运行管理者预计可能出现的短时过载而准备的变压器预先允许或建议的负载值;

——静电荷监测和测量装置。用来对当静电荷集聚到可能会导致变压器发生故障时的状态进行监测;

——套管的介质损耗因数和电容测量;

——油中含水量;

——油中含气量及其成分;

——用类似频率响应分析(FRA)的传递函数测量和分析技术判断绕组的机械变化程度及部位判断;

——绕组夹紧力;

——有载分接开关(OLTC)状态。对选择开关油室和切换开关室油状态进行监测采用的是热、振动、声、电流及互感器和压力监测,用它们监测改变分接时的动作顺序、切换时间和驱动轴力矩等;

——故障压力继电器;

——电网暂态波(VFT)电压记录仪。当变压器在运行中发生故障时,其原因可能不是自身的缺陷,而是由于网络运行情况,例如,出现了纳秒级暂态电压波所致。

变压器的故障记录显示,迄今为止分接开关和套管故障是导致变压器停运的最主要的原因。铁心对地故障和绕组故障即使统计数量不大,也经常造成变压器发生运行问题。上面所提到的在线监测装置都已得到进一步的开发,既可避免未观察到的已发生的故障,又可预先警示故障的发生。

在线监测装置并不能提供监测变压器状态所需的全部信息。全面而可靠的气体诊断分析法,加上评价固体绝缘老化的糠醛分析法,仍然是目前在线检测之外所需要的方法。能满足这个要求的最经济有效的办法是取油样到合格的试验室进行分析。有些综合性的在线监测装置,有可能在现场进行这些试验。但都是试验室设备和试验程序的复制。当一台被认为“不健康”的变压器需要在停运或更换前进行在线监测时,才会使用这些综合性监测装置。正由于此,这些监测设备被认为是“护理设备”。由于它们昂贵而不宜作为一种永久性的设施。

15.3.5 专家系统

一些大型变压器制造方和有载开关相关的元件制造方，已经将一些在线检测功能包含在他们的产品之中，这些在线检测功能在15.3.4中已列举出来，他们促使变压器在线监控产品作为变压器专用次级产品而获得广泛发展，并为用户对变压器实时信息记录和通过SCADA系统或类似系统进行远距离信息传送提供了多种选择。

这种类型的设备，通常是在工厂中安装在变压器上，但也有些特定的独立的供应商，能按特定的要求提供并安装此类设备。

作为真正的专家系统，此类设备不仅应装有内置式监测传感器，还应具有分析和判断的能力，至少能进行间断式的监测。这通常需要变压器设计方面的专业知识和向变压器制造方或相关的元件生产商就更多的相关问题进行咨询。

15.3.6 “指纹”特征

众所周知，从诊断性气体分析来看，其成功依赖于将某个期间内溶解气体的“趋势”作为一种绝缘状态判断的工具。实际上它同样适用于其他各种监测方法。只要将所得到的测量结果与在类似变压器或者甚至在与该台变压器的类似部位上用同一测量法得到的测量结果进行比较，使用一种“现场”测量，就能提出一台变压器状态方面的信息。因此，权威的对变压器状态的判断取决于经验，能这样做的最有效的办法是广泛地在变压器新安装时或至少在问题刚出现时留下变压器的“指纹”。

对所有中、大型变压器，有些指纹试验是作为合同要求的一部分而提出来的，例如，油的状态和DGA分析。这些都是作为判断变压器投入运行后的后续状态的基本依据。同一需要亦适用于其他几种监测方法，例如频率响应分析法及绕组电容测量。

对结果的“趋势”进行分析，同样也适用于某些在线测量功能——氢气或局部放电监测装置。这些都是较好的实例，说明这种“趋势”分析很可能比“现场测量”有更大的价值。上面所述的“专家系统”设备，通常是装有这类内置式在线装置。

为了最大限度地使用溶解气体分析法(DGA)，用户也宜记录表征变压器运行状态的一些参数(切除及合闸操作次数、负载情况及环境温度等)。利用这些参数数据，就有可能更好地鉴别这种变化“趋势”是不是与运行条件变化或与某个早期故障有关。

15.4 结论

除了变压器装有传统的温度保护指示装置和典型的在线氢气指示器外，大多数中、高压变压器并不再装设其他能监测变压器状态的补充仪器。然而，这种作法并不适用于具有特殊要求的变压器，例如，发电机升压变压器和HVDC输电用换流变压器，因为电网依靠这些具有特殊要求的变压器保证安全和不停电运行。

然而，在考虑各种类型的监测装置时，无论其用途如何，成本问题是一个重要的因素。

有时安装监测装置及使其投入运行的成本，明显地可以由电网运行成本或停电成本的节约来补偿。有特殊要求的变压器就是一个良好的例子。另外一个例子是在变压器装上一台监测装置后，能明显地减少维修的时间，或者避免了严重的维修问题发生。此时只从经济性和合理性来看，人们也更愿意安装各种在线监测装置(见参考文献)。

参 考 文 献

[1] GB/T 1094.10—2003 电力变压器 第10部分:声级测定.

[2] IEC 60076-2:1993,Power transformers—Part 2:Temperature rise.

[3] IEC 60076-5:2000,Power transformers—Part 5:Ability to withstand short circuit.

[4] Guide for Customers Specifications for Transformers 100 MVA and 123 kV and Above,CIGRE Technical Brochure,Ref 156,CIGRE Central Office,Paris,2000.

[5] Effects of Particles on Transformer Dielectric Strength,CIGRE Technical Brochure, Ref 157,CIGRE Central Office,Paris,2000.

[6] Life Management Techniques for Power Transformers, CIGRE Technical Brochure, Ref 227,CIGRE Central Office,Paris,2003.

[7] Relationship between test and service stresses as a function of resistivity ratio for HVDC converter transformers and smoothing reactors,CIGRE JWG 12/14.10.

[8] Guidelines for Life management Techniques for Power Transformers, CIGRE Working Group 12.18—Life Management of Transformers. Final Report,CIGRE,June 2001.

[9] Life Management Techniques for Power Transformers, CIGRE Technical Brochure, Ref 226,CIGRE Central Office,Paris,2003.

[10] Guidelines for the Life Extension of Substations:Chapter 2-Transformers:Final Report, 2000 Update,Electric Power Research Institute (EPRI),Palo Alto,CA,USA.

[11] Specifications for Transformers 100 MVA and 123 kV and Above,CIGRE Technical Brochure,Ref 156,CIGRE Central Office,Paris,2000.

[12] Design Review Guidelines for Transformers 100 MVA and 123 kV and Above,CIGRE Technical Brochure,Ref 204,CIGRE Central Office,Paris,2001.

[13] HVDC Converter Transformers-A Review of Specification Content,CIGRE Study Committees 12 and 14 Report,Joint Working Group 12/14.10,1990.

[14] In-Service Performance of HVDC Converter Transformers and Oil-cooled Smoothing Reactors,CIGRE Joint Task Force 12/14.10-01 Report,CIGRE Central Office,Paris,1994.

[15] Diagnostic Techniques for Power Transformers, Harley J. W. and Sokolov V. V. , Paper P1-06,CIGRE Session 2000,Paris.

[16] Diagnostic Techniques for Power Transformers, Malevski R. and Kazmierski M. , Paper P1-07,CIGRE Session 2000,Paris.

[17] Economic Aspects and Practical Examples of Power Transformer On-line Monitoring, Paper 12-202,Boss P. et al. ,CIGRE Session 2000,Paris.

[18] Enhanced Diagnosis of Power Transformers Using On-line and Off-line Methods,Paper 12-204,Borsi H. et al. ,CIGRE Session 2000,Parisc.

ICS 01.040
A 22

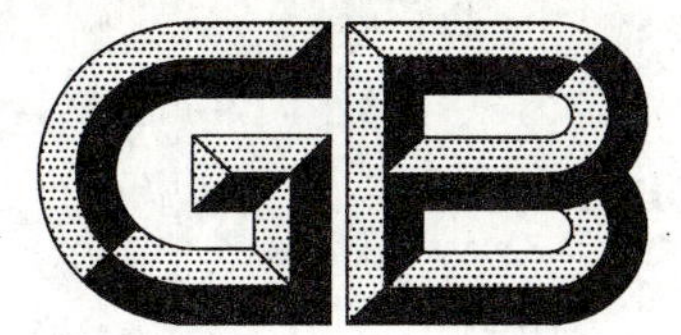

中华人民共和国国家标准

GB/T 18517—2012
代替 GB/T 18517—2001

制冷术语

Terminology of refrigeration

2012-11-05 发布　　2013-03-01 实施

中华人民共和国国家质量监督检验检疫总局
中国国家标准化管理委员会　发布

前　言

本标准按照 GB/T 1.1—2009 给出的规则起草。

本标准代替 GB/T 18517—2001。与 GB/T 18517—2001 相比，除编辑性修改外主要技术变化如下：

——增加了 358 个术语；

——删除了 132 个术语；

——对章节结构进行了调整细分。

本标准由中华人民共和国商务部提出。

本标准由全国制冷标准化技术委员会(SAC/TC 119)归口。

本标准起草单位：中国制冷学会、北京工业大学、西安交通大学、清华大学、上海交通大学、国内贸易工程设计研究院、中国科学院理化技术研究所、中国建筑科学研究院建筑环境与节能研究院。

本标准主要起草人：徐庆磊、马国远、邢子文、尹从绪、王宝龙、张鹏、吴剑峰、徐伟、杨一凡、沈九兵、曾宪龙。

本标准历次发布情况为：

——GB/T 18517—2001。

制冷术语

1 范围

本标准界定了制冷术语。

本标准适用于制冷专业的产品制造、工程设计、施工、维护管理以及科研、教育等领域。

2 基本术语

2.1 温度

2.1.1

环境温度 ambient temperature

处于物体周围且不受物体扰动或影响的环境(通常为空气)的温度。

2.1.2

极限温度 limiting temperature

材料或者产品在出现失效之前能够达到的最高或最低温度。

2.1.3

空气干球温度 air dry-bulb temperature

在空气中,无辐射影响的带有敏感元件的普通温度计所指示的温度。

2.1.4

空气湿球温度 air wet-bulb temperature

温度计的测温包上包有下端浸泡在水中的湿纱布时,由空气传递给水的热量等于水分汽化所吸收的热量时,水或潮湿物料的温度将维持不变,此温度即为空气的湿球温度。

2.1.5

露点温度 dew point temperature

在保持空气中水汽含量不变的条件下,通过定压降温使空气中的水汽达到饱和时的温度。

2.1.6

结霜温度 frost point temperature

在给定压力和组分的情况下,混合气体中一种或者多种组分开始凝固时的温度;对于湿空气,在给定压力和组分的情况下,其中的水蒸汽开始凝固时的温度。

2.1.7

饱和温度 saturation temperature

在给定压力下,物质气态与液态、或者气态与固态处于动态平衡时的温度。

2.1.8

冷凝温度 condensing temperature

给定压力下,制冷剂液化时的饱和温度。

2.1.9

蒸发温度 evaporating temperature

给定压力下,制冷剂气化时的饱和温度。

2.1.10

吸气温度 suction temperature

压缩机入口处气体的温度。

2.1.11

排气温度　discharge temperature

压缩机出口处气体的温度。

2.1.12

超导临界温度　superconductor critical temperature

超导体从正常态转变为超导态（0 电阻)时的温度。

2.1.13

临界温度　critical temperature

使物质由气相变为液相的最高温度。在此温度以上,气态物质不会因其压力增加而液化。

2.1.14

干湿球温度计　psychrometer

可用于同时测量空气的干球温度和湿球温度的装置。

2.2　压力

2.2.1

蒸气压　vapour pressure

液体蒸发(或固体升华)成气体所产生的压力。

2.2.2

饱和蒸气压　saturated vapour pressure

给定温度下,与同种物质的液态处于平衡状态的蒸气所产生的压力。

2.2.3

饱和压力　saturation pressure

给定温度下,气液或者气固两相达到饱和状态时所对应的压力。

2.2.4

排气压力　discharge pressure

压缩机排出气体的压力。

2.2.5

吸气压力　suction pressure

压缩机吸入气体的压力。

2.2.6

临界压力　critical pressure

在临界温度时使气相物质液化所需要的最小压力。

2.3　湿度

2.3.1

湿空气　humid air

由干空气和水蒸汽组成的混合物。

2.3.2

绝对湿度　absolute humidity

单位体积湿空气中所含水蒸汽的质量。

2.3.3

含湿量　humidity ratio

在湿空气中,1 kg 干空气同时并存的水蒸汽的质量。

2.3.4

相对湿度 relative humidity

空气中所具有的实际水蒸汽压与同一温度下饱和水蒸汽压的百分比。

2.3.5

饱和空气 saturated air

水蒸汽分压力达到该温度下饱和压力时的湿空气。

2.3.6

含水率 moisture content

对于固态物质，其中所含水分质量与物质总质量的百分比。

2.3.7

焓湿图 psychometric chart

以空气含湿量和焓值为坐标的用于反映空气状态参数及变化过程的图。

2.3.8

饱和度 saturation ratio

湿空气的含湿量与其同温、同压力的饱和含湿量之百分比值。

2.3.9

湿度计 hygrometer

用于测量气体中湿度的仪器。

2.4 热量

2.4.1

热量 heat

一种能够引起温度变化或者相变的非功形式的能量的度量。

2.4.2

显热 sensible heat

物体在加热或冷却过程中，温度升高或降低而不改变其原有相态所需吸收或放出的热量。

2.4.3

潜热 latent heat

物质相变过程中所吸收或放出的热量。

2.4.4

显热比 sensible heat ratio

从某一空间移除的显热与全热(显热+潜热)之比。

2.4.5

热负荷 heat load

获得需要的温度和湿度条件所需移出(或加入)的热量。

2.4.6

潜热负荷 latent heat load

获得需要的湿度条件所需移出(或加入)的热量。

2.4.7

显热负荷 sensible heat load

获得需要的温度条件所需移出(或加入)的热量。

2.4.8

负荷系数 load factor

实际制冷负荷与额定制冷负荷之比。

2.5 热力性质及过程

2.5.1

焓 enthalpy

一个状态参数，表示工质所含的全部热能，等于其内能值加上体积与绝对压力的乘积值。

2.5.2

熵 entropy

一个状态参数，对于可逆过程，任意两个状态点之间的熵值变化量可以用积分 $\int_1^2 \frac{\delta q}{T}$ 表示。

2.5.3

㶲 exergy

当系统由一任意状态可逆地变化到与给定环境相平衡的状态时，理论上可以转换为机械能的那部分能量。

2.5.4

热力学第一定律 first law of thermodynamics

在任何发生能量转换的热力过程中，转换前后能量的总量维持恒定。

2.5.5

热力学第二定律 second law of thermodynamics

不可能把热从低温物体传到高温物体而不产生其他影响；不可能从单一热源取热使之完全转换为有用的功而不产生其他影响；不可逆热力过程中熵的微增量总是大于零。

2.5.6

热力学第三定律 third law of thermodynamics

不可能用有限个手段和程序使一个物体冷却到绝对温度零度。

2.5.7

相变 phase change

物质通过热交换或者对外做功从一相（固相、液相、气相）转变为另一相的过程。

2.5.8

冷凝 condensation

气相到液相的状态变化。

2.5.9

蒸发 evaporation

物质从液态转化为气态的相变过程。

2.5.10

升华 sublimation

固相物质不经过液相直接转变为气相的过程。

2.5.11

气体液化 liquefaction of gases

通过冷却、增压等手段使气体由气相变为液相的过程。

2.5.12

强制对流 forced convection

流体在外力（如水泵或风机压差作用）影响下所发生的一种对流换热。

2.5.13

自然对流 natural convection

流体在自身温度变化引起的密度差影响下所发生的一种对流换热。

2.5.14

除湿　dehumidification

降低或去除气体中水或者水蒸汽含量的过程。

2.5.15

加湿　humidification

增加气体中水或者水蒸汽含量的过程。

2.5.16

脱水　dehydration

从物质中去除水分的过程。

2.5.17

蓄热　heat storage

热量以显热或者潜热的形式在物体或者系统中的蓄存。

2.6　传热与传质

2.6.1

导热　thermal conductance

物体内的不同部位或直接接触的两物体之间仅因温差而发生的传热过程。

2.6.2

导热系数　thermal conductivity

单位时间内通过单位面积的微元层的热量与其温度变化率的比值。

2.6.3

传热系数　coefficient of heat transfer

单位面积上，当冷热流体之间为单位温差，在单位时间内所能传递的热量，是表征传热过程强弱程度的标尺。

2.6.4

表面传热系数　surface coefficient of heat transfer

单位面积上，当流体同换热壁之间为单位温差，在单位时间内所能传递的热量。

2.6.5

接触热阻　thermal boundary resistance

热量流过两个相接触介质的交界面时，温差与热流量的比值。

2.6.6

热扩散系数　thermal diffusivity

导热系数除以密度与比热容的乘积。

3　制冷

3.1　制冷方法

3.1.1

制冷　refrigeration

用人工的方法，在一定时间内从一个物体或系统中移去热量而使其低于周围环境温度并维持低温的过程。

3.1.2

绝热放气制冷　adiabatic delivery refrigeration of gases

利用刚性容器里的高压气体在绝热状态下放出时带走一定的能量，使容器内的气体降温而产生制冷效应。

3.1.3

热电制冷　thermoelectric refrigeration

利用电流通过两种不同的金属、合金或半导体的结点时，产生放热和吸热效应的一种制冷方法。

3.1.4

半导体制冷　semiconductor refrigeration

利用半导体的热电制冷效应的一种制冷方法。

3.1.5

核制冷　nuclear refrigeration

利用核去磁而获得冷效应的一种制冷方法。

3.1.6

氦涡流制冷　helium vortex refrigeration

一种制冷方法。该方法是利用^{4}氦Ⅱ中超流组分的流速超过该临界速度时会产生涡流并带走常流组分的特性，使整个液体的熵值减少而表现出温度降低。

3.1.7

磁制冷　magnetic refrigeration

依靠磁性材料的磁热效应，通过磁化和去磁过程的反复循环获得低温的一种制冷方法。

3.1.8

焦耳-汤姆逊效应　Joule-Thomson effect

实际气体膨胀且没有对外做功时其温度发生变化的现象。温度可以不变、降低(正焦汤效应)和升高(逆焦汤效应)。

3.1.9

兰克-赫尔胥效应　Ranque-Hilsch effect

气体从切线方向进入管子形成涡流而产生的冷效应。

3.1.10

珀尔贴效应　Peltier effect

电流通过两种不同的金属、合金或半导体的结点处，产生的放热或吸热效应。

3.1.11

热电堆　thermopile

利用塞贝克效应直接将热能转化为电能的部件。

3.1.12

喷射器　ejector

由喷嘴、吸入室、混合室和扩压器组成。依靠工作蒸气流过喷嘴时达到的高速，使喷嘴出口周围形成低压区，以抽吸来自蒸发器来的低压蒸气。在混合室内低压蒸气和工作蒸气混合后，随后一同通过扩压器排出。

3.1.13

涡流管　vortex tube

利用兰克-赫尔胥效应制冷和制热的部件。

3.1.14

热管　heat pipe

一种传热元件，通过在封闭管内的介质的蒸发与凝结传递热量，利用毛细作用等流动原理，将热量从管的一端传递到另一端。

3.1.15

冷却　cooling

通过移去热量使温度降低的过程。

3.1.16

过冷 subcooling

液体的温度低于对应压力下的饱和温度的状态。

3.1.17

过冷度 degree of subcooling

相同冷凝压力下制冷剂的饱和温度与过冷液体温度之差。

3.1.18

过热 superheat

蒸气温度高于给定压力下的饱和温度的状态。

3.1.19

过热度 degree of superheat

相同蒸发压力下过热制冷剂蒸气的温度与其饱和温度之差。

3.1.20

吸气过热 suction superheat

压缩机吸气温度高于压缩机吸气压力所对应的制冷剂饱和温度的状态。

3.1.21

绝热压缩 adiabatic compression

与外界没有热交换的压缩过程。

3.1.22

绝热膨胀 adiabatic expansion

与外界没有热交换的膨胀过程。

3.2 制冷循环

3.2.1

制冷循环 refrigeration cycle

以做功或者热传递的方式输入能量,并依靠消耗这部分能量而将低温热源中的热量转移到高温热源的热力循环。

3.2.2

卡诺循环 Carnot cycle

由两个等温过程以及两个等熵过程构成的可逆热力循环。通常用来计算给定热量能够转化为机械能的最大值。

3.2.3

压缩式制冷循环 compression refrigeration cycle

由下列四个过程组成的循环:液体的蒸发或气体的等压吸热;蒸气或气体的压缩;蒸气的液化或气体的等压放热;液体的节流或气体的膨胀。

3.2.4

蒸气喷射式制冷循环 eject refrigeration cycle

利用喷射器把制冷剂蒸气从蒸发器压送到冷凝器之后液化、节流并在蒸发器中吸热蒸发的制冷循环。

3.2.5

空气制冷循环 air refrigeration cycle

由下列四个过程组成的循环:空气被压缩、空气被环境冷却、空气膨胀、空气在被冷却空间中吸热。

3.2.6

吸附式制冷循环 adsorption refrigeration cycle

利用吸附作用使制冷剂发生迁移的液体汽化制冷循环。

3.2.7

吸收式制冷循环　absorption refrigeration cycle

利用吸收作用使制冷剂发生迁移的液体汽化制冷循环。

3.2.8

斯特林循环　Stirling cycle

由二个等温过程和二个等容回热过程组成的可逆热力循环。

3.2.9

复叠制冷循环　cascade refrigeration cycle

由两个或两个以上各自独立的制冷系统组成的制冷循环。各制冷系统使用不同的制冷剂，高温系统的蒸发器亦为低温系统的冷凝器。

3.2.10

自复叠制冷循环　auto-cascade refrigeration cycle

非共沸混合制冷剂的多级分凝制冷循环。

3.2.11

索尔文制冷循环　Solver refrigeration cycle

由索尔文提出的利用绝热放气制冷原理工作的制冷循环。

3.2.12

维勒米尔制冷循环　Vuilleumier refrigeration cycle

由维勒米尔于1918年提出的一种热驱动的定容制冷循环，其主要依靠两个位移器保持一定的相位差结合回热器进行工作。

3.2.13

G-M制冷循环　Gifford-Mcmahon refrigeration cycle

由吉福特和麦克马洪于1960年提出的利用绝热放气制冷原理工作的制冷循环。

3.2.14

气体液化循环　gas liquefaction cycle

以诸如空气、氧气、氮气、氢气、氦气和天然气等常温下难液化的气体作为制冷剂，在循环过程中制冷剂自身被液化而作为产品输出。

3.2.15

间接制冷循环　indirect refrigeration cycle

先通过蒸发器冷却载冷剂，再利用载冷剂冷却要被冷却的物体或空间的制冷循环。

3.2.16

回热循环　heat regenerative cycle

节流前的制冷剂液体与从蒸发器出来的制冷剂蒸气进行换热，使制冷剂蒸气过热、液体过冷的制冷循环。

3.3　性能参数与工况

3.3.1

制冷量　refrigerating capacity

在规定工况下单位时间内从被冷却的物质或空间中移去的热量。

3.3.2

标准制冷量　standard refrigerating capacity

标准工况下制冷机的制冷量。

3.3.3

净制冷量　net refrigerating capacity

制冷装置实际用于冷却的制冷量。

3.3.4

输入功率 input power

开启式压缩机的轴功率或封闭式压缩机的电机输入功率，此功率包括了维持系统正常工作的辅助设备的功耗。

3.3.5

轴功率 shaft power

原动机传给压缩机主轴的功率。

3.3.6

指示功率 indicated power

根据压缩机工作过程的 p-V 图所计算出的功率。

3.3.7

性能系数 coefficient of performance；COP

制冷量与输入功率之比。

3.3.8

能效比 energy efficiency ratio；EER

对于使用封闭式压缩机的制冷系统，制冷量与输入电功率之比。

3.3.9

单位轴功率的制冷量 refrigerating effect per shaft power

压缩机的制冷量与输入轴功率之比。

3.3.10

等熵效率 isentropic efficiency

压缩机理论循环等熵功率与轴功率之比。

3.3.11

指示效率 indicated efficiency

压缩等熵功率与指示功率之比。

3.3.12

机械效率 mechanical efficiency

压缩机指示功率与轴功率之比。

3.3.13

总制冷量 total cooling capacity

单位时间内制冷机从被冷却对象中去除的显热量与潜热量之和。

3.3.14

净总制冷量 net total cooling capacity

除去风机功耗的总制冷量。

3.3.15

显热制冷量 sensible heat cooling capacity

单位时间内设备能从制冷空间去除的显热量。

3.3.16

潜热制冷量 latent heat cooling capacity

单位时间内空气中水蒸汽的凝结所需要的制冷量。

3.3.17

冷凝热负荷 condenser heat

冷凝器向外界排放的热量。

3.3.18

过冷热量　heat of subcooling

饱和液体过冷过程中释放出的热量。

3.3.19

制冰能力　ice-making capacity

在给定的时间内制冰机实际的制冰量。

3.3.20

额定工况　nominal conditions

与制冷设备或装置的名义参数(通常规定在有关标准、产品标牌或资料上)相应的工况条件。

3.3.21

标准工况　standard conditions

为统一衡量制冷机性能所规定的工况条件。

3.3.22

空调工况　air conditioning conditions

规定空调压缩机工作条件的一组温度,用来比较空调压缩机性能。

3.3.23

冰箱工况　refrigerator conditions

规定冰箱压缩机工作条件的一组温度,用来比较冰箱压缩机性能。

3.3.24

试验工况　test conditions

表示制冷机试验时的工作压力和温度等工况条件。

3.3.25

运行工况　operating conditions

表示制冷机实际运行时的工作压力、温度等数值的工况条件。

3.3.26

制冷性能试验　refrigeration performance test

在稳定运行条件下对系统制冷量和功能状况进行测试的试验。

3.3.27

主要试验　main test

在制冷空调设备进行性能试验时,至少应同时采用两种方法进行测量,其中精度较高,并将其测量数据作为性能计算依据的试验。

3.3.28

校核试验　check test

在制冷空调设备进行性能试验时,至少应同时采用两种方法进行测量,其中精度较低,但其测量数据用于校核主要试验性能,计算结果在一定偏差范围内的试验。

3.3.29

第二制冷剂量热器法　secondary fluid calorimeter method

测量压缩机制冷量的一种方法。量热器由一组直接蒸发盘管作蒸发器,该蒸发器被悬置在一个隔热压力容器的上部,电加热器安装在容器底部并被容器中的第二制冷剂(如 R123 或 R134a)浸没着。制冷剂流量由靠近量热器安装的膨胀阀调节,当调节到规定要求时,电加热器输入功率等于压缩机的制冷量。

3.3.30

制冷剂气体流量计法　refrigerant vapour flowmeter method

用一个喷嘴或孔板式流量测量节流装置，测量制冷剂气体体积流量，用以计算被测压缩机的制冷量。该装置可以安装在压缩机的吸气或排气侧的管道上，节流装置应安装在由被测试压缩机、调节阀和气体过热度调节装置组成的封闭系统中。

3.3.31

水冷冷凝器量热器法　water-cooled condensercalorimeter method

测量压缩机制冷量的一种方法。水冷冷凝器是组成被测试压缩机的试验制冷系统的设备，同时又是试验系统的量热器，其上设置测量制冷剂温度、压力和冷却水温度、流量等仪表。通过测量冷凝器的热量，进而计算出被测压缩机的制冷量。

3.3.32

制冷剂液体流量计法　refrigerant-liquid flowmeter method

测量制冷剂液体流量，用以计算被测压缩机的制冷量，流量计可使用积算式或指示式流量计测量制冷剂容积流量。流量计安装在过冷器与膨胀阀之间的液体管道上，测量时应保证制冷剂处于过冷状态并不含气体。

3.4 制冷系统

3.4.1

制冷系统　refrigerating system

按照制冷循环，通过管道密封连接，并充注制冷剂，依次连接起来的机械和设备组成的整体，包括原动机在内。

3.4.2

直接式制冷系统　direct-type refrigerating system

制冷系统的蒸发器与被冷却介质直接接触，达到直接冷却效果的制冷方式。

3.4.3

间接式制冷系统　indirect-type refrigerating system

液体载冷剂在制冷系统中被制冷剂冷却，然后输送到被冷却(或冷冻)物质(或空间)中循环，或者冷却流过被冷却的物质(或空气)的制冷系统。

3.4.4

移动系统　mobile system

在移动设备中的制冷系统。

3.4.5

蒸气喷射制冷系统　eject refrigerating system

高压蒸气通过喷嘴，引射出蒸发器中产生的蒸气，蒸气一侧维持所需要的低压。随后在扩压器中进行压缩，而在另一侧形成高压，进而实现制冷的系统。

3.4.6

吸收式制冷系统　absorption refrigerating system

制冷剂液体在蒸发器中吸热蒸发，所形成的蒸气被吸收器中的吸收剂所吸收，吸收了制冷剂蒸气的吸收剂又在较高压力的发生器中被加热，而分离出制冷剂蒸气，该蒸气在冷凝器中被冷凝成液体，再经节流进入蒸发器吸热气化的制冷系统。

3.4.7

扩散-吸收式制冷系统　diffusion-absorption refrigerating system

采用了除制冷剂和吸收剂之外的中间介质(如氢)来平衡制冷回路中不同部件的直接压力的吸收式

制冷系统。

3.4.8

机械制冷系统　mechanical refrigerating system

运用压缩机将低压侧换热器中的制冷剂输送到高压侧换热器的制冷系统。

3.4.9

压缩式制冷系统　compression refrigerating system

通过提高气态制冷剂压力来实现制冷的系统。

3.4.10

复叠式制冷系统　cascade refrigerating system

由两个或多个采用不同制冷剂的制冷回路组成的复合系统。每一回路是单独的制冷系统,包括压缩机、蒸发器、冷凝器、节流机构,并且高温回路中的蒸发器兼作低温回路中冷凝器。

3.4.11

蓄冷式制冷系统　refrigerating system with cooling storage

带有蓄冷设备的制冷系统,可将制冷机产生的冷量储存到蓄冷系统内。当用冷量时,所储存的冷量将从蓄冷系统放出。

3.4.12

除霜　defrosting

从降温设备表面除去冰或霜的过程。

3.4.13

逆循环除霜　reverse-cycle defrosting

通过改变系统循环方向使蒸发器与冷凝器作用互换从而除去蒸发器表面的霜。

3.4.14

制冷剂再循环率　refrigerant recirculation rate

制冷机组中制冷剂实际质量流量与蒸发器中蒸发的制冷剂质量流量之比。

3.4.15

蓄冷板　hold-over plate

装有低共晶混合物的板状容器。通常与制冷系统相连,用于冻结混合物的盘管。

3.4.16

蓄冷盘管　hold-over coil

利用管内蓄冰来蓄冷的盘管。

3.4.17

制冷装置　refrigerating plant

制冷设备与耗冷设备的总称。包括机组、附件、控制设备、耗冷设备及围护结构。

3.4.18

能量调节器　capacity regulator

在制冷压缩机中用于调节容量的机构或装置。

3.4.19

冷量回收　cold recovery

制冷能量的回收,如在高低温流体间通过换热器进行制冷量的回收。

3.5　制冷机组

3.5.1

制冷机　refrigerating machine

包括原动机在内的按照制冷循环依次联接起来的机械和设备的整体。

3.5.2

蒸气压缩式制冷机 vapour compression refrigerating machine

按照蒸气压缩式制冷循环工作的制冷机。通常由压缩机、蒸发器、冷凝器和节流机构等部件组成。

3.5.3

空气涡轮制冷机 air turbine refrigerating machine

以空气为制冷剂,按照空气制冷循环工作,压缩机和膨胀机均为涡轮式的制冷机。

3.5.4

回热式空气制冷机 regenerative air refrigerating machine

带有回热器的空气制冷机。从低温腔排出的低温、低压空气在回热器中和来自冷却器的高温、高压空气进行热交换,使膨胀开始前的空气温度降低。

3.5.5

低温制冷机 cryogenic refrigerating machine

制取低温(通常在 120 K 以下)的制冷机。

3.5.6

氦制冷机 helium refrigerator

以氦为制冷剂制取低温的制冷机械。

3.5.7

^{3}氦-^{4}氦稀释制冷机 ^{3}He-^{4}He dilution refrigerator

按照^{3}氦-^{4}氦稀释制冷方法工作的低温制冷机。

3.5.8

蒸气喷射式制冷机 eject refrigerating machine

按照蒸气喷射式制冷循环工作的制冷机。

3.5.9

氨水吸收式制冷机 ammonia-water absorption refrigerating machine

以氨为制冷剂,水为吸收剂,按照吸收式制冷循环工作的制冷机。

3.5.10

单级氨水吸收式制冷机 single-stage ammonia-water absorption refrigerating machine

具有一级发生和一级吸收过程的氨水吸收式制冷机。

3.5.11

双级氨水吸收式制冷机 two-stage ammonia-water absorption refrigerating machine

具有两级吸收过程的氨水吸收式制冷机。

3.5.12

节流循环低温制冷机 throttling- cycle low-temperature refrigerator

利用焦耳-汤姆逊节流制冷效应来产生低温的回热式制冷机。

3.5.13

G-M 制冷机 Gifford-Mcmahon refrigerator

按 Gifford-McMahon 原理工作的机械式制冷机。

3.5.14

索尔文低温制冷机 Solvay cryocooler

由 Solvay 于 1887 年提出的一种以绝热放气制冷原理工作的机械式低温制冷机,与 G-M 制冷机不同是系统同时对外作功。

3.5.15

脉管低温制冷机 pulse tube cryogenic cryocooler

采用一根低导热率的管子代替往复运动的机械活塞而实现气体膨胀制冷的低温制冷机。

3.5.16

空气循环制冷机　air-cycle refrigerating machine

依靠压缩空气膨胀实现制冷的制冷机。

3.5.17

制冷机组　refrigerating unit

制冷系统中的制冷压缩机单元，有时包括与压缩机装在一起的冷凝器等设备。

3.5.18

压缩冷凝机组　compression condensing unit

由压缩机、冷凝器等组成的设备。

3.5.19

液体冷却机组　liquid-chilling unit

利用蒸发器、蒸气压缩机、冷凝器及合适的控制系统冷却液体的制冷装置。其也可以改变制冷循环方向用于加热液体。

3.5.20

小型燃气氨吸收式空调机组　small gas-fired ammonia absorption air-conditioning unit

基于氨吸收式制冷和热泵原理，以燃气的燃烧热驱动，以风冷方式向环境排放冷凝热和吸收热的空调机组。

3.5.21

高效GAX回热循环氨吸收式机组　GAX efficient ammonia-absorption-cycle heat recovery unit

利用高效GAX(generator-absorber heat exchange)回热循环的以氨水溶液为工质的吸收式机组。

3.5.22

溴化锂吸收式制冷机　lithiumbromide-absorption refrigerating machine

以水为制冷剂，溴化锂水溶液为吸收剂，按吸收式制冷循环工作的制冷机。

3.5.23

单效溴化锂吸收式制冷机　single-effect lithiumbromide-absorption refrigerating machine

具有一次发生和一次吸收的溴化锂吸收式制冷机。

3.5.24

双效溴化锂吸收式制冷机　double-effect lithiumbromide-absorption refrigerating machine

具有两次发生过程的溴化锂吸收式制冷机。

3.5.25

多效溴化锂吸收式机组　multi-effect lithiumbromide- absorption refrigerating unit

为充分利用高品位能量而采用多效吸收式循环流程的机组。

3.5.26

单筒溴化锂吸收式制冷机　one-shell lithiumbromide-absorption refrigerating machine

发生器、吸收器、蒸发器、冷凝器等主要部件设在一个内部分隔多腔室的筒体内的溴化锂吸收式制冷机。

3.5.27

双筒溴化锂吸收式制冷机　two-shell lithiumbromide-absorption refrigerating machine

将发生器和冷凝器置于一个筒体内，蒸发器和吸收器置于另一个筒体内的溴化锂吸收式制冷机。

3.5.28

双级溴化锂吸收式制冷机　two-stage lithiumbromide-absorption refrigerating machine

具有两级发生和两级吸收过程的溴化锂吸收式制冷机。

3.5.29

直燃型溴化锂吸收式制冷机　direct-fired lithiumbromide-absorption refrigerating machine

以燃油、燃气作热源的溴化锂吸收式制冷机。

3.5.30

无泵溴化锂吸收式制冷机　lithiumbromide-absorption refrigerating machine with bubble pump

不依靠机械泵而依靠热虹吸原理使溴化锂溶液提升后循环的溴化锂吸收式制冷机。

3.5.31

蒸气型吸收式制冷机　steam-operated absorption refrigerating machine

以蒸汽为热源的吸收式制冷机。

3.5.32

热水型溴化锂吸收式冷水机组　hot-water-operated lithium bromide-absorption water chiller unit

以热水的显热为驱动热源的溴化锂吸收式制冷机组。

3.5.33

溴化锂吸收式热泵机组　lithium bromide-absorption heat pumpunit

以热能为驱动能源,从低温处向高温处输送热量的溴化锂吸收式装置。

3.5.34

压缩-吸收式热泵机组　compression-absorption heat pump unit

采用压缩-吸收复合循环流程的热泵机组。

3.5.35

扩散-吸收式制冷机　diffusion-absorption refrigerator

利用工质对中不同组分的扩散与吸收能力而实现制冷的装置。

3.6　制冷剂和载冷剂

3.6.1

制冷剂　refrigerant

在制冷系统中用于传递热量的流体,在低温低压环境吸收热量,在高温高压环境放出热量,通常有伴有相变过程。

3.6.2

氟代烃制冷剂　fluorocarbon refrigerant

含有氟元素的碳氢化合物制冷剂。

3.6.3

卤代烃　halohydrocarbon

卤素卤化后的碳氢化合物。

3.6.4

氟氯烃　chorofluorocarbon;CFCs

饱和烃的氢原子完全被氯和氟取代后生成的化合物。

3.6.5

氢氯氟烃　hydrochlorofluorocarbon;HCFCs

饱和烃的氢原子没有完全被氯和氟取代后生成的化合物。

3.6.6

氢氟烃　hydrofluorocarbon;HFCs

饱和烃的氢原子仅被氟原子取代,而且没有完全被氟原子替代后生成的化合物。

3.6.7

共沸制冷剂　azeotrope refrigerant

两种或多种制冷剂混合形成,具有相变时温度不变的混合物。

3.6.8

近共沸混合制冷剂　near azeotropic refrigerant

气液平衡时,相变温度滑移很小的非共沸混合物。即定压下相变时气相和液相成分改变很小,其热力性状很接近共沸混合物。

3.6.9

非共沸混合物　zeotrope

由两种或两种以上物质混合的混合物。它在定压相变(蒸发或凝结)过程中,伴随一定的温度变化(相变温度滑移)。另外,相变过程中气相与液相的成分不相同,而且各自都是变化的,直到相变完成。

3.6.10

氢氟醚　hydrofluoroether

由氢、氟、碳和氧元素构成的有机化合物,特点是氧元素在主干线上,且同时与两个碳元素相连。此类化合物不含有氯元素和溴元素,其对臭氧层无破坏。

3.6.11

天然制冷剂　natural refrigerant

自然界中存在的可用作制冷剂的物质。

3.6.12

载冷剂　secondary refrigerant

在被冷却介质和制冷机组蒸发器之间起到传递热量的作用的流体。

3.6.13

共晶混合物　eutectic mixture

通常在恒温和固定组分时融化或冻结的混合物,且混合物的熔点通常是同样物质的混合物中最低的。

3.6.14

共晶冰　eutectic ice

共晶溶液冻结成的固体,通常用作蓄冷物质。

3.6.15

冰浆　ice slurry

在冰晶和水的混合物中,通过添加降低冰点的添加剂获得的悬浮状冰晶,可用泵输送。

3.6.16

吸收剂　absorbent

一种通过接触能吸收其他气态或液态介质的物质。

3.6.17

吸附剂　adsorbent

一种能够吸附气态、液态和固态物质分子到物质内表面的固态物质。吸附时只发生物理变化,并且在一定条件下可使被吸附的物质分子从吸附剂中释放出来。

3.7　制冷与环境

3.7.1

臭氧损耗　ozone depletion

由人类活动造成的氯氟烃、溴氟烃等物质的增加以及火山喷发排放的氯化氢等在紫外线作用下释放出高活性氯或溴自由基分解臭氧造成平流层的臭氧减少。

3.7.2

臭氧损耗潜值　ozone depletion potential;ODP

用以表示化学物质对臭氧损耗的相对指数。ODP=1 表示 CFC-11 所引起的臭氧损耗。

3.7.3

损耗臭氧层物质　ozone-depleting substance ;ODS

任何 ODP 大于零对臭氧层有破坏作用的物质,包括 CFCs、HCFCs、哈龙及溴化甲烷等。

3.7.4

温室效应　greenhouse effect

低层大气由于对长波和短波辐射的吸收特性不同而引起的增温现象。

3.7.5

全球变暖潜值　Global Warming Potential;GWP

表示大气中氯氟化碳物质对全球性气温变暖的影响能力,以二氧化碳的GWP为1.0。

3.7.6

变暖影响总当量　Total Equivalent Warming Impact ;TEWI

用于评估制冷系统对全球变暖作用的因子。对于给定系统,TEWI应包括:

——在部分回收或者无回收情况下,制冷剂泄漏所带来的直接影响作用;

——在制冷系统的整个生命周期内,由于系统运行所需的能量(电力或直接燃烧)而产生的二氧化碳排放所带来的间接影响作用。

4　制冷设备

4.1　制冷压缩机

4.1.1

压缩机　compressor

用以输送气体并提高气体压力的一种机械设备。

4.1.2

制冷压缩机　refrigerating compressor

用以压缩和输送气相制冷剂的机械设备。

4.1.3

制冷压缩机组　refrigerating compressor unit

压缩机和电动机装配成的成套设备,有时还包括油分离器、汽液分离器等附件。

4.1.4

容积式制冷压缩机　positive displacement refrigerating compressor

依靠压缩腔的内部容积缩小来提高气体压力的制冷压缩机。

4.1.5

回转式制冷压缩机　rotary refrigerating compressor

通过一个或几个部件的旋转运动来完成压缩腔内部容积变化的容积式制冷压缩机。

4.1.6

全封闭制冷压缩机　hermetic refrigerating compressor

制冷压缩机和电动机共轴整体装配,并置于一个气密的焊接壳体内的压缩机组。

4.1.7

半封闭式制冷压缩机　semi-hermetic refrigerating compressor

可拆开无轴封制冷压缩机。

4.1.8

开启式制冷压缩机　open-type refrigerating compressor

靠外部原动机驱动的压缩机,它通常有伸出机壳外的轴,在轴的伸出处需要设填料函或轴封。

4.1.9

往复式制冷压缩机　reciprocating refrigerating compressor

靠活塞往复运动来改变压缩腔内气体容积的容积式制冷压缩机。

4.1.10

斜盘式制冷压缩机　swash plate refrigerating compressor

依靠与转轴呈一定倾斜的斜盘的旋转运动带动活塞作往复运动的制冷压缩机。

4.1.11

隔膜式制冷压缩机　diaphragm refrigerating compressor

依靠膜片变形改变气缸容积的制冷压缩机。

4.1.12

滚动活塞式制冷压缩机　rolling piston refrigerating compressor

依靠偏心安装在气缸内的旋转活塞在圆柱形气缸内作滚动运动和一个与滚动活塞相接触的滑板的往复运动的制冷压缩机。

4.1.13

双螺杆式制冷压缩机　twin screw refrigerating compressor

由两个彼此啮合的螺旋转子来实现气体压缩的回转压缩机。

4.1.14

单螺杆式制冷压缩机　single screw refrigerating compressor

由一个螺杆和一对星轮组成的螺杆制冷压缩机。

4.1.15

涡旋式制冷压缩机　scroll refrigerating compressor

由一个固定的涡旋盘和一个呈偏心回转平动的运动涡旋盘组成可压缩容积的容积式回转压缩机。

4.1.16

滑片式制冷压缩机　sliding vane refrigerating compressor

依靠偏心转子和转子槽内滑动的一个或几个滑片在圆柱形气缸内作回转运动以压缩制冷剂气体的制冷压缩机。

4.1.17

三角转子式制冷压缩机　wankel refrigerating compressor

依靠三角形旋转活塞在近似于椭圆形的气缸内运动以压缩制冷剂气体的制冷压缩机。

4.1.18

双吸气制冷压缩机　dual effect compressor

有两个吸气口分别用于吸入不同压力的气体并压缩到同一排气压力的压缩机。

4.1.19

透平压缩机　turbo compressor

一种叶片旋转式机械。气体的压力提高是利用叶片与气体的相互作用达到的。

4.1.20

离心压缩机　centrifugal compressor

通过叶轮使气体的压力和速度增加,然后又在扩压器中将气体的动能转变为压力能,气体沿径向流过叶轮的透平压缩机。

4.1.21

轴流压缩机　axial flow compressor

流体沿旋转轴方向流动的透平压缩机。

4.2　制冷压缩机附件

4.2.1

活塞　piston

在往复活塞式内燃机、压缩机和泵等机械的缸体内沿缸体轴线往复运动的机械零件。在压缩机和泵中,其在外力作用下对缸体内的流体施加压力,以引起流体流动和提高其压力。

4.2.2

气缸　cylinder

活塞压缩机中活塞作往复运动的腔体,用于实现吸气、压缩、排气等过程。

4.2.3

连杆　connecting rod

活塞压缩机中用于连接活塞和曲轴的零件。

4.2.4

曲轴　crankshaft

活塞式压缩机的轴,用于将回转运动转变为活塞的往复运动。

4.2.5

曲轴箱　crankcase

用于封装曲轴的活塞压缩机的一部分。

4.2.6

轴封　shaft seal

一种摩擦密封或填料函,用以防止压缩机或其他流体输送设备轴与轴承之间的液体泄漏。

4.2.7

气阀　compressor valve

容积式压缩机中能够控制气体在流道内单向流动来完成吸气或排气的元件。

4.2.8

滑阀　slide valve

螺杆压缩机中用来调节容积流量的一种结构元件。其位于机体高压侧两内圆的交点处,且能在与气缸轴线平行的方向来回移动,从而使吸入的低压气体旁通,调节压缩段长度,以此来实现流量调节。

4.2.9

叶轮　impeller

流体流过的透平机械(如风扇,压缩机或泵)中的回转部分。

4.2.10

叶片　blade

具有合适形状(通常是扭曲的)装在透平机械轮盘上的零件。

4.2.11

扩压器　diffuser

装在叶轮后面流通面积逐渐扩大的元件。用于将流出叶轮的气体的动能转变为压力能。

4.3　制冷压缩机性能参数

4.3.1

压力比　pressure ratio

气体压缩后的绝对压力与压缩前的绝对压力之比。

4.3.2

多级压缩　multistage compression

两级或两级以上的压缩过程,通常低压级压缩的排气为下一级的进气。

4.3.3

内容积比　built-in volume ratio

吸气结束时低压力下的气缸容积与排气开始时高压力下的气缸容积之比。

4.3.4

余隙容积 clearance volume

在压缩机排气结束时未被排出的气体侵占的那部分容积。

4.3.5

容积效率 volumetric efficiency

输气系数

压缩机实际排气量与理论排气量的比值。

4.3.6

实际排气量 actual displacement

单位时间内压缩机实际排出的气体换算到吸气状态下的体积。

4.3.7

理论排气量 theoretical displacement

按压缩机的结构和转速计算出的单位时间内的工作容积。

4.3.8

活塞行程 piston stroke

活塞运行在上下两个止点间(即上止点和下止点)的距离。

4.3.9

阀升程 valve lift

气阀中阀片升起的垂直高度。气体倒流而引起大幅度的气流波动而发生的一种不稳定现象。

4.3.10

速度式压缩机的流动系数 flow coefficient for a dynamic compressor

由压缩机的总的理论压缩功率比透平转子圆周速度平方计算得出的无量纲量。

4.3.11

静压效率 static pressure efficiency

压缩气体的焓差(出口气体静压下焓值与入口气体总压下的焓值差)与压缩机的有效压缩功之比。

4.3.12

全效率 total efficiency

压缩气体的焓差(出口气体总压下焓值与入口气体总压下的焓值差)与压缩机的有效压缩功之比。

4.3.13

液击 slugging

制冷剂(和润滑油)的液体被压缩机吸入,造成压缩机的异常冲击影响压缩机正常工作的现象。

4.3.14

喘振 surging

在轴流、离心压缩机或风扇中,由于吸气端气体流量过小导致介质受到周期性吸入和排出的激励作用而发生的机械振动。

4.4 膨胀机

4.4.1

膨胀机 expander

将高压制冷剂膨胀成低压、低温状态,并输出外功的机械装置。

4.4.2

透平式膨胀机 expansion turbine

将高压制冷剂通过叶轮旋转而膨胀成低温、低压状态,并输出外功的机械。

4.4.3

活塞式膨胀机　piston-type expander

将高压制冷剂在容积变化的气缸里膨胀成低温、低压状态，并输出外功的机械。

4.4.4

回转式膨胀机　rotary expander

把气体从高压膨胀到低压制冷，并输出外功的回转式机械。

4.5　换热器

4.5.1

逆流换热器　counter flow heat exchanger

两种换热流体以相反的方向进出换热器，即在换热器内流动方向平行且反向的换热器。

4.5.2

顺流换热器　parallel flow heat exchanger

换热流体在换热器中流动方向相同的换热器。

4.5.3

叉流换热器　cross-flow heat exchanger

换热流体在换热器中流动方向相互垂直的换热器。

4.5.4

壳管式换热器　shell-and-tube heat exchanger

一组管束或盘管装在一壳体内构成的换热器。传递热量的两种介质，一种在管内，另一种在管外壳体内，通过管壁进行热量传递。

4.5.5

板式换热器　plate heat exchanger

一种由一组几何结构相同的平行薄平板叠加组成，两相邻平板之间用特殊设计隔开，形成通道，冷热流体间隔地在每个通道中流过的换热器。

4.5.6

直接接触式换热器　direct-contact heat exchanger

换热流体在换热器内直接接触换热。

4.5.7

蓄冰式冷却器　ice bank cooler

可在蒸发器管外结冰的水冷却器。

4.5.8

热回收换热器　heat recovery heat exchanger

用于回收热量的换热器。

4.5.9

冷凝器　condenser

冷却高温制冷剂蒸气并使之液化的热交换器。

4.5.10

水冷冷凝器　water-cooled condenser

依靠流过冷凝器表面的水进行热交换的冷凝器。

4.5.11

淋激式冷凝器　atmospheric condenser

将冷却水淋洒在换热管上进行热交换的冷凝器。

4.5.12

蒸发式冷凝器　evaporative condenser

利用空气强制循环和水分的蒸发进行热交换的冷凝器。

4.5.13

沉浸式冷凝器　submerged-coil condenser

冷凝管沉浸在盛满冷却水的容器内的冷凝器。

4.5.14

套管式冷凝器　double-pipe condenser

内管内部与内外管的环形空间分别流过两种流体(制冷剂和冷却介质),制冷剂在其中被冷凝的冷凝器。

4.5.15

壳管式冷凝器　shell-tube condenser

壳管式结构的冷凝器。通常冷却水在管内流动,制冷剂在壳体管外被冷凝。

4.5.16

立式壳管式冷凝器　open shell-tube condenser

换热管和壳体垂直放置,冷却水沿管子内壁呈膜状流下,与大气相通的冷凝器。

4.5.17

卧式壳管式冷凝器　closed shell-tube condenser

换热管和壳体水平放置,在压力作用下的冷却水在冷凝器换热管内多程往返流动的冷凝器。

4.5.18

组合式冷凝器　multishell condenser

由几个冷凝单元组成的冷凝器。

4.5.19

混合式冷凝器　barometric condenser

蒸气喷射式制冷机中水蒸汽减压后和冷却水直接接触而冷凝的设备。

4.5.20

风冷冷凝器　air-cooled condenser

依靠流过冷凝器表面的空气进行热交换的冷凝器。

4.5.21

冷凝-贮液器　condenser-receiver

壳管式冷凝器壳体内管束下部留有作为贮液器用空间的冷凝器。

4.5.22

冷凝-蒸发器　condenser-evaporator

一种制冷剂蒸发用于另一种制冷剂液化的换热器。

4.5.23

过冷器　subcooler

使饱和液体进一步冷却而无相变的换热器。

4.5.24

蒸发器　evaporator

经减压后的液态制冷剂蒸发吸收被冷却介质的热量的换热器。

4.5.25

干式蒸发器　dry-expansion evaporator

蒸发器内液体制冷剂全部蒸发成蒸气的蒸发器。

4.5.26

满液式蒸发器 flooded evaporator

蒸发器内液体制冷剂不完全蒸发成蒸气的蒸发器。

4.5.27

壳管式蒸发器 shell-coil evaporator

蒸发盘管装在封闭的圆柱形壳体中,并与被冷却的液体直接接触的蒸发器。

4.5.28

管板式蒸发器 tube-on-sheet evaporator

一种扩展表面的蒸发,将制冷剂流过的盘管焊在一块或几块金属板的表面上。

4.5.29

吹胀式蒸发器 roll-bond evaporator

两块金属板,除了用石墨粉印刷有制冷剂通道的部分外,经加热滚压焊接在一起,然后用压缩空气吹胀出制冷剂通道的蒸发器。

4.5.30

回热器 superheater

从蒸发器出来的蒸气,用冷凝后的高压液体加热使之过热,从而使高压液体过冷的一种换热器。

4.5.31

中间冷却器 intercooler

用来冷却多级压缩机级与级之间气体的换热设备。

4.5.32

盐水冷却器 brine cooler

间接系统中用于冷却盐水(水)的蒸发器。

4.5.33

冷却塔 cooling tower

直接接触式换热器的一种。通过空气和水的热交换并使部分水蒸发达到冷却水的目的。

4.5.34

蓄冷器 regenerator

一种使冷、热不同的流体交替流过蓄热填料式换热表面的换热器。

4.5.35

发生器 generator

吸收式制冷机中的一个换热设备。依靠热源加热,使溶液中的低沸点组分沸腾,产生蒸气。

4.5.36

吸收器 absorber

吸收式制冷机的换热设备之一。用于将从蒸发器出来的制冷剂蒸气吸收到溶液中。

4.5.37

溶液热交换器 solution heat exchanger

冷、热溶液之间进行换热的设备。

4.5.38

冷却盘管 cooling coil

可用作干式蒸发器或用于输送载冷剂的换热管。

4.5.39

冷却盘管组 cooling battery

用以冷却空气的成组冷却盘管。

4.5.40

排管　row of tubes

在一个水平面上用作换热器使用的平行管集。

4.5.41

肋效率　fin efficiency

肋的实际散热量与整个肋表面处于肋基温度下的理论散热量之比。

4.6　附件

4.6.1

节流阀　throttle valve

用于阻碍流体流动，降低流体压力和温度的阀。

4.6.2

膨胀阀　expansion valve

用以调节流向蒸发器的液体制冷剂压力和流量的调节阀。

4.6.3

热力膨胀阀　thermostatic expansion valve

自动调节流向蒸发器的液体制冷剂压力和流量，使压缩机吸入蒸气的过热度保持在有限范围内的阀。

4.6.4

手动膨胀阀　hand expansion valve

一种手动操作的膨胀阀。

4.6.5

电子膨胀阀　electronic expansion valve

一种可按设定程序自动调节的电子驱动膨胀阀。

4.6.6

浮球阀　float valve

由浮球控制液体容器中液位变化的阀。

4.6.7

毛细管　capillary tube

一种小口径的管子，在制冷系统中作节流控制用，也可作为温包和执行机构之间压力传递的元件。

4.6.8

四通阀　four-way valve

含有四个阀口，利用电力驱动其内部滑块实现系统制冷与制热循环转变的阀。

4.6.9

换向阀　reversing valve

制冷系统中切换冷凝器和蒸发器作用以达到除霜目的的阀，或热泵系统中用于实现系统制冷与制热切换的阀。

4.6.10

止回阀　check valve

一种只能单方向打开，能够防止流体回流的自动阀。

4.6.11

旁通阀　by-pass valve

用于使流体在某元件或管道内循环而不流出的阀。

4.6.12

热气旁通阀　hot gas by-pass valve

一种由吸气压力控制,把适量的高压侧蒸气旁通到低压侧,使吸气压力高于给定值的自动阀。

4.6.13

检修阀　service valve

为方便维修而设置的阀。

4.6.14

电磁阀　solenoid valve

受电气通断信号操纵而执行开关动作的自动阀。一般指二通电磁阀,用于双位调节或保护性控制的执行机构。

4.6.15

压力调节阀　pressure-controlled valve

根据给定压力的偏差来决定阀头与阀座的相对位置的阀。

4.6.16

组合式膨胀阀　pilot-operated expansion valve

膨胀阀的一种。多用于大容量系统中,分为主阀和导阀。导阀起接受和引导信号的作用、控制主阀动作,是控制阀;主阀是放大执行机构,是调节阀。

4.6.17

总阀　master valve

装在流体主干线与流体接收元件间的阀,其关闭可切断流体在系统中的循环。

4.6.18

导阀　pilot valve

一种小阀,它的开或关直接控制着主阀动作。

4.6.19

干燥器　dryer

一种用于除去制冷剂液体中水分的装置。

4.6.20

干燥-过滤器　drier-filter

装在制冷系统中液体管线中的部件,用于除去制冷剂液体中的脏物和水分。

4.6.21

不凝性气体分离器　non-condensable gas separator

分离和排除不凝性气体的设备。

4.6.22

抽气回收装置　purge recovery unit

制冷机中将空气和制冷剂分开,排除空气、回收制冷剂的装置。

4.6.23

隔振器　vibration isolator

一种弹性元件,用于减小压缩机振动对制冷系统其它装置的影响。

4.6.24

油分离器　oil separator

将油和油雾滴从气态制冷剂中分离出来的设备。

4.6.25

贮液器　liquid receiver

制冷系统中用于贮存液体制冷剂的容器。

4.6.26

视镜　sight glass

用来观察制冷系统关键部位状况,以便使操作人员及时掌握系统是否正常工作的设备。

4.6.27

液体分离器　suction accumulator

分离低压侧气液混合物中液体的设备。

4.6.28

高低压控制器　dual pressure controller

兼有低压控制和高压控制功能的控制器。其一端与低压端相连,另一端与高压端相连,利用压力控制设备启停。在制冷系统中可执行排气压力和吸气压力保护。

4.6.29

压力控制器　pressure controller

受压力控制的电开关,即压力继电器。一般压力在设定值时电触点断开,切断电源。

4.6.30

温度控制器　temperature controller

可执行温度保护功能或者按温度信号和设定值执行控制功能的控制器。

4.6.31

压差控制器　differential pressure controller

根据压力差实现控制作用的控制器。

4.6.32

检漏仪　leak detector

用来检测制冷系统或元件漏孔位置或漏率的仪器。

4.6.33

卤素灯　halide torch

遇有卤化烃时会发生火焰色变的检漏器。

4.6.34

低压循环储液器　low pressure circulation receiver

设在制冷系统低压侧,用以贮存制冷系统低压侧所使用的制冷剂的一种容器。

4.6.35

蓄冰槽　ice storage tank

通过水的相变蓄存冷量的蓄冷槽体。

4.6.36

冰水槽　iced water tank

用来浸没蒸发器盘管和存放冰水混合物的隔热水箱。

4.6.37

经济器　economizer

在离心式、螺杆式等制冷机组中,将级间节流后生成的闪发蒸气引至相应级中压缩,以提高机组性能的设备。

5 冷冻冷藏及冷藏链

5.1 基本概念

5.1.1

冷藏链 cold chain

以制冷技术为主要手段，使易腐食品或货物在原料、生产、加工、运输、贮藏、销售等各个环节中始终保持适宜温度的系统。

5.1.2

冷害 chilling injury

在贮藏运输过程中，产品温度在冰点以上所发生的一种低温损伤。

5.1.3

冷缩 cold shrinkage

屠宰后的胴体在冷却时所引起的肌肉收缩。

5.1.4

冷稳定 cold stabilization

将新制备的液体食品（主要是葡萄酒），通过预先冷却将某些物质沉淀出来。

5.1.5

干耗 moisture loss

冻结食品在贮藏中由于组织中冰晶升华造成的重量减少。

5.1.6

冰温 ice-temperature

0 ℃到生物体内部溶液开始发生相变（冻结点）时温度的温度区域，在此温域可以维持其细胞的活体状态。

5.1.7

预冷 pre-cooling

在生产线某一道工序之前对产品所实施的冷却；或在运输及贮藏前，对产品进行的冷却处理。

5.1.8

真空预冷 vacuum pre-cooling

利用水在减压下的快速蒸发以吸收产品组织中的热量并使产品迅速降温的方法。

5.1.9

冷却速度 cooling rate

产品冷却时，产品所降低的温度和所需时间的比值。

5.1.10

冷却货物 cargo chilled

采用人工或天然降温方法使其降低到特定温度，但不低于其冰点的货物。

5.1.11

冻结货物 cargo frozen

经冷冻加工、其中心温度达到其冻结点以下的货物。

5.1.12

冻结 freezing

将物品温度降低到冻结点以下的过程。

5.1.13

冻结点 freezing point

当除去热量后，液体将要冻结的温度（通常在标准大气压下）。

5.1.14

冻结速度　freezing rate

食品表面与中心温度点间的最短距离与食品表面达到0 ℃以后食品中心温度降到比食品冻结点低10 ℃所需的时间之比。

5.1.15

冻结食品　frozen food

经过冻结处理过的食品。

5.1.16

冻结浓缩　freeze-concentration

将溶液中的部分水冻结并将其冰晶体排除以浓缩此溶液。

5.1.17

冻结能力　freezing capacity

在规定的初始温度和最终温度的条件下，冻结装置在单位时间内所能冻结的货物量。

5.1.18

额定冻结能力　rated-freezing capacity

制造商所标定的设备冻结能力。

5.1.19

有效冻结时间　effective freezing time

产品从起始温度到冻结结束，使产品的热中心温度降至指定的冻结温度所需的时间。

5.1.20

快速冻结　quick freezing

使产品迅速通过其最大冰晶生成区，当产品平均温度达到－18 ℃时，冻结加工方告完成的冻结方法。

5.1.21

慢速冻结　slow freezing

不需要将温度迅速降至产品最大冰晶生成区以下的冻结方法。

5.1.22

强制通风冻结　air blast freezing

在高速气流中冻结产品。

5.1.23

接触冻结　contact freezing

产品与冷表面直接接触的冻结。

5.1.24

沉浸冻结　immersion freezing

产品浸没在冷液体中的冻结。

5.1.25

喷淋冻结　spray freezing

利用冷液体喷淋产品而使其冻结。

5.1.26

单体快速冻结　individual quick freezing

通过高效的热传递将食品快速冻结，并完全分开成每个单体，互相之间不会粘连。

5.1.27

流态式冻结　fluidized freezing

颗粒状食品在流态床内呈悬浮状或半悬浮状的冻结方式。

5.1.28

托盘式冻结　tray freezing

将食品摆在浅盘中，置于可移动的搁架上，放在低温空气流中进行冻结。

5.1.29

冻析　freeze out

使冻结混合物中的某一成分分离出来。

5.1.30

冻凝　winterization

一种用于提取食用油的技术，使其在低温条件下除去某些组分。

5.1.31

解冻　thawing

使冻结产品中的冰体融化的过程。

5.1.32

解冻时间　thawing time

从开始加热到冻结物体中冰晶体完全融化所需的时间。

5.1.33

解冻僵直　thaw rigor

胴体在解冻时所产生的明显肌肉收缩。

5.1.34

高频解冻　high frequency thawing

利用 3 MHz～30 MHz 电磁场极性的高速变化，驱动食品内的极性分子作高速运动，产生热量以融化冻品中的冰晶。

5.1.35

微波解冻　microwave thawing

用频率为 915 MHz 或 2 450 MHz 波带电磁波使冻结食品内的极性分子作高速运动，产生热量以融化冻品中的冰晶。

5.1.36

再冻　refreezing

经过第一次冻结后，对全部或部分融化产品所进行的再次冻结。

5.1.37

脱水率　desiccation ratio

冷冻干燥过程中，去除的水分质量与初始物料质量之比。

5.1.38

冷冻干燥　freeze-drying

产品经过低温冻结后，通过升华干燥和解析干燥去除其所含的自由水和结构水的工艺过程。

5.1.38.1

间歇冷冻干燥　batch freeze-drying

每次操作完成均破坏干燥室真空的冷冻干燥过程。

5.1.38.2

离心冷冻干燥　centrifugal freeze-drying

冷冻干燥的同时，利用离心力以避免起泡的过程。

5.1.38.3

连续冷冻干燥　continuous freeze-drying

物料连续通过干燥室的冷冻干燥过程。

5.1.38.4

喷雾冷冻干燥　spray freeze-drying

在升华过程前，液体物料先进行喷雾冷冻的冷冻干燥过程。

5.1.39

真空干燥　vacuum drying

在真空条件下，减少物料含水量的一种方法。

5.1.40

真空冷冻干燥　vacuum freeze drying

将湿物料或溶液在较低的温度(－10 ℃～－50 ℃)下冻结成固态，然后在真空状态下使其中的水分不经液态直接升华成气态，最终使物料脱水的干燥技术。

5.1.41

辐射干燥　drying by radiation

主要通过辐射供给热量的干燥。

5.1.42

微波干燥　microwave drying

主要在交变电场中对物料湿气进行直接加热的干燥。

5.1.43

常压冷冻干燥　atmospheric freeze-drying

冷冻干燥在常压下完成的过程。

5.2　冷加工设备

5.2.1

预冷器　precooler

运输、贮存和加工处理前移去产品显热用的冷却器；或流体进入设备的某一部分之前冷却流体用的设备。

5.2.2

冷阱　cold trap

一种依靠冷却壁面使水蒸汽冷凝的设备。

5.2.3

熟食品快速冷却机　vacuum cooling machine for cooked food

使经高温加工后的熟食品制品在短时间内迅速降温，快速通过细菌容易繁殖温度带(60 ℃～30 ℃)，从而延长储藏期，保证食品营养的设备。

5.2.4

真空预冷机　vacuum precooling machine

在低于常压环境中快速地蒸发物品部分水分而使其自身冷却的设备。

5.2.5

冷冻干燥机　freeze-drier

将含水物质先行冻结，然后使其中的冻结的水从固态升华成气态，以除去水分而保存物质的一种机械设备。

5.2.6

冻结装置　freezing plant

能够使产品温度降低并顺利通过其最大冻结冰晶区域而被冻结的装置。

5.2.6.1

快速冻结装置　quick-freezing plant

能够使产品温度快速降低并顺利通过其最大冻结冰晶区域的冻结装置。

5.2.6.2

强制通风式冻结设备　air blast freezer

通过快速循环的冷空气来冻结产品的冻结设备。

5.2.6.3

接触式冻结设备　contact freezer

物品与冷表面相接触而被冻结的一种冻结设备。

5.2.6.4

深冷冻结设备　cryogenic freezer

采用液氮或干冰作为致冷剂，实现深低温度冻结的设备。

5.2.6.5

间歇式冻结设备　batch freezer

一次只适合于单一填料的制冷设备。

5.2.6.6

连续式冻结设备　continuous freezer

冷却过程中被冷却货物可连续不断的送入冻结器进行冻结的设备。

5.2.6.7

沉浸式冻结设备　immersion freezer

一种盛有冷却液体的隔热箱，货物可沉浸在该液体中进行冻结的设备。

5.2.6.8

平板冻结设备　flat freezer

冷表面是金属平板的一种接触式冻结设备。

5.2.6.9

搁架式冻结设备　shelf freezer

物品被放置在内有制冷剂循环的架子上冻结的一种冻结设备。

5.2.6.10

流态式冻结设备　fluidized bed freezer

在冻结过程中，颗粒状食品在流态床内呈悬浮状或半悬浮状的快速冻结设备。

5.2.6.11

螺旋式速冻设备　spiral freezer

输送带按螺旋线轨迹运行的食品快速冻结设备。

5.2.6.12

网带式速冻设备　mesh-belt tunnel freezer

靠网带式输送带进行食品冻结的快速设备。

5.2.6.13

板带式速冻设备　plated-belt tunnel freezer

靠板带式输送带进行快速冻结的快速设备。

5.2.6.14

液氮速冻设备　liquid N_2 freezer

通过液态氮在保温间内吸收食品中的热量蒸发，完成食品快速冻结的设备。

5.2.6.15

液体二氧化碳速冻设备　liquid CO_2 freezer

液体二氧化碳在保温间内吸收食品中的热量蒸发，完成食品快速冻结的设备。

5.2.7

制冰机　ice machine

通过人工制冷的方式把水冻结成冰，并具有储冰间室的器具。

5.2.7.1

连续式制冰机　non-cyclic ice machine

制冰过程中注水、冻结和收冰等各个阶段同时进行的自动制冰机。

5.2.7.2

间歇式制冰机　cyclic ice machine

制冰过程中注水、冻结和收冰等各个阶段分别按顺序进行的自动制冰机。

5.2.7.3

片冰制冰机　chip ice machine

一种以电动机械压缩式制冷的方式把水连续式制成片状冰的设备。

5.2.7.4

雪花冰制冰机　granular ice machine

一种以电动机械压缩式制冷的方式把水连续式制成雪花形冰的设备。

5.2.7.5

块冰制冰机　block-ice machine

一种以电动机械压缩式制冷的方式将淡水制成块状冰的设备。

5.2.7.6

管冰制冰机　tube ice machine

一种以电动机械压缩式制冷的方式将淡水间歇制成管形冰的设备。

5.2.7.7

板冰制冰机　plate ice machine

一种以电动机械压缩式制冷的方式将淡水间歇制成板形冰的设备。

5.2.8

冰淇淋机　ice-cream machine

制造冰淇淋的设备。

5.3　贮藏

5.3.1

冷库　cold store

采用人工制冷降温并具有保冷功能的仓储用建筑物,包括库房、制冷机房、变配电间等。

5.3.2

分配性冷库　dispatching cold store

建在消费中心区或其附近,用作配送前食品暂存的冷库。

5.3.3

生产性冷库　producing cold store

配置在食品产地、加工企业或渔业加工基地的冷库。

5.3.4

气调冷库　controlled atmosphere cold storage

通过对贮藏环境中温度、湿度、气体成分等条件的控制,抑制果蔬呼吸作用,延缓其新陈代谢过程,更好地保持果蔬新鲜度,延长贮藏期和保鲜期的冷库。

5.3.5

装配式冷库　assembly cold store

采用在工厂预先制造好的轻质复合保温板做围护结构,在现场组装的冷库。

5.3.6

专用冷库　specialized cold store

只用于贮存某一特定物品的冷库。

5.3.7

库房　storehouse

指冷库建筑物主体及为其配套的楼梯间、电梯间、穿堂等附属房间。

5.3.7.1

冷藏区　chill space

库房的一个区域，其温度保持在 0 ℃～15 ℃范围内。

5.3.7.2

冷冻区　freeze space

库房的一个区域，其温度保持在 0 ℃以下。

5.3.7.3

冷间　cold room

库房中采用人工制冷降温房间的统称。包括：冷却间、冻结间、冷藏间、冰库、低温穿堂等。

5.3.7.3.1

预冷间　precooling room

对产品进行预冷加工的房间。

5.3.7.3.2

冷却间　chilling room

对产品进行冷却的房间。

5.3.7.3.3

冷藏间　cold storage room

用于贮存经冷却加工产品的房间。

5.3.7.3.4

冻结间　freezing room

对产品进行冻结加工的房间。

5.3.7.3.5

冷却物冷藏间　chilled food storage room

用于贮存高于冰点温度低于常温的储存货物的房间。

5.3.7.3.6

冻结物冷藏间　frozen food storage room

用于贮存冻结货物的房间。

5.3.7.3.7

升温间　warming room

用于低温食品升温，避免食品表面凝露的房间。

5.3.7.3.8

冰库　ice storage room

用于贮存冰的房间。

5.3.7.4

制冰池　ice-making tank

用于制取块冰(透明冰或白冰)的长方形池子。

5.4　冷藏运输

5.4.1

冷藏运输　refrigerated transport

易腐食品或货物在适宜的温度环境下进行的运输过程。

5.4.2

冷藏车 refrigerated vehicle

泛指具有冷源和隔热车体的运输车辆。

5.4.2.1

冷藏汽车 refrigerated lorry

用于公路运输的具有冷源和隔热车体的汽车。

5.4.2.2

机械冷藏汽车 mechanically refrigerated lorry

以机械制冷装置为冷源的公路冷藏车。

5.4.2.3

铁路机械冷藏车 mechanically refrigerated truck

以机械制冷装置为冷源的铁路货车。

5.4.3

保温汽车 insulated vehicle

无冷源,仅在车体上设有隔热保温箱体的汽车。

5.4.4

冷藏船 refrigerated ship

为运送易腐物品,货舱全部或部分由制冷装置冷却的专用船舶。

5.4.5

冷藏集装箱 refrigerated container

具有冷源和隔热箱体的集装箱。

5.4.6

控温运输工具 temperature-controlled conveyance

设有隔热层并维持一定内部环境温度的运输工具。包括保温车、冷藏汽车、铁路冷藏车、冷藏集装箱和冷藏船等。

5.5 分配

5.5.1

商用冷柜 commercial refrigerated cabinet

带有制冷系统可陈列或储藏冷藏和冷冻食品,并使存放的食品温度保持在规定的范围内的冷柜。

5.5.1.1

冷藏陈列柜 refrigerated display cabinet

制冷陈列柜

带有制冷系统可存放、陈列冷藏和冷冻食品,并使存放的食品温度保持在规定的范围内的陈列柜。

5.5.1.2

制冷储藏柜 refrigerated storage cabinet

带有制冷系统可存放冷藏和冷冻食品,并使存放的食品温度保持在规定的范围内的储藏柜。

5.5.1.3

碳酸饮料冷藏柜 carbonated beverages cabinet

有一个或多个间室用来储藏碳酸饮料的一种专用冷藏陈列柜。

5.5.1.4

葡萄酒储藏柜 wine storage cabinet

有一个或多个间室用来储藏葡萄酒的一种专用冷藏柜。

5.5.2

电冰箱 refrigerator

一种带有冷源的用于存放食品的调温容器。

5.5.2.1

家用电冰箱 household refrigerator

在工厂组装的、由一个或多个间室组成的、具有适合的容积和结构、适合于家用的使用自然对流或无霜系统(强制对流)、消耗一种或多种能量以获取冷量的隔热箱体。

6 空气调节

6.1 基本概念

6.1.1

度日数 degree-day

一段时期(月、季和年等)室外日平均气温与空调/供暖基准温度之差值的和。用于度量建筑物供暖或供冷能源需求。

6.1.2

设计工况 design working condition

空调系统设计时所依据的室外和室内温度、湿度等环境条件的总和。

6.1.3

有效温度 effective temperature

与当前环境相同热感觉的静止饱和状态的空气温度。一种用于反应受试者对空气温度、相对湿度和气流速度综合热感觉的舒适性指标。

6.1.4

室内气候 indoor climate

用于描述密闭空间物理环境状况参数的总和,包括:温度、湿度、风速、空气压力、颗粒浓度等。

6.1.5

滞流区 dead air pocket

空间中不受流通空气影响的停滞区。

6.1.6

迎面风速 face velocity

流入或流出某给定有效面积的空气轴向速度。

6.1.7

除湿量 dehumidify capacity

单位时间除湿设备从环境中除去的水分的量。

6.2 空调系统

6.2.1

空气调节系统 air-conditioning system

空调系统

以空气调节为目的对空气进行处理、输送、分配,并控制其参数的所有设备、管道及附件、仪器仪表的总和。

6.2.2

集中式空调系统 central air-conditioning system

集中进行空气处理,而后通过风机、风管和空气分配器把处理的空气输送到用户房间的空调系统。

6.2.3

半集中式空调系统　semi-central air-conditioning system

除有集中在空调机房的空气处理设备可处理一部分空气外，还有分散在被调房间内的空气处理设备，它们可以对室内空气进行就地处理，或对来自集中处理设备的空气进行补充处理。

6.2.4

分散式空调系统　decentralized air-conditioning system

将空气处理设备分散在被调房间内的系统。

6.2.5

全空气空调系统　all air air conditioning system

空调房间的热湿负荷全部由集中处理并经风管进入房间的空气承担的空调系统。

6.2.5.1

定风量系统　constant-air-volume system

全空气空调系统中，不通过调节送风量而实现室内参数控制的空调系统。

6.2.5.2

变风量系统　variable-air-volume system

全空气空调系统中，通过调节送风量实现室内参数控制的空调系统。

6.2.6

全水空调系统　all water air conditioning system

空调房间的热湿负荷全部进入房间的冷冻水承担的空调系统。

6.2.7

空气-水空调系统　air-water air conditioning system

空调房间的热湿负荷由进入房间的空气和冷冻水共同承担的空调系统。

6.2.8

直接蒸发式空调系统　direct evaporative air conditioning system

空调房间的热湿负荷，由制冷系统的蒸发器直接承担，而不使用水作为中间媒介的空调系统。

6.2.8.1

定制冷剂流量系统　constant refrigerant flow rate system

直接蒸发式空调系统中，不通过调节制冷剂的流量实现室内空气温湿度控制的系统形式。

6.2.8.2

变制冷剂流量系统　variable refrigerant flow rate system

直接蒸发式空调系统中，通过调节制冷剂的流量实现室内空气温湿度控制的系统形式。

6.3　空调设备

6.3.1

冷水机组　chiller

提供冷冻介质的制冷机组。

6.3.2

空调机组　air handling unit

空调系统中，用于对空气温度、湿度和洁净度等进行调节的部件的总和。

6.3.3

新风机组　fresh-air handling unit

用于对室外空气进行处理的空调机组。

6.3.4

整体式空调机组　self-contained air-conditioning unit

将空气冷却盘管、风机、压缩机、冷凝器和自控装置等组装于一体的空气处理设备。

6.3.5

分体式空调机组 split air-conditioning unit

由室内和室外两部分组成的空气处理设备。

6.3.6

干式冷却盘管 dry-cooling coil

盘管表面温度高于入口空气露点温度的空气冷却装置。

6.3.7

平板冷却器 panel cooler

主要靠辐射进行冷却的冷却平板。

6.3.8

喷淋式空气冷却器 spray-type air cooler

通过向气流中喷淋冷水的方法以实现空气冷却的空气冷却器。

6.3.9

湿式空气冷却器 wet-type air cooler

一种空气冷却装置,空气与通过喷淋,液体流动或冷凝形成的湿、冷表面进行换热达到冷却效果。

6.3.10

喷淋器 air washer

一种通过喷淋、雾化和滴淋等方式使水或者其他溶液与来流空气充分接触,从而实现对空气的加热、冷却、加湿和除湿的空气处理装置。不同过程取决于流体的温度、湿度或者浓度特性。

6.3.11

填料式蒸发冷却器 fan-pad system

一种空气冷却器,包含蒸发填料、风机和喷淋系统。空气被风机推动而流经蒸发填料,与填料上的水接触实现空气冷却。

6.3.12

表面除湿器 surface dehumidifier

一种除湿设备,其特征为盘管表面温度低于空气露点温度。

6.3.13

风机盘管 fan-coil unit

由风机、换热器及过滤器等组成一体的空调设备,是空气-水空调系统的末端装置。

6.3.14

冷梁 chilled beam

一种梁型空调末端设备,安装在天花板上,通过冷辐射、自然对流或者引流方式对室内环境进行调节。

6.3.15

空调器 air conditioner

由空气处理设备、通风机、制冷机及自动控制仪表等组装而成的结构紧凑的局部空调设备。

6.3.16

房间空调器 room air conditioner;RAC

可以直接安装在室内的无风管厢式空调器。

6.3.17

窗式空调器 window-air conditioner

安装在窗户上的整体式空调器。

6.3.18

柜式空调器　packaged air conditioner

制冷、通风、加湿设备组装成一个柜形整体的空调器。使用时可安放在被调房间内,也可安放在邻室用风管送风和回风。

6.3.19

落地式空调器　floor-type air conditioner

直立地放置在地面上的空调器。

6.3.20

吊顶式空调器　ceiling-type air conditioner

悬挂在天花板附近的空调器。

6.3.21

壁挂式空调器　wall-mounting-type air conditioner

空调器的室内机组安装在墙上的分体式空调器。

6.3.22

水冷式空调器　water-cooled air conditioner

采用水冷却冷凝器的空调器。

6.3.23

风冷式空调器　air-cooled air conditioner

采用室外空气冷却冷凝器的空调器。

6.3.24

热泵式空调器　heat-pump air conditioner

装有四通换向阀以实现蒸发器与冷凝器功能转换的空调器。

6.3.25

制冷除湿机　refrigerating dehumidifier

通过制冷的方法,使得水蒸汽凝结而降低所流过空气的含湿量的空气冷却器。

6.3.26

加湿器　humidifier

增加空气中水蒸汽含量的设备。

6.3.27

自然冷却　free cooling

当空气、水或者其他热源的温度足够低,采用合适的换热设备将其冷量直接用于供冷的系统形式。其具有以下特征:可替代机械制冷系统;具有技术经济性;冷源免费而实现冷能的输配需要消耗能源。

6.4　通风与洁净

6.4.1

自然风循环　natural air circulation

由温差或湿度差导致的密度差引起的空气循环。

6.4.2

射流扩展距离　spread distance

空气射流离开出风口后散布的距离。

6.4.3

通风　ventilation

通过自然或机械手段向任意空间送风或排风的过程。

6.4.4

散流器　air diffuser

安装于屋顶的空调末端设备，用于分散和改变气流运动方向。

6.4.5

除尘器　dust eliminator

用于捕集通过它的空气或其他气体中悬浮颗粒物的设备。

6.4.6

轴流风机　axial fan

利用旋转叶轮产生升力来输送气体的一种风机。

6.4.7

离心风机　centrifugal fan

利用旋转叶轮产生离心力或升力来输送气体并提高其压力的一种风机。

6.4.8

夜间通风　night ventilation

为降低白天建筑供冷负荷，当夜间室外温度较低时采用通风使建筑物结构冷却的通风系统形式。

6.4.9

洁净室　clean room

空气中悬浮微粒控制在规定洁净度内的房间。

7　热泵

7.1

热泵　heat pump

能使热量从低温热源流向高温热源的供热装置。

7.2

吸收式热泵　absorption heat pump

根据吸收式循环运行的热泵。

7.3

吸附式热泵　adsorption heat pump

根据吸附式循环(固体吸附)运行的热泵。

7.4

空气源热泵　air-source heat pump

采用空气作为低温热源的热泵。

7.5

空气-空气热泵　air-to-air heat pump

以空气为低温热源和高温热源的热泵。

7.6

空气-水热泵　air-to-water heat pump

以空气为低温热源、水为高温热源的热泵。

7.7

水-空气热泵　water-to-air heat pump

以水为低温热源、空气为高温热源的热泵。

7.8

水-水热泵　water-to-water heat pump

以水为低温热源和高温热源的热泵。

7.9

蒸气压缩式热泵　vapour-compression heat pump

采用蒸气压缩式循环的热泵。

7.10

水源热泵　water-source heat pump

以水为低温热源的热泵。

7.11

地热热泵　geothermal heat pump

以地球表面浅层水源和土壤为低温热源的热泵。

7.12

地下水源热泵　ground-water heat pump

采用地下水作为低温热源的热泵。

7.13

地表水源热泵　surface-water heat pump

采用江、河、湖、海和生活生产污水等地表水作为低温热源的热泵。

7.14

热电式热泵　thermoelectric heat pump

基于珀耳帖效应的热泵。

7.15

水环热泵系统　water-loop heat pump system

用水环路将分散的水/空气或水/水热泵机组并联在一起，构成一个可同时供暖、供冷的热泵空调系统。

8　低温技术与低温工程

8.1　基本概念

8.1.1

低温学　cryogenics

研究低温(120 K以下)科学及技术的学科。

8.1.2

低温物理学　cryophysics

研究低温的物理学分支。

8.1.3

低温工程学　cryoengineering

用以产生和利用低温的工程学科。

8.1.4

低温电子学　cryoelectronics

电子学的分支，所涉及的电子设备的运行依赖于低温环境。

8.1.5

低温电工学 cryoelectrotechnics

电工学的分支,所涉及的电工系统的运行依赖于低温环境。

8.1.6

低温流体 cryogen

用来表示在低温下冷却物体的流体。

8.1.7

液氦 liquid helium

液氦,大气压下沸点为 4.2 K,无色透明。

8.1.8

超流氦Ⅱ superfluidityHe Ⅱ

氦Ⅱ所拥有的无黏性阻力地流过毛细管或微缝的特性。

8.1.9

λ点 lambda point

在饱和压力下,当温度为 2.172 K 时,液氦经历二级相变(氦Ⅰ向氦Ⅱ的转变)进入超流状态。由于此时比热随温度的异常变化呈λ形状,故称为λ点。

8.1.10

喷泉效应 fountain effect

由于热量或者温度梯度的作用在超流氦膜或微细通道中所引起的压力梯度。

8.1.11

二流体模型 two-fluid model

用于描述解释超流氦特性的物理模型,在其中假定了两种相互运动的流体:常流体和超流体。

8.1.12

仲氢/正氢 para/ortho hydrogen

正氢和仲氢是氢的两种自旋异构体,正氢中两个核的自旋是平行的,仲氢中两个核的自旋则是反平行的。常温下,约 25%为仲氢;在液氢中,约 99.8%为仲氢。在氢的液化中,需考虑氢的两种状态间转换所需的能量。

8.1.13

液氧 liquid oxygen;LOX

液氧,大气压下沸点为 90 K,具有顺磁性。

8.1.14

液化天然气 liquefied natural gas;LNG

被液化成为液体的天然气,便于输运或贮存。与源气相比,主要成分是甲烷和低浓度的氮以及低浓度的其他碳氢化合物。

8.1.15

液化石油气 liquefied petroleum gas;LPG

通过蒸馏原油得到的较轻的烷烃,包括丙烷和丁烷或其混合物。

8.1.16

天然气 natural gas;NG

一种由低分子饱和烷烃气体和少量非烷烃气体组成的混合物,是由埋藏在地下的古生物经过亿万年的高温和高压等作用而形成的可燃气。主要成分为甲烷。

8.1.17

低温推进剂　cryogenic propellant

通常指在低温下以液态形式保存的火箭等的液体推进剂。

8.1.18

混合制冷剂　mixed refrigerants

含有多种组分的制冷剂。

8.1.19

蒸发率　evaporation ratio

蒸发量占容器中所有液体的比例。

8.1.20

超临界状态　supercriticality

流体所处于的压力和温度均高于其临界点的状态。有时也非严格指液体（特别是氦）处于压力高于饱和压力的状态。

8.1.21

超导态　superconducting state

通常指某些物质在低于某个特征温度时表现出零电阻特性的热力学状态。

8.1.22

超导体　superconductor

能表现出超导态的物质。

8.1.23

超导电性　superconductivity

材料所表现出的无电阻特性。

8.1.24

转变温度　transition temperature

在此温度下，在某一外界因素的作用下（如磁场），物质转变为超导态。

8.1.25

直流约瑟夫森效应　DC Josephson effect

当直流电流通过约瑟夫结时，只要电流值低于某一临界电流，结上不存在任何电压。

8.1.26

交流约瑟夫森效应　AC Josephson effect

当在约瑟夫结上加上电压 V，会出现频率为 V/φ_0（V/φ_0 为磁通量量子）的交流电流的效应。

8.1.27

低温磁体　cryomagnet

一种工作在低温下的磁体。

8.1.28

多层绝热　multilayer insulation ；MLI

一种绝热材料，包含有交错的反射材料（多为铝箔）和间隔材料（多为玻璃纤维），采用这种绝热材料的场合多为 0.1 Pa 或以下真空。

8.1.29

绝热去磁　adiabatic demagnetization

在绝热条件下，通过减小施加在顺磁物质上的磁场来降低温度。

8.1.30

低温工艺　cryogenic technology

运用低温的工艺过程。

8.1.31

冷脆性　cold brittleness

低温下，在小应力时就表现出的断裂趋势。

8.1.32

冷缩装配　cold-shrink fitting

将精密加工件装配的过程。采用对内部元件降温收缩以便于装配入外部元件，使其在回复常温时，形成紧密装配。

8.2　低温设备与低温装置

8.2.1

低温设备　cryogenic equipment

泛指产生或维持低温，或者在低温环境下工作的设备。

8.2.2

低温装置　cryogenic plant

生产低温产品和维持低温的装置。

8.2.3

真空瓶　vacuum flask

杜瓦瓶

在实验室中应用的具有双层镀银真空结构的低温容器。

8.2.4

低温贮罐　cryogenic storage tank

带有内外两个容器的贮罐，内容器用以存放低温流体，内外容器之间间隔有多层绝热材料或者膨胀珍珠岩。

8.2.5

低温储存容器　cryogenic storage vessel

用来储存低温液体的容器。

8.2.6

低温液体储槽　cryogenic tanker

车船上大量装储低温液体的容器。

8.2.7

稀释制冷机　dilution refrigerator

基于^{3}氦-^{4}氦稀释制冷原理的制冷机。

8.2.8

低温气体分离装置　gas separation unit

工作在低温或室温的空气组分或混合气体的分离装置。

8.2.9

制氧机　oxygen generator

主要用于制取氧气的空分装置。

8.2.10

空气分离装置　air-separation plant

可将空气分离为多种组分，以便以气体或液体收集的装置。

8.2.11

冷凝蒸发器　condenser-reboiler

一种换热器，通常出现于精馏装置中，在其一侧流体冷凝而在另一侧流体蒸发。通常在空分装置中，冷凝流体为氮，蒸发流体为氧。

8.2.12

冷箱　cold box

低温工厂中的工作在低温下的绝热部件（如热交换器、精馏塔、管道等）。

8.2.13

低温液化器　cryoliquefier

连续或间歇液化低温液体的设备。

8.2.14

低温阀　cryogenic valve

应用于低温过程的特殊阀门。

8.2.15

低温冷阱　cryotrap

用于冷凝气体的低温表面。

8.2.16

低温泵　cryopump

借助于低温下（通常 77 K 以下）气体冷凝或气体吸附来产生高真空的设备。

8.2.17

超导量子干涉器件　superconducting quantum interference device ;SQUID

由超导回路和约瑟夫森结构成的利用超导量子干涉效应来工作的器件。是一种建立在宏观量子应基础上的磁通电压转换器件，能测量出微弱磁通变化。包括直流超导量子干涉器和射频超导量子干涉器。

8.3　低温生物与低温医学

8.3.1

低温生物学　cryobiology

生物学的分支，专门研究低温对细胞、组织和器官的影响；也研究植物的冻害、细菌、昆虫等整个生物体对低温的耐受性。

8.3.2

低温医学　cryomedicine

用低温治病的医学。

8.3.3

冷冻免疫学　cryoimmunology

免疫学的分支。研究由低温手术引起的免疫反应，以及由冻伤引起的组织或器官的特异性、退化对宿主的特异反应和产生的特种抗体等。

8.3.4

低温保存　cryoconservation

对生物组织（如血液、血液制品和精液等）进行的永久性冷冻，为日后使用。

8.3.5

低温危害　low-temperature hazard

当生物组织和生物体暴露于低温下时所产生的危害。

8.3.6

低温止痛　cryoanalgesia

可控条件下，使用局部冷冻神经的止痛方法。

8.3.7

低温粘连　cryoadhesion

采用低温探针通过内窥镜的操作通道取出支气管异物的方法。

8.3.8

低温探针　cryoprobe

用于深度局部冷冻组织的手术器械。

8.3.9

低温手术　cryosurgery

采用低温原位治疗病变组织的手术方法。

8.3.10

低温器械　cryotool

低温治疗中所涉及到的医疗设备，深冷手段等。

8.3.11

低温切片　cryo-etching

采用冻结和超薄切片的方法准备显微组织切片。

8.3.12

冷冻消融　cryoablation

采用圆盘状或套管状的低温探针，通过冷冻完全去除肿瘤组织的方法。

8.3.13

冷冻摘除术　cryoextraction

采用低温探针摘除白内障的方法。

8.3.14

低温保护剂　cryoprotectant

添加到活体组织中用以提高冻后存活率的物质。

8.3.15

冻结耐受力　freeze tolerance

生物活体承受在其体内结冰的能力。

8.3.16

冻结贮藏　frozen storage

以冻结状态保存生物组织。

8.3.17

低温冷藏　hypothermic storage

生物体保存在其适应温度和其开始结冰温度之间。

8.3.18

冰核形成过程　ice nucleation

冰胚长大达到稳定尺寸并成为（冰）晶体的过程。

8.3.19

玻璃化　vitrification

通过快速冷却，将液体转变为无定形固体状态(玻璃态)的过程。

8.3.20

抗冻蛋白　antifreeze protein

能吸附在冰晶表面，抑制冰晶生长的蛋白质。

9　制冷在其他领域中的应用

9.1

制冰厂　ice-making plant

采用制冰设备生产冰的工厂。

9.2

冰窖　ice cellar

人工修建的用于贮存天然冰的构筑物(通常是没有冷源的)。

9.3

滑冰场　ice rink

用于开展冰上运动项目的场地。

9.4

冰壶冰场　curling rink

用于从事冰壶运动的滑冰场。

9.5

冰球场　ice hockey rink

用于开展冰球运动的滑冰场。

9.6

混凝土骨料冷却　aggregate cooling

采用人工制冷的方法，对混凝土的骨料——砂子、石子进行的降温处理。

9.7

混凝土坝冷却　concrete-dam cooling

采用人工制冷的方法，对浇注完的混凝土坝体进行降温处理，以防止由于坝体不同部位的温降不同而产生裂缝。

索　引

中文索引

E

F

G

H

J

K

L

S

T

W

X

英文索引

A

D

H

I

J

L

Q

R

S

T

V

W

Z

ICS 75.010
E 11

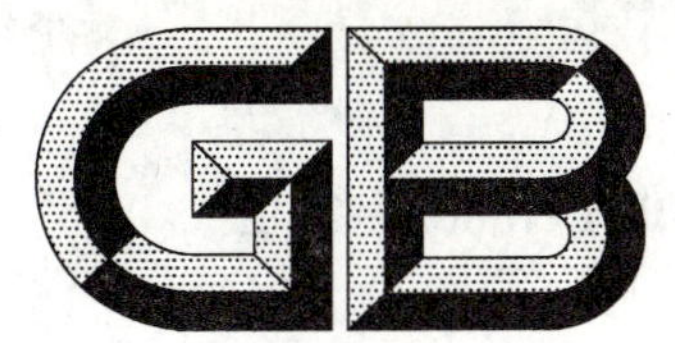

中华人民共和国国家标准

GB/T 18602—2012
代替 GB/T 18602—2001

岩石热解分析

Rock pyrolysis analysis

2012-12-31 发布　　2013-07-01 实施

中华人民共和国国家质量监督检验检疫总局
中国国家标准化管理委员会　发布

前　言

本标准按照 GB/T 1.1—2009 给出的规则起草。

本标准代替 GB/T 18602—2001《岩石热解分析》。

本标准与 GB/T 18602—2001 相比主要变化如下：

——表 1 中，烃源岩分析的最终热解分析温度由原来的 600 ℃度提高到 800 ℃。

——第 8 章中，在用标准物质校正仪器时，采用“分析精密度”，而在仪器稳定后的样品分析时，增加“相对双差”和“偏差”。

本标准由全国石油天然气标准化技术委员会(SAC/TC 355)归口。

本标准起草单位：中国石油勘探开发研究院、中国石油天然气集团公司新疆石油管理局地质录井公司、中国石油天然气股份有限公司大庆油田有限责任公司勘探开发研究院、中国石油化工集团公司胜利石油管理局地质录井公司、中国石油化工集团公司河南石油勘探局勘探开发研究院。

本标准主要起草人：邬立言、张振苓、李斌、胡书林、鄢仁勤、腾玉明、李玉桓、马文玲。

本标准于 2001 年首次发布，本次为第一次修订。

岩石热解分析

1 范围

本标准规定了岩石热解分析的参数符号、方法原理、岩样挑选和预处理、试剂、材料和标准物质、分析条件、分析要求和步骤、分析精密度及相对双差和偏差。

本标准适用于泥岩、碳酸盐岩、碎屑岩及其他岩石矿物中的气态烃、液态烃、热解烃、有机二氧化碳、有机一氧化碳及残余有机碳的测定。

2 分析参数符号

2.1 烃源岩热解分析参数符号

烃源岩热解分析参数符号见表1。

表 1

符　号	含　　义	单　位
S_0	90 ℃检测的单位质量烃源岩中的烃含量	mg/g
S_1	300 ℃检测的单位质量烃源岩中的烃含量	mg/g
S_2	>300 ℃～600 ℃或>300 ℃～800 ℃检测的单位质量烃源岩中的烃含量	mg/g
S_3	>300 ℃～400 ℃检测的单位质量烃源岩中的有机二氧化碳含量与>300 ℃～500 ℃检测的单位质量烃源岩中的有机一氧化碳含量	mg/g
S_4	单位质量烃源岩热解后的残余有机碳含量	mg/g
T_{max}	S_2 峰的最高点相对应的温度	℃

2.2 储集岩热解分析参数符号

2.2.1 三峰分析方法参数符号见表2。

表 2

符　号	含　　义	单　位
S_0'	90 ℃检测的单位质量储集岩中的烃含量	mg/g
S_1'	300 ℃检测的单位质量储集岩中的烃含量	mg/g
S_2'	>300 ℃～600 ℃检测的单位质量储集岩中的烃含量	mg/g
S_4'	单位质量储集岩热解后的残余有机碳含量	mg/g
T'_{max}	S_2'峰的最高点相对应的温度	℃

2.2.2 五峰分析方法参数符号见表3。

表 3

符　号	含　义	单　位
S_0	90 ℃检测的单位质量储集岩中的烃含量	mg/g
S_{11}	200 ℃检测的单位质量储集岩中的烃含量	mg/g
S_{21}	＞200 ℃～350 ℃检测的单位质量储集岩中的烃含量	mg/g
S_{22}	＞350 ℃～450 ℃检测的单位质量储集岩中的烃含量	mg/g
S_{23}	＞450 ℃～600 ℃检测的单位质量储集岩中的烃含量	mg/g
S_4'	单位质量储集岩热解后的残余有机碳含量	mg/g

3　方法原理

由氢火焰离子化检测器检测岩样在载气流热解过程中排出的烃。有机质热解生成的一氧化碳与二氧化碳和热解后的残余有机质加热氧化生成的二氧化碳，由热导检测器或红外检测器检测，或催化加氢生成甲烷后再由氢火焰离子化检测器检测。

4　样品制备

4.1　样品挑选

4.1.1　挑选未经烘烤、本层代表性强的岩屑；岩心和井壁取心取其中心的部位。

4.1.2　现场录井储集岩屑样品随钻挑选。

4.2　样品预处理

4.2.1　送实验室分析的储集岩岩屑样品，密封保存。

4.2.2　储集岩岩屑样品应除去污染物，用滤纸吸干水分后分析。

4.2.3　烃源岩样品粉碎后，粒径应在 0.07 mm ～0.15 mm 之间。

5　试剂、材料

5.1　试剂及材料

5.1.1　氦气：纯度＞99.99％。

5.1.2　氮气：纯度＞99.99％。

5.1.3　氢气：纯度＞99.99％。

5.1.4　空气：经干燥净化。

5.1.5　无水硫酸钙。

5.1.6　二氧化碳吸附剂。

5.1.7　二氧化锰。

5.1.8　氧化铜。

5.1.9　5Å 分子筛：颗粒直径 2 mm。

5.1.10　镍催化剂。

5.2 岩石热解标准物质

国家二级岩石热解标准物质。

6 仪器、设备

6.1 岩石热解分析仪。

6.2 残余有机碳分析仪。

6.3 天平：感量 0.1 mg。

7 分析条件、要求和步骤

7.1 分析条件

7.1.1 各分析参数的分析条件见表 4。

表 4

分析参数	分析温度 ℃		恒温时间 min	升温速率 ℃/min
	起始	终止		
S_0、S_0'	90	90	2	—
S_1、S_1'	300	300	3	—
S_2、S_2'	300	600 或 800	1(600 ℃或 800 ℃)	25、50
S_3	300	400 与 500	—	25、50
S_4、S_4’	600	600	7～15(可选)	—
S_{11}	200	200	1	—
S_{21}	200	350	1(350 ℃)	50
S_{22}	350	450	1(450 ℃)	50
S_{23}	450	600	1(600 ℃)	50
T_{max}、T_{max}’	300	600 或 800	—	25、50

7.1.2 以泥岩标准物质标定岩样分析各参数，标样分析的升温速率(℃/min)应与岩样分析一致。

7.2 分析要求

7.2.1 电源

独立电源。

7.2.2 供气

气体工作压力为：

a) 氦气或氮气：工作压力 0.20 MPa ～0.40 MPa；

b) 氢气：工作压力 0.20 MPa ～0.30 MPa；

c) 空气：工作压力 0.30 MPa ～0.40 MPa。

7.3 分析步骤

7.3.1 开机

开机后，进行不少于两次的空白运行。

7.3.2 标样分析

准确称量的同一标准物质，平行分析不少于两次，其 S_2 值及 T_{max}值应符合分析精密度要求。

7.3.3 岩样分析

7.3.3.1 准确称量待测样品进行分析。

7.3.3.2 连续开机分析超过 12 h，应重新测定一次标准物质，其测定值应符合精密度要求。

7.3.4 关机

切断电源，关闭气源。

8 分析精密度

8.1 标准物质分析精密度

8.1.1 重复性限和再现性限

标准物质热解两次或两次以上分析的 S_2 和 T_{max}的重复性限和再现性限应符合以下规定：

在正常和正确操作情况下，由同一操作人员，在同一实验室内使用同一仪器，并在短期内，对相同标样所作两个单次测试结果之间的差值超过重复性限，平均 20 次中不多于一次(95％概率水平)。

在正常情况和正确操作情况下，由两个操作人员，在不同实验室内，对相同试样所作两个单次测试结果之间的差值超过再现性限，平均 20 次中不多于一次(95％概率水平)。

如果两个单次测试结果之间的差值超过了相应的重复性限或再现性限数值，则认为这两个测试结果是可疑的。

8.1.2 重复性限和再现性限的计算方法

8.1.2.1 同一实验室内进行两次以上测试

一组进行 n_1 次试验，平均值为$\overline{Y}_1$；第二组进行 n_2 次测试，平均值为$\overline{Y}_2$。以 $|\overline{Y}_2-\overline{Y}_1|$ 表示 95％概率的平均值的临界差值，则该值可表示为式(1)。

$$|\overline{Y}_2-\overline{Y}_1| \leqslant r\sqrt{\frac{1}{2n_1}+\frac{1}{2n_2}} \qquad (1)$$

式中：

$\overline{Y}_2$——实验室进行第二组测试平均值；

$\overline{Y}_1$——实验室进行第一组测试平均值；

r ——重复性限；

n_1 ——实验室进行第一组测试次数；

n_2 ——实验室进行第二组测试次数。

如果 n_1、n_2 均为 1，式(1)化简为：$|\overline{Y}_2-\overline{Y}_1|\leqslant r$

8.1.2.2 两个实验室各进行一次以上测试

第一个实验室进行 n_1 次测试，平均值为$\overline{Y_1}$；第二个实验室进行 n_2 次测试，平均值为$\overline{Y_2}$，则 $|\overline{Y}_2-\overline{Y}_1|$ 可表示为式(2)。

$$|\overline{Y}_2-\overline{Y}_1|\leqslant\sqrt{R^2-r^2\left(1-\frac{1}{2n_1}-\frac{1}{2n_2}\right)} \quad\cdots\cdots(2)$$

式中：

$\overline{Y}_2$——第二个实验室进行 n_2 次测试平均值；

$\overline{Y}_1$——第一个实验室进行 n_1 次测试平均值；

R ——再现性限；

r ——重复性限；

n_1——第一个实验室进行 n_1 次测试；

n_2——第二个实验室进行 n_2 次测试。

如果 $n_1=n_2=1$，式(2)化简为：$|\overline{Y_2}-\overline{Y_1}|\leqslant R$

如果 $n_1=n_2=2$，式(2)化简为：$|\overline{Y_2}-\overline{Y_1}|\leqslant\sqrt{R^2-\frac{r^2}{2}}$

岩石热解标准物质分析的 S_2 和 T_{max} 的重复性限 r 和再现性限 R 计算公式见表 5。

表 5

岩石热解分析参数	重复性限 r 计算公式	再现性限 R 计算公式
S_2 mg/g	$r=0.089m^{0.65}$	$R=0.481\,4+0.019\,7m$
T_{max} ℃	$r=1.304\,4+0.002\,9m$	$R=2.582\,1+0.005\,9m$
注：m 为 S_2 或 T_{max} 两次或两次以上分析的平均值。		

8.2 烃源岩分析相对双差与偏差

烃源岩热解分析的 S_2、S_3、S_4、T_{max} 平行分析相对双差与偏差应符合表 6、表 7、表 8 和表 9 规定。相对双差值用百分数表示，其计算式见式(3)。

$$相对双差=\frac{|A-B|}{(A+B)/2} \quad\cdots\cdots(3)$$

$$偏差=A-B \quad\cdots\cdots(4)$$

式中：

A——岩样第一次分析值；

B——岩样第二次分析值。

表 6

S_2 mg/g	相对双差 %
＞3	⩽10
＞1～3	⩽20
＞0.5～1	⩽30
0.1～0.5	⩽50
＜0.1	不规定

表 7

S_3 mg/g	相对双差 %
＞3	⩽10
＞2～3	⩽20
＞0.5～2	⩽30
0.2～0.5	⩽50
＜0.2	不规定

表 8

S_4 mg/g	相对双差 %
＞20	不规定
＞10～20	⩽10
3～10	⩽15
＜3	不规定

表 9

T_{max} ℃	偏差 ℃
＜450	⩽2
⩾450	⩽5

注：S_2＜0.5 mg/g 时，不规定 T_{max} 值的偏差范围。

ICS 75.040
E 21

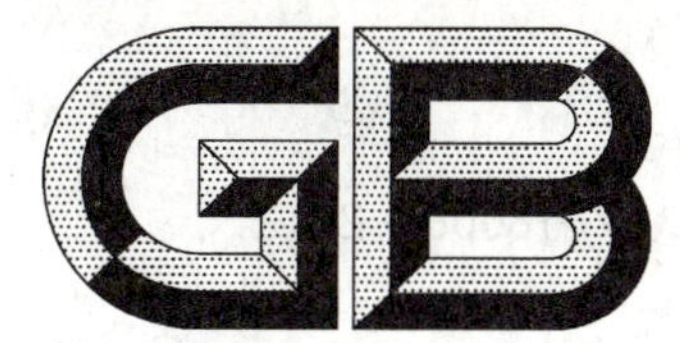

中华人民共和国国家标准

GB/T 18608—2012
代替 GB/T 18608—2001

原油和渣油中镍、钒、铁、钠含量的测定 火焰原子吸收光谱法

Determination of nickel, vanadium, iron, and sodium in crude oils and residual fuels by flame atomic absorption spectrometry

2012-12-31 发布　　2013-07-01 实施

中华人民共和国国家质量监督检验检疫总局
中国国家标准化管理委员会　发布

前　言

本标准按照 GB/T 1.1—2009 给出的规则起草。

本标准代替 GB/T 18608—2001《原油中铁、镍、钠、钒含量的测定　原子吸收光谱法》，与 GB/T 18608—2001 相比，主要技术变化如下：

——标准名称由“原油中铁、镍、钠、钒含量的测定　原子吸收光谱法”修改为“原油和渣油中镍、钒、铁、钠含量的测定　火焰原子吸收光谱法”；

——修改了样品的处理方法（见 5.4，2001 年版的 8.1）；

——修改了方法的精密度（见 5.7，2001 年版的第 10 章）；

——增加了有机溶剂法测定样品中镍、钒和钠含量的内容（见第 6 章）；

——将钠含量的测定方法修改为方法 B（见第 6 章，2001 年版的第 8 章）；

——将钒含量的测定方法修改为火焰原子吸收光谱法；

——增加了“质量保证和控制”（见第 7 章）；

——增加了“试验报告”（见第 8 章）；

——增加了“注意事项”（见附录 A）。

本标准使用重新起草法修改采用 ASTM D5863—00a(2005)《原油和渣油中镍、钒、铁、钠含量的测定　火焰原子吸收光谱法》。

本标准与 ASTM D5863—00a(2005)相比在结构上有较多调整，附录 B 中列出了本标准与 ASTM D5863—00a(2005)的章条编号对照一览表。

本标准与 ASTM D5863—00a(2005)的技术性差异及其原因如下：

——关于规范性引用文件，本标准做了具有技术性差异的调整，以适应我国的技术条件，调整的情况集中反映在第 2 章“规范性引用文件”中，具体调整如下：

- 用等效采用国际标准的 GB/T 4756 代替了 ASTM D4057（见 4.1）；
- 用修改采用国际标准的 GB/T 6682 代替了 ASTM D1193（见 5.2.4）；
- 用等同采用国际标准的 SY/T 5317 代替了 ASTM D4177（见 4.1）。

本标准做了下列编辑性修改：

——删除了 ASTM D5863—00a(2005)的第 4 章“意义与用途”；

——删除了 ASTM D5863—00a(2005)的 22.2“偏差”；

——删除了 ASTM D5863—00a(2005)的第 23 章“关键词”；

——删除了 ASTM D5863—00a(2005)的资料性附录 X1。

本标准由全国石油天然气标准化技术委员会(SAC/TC 355)提出并归口。

本标准起草单位：大庆油田工程有限公司、中国石油大学（华东）化学化工学院、中国石油兰州润滑油研究开发中心。

本标准主要起草人：魏哲、单玲、周亚斌、刘树文。

本标准所代替标准的历次版本发布情况为：

——GB/T 18608—2001。

原油和渣油中镍、钒、铁、钠含量的测定 火焰原子吸收光谱法

警告：使用本标准的人员应有正规实验室工作的实践经验。本标准并未指出所有可能的安全问题。使用者有责任采取适当的安全和健康措施，并保证符合国家有关法规规定的条件。

1 范围

本标准规定了采用火焰原子吸收光谱法测定原油和渣油中镍、钒、铁、钠含量的两种方法。包括方法A——酸消解法测定样品中镍、钒和铁的含量和方法B——有机溶剂法测定样品中镍、钒和钠的含量。方法B是以油溶性金属元素为标准样来测定油溶性金属元素的含量，不适用于定量测定含有非油溶性颗粒的样品，因此，该方法测得的金属元素的总含量可能偏低，尤其是测定以无机钠盐形式存在的钠。

本标准适用于原油和渣油中镍、钒、铁、钠含量的测定。对于不同元素，两种测定方法的精密度不同，可根据具体分析的精密度要求来选取适宜的方法。

2 规范性引用文件

下列文件对于本文件的应用是必不可少的。凡是注日期的引用文件，仅注日期的版本适用于本文件。凡是不注日期的引用文件，其最新版本(包括所有的修改单)适用于本文件。

GB/T 4756　石油液体手工取样法(GB/T 4756—1998，eqv ISO 3170：1988)

GB/T 6682　分析实验室用水规格和试验方法(GB/T 6682—2008，ISO 3696：1987，MOD)

SY/T 5317　石油液体管线自动取样法(SY/T 5317—2006，ISO 3171：1988，IDT)

3 原理

3.1　方法A：称取1 g～20 g样品置于石英烧杯内，用浓硫酸溶解，加热至干。在马弗炉中于525 ℃下灼烧除尽残炭，所得灰分(无机残渣)溶于稀硝酸中，然后蒸发至干，再加入稀硝酸溶解并定容。当测定钒时，应向该测试溶液中加入掩蔽剂。采用氧化亚氮-乙炔火焰测定钒，空气-乙炔火焰测定镍和铁。测定所得吸光强度与浓度成比例。

3.2　方法B：用有机溶剂稀释样品，得到质量分数为5%或20%的测试溶液。测试溶液的稀释浓度由样品中待测元素的浓度决定。当测定钒时，应向测试溶液中加入掩蔽剂。采用氧化亚氮-乙炔火焰测定钒，空气-乙炔火焰测定镍和钠。测定所得吸光强度与浓度成比例。

4 取样

4.1　按GB/T 4756或SY/T 5317取得有代表性的样品。

4.2　样品称量前应充分混合均匀。如果样品在室温下不易流动，应将样品加热至流动状态，再进行混匀。

5 方法 A——酸消解法测定样品中镍、钒和铁的含量

5.1 仪器

5.1.1 原子吸收光谱仪:包括空心阴极灯、可供空气-乙炔焰和氧化亚氮-乙炔焰的燃烧器。

5.1.2 样品分解设备(可选):设备如图 1 所示。由 400 mL 石英烧杯、置于电热板上的空气浴(见图 2)、处于空气浴上方 2.5 cm 处的 250 W 红外灯组成。该灯配有可调变压器。

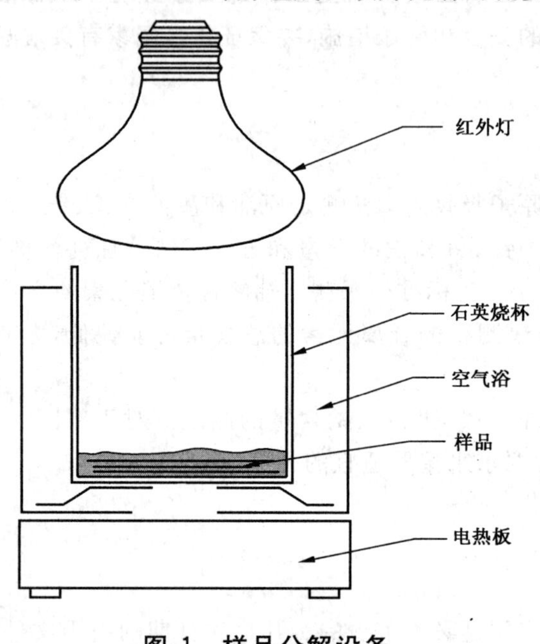

图 1 样品分解设备

单位为毫米

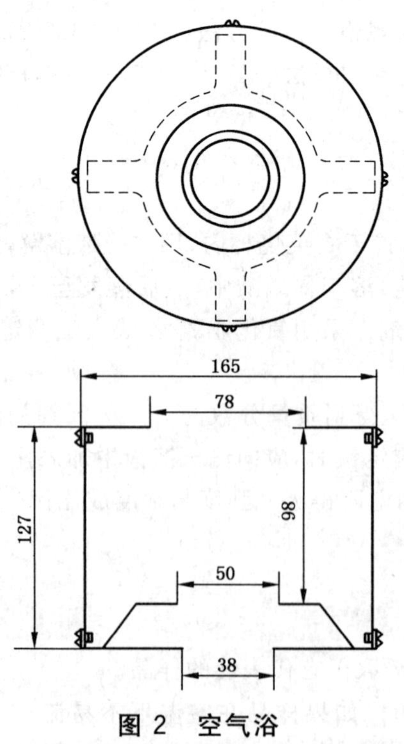

图 2 空气浴

5.1.3 玻璃器皿:不同容量的容量瓶、移液管及烧杯。当待测物浓度低于 1 mg/kg 时,所有玻璃器皿应用 5%的稀硝酸浸泡过夜,然后用水冲洗至少 5 次。

5.1.4 马弗炉:可恒温 525 ℃±25 ℃,并且足以容纳 400 mL 的烧杯。最好能供应氧气流。

5.1.5 水浴。

5.1.6 可调式电热板。

5.1.7 电子天平:感量 0.1 mg。

5.2 试剂和材料

5.2.1 1 000 mg/kg 钒、镍、铁标准溶液:光谱纯。

5.2.2 硝酸:优级纯。

警告:有毒、强氧化剂。

5.2.3 硫酸:优级纯。

警告:有毒、强氧化剂。

5.2.4 水:符合 GB/T 6682 二级水的技术要求。

5.2.5 体积分数为 50%的硝酸:将等体积的硝酸(见 5.2.2)缓慢加入至等体积的水中,并不断搅拌。

5.2.6 体积分数为 5%的稀硝酸:将 1 体积的硝酸缓慢加入至 19 体积的水中,并不断搅拌。

5.2.7 九水合硝酸铝:分析纯。

5.2.8 硝酸钾:分析纯。

5.3 标准溶液的配制

5.3.1 多元素标准溶液

用 5.2.1 所述标准溶液准确配制含钒、镍、铁各 100 mg/kg 的多元素标准溶液。为确保其稳定性,多元素标准溶液应含 5%的稀硝酸(见 5.2.6)并储存于干净容器内,以防止物理降解。

5.3.2 工作标准溶液

用多元素标准溶液(见 5.3.1)至少准确配制两份工作标准溶液,其浓度范围见表 1。对于钒工作标准溶液,应加入掩蔽剂。为确保其稳定性,各工作标准溶液应含 5%的稀硝酸并储存于干净容器内,以防止物理降解。

5.3.3 标准空白溶液

标准空白溶液中应含 5%的稀硝酸和如表 1 中所要求的掩蔽剂。

表 1 酸溶样品中钒、镍、铁含量的测定条件

元素	波长 nm	浓度范围 μg/mL	掩蔽剂	火焰
钒	318.4	0.5～20	250 μg/mL Al, 将硝酸铝溶解于 5% 的稀硝酸中	氧化亚氮-乙炔
镍	232.0	0.5～20	无	空气-乙炔
铁	248.3	3.0～10	无	空气-乙炔

5.3.4 校准标准溶液

按配制工作标准溶液相同的方法配制校准标准溶液,其浓度与样品的测试溶液相近。

5.4 试样的制备

5.4.1 准确称取适量的样品置于烧杯内。每克样品应加入 0.5 mL 硫酸(见 5.2.3)。如果要扩展本标准的测定下限,应将分解的样品质量以 10 g 为增量,最多不超过 100 g。而当待测元素的含量较高时,应减少样品质量。

5.4.2 同时,应按 5.4.1～5.4.8 的步骤进行试剂空白试验。

5.4.3 如果使用空气浴设备(见图 2),则将烧杯置于罩内空气浴中,此时电热板处于关闭状态,用红外灯从顶部缓慢加热(见图 1),同时用玻璃棒搅拌。当样品开始分解时(有泡沫出现),控制红外灯的热量使烟气缓慢逸出。应小心处理样品,直至溅溢和起泡的现象消失。然后,逐渐升高电热板和红外灯的温度,直至样品完全炭化。

5.4.4 如果采用可调式电热板加热样品及酸,则将烧杯置于电热板上,按 5.4.3 所述,监测分解反应,相应调节电热板温度。分析人员应在通风良好的通风橱内操作,并且应配戴耐酸碱手套及合适的防护面罩以防止酸溶液溅出。

警告:浓硫酸蒸气具有强腐蚀性和强氧化性。

5.4.5 将样品置于马弗炉内于 525 ℃±25 ℃下加热,也可以通入小股氧气流以促进氧化,持续加热至灰化完全。

5.4.6 用约 10 mL 50%的硝酸(见 5.2.5)冲洗烧杯内壁以溶解无机残渣,然后置于水浴中消解 15 min～30 min,再移至电热板上缓缓蒸发至干。

5.4.7 用约 10 mL 5%的稀硝酸(见 5.2.6)冲洗烧杯内壁,置于水浴中消解,直至所有盐分溶解。冷却,定量转移至合适的容量瓶内,并用 5%的稀硝酸定容,即得到测试溶液,待用。

5.4.8 用移液管将测试溶液分别移入两个容量瓶内。一份用于测定镍和铁,另一份加入铝掩蔽剂用于测定钒(见表 1),然后用 5%的稀硝酸稀释至刻度,按相同方法配制分析钒的试剂空白溶液。

5.5 分析步骤

5.5.1 参照原子吸收光谱仪的操作手册,依次安装测定各待测物的仪器辅助设备。

5.5.2 吸喷相应标准空白溶液,调节仪器零点。

5.5.3 吸喷工作标准溶液,测定各浓度对应的吸光度,用仪器的浓度直读方式绘制吸光度-浓度工作曲线。若仪器无此功能,则手工描点绘线。

5.5.4 用校准标准溶液确定各待测元素的工作曲线是否精确,如果验证结果超出各待测元素浓度值5%,则应采取纠正措施并重新绘制工作曲线。

5.5.5 吸喷测试溶液,测定并记录测试溶液的吸光度。所得吸光度应作空白实验校正。

5.5.6 测定结束后,应检查标准空白溶液的吸光度,如果不为零,应检查系统并重复 5.5.2～5.5.5 的操作。

5.5.7 如果测试溶液的吸光度大于工作标准溶液的最大吸光度,应将其稀释。稀释液应含有相应浓度的掩蔽剂。

5.6 结果计算

5.6.1 样品中各待测元素含量以质量分数 w 计,数值以毫克每千克(mg/kg)表示,按式(1)计算:

$$w=\frac{CVF}{m} \qquad (1)$$

式中:

C——测试溶液中待测元素的质量浓度(已经空白溶液校正),单位为微克每毫升(μg/mL);

V——测试溶液的体积,单位为毫升(mL);

F——稀释因子(体积分数);

m——样品的质量,单位为克(g)。

5.6.2 结果保留两位有效数字,单位为毫克每千克(mg/kg)。

5.7 精密度

5.7.1 重复性

在同一实验室,由同一操作者使用相同设备,按本标准的规定操作,并在短时间内对同一样品相互独立进行测试获得的两次独立测试结果的绝对差值不应超过表2所示数值(95%置信水平)。

表2 重复性

单位为毫克每千克

元素	浓度范围	重复性
钒	50～500	$1.1X^{0.50}$
镍	10～100	$0.20X^{0.65}$
铁	3～10	0.98
注:X 表示平均浓度,单位为毫克每千克(mg/kg)。		

5.7.2 再现性

在不同的实验室,由不同的操作者使用不同的设备,按本标准的规定操作,对同一样品相互独立进行测试获得的两次独立测试结果的绝对差值不应超过表3所示数值(95%置信水平)。

表3 再现性

单位为毫克每千克

元素	浓度范围	再现性
钒	50～500	$0.33X^{0.90}$
镍	10～100	$1.3X^{0.53}$
铁	3～10	$1.45X^{0.45}$
注:X 表示平均浓度,单位为毫克每千克(mg/kg)。		

6 方法B——有机溶剂法测定样品中镍、钒和钠的含量

6.1 仪器

6.1.1 见5.1.1。

6.1.2 100 mL容量瓶。

6.2 试剂和材料

6.2.1 混合二甲苯(或1,2,3,4-四氢化萘):分析纯。

警告:易燃,蒸气有毒。

6.2.2 矿物油:高纯度的油(如,液体石蜡)。

6.2.3 100 mg/kg钒、镍、钠有机标准溶液。

6.3 标准溶液及测试溶液的配制

6.3.1 测试溶液的配制

称取适量已混合均匀的样品置于容器内。然后用溶剂(见 6.2.1)稀释至 5%或 20%,混匀。如果样品中钒、镍或钠的浓度大于 20 mg/kg,则分析相应元素应采用 5%的样品测试溶液进行分析。如果各元素浓度小于 20 mg/kg,则应采用 20%的样品测试溶液进行分析。

6.3.2 标准溶液的配制

6.3.2.1 总则

如果测试溶液为 5%的样品测试溶液,则相应的工作标准溶液及校准标准溶液也应含 5%的高纯油(见 6.2.2)。对 20%的样品测试溶液亦然。应采用一致的稀释因子以确保样品和标准溶液具有相同的黏度。

6.3.2.2 工作标准溶液的配制

用矿物油(见 6.2.2)配制标准空白溶液,另外用 100 mg/kg 钒、镍、钠有机金属标准溶液各配制 3 份工作标准溶液,其浓度范围见表 4。

表 4 溶剂稀释样品后钒、镍、钠含量的测定条件

元素	波长 nm	浓度范围 mg/kg	掩蔽剂	火焰
钒	318.4	0.5～15	15 mg/kg Al[a]	氧化亚氮-乙炔
镍	232.0	0.5～20	无	空气-乙炔
钠	589.0	0.1～5	无	空气-乙炔

[a] 用有机金属标准溶液、矿物油和稀释溶剂配制。

6.3.2.3 校准标准溶液

用有机金属标准溶液,矿物油及稀释用溶剂配制校准标准溶液,使其含有和测试溶液相近浓度的待测元素。

注:6.3 所用溶液以%表示的均为质量分数。

6.4 分析步骤

见 5.5。

6.5 结果计算

6.5.1 样品中各待测元素含量以质量分数 w 计,数值以毫克每千克(mg/kg)表示,按式(2)计算:

$$w = CF \qquad (2)$$

式中:

C ——测试溶液中待测元素浓度,单位为毫克每千克(mg/kg);

F ——稀释因子(质量分数)。

6.5.2 结果保留两位有效数字,单位为毫克每千克(mg/kg)。

6.6 精密度

6.6.1 重复性

在同一实验室，由同一操作者使用相同设备，按本标准的规定操作，并在短时间内对同一样品相互独立进行测试获得的两次独立测试结果的绝对差值不应超过表5所示数值(95%置信水平)。

表5 重复性

单位为毫克每千克

元素	浓度范围	重复性
钒	50～500	$0.13X^{0.92}$
镍	10～100	$0.005X^{1.4}$
钠	1～20	$0.12X$
注：X 表示平均浓度，单位为毫克每千克(mg/kg)。		

6.6.2 再现性

在不同的实验室，由不同的操作者使用不同的设备，按本标准的规定操作，对同一样品相互独立进行测试获得的两次独立测试结果的绝对差值不应超过表6所示数值(95%置信水平)。

表6 再现性

单位为毫克每千克

元素	浓度范围	再现性
钒	50～500	$1.2X^{0.80}$
镍	10～100	$0.06X^{1.2}$
钠	1～20	$0.69X$
注：X 表示平均浓度，单位为毫克每千克(mg/kg)。		

7 质量保证和控制

7.1 通过分析一种受控的质控样品保证仪器的性能和试验步骤的准确。

7.2 各检测机构应制定质量控制和质量评价方法，并能确保试验结果的可靠性。

8 试验报告

试验报告至少应给出以下几个方面的内容：

a) 识别被试验的样品所需的全部资料；
b) 使用的标准(包括发布年号)；
c) 使用的方法(方法A或方法B)；
d) 试验结果，单位为毫克每千克(mg/kg)；
e) 与规定的分析步骤的差异；
f) 在试验中观察到的异常现象；
g) 试验日期。

附　录　A
（资料性附录）
注 意 事 项

A.1　原油和渣油应采用适当的混合及取样步骤。渣油需充分加热，以获得良好的流动性，然后充分振荡。

A.2　应使用指定的分析波长，因为经试验确定的波长是最佳的，并且无光谱干扰。

A.3　按照被试样品的类型制定维护计划，对燃烧器进行拆卸并清洁。

A.4　需经常检查喷雾器的管路是否有弯曲、堵塞或裂缝。必要时应更换。

A.5　需经常测量喷雾器的提升速率，检查是否有堵塞。当提升速率不正常时，应清洁干净。

A.6　每次点火都应校正仪器。

A.7　应检查燃烧头和喷雾器上的沉积物。当沉积物过多引起吸光度偏移较大时，应进行清除。

A.8　通过调节气体的流速来减少燃烧头上的积炭。当吸喷非水溶液时，积炭可能会增多，可用碳棒清理燃烧头。

A.9　分析期间，应持续观察火焰的外观，以注意条件是否有任何变化。

A.10　检查乙炔瓶压，压力低于 0.5 MPa 时需更换，以防止丙酮从乙炔瓶内泄漏。

A.11　分析前应检查空心阴极灯的对正情况。

A.12　为防止污染，应使仪器保持清洁。

A.13　尽可能使标准溶液和样品溶液的基体匹配。

A.14　配制并测定试剂空白，最后结果应做空白校正。

A.15　对于样品的分解而言（见 5.4），应认真遵守规定的实验操作方法。

a)　在通风良好的通风橱内工作，并按安全操作守则的规定采取适当的防护。

b)　应将样品容器盖好，以防止对马弗炉的污染。

c)　通过处理在样品分解过程中使用的所有试剂来配制试剂空白溶液。

d)　如果样品含水量较大，则应缓慢升高油温，以防止油和酸的喷溅。

附 录 B
（资料性附录）
本标准与 ASTM D5863—00a(2005)相比的结构变化情况

本标准与 ASTM D5863—00a(2005)相比在结构上有较多调整，具体章条编号对照情况见表 B.1。

表 B.1 本标准与 ASTM D5863—00a(2005)的章条编号对照情况

本标准章条编号	对应的 ASTM D5863—00a(2005)章条编号
警告	1.7
1	1.1、1.2、1.3、1.4、1.5
4	6
5.1	7
5.2	8
5.3	9
5.4	10
5.5	11、12
5.6.1	20.1
5.6.2、6.5.2	21
5.7、6.6	22.1
6.1	14
6.2	15
6.3	16
6.4	17、18
6.5.1	20.2
7	13、19
附 录 A	附 录 X.2

ICS 27.010
F 01

中华人民共和国国家标准

GB 18613—2012
代替 GB 18613—2006

中小型三相异步电动机能效限定值及能效等级

Minimum allowable values of energy efficiency and energy efficiency grades for small and medium three-phase asynchronous motors

2012-05-11 发布　　2012-09-01 实施

中华人民共和国国家质量监督检验检疫总局
中国国家标准化管理委员会　发布

前　言

本标准的 4.3 为强制性的，其余为推荐性的。

本标准按照 GB/T 1.1—2009 给出的规则起草。

本标准代替 GB 18613—2006《中小型三相异步电动机能效限定值及能效等级》，与 GB 18613—2006 相比主要变化如下：

——标准的额定功率范围从原标准的 0.55 kW～315 kW 改为 0.75 kW～375 kW；

——相应提高了各级电动机能效指标；

——试验方法按 GB/T 1032 中的 B 法——测量输入-输出功率的损耗分析法测量；

——取消了电动机在 75%额定输出功率下的效率要求；

——取消了原标准 4.5.2 对功率因数的要求；

——取消了原标准第 6 章对能效等级标注的要求。

本标准参考了 IEC 60034-30《单速三相笼型感应电动机效率分级》。

本标准由国家发展和改革委员会资源节约和环境保护司提出。

本标准由全国能源基础与管理标准化技术委员会(SAC/TC 20)归口。

本标准起草单位：中国标准化研究院、上海电器科学研究所(集团有限公司)、南阳防爆集团公司、南阳防爆电气研究所、国际铜业协会(中国)、北京华捷电机股份有限公司、无锡华达电机有限公司、河北电机股份公司、上海 ABB 电机有限公司、云南铜业科技发展股份有限公司、国家中小电机质量监督检验中心。

本标准主要起草人：赵跃进、李秀英、杨盛成、吴国华、周守廉、赵凯、杨成、杨旭、李梅兰、倪立新、许立、张新、王根。

本标准所代替标准的历次版本发布情况为：

——GB 18613—2002；

——GB 18613—2006。

引　言

为使我国电动机效率水平符合国际标准的要求，本次修订 GB 18613 时参考了 IEC 60034-30《单速三相笼型感应电动机效率分级》国际标准，GB 18613 中电动机额定功率和电动机极数的范围与 IEC 60034-30 保持一致，GB 18613 规定的能效 3 级的效率值与 IEC 60034-30 的 IE2 保持一致，GB 18613 规定的能效 2 级的效率值与 IEC 60034-30 的 IE3 保持一致，GB 18613 规定的能效 1 级的效率值与 IEC 60034-31 的附录 A 中的推荐表保持一致。

中小型三相异步电动机能效限定值及能效等级

1 范围

本标准规定了中小型三相异步电动机(以下简称:电动机)的能效等级、能效限定值、目标能效限定值、节能评价值和试验方法。

本标准适用于1 000 V以下的电压,50 Hz三相交流电源供电,额定功率在0.75 kW～375 kW范围内,极数为2极、4极和6极,单速封闭自扇冷式、N设计、连续工作制的一般用途电动机或一般用途防爆电动机。

2 规范性引用文件

下列文件对于本文件的应用是必不可少的。凡是注日期的引用文件,仅注日期的版本适用于本文件。凡是不注日期的引用文件,其最新版本(包括所有的修改单)适用于本文件。

GB 755—2008 旋转电机 定额和性能(IEC 60034-1:2004,IDT)

GB/T 1032 三相异步电动机试验方法

3 术语和定义

下列术语和定义适用于本文件。

3.1

电动机能效限定值 minimum allowable values of energy efficiency for motors

在标准规定测试条件下,允许电动机效率最低的标准值。

3.2

电动机目标能效限定值 target minimum allowable values of energy efficiency for motors

在本标准实施一定年限后,允许电动机效率最低标准值。

3.3

电动机节能评价值 evaluating values of energy conservation for motors

在标准规定测试条件下,满足节能认证要求的电动机效率应达到的最低标准值。

4 技术要求

4.1 基本要求

电动机的一般性能、安全性能、防爆性能以及噪声和振动要求应分别符合相关标准。

4.2 电动机能效等级

电动机能效等级分为3级,其中1级能效最高。各等级电动机在额定输出功率下的实测效率应不低于表1的规定,其容差应符合GB 755—2008第12章的规定。

表 1 中未列出额定功率值的电动机，其效率可用线性插值法确定。

4.3 电动机能效限定值

电动机能效限定值在额定输出功率的效率应不低于表 1 中 3 级的规定。

表 1 电动机能效等级

额定功率/kW	效率/%								
	1 级			2 级			3 级		
	2 极	4 极	6 极	2 极	4 极	6 极	2 极	4 极	6 极
0.75	84.9	85.6	83.1	80.7	82.5	78.9	77.4	79.6	75.9
1.1	86.7	87.4	84.1	82.7	84.1	81.0	79.6	81.4	78.1
1.5	87.5	88.1	86.2	84.2	85.3	82.5	81.3	82.8	79.8
2.2	89.1	89.7	87.1	85.9	86.7	84.3	83.2	84.3	81.8
3	89.7	90.3	88.7	87.1	87.7	85.6	84.6	85.5	83.3
4	90.3	90.9	89.7	88.1	88.6	86.8	85.8	86.6	84.6
5.5	91.5	92.1	89.5	89.2	89.6	88.0	87.0	87.7	86.0
7.5	92.1	92.6	90.2	90.1	90.4	89.1	88.1	88.7	87.2
11	93.0	93.6	91.5	91.2	91.4	90.3	89.4	89.8	88.7
15	93.4	94.0	92.5	91.9	92.1	91.2	90.3	90.6	89.7
18.5	93.8	94.3	93.1	92.4	92.6	91.7	90.9	91.2	90.4
22	94.4	94.7	93.9	92.7	93.0	92.2	91.3	91.6	90.9
30	94.5	95.0	94.3	93.3	93.6	92.9	92.0	92.3	91.7
37	94.8	95.3	94.6	93.7	93.9	93.3	92.5	92.7	92.2
45	95.1	95.6	94.9	94.0	94.2	93.7	92.9	93.1	92.7
55	95.4	95.8	95.2	94.3	94.6	94.1	93.2	93.5	93.1
75	95.6	96.0	95.4	94.7	95.0	94.6	93.8	94.0	93.7
90	95.8	96.2	95.6	95.0	95.2	94.9	94.1	94.2	94.0
110	96.0	96.4	95.6	95.2	95.4	95.1	94.3	94.5	94.3
132	96.0	96.5	95.8	95.4	95.6	95.4	94.6	94.7	94.6
160	96.2	96.5	96.0	95.6	95.8	95.6	94.8	94.9	94.8
200	96.3	96.6	96.1	95.8	96.0	95.8	95.0	95.1	95.0
250	96.4	96.7	96.1	95.8	96.0	95.8	95.0	95.1	95.0
315	96.5	96.8	96.1	95.8	96.0	95.8	95.0	95.1	95.0
355～375	96.6	96.8	96.1	95.8	96.0	95.8	95.0	95.1	95.0

4.4 电动机目标能效限定值

电动机目标能效限定值在额定输出功率的效率应不低于表 1 中 2 级的规定。在表 1 中 7.5 kW～375 kW 的目标能效限定值在本标准实施之日 4 年后开始实施；7.5 kW 以下的目标能效限定值在本标准实施之日5年后开始实施,并替代表1中3级的规定。

4.5 电动机节能评价值

电动机节能评价值在额定输出功率的效率均应不低于表1中2级的规定。

5 试验方法

电动机效率应按GB/T 1032中的B法——测量输入-输出功率的损耗分析法测量。

ICS 13.220.10
C 84

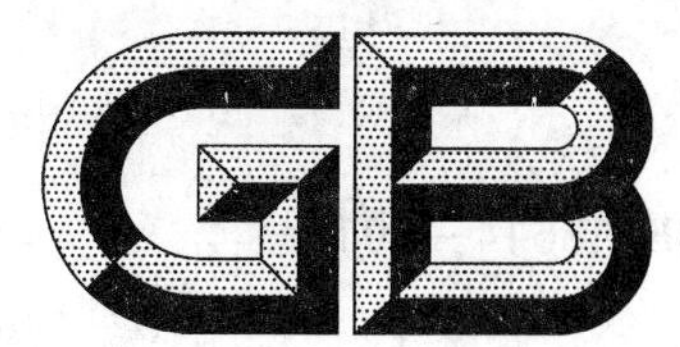

中华人民共和国国家标准

GB 18614—2012
代替 GB 18614—2002

七氟丙烷(HFC227ea)灭火剂

Fire extinguishing agent heptafluoropropane (HFC227ea)

(ISO 14520-9:2006, Gaseous fire-extinguishing systems—Physical properties and system design—Part 9: HFC227ea extinguishant, NEQ)

2012-12-31 发布 2013-10-01 实施

中华人民共和国国家质量监督检验检疫总局
中国国家标准化管理委员会 发布

前言

本标准的第4章、第6章为强制性的，其余为推荐性的。

本标准按照GB/T 1.1—2009给出的规则起草。

本标准代替GB 18614—2002《七氟丙烷(HFC227ea)灭火剂》，与GB 18614—2002相比，主要技术变化如下：

——修改了“酸度”试验方法(见5.4,2002年版的5.3)；

——增加了“毒性”、“灭火浓度”检验项目及其试验方法(见第4章表1及5.8、5.9)；

本标准使用重新起草法参考ISO 14520-9:2006《气体灭火系统　物理性能和系统设计　第9部分：HFC227ea灭火剂》(英文版)编制，与ISO 14520-9:2006的一致性程度为非等效。

本标准由中华人民共和国公安部提出。

本标准由全国消防标准化技术委员会灭火剂分技术委员会(SAC/TC 113/SC 3)归口。

本标准起草单位：公安部天津消防研究所。

本标准主要起草人：庄爽、李姝、马建明、张彬、王帅、张璐。

本标准所代替标准的历次版本发布情况为：

——GB 18614—2002。

七氟丙烷(HFC227ea)灭火剂

1 范围

本标准规定了七氟丙烷(HFC227ea)灭火剂的术语和定义、要求、试验方法、检验规则、标志、包装、运输、贮存等内容。

本标准适用于七氟丙烷(HFC227ea)灭火剂。

2 规范性引用文件

下列文件对于本文件的应用是必不可少的。凡是注日期的引用文件,仅注日期的版本适用于本文件。凡是不注日期的引用文件,其最新版本(包括所有的修改单)适用于本文件。

GB/T 191—2008 包装储运图示标志

GB/T 601 化学试剂 标准滴定溶液的制备

GB/T 603 化学试剂 试验方法中所用制剂及制品的制备

GB 5749 生活饮用水卫生标准

GB/T 5907 消防基本术语 第一部分

GB/T 6682 分析实验室用水规格和试验方法

GB/T 7376 工业用氟代烷烃中微量水分的测定

GB 14193 液化气体气瓶充装规定

GB 14922.1 实验动物 寄生虫学等级及监测

GB 14922.2 实验动物 微生物学等级及监测

GB 14923 实验动物 哺乳类实验动物的遗传质量控制

GB 14924.3 实验动物 配合饲料营养成分

GB 14925 实验动物 环境及设施

GB/T 20702—2006 气体灭火剂灭火性能测试方法

3 术语和定义

GB/T 5907、GB/T 20702—2006 中界定的以及下列术语和定义适用于本文件。

3.1

七氟丙烷(HFC227ea)灭火剂 fire extinguishing agent heptafluoropropane(HFC227ea)

用于灭火的七氟丙烷(HFC227ea)。

注:七氟丙烷按我国的化学系统命名法应为1,1,1,2,3,3,3—七氟丙烷,依照国际通用卤代烷命名法则称为HFC227ea。具体含义为:HFC代表氢氟烃;2代表碳原子个数减1(即3个碳原子);2代表氢原子个数加1(即1个氢原子);7代表氟原子个数(即7个氟原子);e表示中间碳原子的取代基形式为—CHF—;a表示两端碳原子的取代原子量之和的差为最小即最对称。

4 要求

七氟丙烷(HFC227ea)灭火剂技术性能应符合表1的规定。

表1 七氟丙烷(HFC227ea)灭火剂技术性能

项目		技术指标	不合格类型
纯度/%(*m*/*m*)		≥99.6	A
酸度/%(*m*/*m*)		≤1×10^{-4}	A
水分/%(*m*/*m*)		≤10×10^{-4}	A
蒸发残留物/%(*m*/*m*)		≤0.01	B
悬浮物或沉淀物		无混浊或沉淀物	B
灭火浓度(杯式燃烧器法)/%(*V*/*V*)		6.7±0.2	A
毒性	麻醉性	无麻醉症状和特征	A
	刺激性	无刺激症状和特征	A

5 试验方法

5.1 一般规定

本标准所用试剂和水在没有注明其他要求时均指分析纯试剂和GB/T 6682中规定的三级水。

试验中所用标准溶液,在没有注明其他要求时均按GB/T 601、GB/T 603的规定制备。

5.2 取样

5.2.1 取样钢瓶

取样钢瓶应满足以下规定:

a) 材料为不锈钢;

b) 设计压力不应小于1.5 MPa。

5.2.2 取样钢瓶的处理方法

取样钢瓶在第一次使用前,需用水和适当的溶剂(如乙醇或丙酮)洗涤。洗净后,在105 ℃~110 ℃电热鼓风干燥箱内烘3 h~4 h,趁热将钢瓶抽真空至绝对压力不高于1.3 kPa,并在此压力下保持1 h~2 h,然后关闭钢瓶阀门以备取样。

在以后的每次取样前,应把钢瓶中残留的七氟丙烷(HFC227ea)灭火剂样品放空,仍然在1.3 kPa条件下抽真空1 h,再灌入少量的七氟丙烷(HFC227ea)灭火剂后,继续抽真空1 h以保持取样钢瓶的清洁和干燥。

5.2.3 取样方法

用一根干燥的不锈钢细管连接在灌装七氟丙烷(HFC227ea)灭火剂钢瓶的出口阀上,不锈钢细管要尽可能短,稍稍开启钢瓶阀门,放出七氟丙烷(HFC227ea)灭火剂,冲洗阀门及连接管1 min,然后将连接管的末端迅速与取样钢瓶阀门紧密连接。把取样钢瓶放在台秤上(必要时,取样钢瓶可浸在冰盐浴中),将七氟丙烷(HFC227ea)灭火剂钢瓶的出口阀门打开,打开取样钢瓶阀门,使七氟丙烷(HFC227ea)灭火剂灌入其中。从台秤指示的重量变化来确定灌入样品的重量。取样结束后,先关闭取样钢瓶阀门，然后再关闭灌装七氟丙烷（HFC227ea）灭火剂的钢瓶阀门，拆除连接管。所有的试验均应液相取样。

5.3 纯度测定

5.3.1 测定仪器

纯度测定仪器采用气相色谱仪，配有毛细管色谱柱以及氢火焰检测器（以氢气作载气，对苯的灵敏度应高于 8 000 mV·mL/mg）。

5.3.2 测定条件

纯度测定条件见表 2。

表 2 纯度测定条件

项 目	条 件	项 目	条 件
检测器	氢火焰检测器	进样口温度/℃	200
检测器温度/℃	30～300	进样口	分流/不分流进样口，分流比 40：1
柱流速/（mL/min）	20	色谱柱温度/℃	200
补偿气体流速/（mL/min）	45	色谱柱	GasPro 30 m×0.32 mm

5.3.3 测定步骤

5.3.3.1 启动气相色谱仪，按 5.3.2 规定的条件调节仪器，使仪器的条件稳定并符合要求。

5.3.3.2 将七氟丙烷（HFC227ea）灭火剂取样钢瓶接上取样管，放倒钢瓶（取液相气化样），打开钢瓶阀门，使七氟丙烷（HFC227ea）灭火剂排气 1 s～3 s，然后导入气相色谱仪进行测定。

5.3.3.3 采用面积归一化计算方法，计算七氟丙烷（HFC227ea）灭火剂的纯度。

5.3.3.4 取三次平行测定结果的算术平均值为测定结果，各次测定的绝对偏差应不大于 0.05%。

5.4 酸度测定

5.4.1 原理概述

使试样气化、鼓泡进入实验室三级水中，吸收酸性物质，以溴甲酚绿为指示液，用氢氧化钠标准滴定溶液滴定，求得酸度（以 HCl 计）。

5.4.2 试剂及仪器

使用的试剂、仪器及其要求如下：

a） 氢氧化钠标准滴定溶液：摩尔浓度为 0.01 mol/L；

b） 溴甲酚绿指示液：浓度为 1 g/L；

c） 电子天平：感量 1 g；

d） 微量滴定管：最小分度值 0.01 mL；

e） 多孔式气体洗瓶：容积 250 mL；

f） 锥形瓶：容积 250 mL。

5.4.3 测定步骤

5.4.3.1 在三个多孔式气体洗瓶中分别加入100 mL实验室三级水，在第三个多孔式气体洗瓶中加入溴甲酚绿指示液(2～3)滴，用导管串联。

5.4.3.2 擦干取样钢瓶及阀门，称量，准确至1 g，将取样钢瓶阀门出口与第一个多孔式气体洗瓶连接，慢慢打开钢瓶阀门使液态样品气化后通过三个多孔式气体洗瓶，大约通入100 g试样后关闭钢瓶阀门，取下取样钢瓶，擦干，称量，准确至1 g。

5.4.3.3 若第三个多孔式气体洗瓶中指示液未变色，继续下述步骤，否则重新进行试验。

5.4.3.4 将第一个和第二个多孔式气体洗瓶的水合并，移入锥形瓶，加入溴甲酚绿指示液(2～3)滴，用氢氧化钠标准溶液滴定至终点。

5.4.4 计算

七氟丙烷(HFC227ea)灭火剂酸度(以HCl计)的质量分数X(%)按式(1)计算：

$$X = C_{(NaOH)} \times V \times 0.0365/(m_1 - m_2) \times 100\% \qquad (1)$$

式中：

V ——耗用氢氧化钠标准滴定液的体积，单位为毫升(mL)；

$C_{(NaOH)}$ ——氢氧化钠标准滴定液的实际浓度，单位为摩尔每升(mol/L)；

m_1 ——试样吸收前取样钢瓶的质量，单位为克(g)；

m_2 ——试样吸收后取样钢瓶的质量，单位为克(g)；

0.036 5——与1.00 mL氢氧化钠标准滴定液相当的以克表示的氯化氢质量。

取两次平行测定结果的算术平均值作为测定结果，两次平行测定结果之差不得大于0.000 1%。

5.5 水分测定

水分的测定按GB/T 7376的规定进行。

5.6 蒸发残留物测定

5.6.1 原理

使样品蒸发，称取高沸点残留物的质量，求得蒸发残留物含量。

5.6.2 试剂及仪器

使用的试剂、仪器及其要求如下：

a) 洗净液：二氯甲烷(分析纯)；
b) 蒸发器：由蒸发管和称量管组成，如图1所示；
c) 恒温水槽；
d) 电热鼓风干燥箱：可调节温度至105 ℃±2 ℃。

图1 蒸发器

5.6.3 测定步骤

5.6.3.1 将称量管在105 ℃±2 ℃的电热鼓风干燥箱中干燥约30 min后，在干燥器中冷却，称准至0.1 mg为止，与蒸发管连接。

5.6.3.2 称取冷却到不沸腾的试样约800 g于蒸发器内，将称量管一部分浸于恒温水槽中，使试样蒸发。恒温水槽的温度调节到试样可在1.5 h~2.0 h蒸发完毕。

5.6.3.3 试样气化结束后，在蒸发器中加入10 mL洗净液，把称量管放在约90 ℃的恒温水槽中，使洗净液气化，气化完成后，将称量管放在105 ℃±2 ℃的电热鼓风干燥箱中干燥约30 min后，在干燥器中冷却，称准至0.1 mg为止。

5.6.4 计算

蒸发残留物Y(%)按式(2)计算：

$$Y=\frac{m_1-m_2}{m}\times 100\% \quad\cdots\cdots(2)$$

式中：

m_1——称量管的质量，单位为克(g)；

m_2——试样气化后称量管的质量，单位为克(g)；

m ——试样的质量，单位为克(g)。

5.7 悬浮物或沉淀物测定

取不沸腾的冷却试样 10 mL 置于内径约 15 mm 的试管内，擦干试管外壁附着的霜或湿气，从横向透视观察是否有混浊或沉淀物。

5.8 灭火浓度(杯式燃烧器法)测定

灭火浓度(杯式燃烧器法)的测定按 GB/T 20702—2006 附录 A 中 A.1～A.4 以及 A.6 的规定进行，燃料为正庚烷。

5.9 毒性测定

5.9.1 试验装置

5.9.1.1 装置概述

试验装置由灭火剂和空气供给系统、小鼠运动记录系统、小鼠转笼以及染毒箱等组成，如图 2 所示。

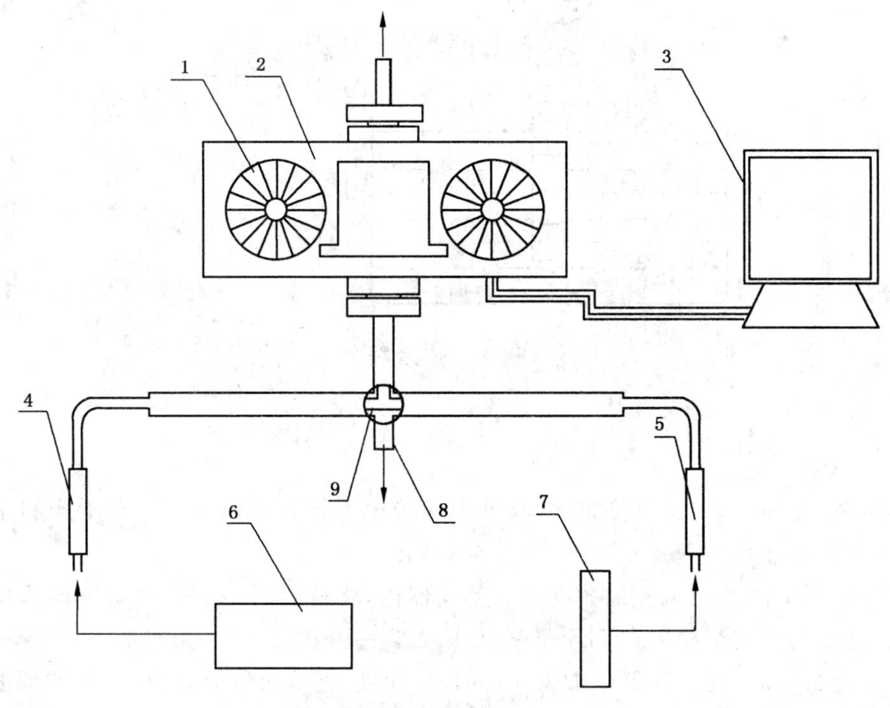

说明：

1——小鼠转笼；

2——染毒箱；

3——计算机；

4——流量计；

5——流量计；

6——空气供给系统；

7——气体灭火剂样品；

8——排气口；

9——三通旋塞。

图 2 气体灭火剂毒性测试装置

5.9.1.2 小鼠转笼

小鼠转笼由铝制成，如图3所示，转笼质量为60 g±10 g；小鼠转笼在支架上应能灵活转动，无固定静置点。

单位为毫米

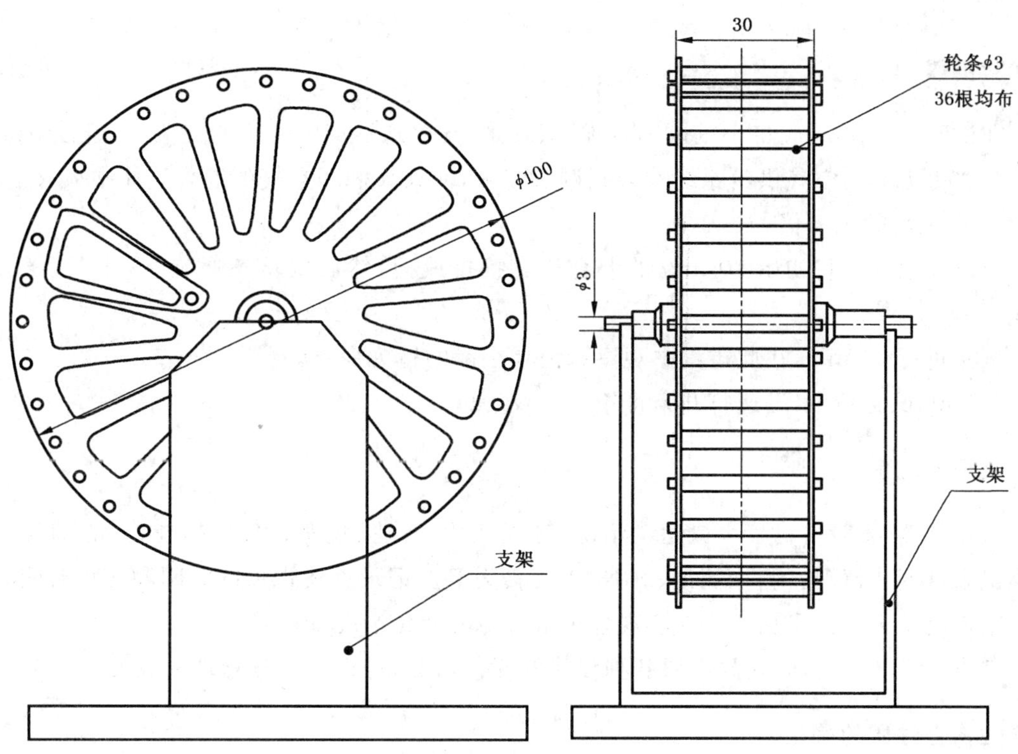

图3 小鼠转笼

5.9.1.3 染毒箱

染毒箱由无色透明的有机玻璃材料制成，染毒箱有效空间体积约9.2 L，可容纳10只小鼠进行染毒试验。

5.9.1.4 灭火剂和空气供给系统

灭火剂和空气供给系统由空气源(瓶装压缩空气或空气压缩机抽取洁净的环境空气)和可调节的2.5级气体流量计及输气管线组成。

5.9.1.5 小鼠运动记录系统

小鼠运动记录采用红外或磁信号监测小鼠转笼转动的情况，每只小鼠的时间-运动图谱应能定性地反映每时刻转笼的角速度。

5.9.2 试验动物要求

5.9.2.1 试验动物应是符合GB 14922.1和GB 14922.2要求的清洁级试验小鼠。

5.9.2.2 试验小鼠必须从取得试验动物生产许可证的单位获得，其遗传分类应符合 GB 14923 的近交系或封闭群要求。

5.9.2.3 从生产单位获得的试验小鼠应作环境适应性喂养，在试验前 2 天，试验小鼠体重应有增加，试验时周龄应为 5 周～8 周，质量应为 21 g±3 g。

5.9.2.4 每个试验组试验小鼠为 8 只或 10 只。雌雄各半，随机编组。

5.9.2.5 试验小鼠饮用水应符合 GB 5749 要求；饲料应符合 GB 14924.3 要求；环境和设施应符合 GB 14925的要求。

5.9.3 试验步骤

5.9.3.1 在试验前 5 min，应将小鼠按编号称重、装笼、安放到染毒试验箱的支架上，盖合染毒箱盖。

5.9.3.2 开启灭火剂和空气供给系统并分别调节流量，使灭火剂和空气的混合气体中灭火剂浓度达到 5.8 中测试灭火浓度的 1.3 倍。

5.9.3.3 通过三通旋塞将初始 10 min 的混合气直接排放掉，然后旋转三通旋塞，让混合气进入染毒箱，试验开始。

5.9.3.4 试验进行 30 min，在此过程中观察和记录小鼠的行为变化。

5.9.3.5 30 min 试验结束，迅速打开染毒箱，取出小鼠。

5.9.4 试验现象观察

5.9.4.1 30 min 染毒期内观察小鼠运动情况：呼吸变化、昏迷、痉挛、惊跳、挣扎、不能翻身、欲跑不能等症状；小鼠眼区变化情况：闭目、流泪、肿胀、视力丧失等。记录上述现象的时间和死亡时间。

5.9.4.2 染毒刚结束及染毒后 1 h 内应观察小鼠行为的变化情况并记录。

5.9.4.3 染毒后的 3 d 内，应观察小鼠各种症状的变化情况，每天记录各种现象及死亡情况。

5.9.5 毒性伤害性质的确定

5.9.5.1 实验小鼠出现下列症状和特征时，毒性判定为“麻醉”：

a) 在染毒期中，小鼠有昏迷、惊跳、痉挛、失去平衡、仰卧、欲跑不能等症状出现；
b) 小鼠运动图谱显示在染毒期中小鼠有较长时间停止运动或在某一时刻后不再运动的丧失逃离能力的特征图谱；
c) 小鼠在 30 min 染毒期或其后 1 h 内死亡。

5.9.5.2 实验小鼠出现下列症状和特征时，毒性判定为“刺激”：

a) 染毒期中小鼠寻求躲避，有明显的眼部和呼吸行为异常，口鼻黏液增多；轻度刺激表现为闭目、流泪、呼吸加快；中度和重度刺激表现为眼角膜变白、肿胀，甚至丧失视力、气紧促和咳嗽；
b) 小鼠运动图谱显示小鼠几乎一直跑动；
c) 小鼠染毒后 3 天内行动迟缓、虚弱厌食或出现死亡现象。

6 检验规则

6.1 检验类别与项目

6.1.1 出厂检验

纯度、酸度以及水分为出厂检验项目。

6.1.2 型式检验

第4章表1规定的全部项目为型式检验项目。

有下列情况之一时，应进行产品型式检验：

a) 新产品鉴定或老产品转厂生产时；

b) 正式生产后，如原料、工艺有较大改变时；

c) 正式生产时每隔三年的定期检验；

d) 停产1年以上恢复生产时；

e) 发生重大质量事故时；

f) 国家质量监督机构提出进行型式检验要求时。

6.2 组批

出厂检验以一次性投料于加工设备制得的均匀物质为一批。以在相同生产环境条件下，用相同的原料和工艺生产的一批或多批产品为一组。

6.3 抽样

6.3.1 型式检验样品应从出厂检验合格的产品中抽取。

6.3.2 按批抽样，应随机抽取不小于2 kg样品。

6.4 检验结果判定

6.4.1 出厂检验结果判定

出厂检验项目中，纯度、酸度以及水分任一项不合格，则判定出厂检验不合格。

6.4.2 型式检验结果判定

型式检验结果符合下列条件之一者，即判定该批产品合格，否则判该批产品不合格：

a) 各项指标均符合第4章要求；

b) 只有一项B类不合格，其他项目均符合第4章相应要求。

7 标志、包装、运输和贮存

7.1 标志

产品包装外表面应清晰、牢固的标明"七氟丙烷（HFC227ea）灭火剂"字样，并应有符合GB/T 191—2008规定的"怕晒"标志。产品应附有合格证，标明产品名称、总重、灭火剂净重、批号、标准编号、生产日期、生产厂名称等。

7.2 包装

产品应用外涂银白色漆的专用钢瓶或TANK包装，充装应符合GB 14193规定，充装系数不得大于规定值。首次使用的钢瓶应确保钢瓶内干燥与清洁；对重复使用的钢瓶，钢瓶内应保持正压。

7.3 运输

盛装灭火剂的钢瓶和TANK为带压容器，在装卸运输过程中应轻装轻卸，容器应戴好安全帽，严禁撞击、拖拉、摔落和直接曝晒，并应符合铁路、公路对危险货物运输的有关规定。

7.4 贮存

盛装灭火剂的钢瓶和TANK应贮存于通风、阴凉、干燥的地方，不得靠近热源，确保容器温度不超过52 ℃，严禁雨淋日晒和接触腐蚀性物质。贮存放置应整齐，立放时要妥善固定；横放时，头部朝一个方向，垛高不应超过5层。

ICS 77.140.70
H 44

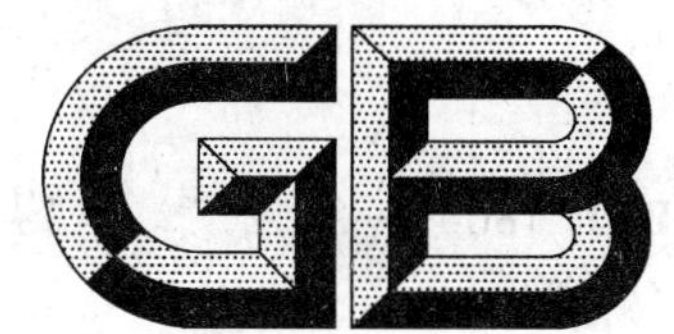

中华人民共和国国家标准

GB/T 18669—2012
代替 GB/T 18669—2002

船用锚链圆钢

Steel bars for ship archor chain

2012-11-05 发布　　　　2013-05-01 实施

中华人民共和国国家质量监督检验检疫总局
中国国家标准化管理委员会　发布

前 言

本标准按照 GB/T 1.1—2009 给出的规则起草。

本标准代替 GB/T 18669—2002《船用锚链圆钢》。

本标准与 GB/T 18669—2002 相比主要变化如下：

——删除了 CM370 牌号；

——修改了尺寸及允许偏差的规定，采用 GB/T 702 的规定；

——加严了不圆度；

——化学成分增加各牌号 C 含量下限要求、加严了各牌号 S 含量要求。

本标准由中国钢铁工业协会提出。

本标准由全国钢标准化技术委员会(SAC/TC 183)归口。

本标准主要起草单位：重庆钢铁(集团)有限公司、江苏沙钢集团淮钢特钢股份有限公司、河北钢铁集团宣钢公司、冶金工业信息标准研究院。

本标准主要起草人：杜大松、唐志刚、王忠英、张志强、刘宝石、肖亚、乔湘丽、张育新、侯捷、杨荣万。

本标准所代替标准的历次版本发布情况为：

——GB/T 18669—2002。

船用锚链圆钢

1 范围

本标准规定了船用锚链圆钢的订货内容、尺寸、外形、重量及允许偏差、牌号、技术要求、试验方法、检验规则和包装标志及质量证明书。

本标准适用于直径为 13 mm～190 mm 的热轧锚链圆钢(以下简称圆钢)。

2 规范性引用文件

下列文件对于本文件的应用是必不可少的。凡是注日期的引用文件,仅注日期的版本适用于本文件。凡是不注日期的引用文件,其最新版本(包括所有的修改单)适用于本文件。

GB/T 222 钢的成品化学成分允许偏差

GB/T 223.5 钢铁 酸溶硅和全硅含量的测定 还原型硅钼酸盐分光光度法

GB/T 223.9 钢铁及合金 铝含量的测定 铬天青S分光光度法

GB/T 223.12 钢铁及合金化学分析方法 碳酸钠分离-二苯碳酰二肼光度法测定铬量

GB/T 223.14 钢铁及合金化学分析方法 钽试剂萃取光度法测定钒含量

GB/T 223.16 钢铁及合金化学分析方法 变色酸光度法测定钛量

GB/T 223.19 钢铁及合金化学分析方法 新亚铜灵-三氯甲烷萃取光度法测定铜量

GB/T 223.26 钢铁及合金 钼含量的测定 硫氰酸盐分光光度法

GB/T 223.40 钢铁及合金化学分析方法 氯磺酚S光度法测定铌量

GB/T 223.54 钢铁及合金化学分析方法 火焰原子吸收分光光度法测定镍量

GB/T 223.62 钢铁及合金化学分析方法 乙酸丁酯萃取光度法测定磷量

GB/T 223.63 钢铁及合金化学分析方法 高碘酸钠(钾)光度法测定锰量

GB/T 223.67 钢铁及合金 硫含量的测定 次甲基蓝分光光度法

GB/T 223.69 钢铁及合金 碳含量的测定 管式炉内燃烧后气体容量法

GB/T 223.85 钢铁及合金 硫含量的测定 感应炉燃烧后红外吸收法

GB/T 226 钢的低倍组织及缺陷酸蚀检验法

GB/T 228.1 金属材料 拉伸试验 第1部分:室温试验方法

GB/T 229 金属材料 夏比摆锤冲击试验方法

GB/T 232 金属材料 弯曲试验方法

GB/T 702 热轧钢棒尺寸、外形、重量及允许偏差

GB/T 1979 结构钢低倍组织缺陷评级图

GB/T 2101 型钢验收、包装、标志及质量证明书的一般规定

GB/T 2975 钢及钢产品力学性能试验取样位置及试样的制备

GB/T 4336 碳素钢和中低合金钢火花源原子发射光谱分析方法(常规法)

GB/T 20066 钢和铁 化学成分测定用试样的取样和制样方法

YB/T 081 冶金技术标准的数值修约与检测数值的判定原则

3 订货内容

按本标准订货的合同或订单应包括下列内容：

a） 标准编号；

b） 产品名称；

c） 牌号；

d） 交货状态；

e） 尺寸；

f） 重量；

g） 特殊要求。

4 牌号表示方法

圆钢的牌号由“船”、“锚”汉语拼音首位字母“C”、“M”和抗拉强度最小值组成。例如CM490。

5 尺寸、外形、重量及允许偏差

5.1 尺寸及允许偏差

圆钢尺寸及允许偏差应符合GB/T 702的规定。

5.2 长度及允许偏差

根据需方要求，可按定、倍尺长度交货，其长度允许偏差为0～+50 mm。允许有非定尺长度，其重量不超过交货重量的10%。

5.3 外形

5.3.1 弯曲度

圆钢每米弯曲度不大于4.0 mm，总弯曲度不大于总长度的0.4%。

5.3.2 不圆度

圆钢的不圆度应符合表1规定。

表1 不圆度

圆钢公称直径 d /mm	不圆度 不大于
≤50	公称直径公差的50%
>50～80	公称直径公差的65%
>80	公称直径公差的70%

5.3.3 端部

圆钢两端的切斜度不应大于公称直径的30%,最大不超过20 mm。用剪切机剪切的圆钢端头允许有局部变形,局部变形长度不超过20 mm。

5.4 重量

圆钢按实际重量或理论重量交货。当按理论重量交货时,理论重量的计算钢的密度按照7.85 kg/cm³的规定计算。

6 技术要求

6.1 牌号和化学成分

6.1.1 钢的化学成分(熔炼成分)应符合表2的规定。

表2 化学成分

牌号[b]	化学成分(质量分数)/%								
	C	Si	Mn	P	S	Als[a]	V	Nb	Ti
CM490	0.17~0.24	0.15~0.55	1.10~1.60	≤0.035	≤0.030	≥0.015	—	—	—
CM690[c]	0.27~0.33	0.15~0.55	1.30~1.90	≤0.035	≤0.030		≤0.10	≤0.05	≤0.02

[a] 可测定总铝(Alt)含量代替酸溶铝(Als),此时总铝含量不小于0.020%。

[b] 钢中允许加入V、Nb、Ti等微量元素。

[c] 可单独或以任一组合方式加入微量元素,含量需填入质量证明书。单独加入时,其含量应符合本表规定,混合加入两种或两种以上元素时,其总含量不得大于0.12%。

6.1.2 钢中残余元素镍、铬的含量应各不大于0.30%,铜的含量不大于0.25%。

6.1.3 成品钢材化学成分允许偏差应符合GB/T 222的规定。

6.2 冶炼方法

钢由氧气转炉或电炉冶炼,需要时,可进行炉外精炼。

6.3 交货状态

圆钢以热轧状态交货。

6.4 力学性能和工艺性能

6.4.1 圆钢的力学性能和工艺性能应符合表3的规定。

表 3 力学性能和工艺性能

<table>
<tr><th rowspan="2">牌号</th><th colspan="4">拉伸试验</th><th colspan="2">冲击试验</th><th rowspan="2">弯曲试验[a]
180°</th><th rowspan="2">试料状态</th></tr>
<tr><th>屈服强度
R_{eH}/
MPa</th><th>抗拉强度
R_m/
MPa</th><th>断后伸长率
A/
%</th><th>断面收缩率
Z/
%</th><th>温度/
℃</th><th>冲击吸收能量
KV_2/
J</th></tr>
<tr><td>CM490</td><td>≥295</td><td>490～690</td><td>≥22</td><td>—</td><td>0</td><td>≥27</td><td>$d=1.5a$</td><td>热轧或热处理[b]</td></tr>
<tr><td rowspan="2">CM690</td><td rowspan="2">≥410</td><td rowspan="2">≥690</td><td rowspan="2">≥17</td><td rowspan="2">≥40</td><td>0[c]</td><td>≥60</td><td>—</td><td rowspan="2">热处理[b]</td></tr>
<tr><td>−20</td><td>≥35</td><td>—</td></tr>
<tr><td colspan="9">注：d 为弯心直径，a 为试样厚度。</td></tr>
<tr><td colspan="9">[a] 直径不小于 25 mm 圆钢弯曲试验，如试样不经切削则弯心直径应较表 3 所列数据再加一个“a”。当供方可保证弯曲试验合格时，可不做检验。
[b] 试料热处理制度可为：正火、正火＋回火或淬火＋回火任一种。
[c] 冲击试验温度应在订货时注明，未注明时作 0 ℃冲击试验。</td></tr>
</table>

6.4.2 公称直径小于 16 mm 圆钢不作冲击试验。

6.5 特殊要求

根据需方要求并在合同中注明，圆钢的横截面酸浸低倍组织试片上，不得有目视可见的缩孔、气泡、裂纹和白点缺陷；其酸浸低倍级别应为：一般疏松不大于 3 级、中心疏松不大于 3 级、锭型偏析不大于 3 级。

6.6 表面质量

6.6.1 圆钢表面不得有目视可见的裂纹、结疤、夹杂和折叠。

6.6.2 圆钢表面允许有局部拉裂、凹坑、麻点和划痕，但缺陷的深度或高度从实际尺寸算起，不得超过尺寸允许偏差之半。

6.6.3 圆钢表面缺陷允许清除，不得进行横向清理，清理处应圆滑无棱角，清理宽度应不小于清理深度的五倍。清理深度从实际尺寸算起，不得超过允许公差之半。同一截面达到最大清理深度不得多于一处。

7 试验方法

7.1 检验项目、取样数量、取样方法、试验方法

每批圆钢的检验项目、取样数量、取样方法、试验方法应符合表 4 规定。

表 4　检验项目、取样数量、取样方法、试验方法

序号	检验项目	取样数量,个	取样方法	试验方法
1	化学成分	1/炉	GB/T 20066	GB/T 223 或 GB/T 4336
2	拉伸试验	1	GB/T 2975 和 7.2	GB/T 228.1
3	弯曲试验	1	GB/T 2975	GB/T 232
4	冲击试验	3	GB/T 2975 和 7.2	GB/T 229
5	低倍组织	2	相当于钢锭头部的不同根钢材	GB/T 226、GB/T 1979
6	尺寸、外形	逐支	—	符合精度要求的适宜量具
7	表面	逐支	—	目视

7.2　力学性能试验取样

7.2.1　对直径不大于 40 mm 的圆钢应保留圆钢轧制面,不经切削加工进行拉伸试验,当试验机能力不够时,允许将试样进行车削。按 GB/T 2975 的规定切取冲击样坯。

7.2.2　对直径大于 40 mm 圆钢按图 1、图 2 所示位置切取拉伸和冲击样坯。

图 1　在圆钢上切取拉伸样坯位置

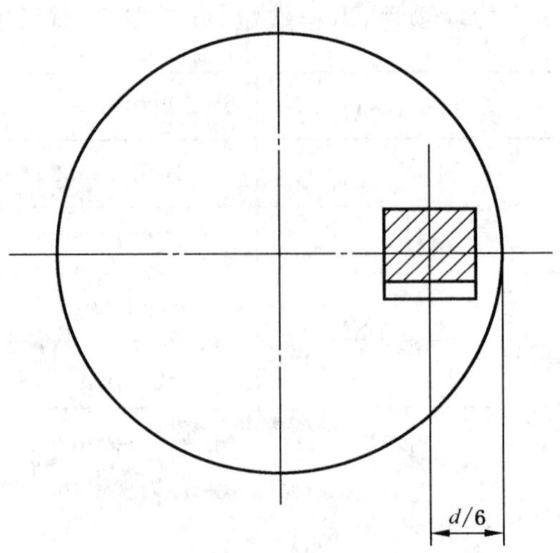

图 2 在圆钢上切取冲击样坯位置

7.3 数值修约

检验结果的数值修约应符合 YB/T 081 的规定。

8 检验规则

8.1 检查和验收

圆钢由供方质量技术监督部门检查和验收，需方有权按合同规定进行检查。

8.2 组批规则

圆钢应成批验收，每批由同一炉号、同一牌号、同一直径的圆钢组成，每批重量不大于 50 t。

8.3 复验与判定

圆钢检验项目的复验与判定规则应符合 GB/T 2101 的规定。

9 包装、标志和质量证明书

圆钢的包装、标志和质量证明书应符合 GB/T 2101 的规定。

附 录 A
（资料性附录）
各船级社规范规定的锚链用圆钢各钢级、牌号对应关系表

A.1 各船级社规范规定的锚链用圆钢各钢级、牌号对应关系见表 A.1。

表 A.1

牌号	船级社规范								
	CCS	LR	ABS	NK	KR	DNV	BV	GL	RINA
CM490	AM2	U2	U2	KSCC50	RSBC50	NVK2	Q2	K2	Q2a
CM690	AM3	U3	U3	KSCC70	RSBC70	NVK3	Q3	K3	Q3a

ICS 65.060.35
B 91

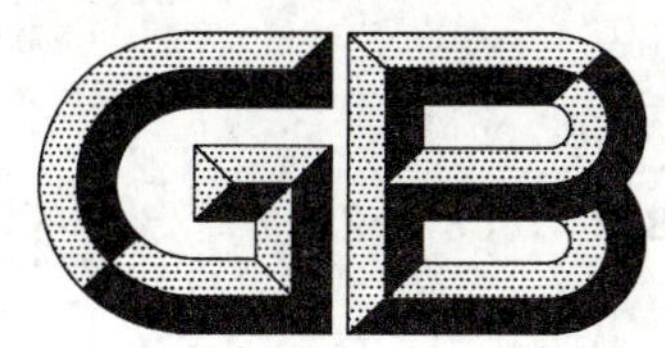

中华人民共和国国家标准

GB/T 18687—2012
代替 GB/T 18687—2002

农业灌溉设备　非旋转式喷头 技术要求和试验方法

Agricultural irrigation equipment—Sprayers—General requirements and test methods

(ISO 8026:2009,MOD)

2012-12-31 发布　　2013-07-01 实施

中华人民共和国国家质量监督检验检疫总局
中国国家标准化管理委员会　发布

前　言

本标准按照 GB/T 1.1—2009 给出的规则起草。

本标准代替 GB/T 18687—2002《农业灌溉设备　非旋转式喷头　技术要求和试验方法》。

本标准与 GB/T 18687—2002 相比，除编辑性修改外主要技术差异如下：

——调整了规范性引用文件(见第 2 章)；

——增加和调整了部分术语和定义(见第 3 章)；

——增加了喷头的分类类型(见 4.2、4.4 和 4.5)；

——取消了抽样和验收规则的详细规定；

——增加了测量精确度要求并细化了一般试验条件(见 6.1 和 6.2)；

——调整了喷洒直径、喷洒图形和水量分布曲线试验方法，并增加规定了一种试验方法(见 6.3)；

——重新制定了与 GB/T 18687—2002 不同的流量一致性试验方法(见 6.3.5)；

——细化了喷射高度测量方法，并规定了允许偏差(见 6.3.7)；

——耐久性试验时间由 1 500 h 调整为 2 000 h，并增加了耐久性试验后测试项目要求(见 6.4)；

——对常温耐压性能试验中规定的增压级差由 100 kPa 改为 50 kPa(见 6.5.2.1)；

——对高温耐压性能试验中保持最大工作压力时间统一规定为 8 h(见 6.5.3.1)。

本标准使用重新起草法修改采用 ISO 8026:2009《农业灌溉设备 非旋转式喷头 技术要求和试验方法》(英文版)。

本标准与 ISO 8026:2009 的差异为：

——关于规范性引用文件，本标准做了具有技术性差异的调整，调整情况集中反映在第 2 章，具体调整情况如下：用等效采用的 GB/T 7306.1～7306.2—2000 代替 ISO 7-1:1994。

本标准由中国机械工业联合会提出。

本标准由全国农业机械标准化技术委员会(SAC/TC 201)归口。

本标准起草单位：中国农业机械化科学研究院、江苏大学流体机械工程技术研究中心、浙江大农实业有限公司。

本标准主要起草人：张咸胜、王洋、王洪仁、兰才有、李红、刘俊萍、朱兴业、王新坤。

本标准所代替标准的历次版本发布情况为：

——GB/T 18687—2002。

农业灌溉设备 非旋转式喷头 技术要求和试验方法

1 范围

本标准规定了灌溉用非旋转式喷头(以下简称喷头)的技术要求和试验方法。

本标准适用于安装在灌溉系统中且工作介质为灌溉水的喷头。

2 规范性引用文件

下列文件对于本文件的应用是必不可少的。凡是注日期的引用文件,仅注日期的版本适用于本文件。凡是不注日期的引用文件,其最新版本(包括所有的修改单)适用于本文件。

GB/T 7306.1～7306.2 55°密封管螺纹(GB/T 7306.1～ 7306.2—2000,eqv ISO 7-1:1994)

GB/T 27612.3—2011 农业灌溉设备 喷头 第3部分:水量分布特性和试验方法(ISO 15886-3:2004,IDT)

3 术语和定义

下列术语和定义适用于本文件。

3.1

环境温度 ambient temperature

喷头周围环境的温度。

3.2

雨量筒 collector

喷头水量分布、喷洒直径或喷洒图形试验中,用于收集喷头喷出水的容器。

3.3

喷洒直径 diameter of coverage

在一个连续运行喷头喷洒区域内,过喷头所在点沿直线测量有效灌水强度范围内的两个最远点之间的距离,数值近似等于射程的2倍。

3.4

有效灌水强度 effective application rate

对流量大于75 L/h的喷头,灌水强度为大于或等于0.26 mm/h;对流量等于或小于75 L/h的喷头,灌水强度为大于或等于0.13 mm/h。

3.5

灌溉毛管 irrigation lateral

灌溉系统中直接或借助接头、立管或管子等安装灌水器(如喷头)的供水管。

3.6

灌溉用非旋转式喷头 irrigation sprayer

没有作旋转运动的零部件,以细流喷射形式或扇形喷洒水的装置。

3.7

最大工作压力 maximum working pressure

为确保喷头的连续运行和正常功能，由制造厂给出的最靠近喷头上游的最大压力。

3.8

最小工作压力 minimum working pressure

为确保喷头的连续运行和正常功能，由制造厂给出的最靠近喷头上游的最小压力。

3.9

额定流量 nominal flow rate

试验压力下，单位时间内喷头喷洒出的水量。

3.10

非调节喷头 non-regulated sprayer

非压力补偿喷头 non-pressure-compensating sprayer

流量随喷头进口压力变化而变化的喷头。

3.11

喷嘴 nozzle

水从喷头中喷出时经过的孔或喷射管。

3.12

地埋式喷头 pop-up sprayer

在无水压状态下喷嘴位于地面以下，有水压状态下喷嘴位于地面以上的灌溉喷头。

3.13

射程 radius of throw

湿润半径 wetted radius

测得的某一连续运行的喷头中心线到灌水强度为某一值的最远点的距离。对流量大于 75 L/h 的喷头，该最远点的灌水强度为大于或等于 0.26 mm/h；对流量不大于 75 L/h 的喷头，该最远点的灌水强度为大于或等于 0.13 mm/h。对于扇形喷头，除喷洒弧极端附近点外，测量时应沿喷洒弧进行。

3.14

调节范围 range of regulation

喷头在制造厂声明的规定精确度范围内调节流量时，调节喷头进口处的工作压力范围。

3.15

工作压力范围 range of working pressures

最小工作压力和最大工作压力之间的压力范围。

3.16

调节喷头 regulated sprayer

进口压力在制造厂规定的调节范围内变化时，流量保持相对恒定的喷头。

3.17

喷洒图形 spray coverage pattern

喷头在制造厂规定条件下运行时，喷洒的湿润面积。

3.18

试验压力 test pressure

制造厂声明的试验时的喷头进口压力。

注：制造厂未声明试验压力时，试验压力为 200 kPa。

3.19

喷射仰角　trajectory angle

喷头在试验压力下运行时,喷嘴出口水束与水平面之间的夹角。

3.20

喷射高度　trajectory height

喷头在试验压力下运行时,喷嘴喷出水束相对于喷嘴的最大高度。

3.21

水量分布曲线　water distribution curve

分布曲线　distribution curve

从喷头所在位置沿规定喷洒半径测量的喷头和雨量筒之间距离与灌水强度的函数关系曲线。

3.22

水出口高度　water outlet height

喷头按制造厂推荐的方式安装时,其喷水出口相对于地面的最大高度。

4　分类

4.1　按喷洒均匀性分

4.1.1　均匀喷洒图形

4.1.2　不均匀喷洒图形

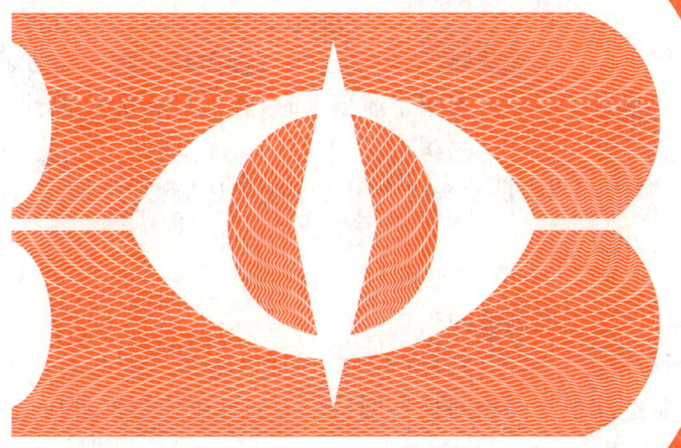

4.2　按水量喷洒特征分

4.2.1　喷洒区域

4.2.1.1　圆形

4.2.1.1.1　全圆

4.2.1.1.2　扇形

4.2.1.1.2.1　固定图形

4.2.1.1.2.2　可调图形

4.2.1.2　非圆形(多边形、不规则圆形)

4.2.2　喷洒形式

4.2.2.1　水幕喷洒

4.2.2.2　喷射喷洒

4.3　按性能特征(流量调节)分

4.3.1　调节喷头

4.3.2　非调节喷头

4.4 按连接类型分

4.4.1 螺纹连接

4.4.2 插钩连接

4.4.3 卡扣连接

4.4.4 其他

4.5 按附加功能分

4.5.1 地埋式/固定式

4.5.2 顶阀式

5 技术要求

5.1 材料

与水接触并暴露于阳光中的喷头塑料件应不透光，且应含有抗紫外线的添加剂。

喷头应采用金属或其他材料制成。当用于灌溉水时，其他材料的机械性能和耐腐蚀性应与铜合金相似。

如果用户提出要求，制造厂应提供喷头对农用化学物质适应性方面的资料。

5.2 制造和装配

喷头不应有影响其正常运行的制造缺陷。

喷头应易于安装，所有可更换零部件应便于手工或使用标准工具进行更换。如需要专用工具，制造厂应随产品提供。同一制造厂生产的相同规格型号喷头的可更换零部件应能互换。

5.3 连接件

应根据连接类型和相关标准规定喷头的连接件。

5.3.1 螺纹连接

与供水管之间采用螺纹连接的喷头，其接口螺纹应符合 GB/T 7306.1～ GB/T 7306.2 的规定。如果通过中间接头与供水管连接，则接口可以采用其他螺纹，但中间接头与供水管连接的螺纹应符合 GB/T 7306.1～7306.2 的规定。

5.3.2 柔性连接

制造厂应规定适合连接的柔性管型号和规格。

制造厂应提供所有的补充信息。

6 试验方法

6.1 测量

本标准未作明确规定项目的测量准确度应为±3%。

雨量筒集水深度的测量准确度应为±1%。

试验过程中,试验压力的变化应不大于±2%。压力测量准确度应为±1%。

喷头流量测量准确度应为±1%。

温度测量准确度应为±0.5 ℃。室内试验时,水温应为 23 ℃±3 ℃。

时间测量应采用测量准确度为±0.1 s 的秒表。

6.2 一般试验条件

对已进行目测检查(不解体)工艺和质量的喷头进行试验。

将被试喷头按制造厂推荐的田间组装方式与供水管路相连。

保持喷头在竖直方向±2°范围内。

试验中应无可见的外部泄漏。

喷头型号相同,但喷嘴或附件不同时,应对每种喷头与喷嘴或喷头与附件的组合分别进行试验。

雨量筒的结构应符合 GB/T 27612.3—2011 中 4.1 的规定,并应具有下列特征:

a) 所有雨量筒均应相同。

b) 雨量筒的高度至少应为试验中所收集到水最大深度的两倍,且不小于 150 mm。

c) 雨量筒应具有无缺陷的尖劈状圆形开口。

d) 雨量筒的直径应为高度的 0.5 倍~1 倍,且不小于 85 mm。

所有雨量筒开口应位于任意方向的坡度均不大于 2%的同一水平面上。

喷头喷嘴相对于雨量筒开口的高度应为 0.20 m 或按制造厂规定的高度。

6.3 水力试验

在室内、无漂移条件下或在室外无风条件下(最大允许风速小于 0.5 m/s)进行试验。

应在试验开始、中间阶段和结束时测量试验场内的相对湿度和环境温度。对于室内试验,试验过程中温度和湿度相对于试验初期的变化量应不大于±5%。

为考虑蒸发因素,在试验区域内但为喷头喷射范围外放置 3 个雨量筒。试验刚开始之前在每个雨量筒内加入规定深度的水,试验结束时测量雨量筒内剩余水深度,用试验刚开始之前每个雨量筒内加入水的规定深度减去剩余水深度计算得到水的蒸发量,取 3 个雨量筒结果的平均值。

在性能试验和运行试验之前,应使每个被试喷头在试验压力下至少运行 1 h,以得到稳定运行状态。

6.3.1 每种类型喷头的水力试验

表 1 给出了每种类型喷头的最少水力试验项目。

表 1 水力试验

喷头类型	水力试验					
	喷洒直径	喷洒图形	水量分布曲线	流量一致性	流量与进口压力的函数关系	喷射高度
均匀喷洒图形全圆	6.3.2 方法 2	6.3.3 方法 1	6.3.4 方法 2	6.3.5	6.3.6	6.3.7
均匀喷洒图形扇形	6.3.2 方法 1	6.3.3 方法 1	6.3.4 方法 1	6.3.5	6.3.6	6.3.7

表 1（续）

喷头类型	水力试验					
	喷洒直径	喷洒图形	水量分布曲线	流量一致性	流量与进口压力的函数关系	喷射高度
不均匀喷洒图形全圆	6.3.2 方法 1	6.3.3 方法 2	6.3.4 方法 1	6.3.5	6.3.6	6.3.7
非圆形/扇形	6.3.2 方法 1[a]	6.3.3 方法 2	6.3.4 方法 1[a]	6.3.5	6.3.6	6.3.7
其他	—	—	—	6.3.5	6.3.6	—

[a] 喷洒直径和水量分布曲线应通过喷洒图形计算。

6.3.2 喷洒直径

本试验用被试喷头应从用于测定喷头流量一致性和流量与进口压力的函数关系的喷头试验样本中随机选取。

6.3.2.1 方法 1

雨量筒应沿以喷头为中心两两相隔45°的8条径线布置，并应在同一水平面上。对喷洒直径不大于6 m的喷头，雨量筒间距应为0.25 m；对喷洒直径大于6 m的喷头，雨量筒间距应为0.5 m。每条径线端点的雨量筒应布置在超出喷头喷洒范围外。

被试喷头应放置在8条径线的中心位置(见图1)。

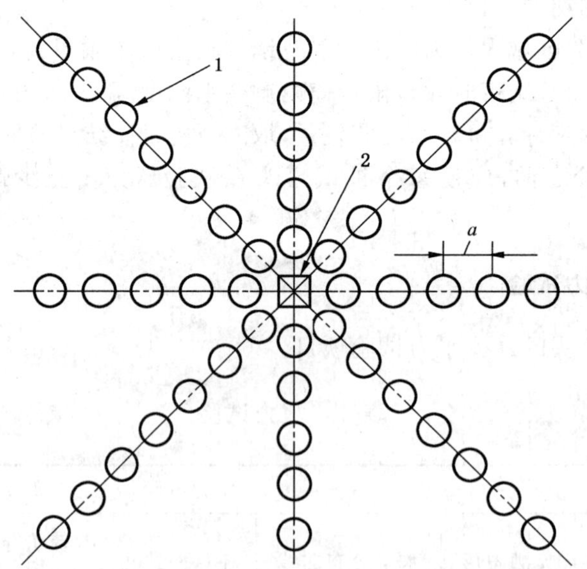

说明：
1——雨量筒；
2——被试喷头；
a——雨量筒间距，0.25 m或0.5 m。

图 1 按方法 1 的喷洒直径试验

喷头在试验压力(在喷头进口处测量)下运行至少 1 h。试验持续时间应足够长,以使经过蒸发误差修正后(见 6.3)至少 50%的雨量筒满足雨量筒读数准确度要求(见 6.1)。

沿布置雨量筒的 8 条径线测量从喷头所在位置到最远点的雨量筒中的积水量,该最远点的灌水强度为下列最小值之一:

a) 对流量大于 75 L/h 的喷头,灌水强度为 0.26 mm/h;

b) 对流量不大于 75 L/h 的喷头,灌水强度为 0.13 mm/h。

由喷头中心到最远点的 8 个距离平均值乘 2 计算得到喷洒直径。

对于非圆形喷洒图形的喷头,应有两个喷洒直径:

——主喷洒直径为两个最长距离平均值的 2 倍;

——副喷洒直径为两个最短距离平均值的 2 倍。

喷洒直径应符合制造厂的规定值,允许偏差为±10%。

6.3.2.2 方法 2

雨量筒应沿以喷头为中心两条在同一水平面上呈 90°的径线布置,对于扇形喷头,测量时应在除喷洒弧极端外的其他喷洒弧上进行。对喷洒直径不大于 6 m 的喷头,雨量筒间距应为 0.25 m;对喷洒直径大于 6 m 的喷头,雨量筒间距应为 0.5 m。每条径线端点的雨量筒应布置在超出喷头喷洒范围外(见图 2)。

被试喷头应放置在两条径线中心位置,且其朝向应与其中一条径线一致(见图 2)。

说明:

1——雨量筒;

2——被试喷头;

a——雨量筒间距,0.25 m 或 0.5 m。

图 2 按方法 2 的喷洒直径试验

喷头在试验压力(在喷头进口处测量)下运行至少 1 h。试验持续时间应足够长,以使经过蒸发误差修正后(见 6.3)至少 50%的雨量筒满足雨量筒读数准确度要求(见 6.1)。

沿布置雨量筒的 2 条径线测量从喷头所在位置到最远点的雨量筒中的积水量,该最远点的灌水强度为下列最小值之一:

a) 对流量大于 75 L/h 的喷头,灌水强度为 0.26 mm/h;

b) 对流量不大于 75 L/h 的喷头,灌水强度为 0.13 mm/h。

由喷头中心到最远点的 2 个距离平均值乘 2 计算得到喷洒直径。

喷洒直径应符合制造厂的规定值,允许偏差为±10%。

6.3.3 喷洒图形

6.3.3.1 方法1——雨量筒放射线布置法

雨量筒应沿以喷头为中心两两相隔45°的8条径线布置，并应在同一水平面上。对喷洒直径不大于6 m的喷头，雨量筒间距应为0.25 m；对喷洒直径大于6 m的喷头，雨量筒间距应为0.5 m。

在制造厂规定射程的50%距离处，围绕喷头应布置一圆周雨量筒。对于射程不大于2 m的喷头，在圆周上每两条径线之间至少布置2个雨量筒；对于射程大于2 m的喷头，在圆周上每两条径线之间至少布置3个雨量筒(见图3)。

被试喷头应放置在试验区域的中心位置(见图3)。

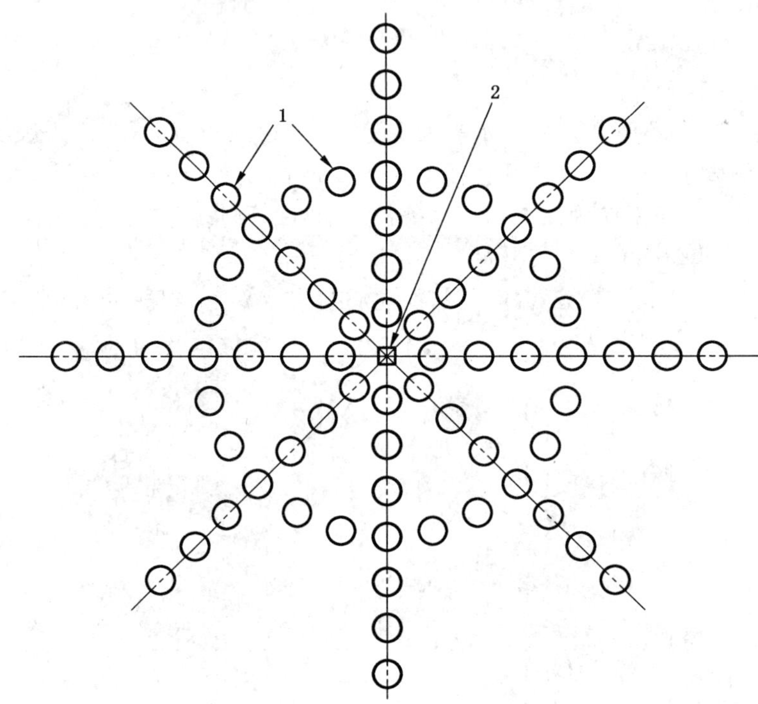

说明：
1——雨量筒；
2——被试喷头。

图3 按方法1的喷洒图形试验

在保持喷头进口压力为试验压力下，使喷头运行至少1 h。试验持续时间应足够长，以使经过蒸发误差修正后(见6.3)至少50%的雨量筒满足雨量筒读数准确度要求(见6.1)。

试验结束后，立即测量喷头喷洒区域内每个雨量筒中的水量，并记录每个点的值。进行蒸发误差修正(见6.3)。通过连接相同深度的内插值点绘制等值曲线图(见图4)。

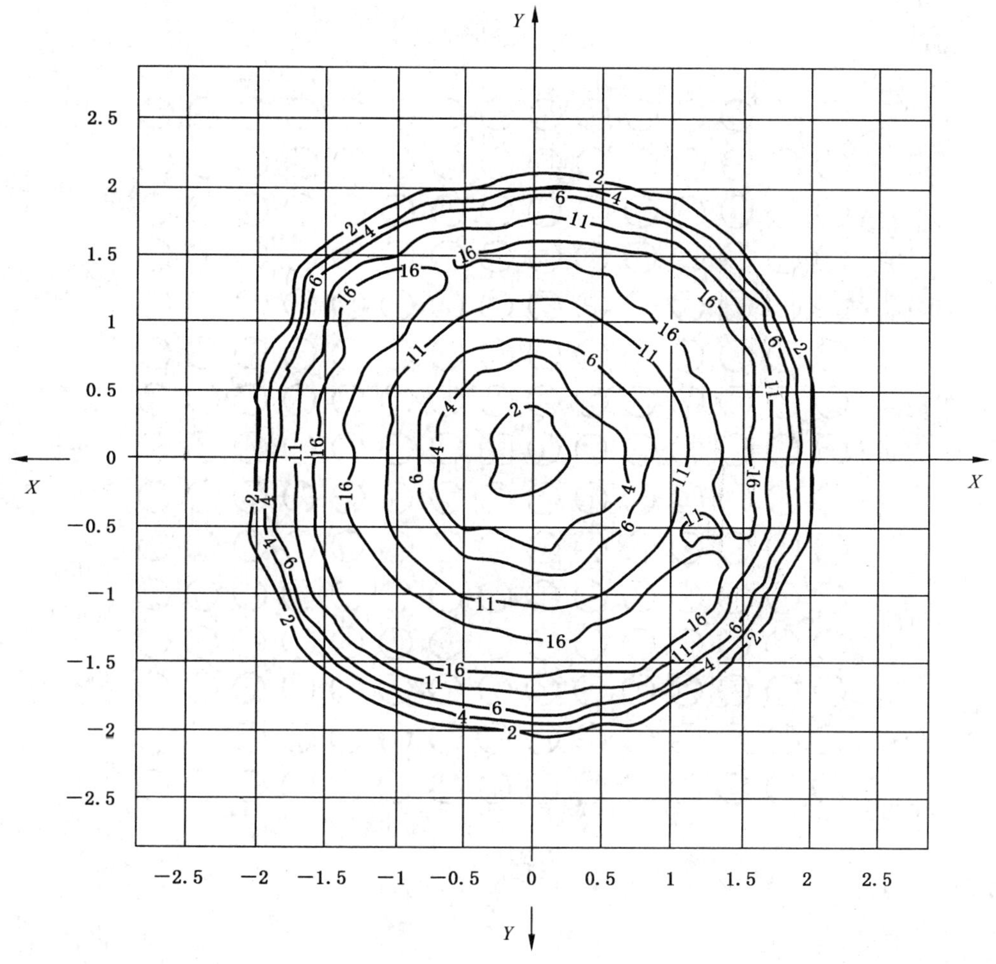

说明：

X——雨量筒距喷头的距离，单位为米(m)；

Y——雨量筒距喷头的距离，单位为米(m)。

注：用 h 表示灌水强度，单位为毫米每小时(mm/h)，喷头所在位置为 0.0。

图 4　绘制的喷洒图形

由试验结果获得的喷头喷洒图形应与制造厂提供的喷洒图形一致。

6.3.3.2　方法 2——雨量筒方格网布置法

试验场地应整平，并分成若干方格。对于喷洒直径不大于 6 m 的喷头，方格的最大边长为 0.25m；对于喷洒直径大于 6 m 的喷头，方格的最大边长为 0.5 m。将雨量筒放置在每个方格的角上(见图 5)。

将试验场地中心位置的雨量筒拿掉，在该位置上安装被试喷头(见图 5)。

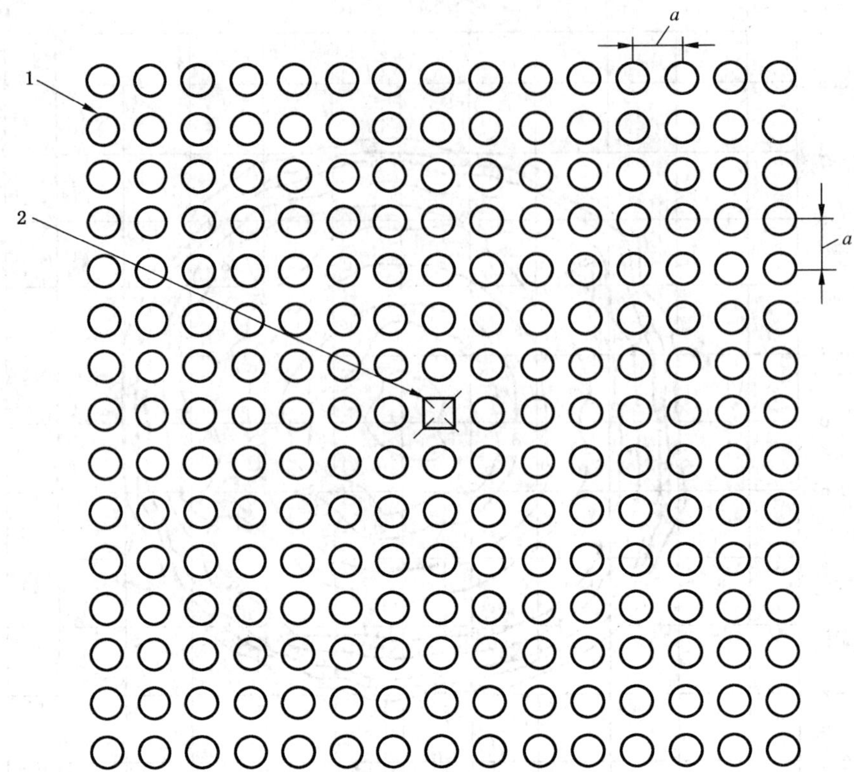

说明：

1——雨量筒；

2——被试喷头；

a——雨量筒间距，0.25 m 或 0.5 m。

图 5 按方法 2 的喷洒图形试验

在保持喷头进口压力为试验压力下，使喷头运行至少 1 h。试验持续时间应足够长，以使经过蒸发误差修正后（见 6.3）至少 50％的雨量筒满足雨量筒读数准确度要求（见 6.1）。

试验结束后，立即测量喷头喷洒区域内每个雨量筒中的水量，并记录每个点的值。进行蒸发误差修正（见 6.3）。通过连接相同深度的内插值点绘制等值曲线图（见图 4）。

由试验结果获得的喷头喷洒图形应与制造厂提供的喷洒图形相一致。

6.3.4 水量分布曲线

根据喷头试验中雨量筒布置径线的条数，有两种方法确定水量分布曲线。

6.3.4.1 方法 1

按 6.3.2.1 的规定布置雨量筒和喷头。

在保持喷头进口压力为试验压力下，使喷头运行至少 1 h。试验持续时间应足够长，以使经过蒸发误差修正后（见 6.3）至少 50％的雨量筒满足雨量筒读数准确度要求（见 6.1）。

试验结束后，立即测量喷头喷洒区域内每个雨量筒中的水量，并记录每个点的值。进行蒸发误差修正（见 6.3）。

按公式（1）计算灌水强度 h，单位为毫米/每小时（mm/h）：

$$h = \frac{V}{A} \times \frac{1}{t} \qquad \cdots\cdots (1)$$

式中：

V ——每个雨量筒收集水的体积，单位为升(L)；

A ——雨量筒开口面积，单位为平方米(m^2)；

t ——试验持续时间，单位为小时(h)。

按沿 8 条径线测得的灌水强度和每个雨量筒与喷头之间距离的函数关系绘制所有雨量筒的水量分布曲线。计算并绘制平均水量分布曲线(见图 6)。

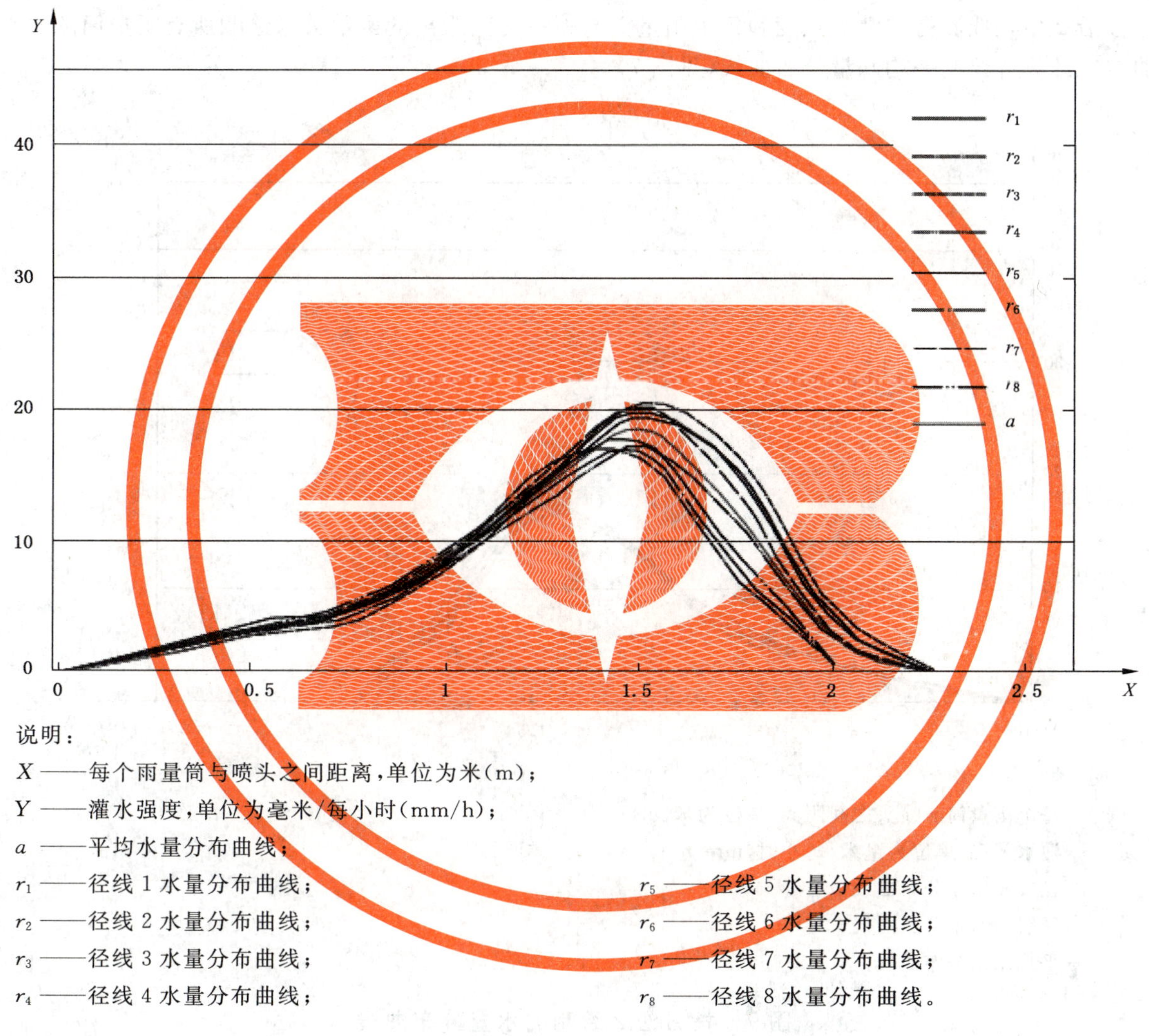

说明：

X ——每个雨量筒与喷头之间距离，单位为米(m)；

Y ——灌水强度，单位为毫米/每小时(mm/h)；

a ——平均水量分布曲线；

r_1 ——径线 1 水量分布曲线；

r_2 ——径线 2 水量分布曲线；

r_3 ——径线 3 水量分布曲线；

r_4 ——径线 4 水量分布曲线；

r_5 ——径线 5 水量分布曲线；

r_6 ——径线 6 水量分布曲线；

r_7 ——径线 7 水量分布曲线；

r_8 ——径线 8 水量分布曲线。

图 6　按方法 1 绘制的水量分布曲线

平均水量分布曲线应与制造厂规定的水量分布曲线一致，允许偏差为±15％。

6.3.4.2　方法 2

按 6.3.2.2 的规定布置雨量筒和喷头。

在保持喷头进口压力为试验压力下，使喷头运行至少 1 h。试验持续时间应足够长，以使经过蒸发误差修正后(见 6.3)至少 50％的雨量筒满足雨量筒读数准确度要求(见 6.1)。

试验结束后，立即测量喷头喷洒区域内每个雨量筒中的水量，并记录每个点的值。进行蒸发误差修正(见 6.3)。

按公式(2)计算灌水强度 h，单位为毫米/每小时(mm/h)：

$$h=\frac{V}{A}\times\frac{1}{t} \qquad \cdots\cdots(2)$$

式中：

V ——每个雨量筒收集水的体积，单位为升(L)；

A ——雨量筒开口面积，单位为平方米(m^2)；

t ——试验持续时间，单位为小时(h)。

按沿 2 条径线测得的灌水强度和每个雨量筒与喷头之间距离的函数关系绘制所有雨量筒的水量分布曲线。计算并绘制平均水量分布曲线(见图 7)。

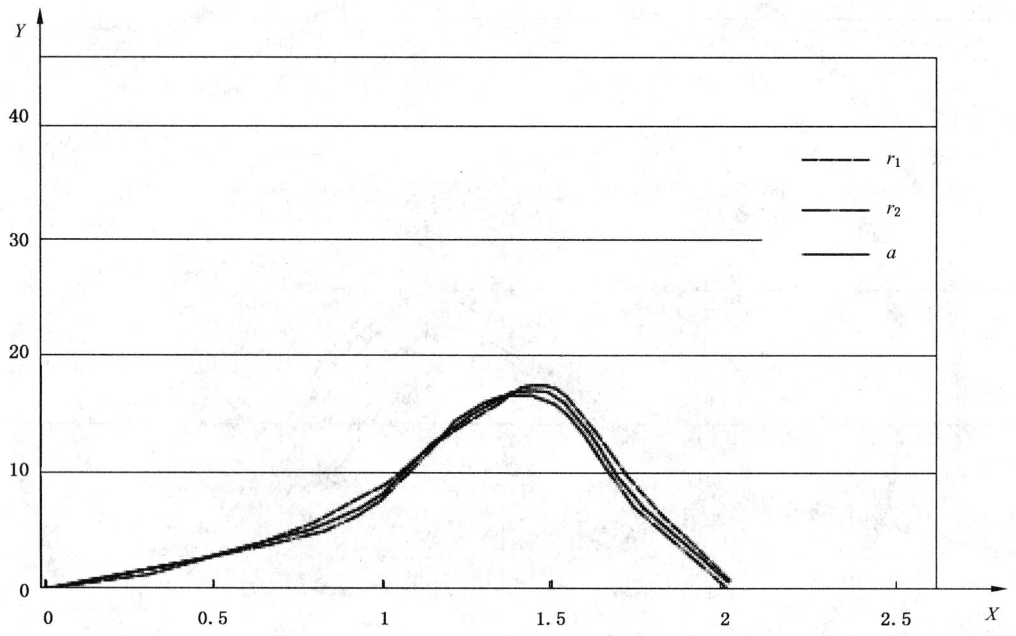

说明：

X ——每个雨量筒与喷头之间距离，单位为米(m)；

Y ——灌水强度，单位为毫米/每小时(mm/h)；

r_1 ——径线 1 水量分布曲线；

r_2 ——径线 2 水量分布曲线；

a ——平均水量分布曲线。

图 7　按方法 2 绘制的水量分布曲线

平均水量分布曲线应与制造厂规定的水量分布曲线一致，允许偏差为±15%。

6.3.5　流量一致性

6.3.5.1　概述

本试验适用于调节喷头和非调节喷头。试验样品应包括 10 个喷头单元。

6.3.5.2　非调节喷头

当进口水压等于试验压力时，测量每个喷头单元的流量。分别记录测定的每个喷头的流量。

按公式(3)计算变异系数,C_V

$$C_V=\frac{S_q}{\overline{q}}\times 100 \qquad \cdots\cdots(3)$$

式中:

S_q ——试验样品流量的标准偏差,单位为升/每小时(L/h);

$\overline{q}$ ——试验样品的平均流量,单位为升/每小时(L/h)。

试验样品的平均流量 $\overline{q}$ 与额定流量的偏差应不大于7%。

试验样品流量的变异系数 C_V 应不大于7%。

6.3.5.3 调节喷头

使试验样品的喷头单元在设定条件下总计运行1 h,设定条件应至少包括按下列步骤:

a) 设定为最小工作压力 p_{min},并保持3 min;
b) 设定为最大工作压力 p_{max},并保持3 min;
c) 设定为最小工作压力 p_{min},并保持3 min;
d) 设定为最大工作压力 p_{max},并保持3 min;
e) 设定为最小工作压力 p_{min},并保持3 min;
f) 设定为最大工作压力 p_{max},并保持3 min;
g) 设定工作压力为调节范围的中间值,并保持至总计运行时间达到1 h。

在每次设定条件后和保持进口压力为调节范围的中间值期间,按6.3.5.2的规定对喷头进行试验。

6.3.6 流量与进口压力的函数关系

6.3.6.1 试验方法

以不大于50 kPa的级差,将试验压力从零增至 $1.2p_{max}$,对每个喷头进行试验,至少测得在4个不同压力级差下的4个压力值。在达到试验压力至少3 min后测量喷头流量。

对于调节喷头,以与增压试验相同的级差从 $1.2p_{max}$ 减压至零继续进行试验。

在增压和减压过程中,如果实际进口压力超出进口压力期望值10 kPa时,调回零压状态重新试验。

6.3.6.2 非调节喷头

在增压过程中,测量每个压力值级下的喷头流量,并计算平均流量 $\overline{q}$,单位为升/每小时(L/h)。

绘制 $\overline{q}$ 与进口压力的函数关系曲线。曲线应与制造厂给出的曲线一致,允许偏差为±7%。

6.3.6.3 调节喷头

在增压和减压过程中,测量每个压力值级下的喷头流量,并计算平均流量 $\overline{q}$(8个流量值的平均值),单位为升/每小时(L/h)。

绘制 $\overline{q}$ 与进口压力的函数关系曲线。平均流量 $\overline{q}$ 曲线相对于额定流量的偏差应不大于±7%。

6.3.7 喷射高度

喷射高度应从通过主喷嘴的水平面开始测量。与射程的测量一样,有代表性的主水流上表面偶然达到较大高度的水滴应忽略。测量时应保证立管在铅垂方向的偏差不大于2°。应记录最大喷射高度位置处的径向距离。喷射高度和径向距离的测量准确度应为±5%。

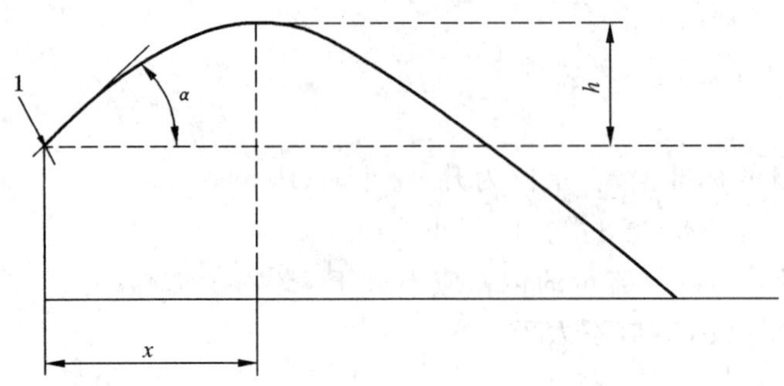

说明：

α——喷射角度，单位为度(°)；

1——喷嘴；

h——喷射高度，单位为米(m)；

x——径向距离，单位为米(m)。

图 8 喷射高度

喷射高度应与制造厂声明的高度一致，允许偏差为±5%。

6.4 耐久性试验

喷头在最大工作压力下运行 2 000 h。在运行期间，喷头每连续运行 4～5 天后，停止运行 1～2 天，直至达到 2 000 h 的运行时间。

喷头运行 2 000 h 后，按规定进行下列检查和试验：

——结构和零部件检查；

——耐压性能试验；

——密封性试验；

——试验压力下的喷头流量，其相对于喷头耐久性试验前额定流量的偏差应不大于±8%；

——在与耐久性试验前的相同条件下进行水量分布特性试验。允许偏差为±10%。

6.5 机械试验

将被试喷头与制造厂指定的田间正常使用的型号和规格的灌溉毛管相连。对型号相同但所配附件不同的被试喷头，应分别对喷头与附件的每一种组合进行试验。

6.5.1 接口螺纹承载能力试验

使用标准扳手将带螺纹接口的喷头安装在灌溉毛管上进行试验。

对于金属喷头的接口螺纹应能承受 20 N·m 的转矩而不出现损坏现象。对于塑料喷头的接口螺纹应能承受持续 1 h 的 7 N·m 转矩而不出现损坏现象。

6.5.2 常温耐压性能试验

6.5.2.1 按制造厂推荐的田间组装方式，将被试喷头与试验装置(灌溉毛管)相连，堵住喷嘴，确保试验过程中连接处不泄露。

采用制造厂提供的无孔喷嘴对喷头进行密封。或者，采用喷嘴堵塞进行密封，该堵塞与喷头的连接方式应和喷嘴与喷头的连接方式完全相同，且不影响试验结果。还可以采用软性材料如织物、塑料等物理方式对喷头进行密封。

检查并确认系统中空气已排空，然后以 50 kPa 的级差逐渐增加水压，在每个级差压力点保持系统压力 5 s。

将水压从零逐渐增加至 2 倍的最大工作压力 p_{max}，保持该压力 1 h。

6.5.2.2 喷头及零部件应能承受试验压力不出现损坏，喷头体应无泄漏发生，且喷头不应与组合体脱开。

6.5.3 高温耐压性能试验

6.5.3.1 按制造厂推荐的田间组装方式，将被试喷头与试验装置（灌溉毛管）相连并堵住喷嘴（见6.5.2.1），确保所有连接处的密封性，使其在试验过程中不出现泄露。

将喷头浸入 60 ℃±5 ℃的水中，使喷头内部也充满水，并排除系统中的空气。

将试验组合体与压力水源相连，在大约 15 s 内将水压从零加大到最大工作压力 p_{max}。

保持最大工作压力 8 h。

6.5.3.2 喷头及零部件应能承受试验压力不出现损坏，喷头体或连接处应无泄漏发生，且喷头不应与组合体脱开。

7 标记

每个喷头都应清晰耐久的标记下列信息：

——制造厂名称或注册商标；

——识别代号；

——喷嘴尺寸或额定流量；

——正常工作位置标记，如有必要；

——连接类型。

影响喷头性能的可更换零部件应单独进行标记。可以用颜色作为识别标记。

如果喷头上没有足够的位置标出所有要求的标记，允许仅标出制造厂标记代号和识别代号，但制造厂应提供未标记规范的有效说明。

8 制造厂提供的资料

制造厂应以产品样本、使用说明书或数据表的适当形式向用户提供灌溉喷头的有用信息。根据分类（见第 4 章）包括下列信息资料。

a) 一般资料

1) 灌溉喷头识别代号；

2) 喷头按第 4 章的分类类型；

3) 喷头制造用材料；

4) 安装和使用说明书；

5) 喷头连接类型；

6) 连接管特性[直径、最大允许长度和水力特性（例如：流量、压力和压力损失等）]；

7) 喷头使用限制条件（肥料、化学品等）；

8) 维护、储存和维修说明；

9) 附有插图的备件清单；

10) 过滤要求的建议。

b) 运行资料

1) 流量；

2） 试验压力；

3） 最大工作压力；

4） 最小工作压力；

5） 变异系数，C_V；

6） 喷洒图形；

7） 水量分布曲线；

8） 喷洒直径/半径；

9） 喷射高度和喷射角；

10） 喷嘴型号和喷洒范围。

ICS 65.060.35
B 91

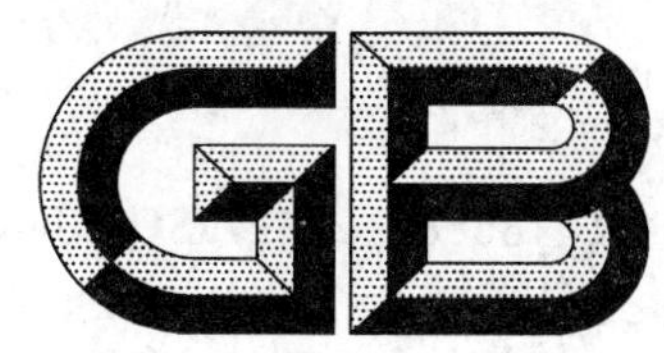

中华人民共和国国家标准

GB/T 18688—2012/ISO 9644:2008
代替 GB/T 18688—2002

农业灌溉设备　灌溉阀的压力损失　试验方法

Agricultural irrigation equipment—Pressure losses in irrigation valves—Test methed

(ISO 9644:2008,IDT)

2012-12-31 发布　　2013-07-01 实施

中华人民共和国国家质量监督检验检疫总局
中国国家标准化管理委员会　发布

前　言

本标准按照 GB/T 1.1—2009 给出的规则起草。

本标准代替 GB/T 18688—2002《农业灌溉设备　灌溉阀的压力损失　试验方法》。

本标准与 GB/T 18688—2002 相比，主要技术内容变化如下：

——在第 1 章增加了“本标准规定的试验方法适用于进口和出口公称尺寸相等的阀”的规定；

——将 GB/T 18688—2002 中的术语“压力损失系数”改为“流动阻力系数”；

——删除了第 3 章符号和单位；

——补充规定了稳态状态和非稳态状态的具体状况和测量量读数值的允许波动幅度（见 4.2）；

——细化了试验结果处理和表示形式要求（见 5.1、5.2）。

本标准使用翻译法等同采用 ISO 9644:2008《农业灌溉设备　灌溉阀的压力损失　试验方法》。

本标准由中国机械工业联合会提出。

本标准由全国农业机械标准化技术委员会（SAC/TC 201）归口。

本标准起草单位：中国农业机械化科学研究院、江苏大学流体机械工程技术研究中心。

本标准主要起草人：张咸胜、王洋、李红、兰才有、赵丽伟、汤跃、刘俊萍、陈超。

本标准所代替标准的历次版本发布情况为：

——GB/T 18688—2002。

农业灌溉设备　灌溉阀的压力损失　试验方法

1　范围

本标准规定了农业灌溉用阀(以下简称阀)在稳态流动状态下,水通过时产生的压力损失的试验方法。试验得出的阀性能参数范围和准确度可用于农业灌溉系统设计者比较各种类型阀的压力损失。

通过压力损失试验,可以得出阀的流量与压力损失的函数关系。

本标准还规定了试验数据的处理方法和试验报告的内容。

本标准未涉及产品的用途、设计和应用。

本标准规定的试验方法适用于进口和出口公称尺寸相等的阀。

注:如果没有特殊说明,本标准公式中的量均采用 ISO 1000 推荐的 SI 单位。

2　术语和定义

下列术语和定义适用于本文件。

2.1

公称尺寸　nominal size

DN

用于表示阀规格的数字标记。

注:单位为毫米(mm)或符合 ISO 1000 的米制单位。

2.2

流量　volume flow rate;flow rate

q_V

单位时间内流经阀的水的体积。

注:按 ISO 1000 的规定,单位为升每秒(L/s)、立方米每小时(m^3/h)或立方米每秒(m^3/s)。

2.3

压力损失　pressure loss

Δp

水流经系统内两个规定点或系统内某一部分时产生的压力差。

注:按 ISO 1000 的规定,单位为帕(Pa)、千帕(kPa)或巴(bar[1)])。

2.4

管路的压力损失　piping pressure loss

Δp_p

被试阀上游和下游两个测压孔之间试验管路的压力损失,不包括被试阀的压力损失。

2.5

试验台的压力损失　bench pressure loss

Δp_b

被试阀上游和下游两个测压孔之间试验台的压力损失。

---

1)　1 bar=0.1 MPa=10^5 Pa;1 MPa=1 N/mm^2。

2.6

阀的压力损失　valve pressure loss

Δp_V

被试阀的压力损失。

2.7

参考流速　reference velocity

v_{ref}

阀的实际流量除以阀的参考截面积得出的流速。

注：按 ISO 1000 的规定，单位为米每秒(m/s)。

2.8

稳态流动　steady-state flow

通过某一截面的流量不随时间变化而改变的流动状态。

2.9

阀的流量系数　valve flow coefficient

K_V

阀处于全开状态、压力损失为 1 bar 时通过阀的流量(单位为立方米每秒，m^3/h)。

注：单位为 $m^3/h\sqrt{\frac{1}{bar}}$。

2.10

流动阻力系数　flow resistance coefficient

ζ

表示阀的压力损失的无量纲系数。

3　试验装置

3.1　测量仪器的准确度

测量仪器的读数值相对于真值的允许偏差如下：

a)　流量：±2%；

b)　压力和压力差：±2%；

c)　温度：±1 ℃。

测量仪器应按国家现行的标定规范进行标定。

3.2　试验设备

3.2.1　管路

被试阀前后的管路直径应与被试阀的接口相同。管子应直线度良好，钻孔应一致，且壁厚均匀。如图 1 和图 2 所示。管子内壁不得有锈蚀、氧化层等可能引起严重紊流的缺陷。

各管件/装置应按图中标示布置，管路的长度应保证试验设备的间距不小于图 1 或图 2 虚线框中标注的尺寸，并且图中标明的 $5d$ 和 $10d$ 为最小允许长度。

3.2.2　节流阀

在下游安装节流阀用于控制被试阀的流量。该节流阀的类型和规格不受限制。节流阀应安装在下游测压孔(用于测量试验台的压力)之后。

3.2.3 流量测量仪器

可以采用任何型式的流量测量仪器，但准确度应满足要求。如果采用闭式测量仪器（涡轮流量计、文丘里流量计或类似仪器），应安装在上游测压孔之前或下游测压孔之后。

如果采用开式测量仪器（经过标定的量水槽等），应安装在系统下游末端，例如下游节流阀之后。

流量测量仪器应按使用说明书进行安装。安装流量测量仪器前后直管段的长度应满足要求。

3.2.4 压差测量仪器

可以采用任何型式的满足准确度要求的压差测量仪器。

3.2.5 测压孔

管路中应有测量静水压力的测压孔（见图 3），其位置如图 1 或图 2 所示。测压孔的中心线应与管子的中心线垂直相交。测压孔的直径 d_1 应不小于 2 mm，不大于 9 mm。测压孔的长度 l 应不小于 $2d_1$。对于壁厚小于 $2d_1$ 的薄壁管应在设置测压孔处的管壁上加一个凸台（见图 3）。

设置测压孔处的管子内壁应进行机加工处理，测压孔不应有毛刺和形状不规则等缺陷。对于直径不小于 50 mm 的管路，应在同一圆周上设置 4 个测压孔，并在圆周方向呈 90°±5°分布；使所有测压孔均不位于管路圆周上的最低点。对直径小于 50 mm 的管路，应在同一圆周上设置 2 个测压孔。管路安装后，测压孔不应位于管路圆周上的最低点。全部测压孔（2 个或 4 个）都应由导管引出，导管内孔的截面积应不小于测压孔截面积的 2 倍。测压孔的 d_1 和 l 应按图 3 制作。

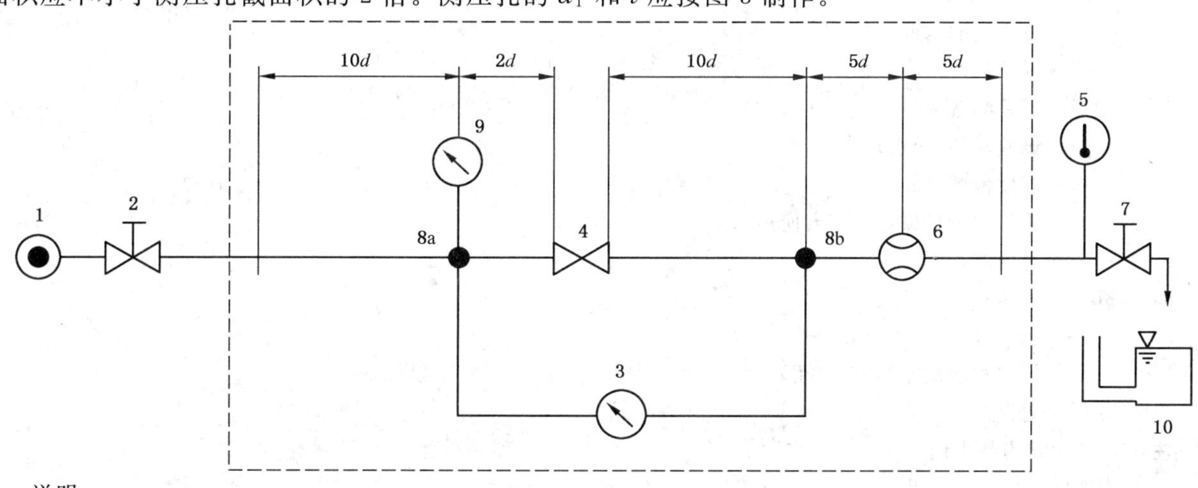

说明：

1 ——可控制的水源；

2 ——开关阀；

3 ——压差测量仪器；

4 ——试验样品（直通阀）；

5 ——温度传感器；

6 ——流量测量仪器，闭式（若使用）；

7 ——节流阀；

8a 和 8b——测压孔；

9 ——压力表；

10 ——标定过的量水槽（若使用）；

d ——管路的公称直径。

注：$5d$ 和 $10d$ 为最小值。

图 1 直通阀测试系统图

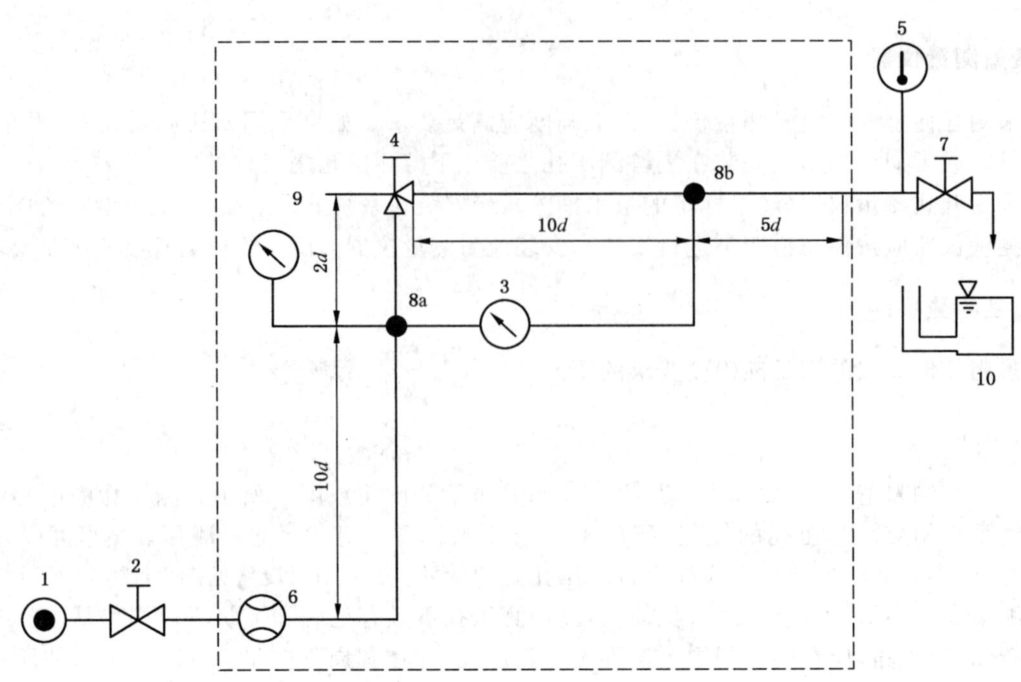

说明：

1 ——可控制的水源；
2 ——开关阀；
3 ——压差测量仪器；
4 ——试验样品(角阀)；
5 ——温度传感器；
6 ——流量测量仪器,闭式(若使用)；
7 ——节流阀；
8a 和 8b——测压孔；
9 ——压力表；
10 ——标定过的量水槽(若使用)；
d ——管路的公称直径。

注：5d 和 10d 为最小值。

图 2 角阀测试系统

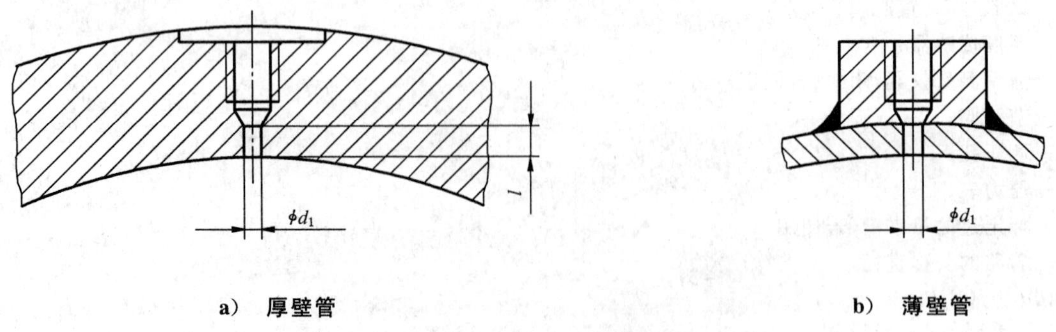

a) 厚壁管 **b) 薄壁管**

图 3 厚壁和薄壁管路测压孔

3.2.6 温度传感器

可以采用任何满足准确度要求(见 3.1)能够测量水温的温度传感器。该仪器应安装在节流阀之前。

3.2.7 过滤装置

如果阀的制造厂建议对水进行过滤,应在试验系统的首部上游安装一个制造厂推荐的过滤装置。

4 试验规程

4.1 试验安装

将被试阀安装在适当的阀试验台中,如图 1 或图 2 所示。试验过程中,确保水温保持在 5 ℃~35 ℃之间。

4.2 试验条件

4.2.1 测量量的允许波动值

表 1 和表 2 给出了每个测量量读数波动的允许幅度。

如果出现较大幅度的波动,可以通过安装阻尼装置进行测量。阻尼装置的安装不应影响读数的准确度。应使用对称和线性的阻尼装置。

表 1 压差波动值

流动阻力系数[a] ζ	波动幅度 Δp %
$\zeta > 20$	±6
$4 < \zeta \leqslant 20$	±10
$1 < \zeta \leqslant 4$	±17
$0.1 \leqslant \zeta \leqslant 1$	±26

[a] 见 5.2.2。

表 2 流量和压力波动值

量	波动幅度 %
流量,q_V	±3.5
上游压力,e_p	±3.5

4.2.2 稳态状态

在至少 10 s 内观察运行测试点,如果每个量的变化值不超过 1.2%(量的最大读数和最小读数差与平均值的比值)则试验状态为稳态状态。

当处于稳态状态且波动值小于 4.2.1 给出的允许值时,仅记录各个量的一组读数确定测试点。

在达到稳态流动状态,水流无波动时记录所有读数。

4.2.3 非稳态状态

当量的变化量超过4.2.2规定的限值时为非稳态状态,这时应进行下列规程:

在每个测试点,以任意时间间隔但不少于10 s内,对被测量重复读数。每个试验点读数应不少于3组,波动越大要求的读数组数越多,见表3规定。

表3 读数最少组数的要求

读数组数	量的最大读数和最小读数差与平均值比值允许值 %
3	1.8
5	3.5
7	4.5
9	5.8
13	5.9
>30	6.0

每个被测量所有读数的算术平均值应作为实际值。

当过大的变化不能被消除时,可通过统计分析计算误差限。

4.3 试验台的压力损失

测量试验台的压力损失Δp_b时,将被试阀置于全开位置。除非相关标准或制造厂提供的安装和操作说明中另有规定。

测得的试验台的压力损失应包括阀的压力损失Δp_V和管路的压力损失Δp_p,即

$$\Delta p_b = \Delta p_V + \Delta p_p \quad \cdots\cdots\cdots\cdots(1)$$

4.4 阀的试验

4.4.1 应按农业灌溉的实际工作情况给被试阀提供动力,使其开启或运行。

4.4.2 测量并记录至少5个流量点的压力损失。应确保这些流量点包括最大流量$q_{V1\ max}$和最小流量$q_{V1\ min}$(制造厂的规定值)以及最大最小流量之间至少3个等间隔的流量,近似等于$q_{V1\ max}$和$q_{V1\ min}$范围内的中间值的流量被称为中值流量$q_{V1\ med}$。该试验在试验压力近似等于阀2/3倍公称压力(制造厂的规定值)下进行。

4.4.3 压力损失试验应按顺次步骤连续进行。首先,逐步加大流量进行试验;然后,逐步减小流量进行试验。

4.4.4 试验台的压力损失Δp_b由压差测量仪器测得。被试阀的压力损失Δp_V由试验台的压力损失Δp_b减去管路的压力损失Δp_p得到:

$$\Delta p_V = \Delta p_b - \Delta p_p \quad \cdots\cdots\cdots\cdots(2)$$

管路的压力损失Δp_p按如下方法测得:从测试系统中取下被试阀,将两段管路直接连接或连入一个压力损失可以忽略不计的管件,然后测量管路的压力损失。

4.4.5 当与供水管路连接的接头和被试阀一起供货时,该接头应视为阀的组成部分。

5 试验结果

5.1 试验结果的表示形式

阀的压力损失 Δp_V 按第 4 章的规定进行测量和计算，试验结果应采用下列一种或两种形式表示：

a) 将对应流量 q_V 下的压力损失值和相关系数列成表格(见表 4)；

b) 将压力损失 Δp_V 和流量 q_V 之间的函数关系绘成曲线图。

如果仅采用上述表示形式中的一种，建议采用 b)。

如果连续进行的加大流量和减小流量试验得出的试验结果相同(两个压力损失值偏差不大于较大值的 5%)，则应只用一列压力损失数据编制表格[a)]或仅绘制一条曲线[b)]。

对于加大流量和减小流量试验得出的试验结果，如果在相同流量点测得的两个压力损失值偏差大于较大值的 5%，则应用两列压力损失数据编制加大流量和减小流量试验的表格[a)]，或绘制加大流量和减小流量试验的两条曲线[b)]。

5.2 阀各种系数的计算

5.2.1 概述

对于内部几何形状固定，如内部截面积不随压力或流量变化而改变的阀，下列系数可由 5.1 规定的表格或曲线中给出的数据进行计算。

5.2.2 流动阻力系数 ζ

流动阻力系数用符号 ζ 表示，按式(3)计算：

$$\zeta=\frac{2\Delta p_V}{\rho \cdot {v_{ref}}^2} \qquad (3)$$

式中：

Δp_V ——阀的压力损失；

ρ ——质量密度[2)]；

v_{ref} ——参考流速，按式(4)计算：

$$v_{ref}=\frac{q_V}{A_{ref}} \qquad (4)$$

式中：

q_V ——流量，单位为立方米每小时(m^3/h)；

A_{ref} ——参考截面积，单位为平方米(m^2)，按式(5)计算：

$$A_{ref}=\frac{\pi}{4}\left(\frac{DN}{1\ 000}\right)^2 \qquad (5)$$

式中：

DN——阀公称直径，单位为毫米(mm)。

阀公称直径等于管路的公称直径或螺纹尺寸，阀不需要中间接头应能与该管道连接。

注：如果进出口尺寸相同，只有单一数字。

被试阀的 ζ 的值应为阀的三个压力损失值 Δp_{vmin}、Δp_{vmax} 和 Δp_{vmed} 分别对应的且按式(3)计算得到的三个流动阻力系数 ζ_1、ζ_2 和 ζ_3 的算术平均值。利用三个压力损失值 Δp_{vmin}、Δp_{vmax} 和 Δp_{vmed} 对应 q_V 测量值计算公式中对应的 v_{ref} 值。三个 q_V 值从得到的 5.1a)数据表格或 b)曲线图中查取。

2) 按 ISO 1000 的规定质量密度单位为 kg/m^3，在本标准中也可用 kg/L。

仅当 ζ_1、ζ_2 和 ζ_3 的值相对于其平均值 ζ 的偏差不大于2.5%时，利用流动阻力系数 ζ 表征阀的压力损失才是有效的。

5.2.3 阀的流量系数 K_V

阀的流量系数通常用于比较不同阀的过流能力方面的性能，流量系数 K_V 表示产生单位压力损失时通过阀的流量。

对水流，K_V 按公式(6)计算：

$$K_V = q_V \sqrt{\frac{\rho}{\Delta p_V \cdot \rho_0}} \qquad (6)$$

式中：

q_V ——流量，单位为立方米每小时(m^3/h)；

ρ ——试验温度下水的质量密度；

ρ_0 ——15 ℃水的质量密度；

Δp_V ——阀的压力损失，单位为巴(bar)。

被试阀的 K_V 值应是计算得到的3个流量系数值的算术平均值。从5.1a)规定表格或5.1b)规定曲线中查得 q_V 和 Δp_V(Δp_{vmin}、Δp_{vmax} 和 Δp_{vmed})，分别代入公式(6)可计算得到阀的3个流量系数值。

最大流量系数和最小流量系数之间的允许差值应不大于最大值的4%。

5.3 试验报告

试验报告应包括以下内容：

a) 阀的描述(制造厂名称，阀的型号、规格、尺寸及其他特殊信息和标记等)；

b) 阀在试验中按阀体上示意的流动方向安装的证明；

c) 阀已达到正常全开位置的证明；

d) 阀的试验执行了本标准的证明；

e) 试验期间水的压力和温度；

f) 按5.1规定方式描述的试验结果；

g) 使用过滤水进行试验产生影响的声明(如制造厂建议使用过滤装置)；

h) 试验得到的压力损失数据曲线，如推荐的5.1b)；

i) 试验得到的压力损失数据表格，如表4。

表4 试验结果表格表示形式

流量 q_V m^3/h	压力损失 Δp_V kPa	流动阻力系数 ζ	流量系数 K_V $m^3/h\sqrt{\frac{1}{bar}}$

参 考 文 献

［1］ ISO 1000:1992,SI inits and recommendations for the use of their multiples and of certain other units

［2］ EN 1267:1999,Valves—Test of flow resistance using water as test fluid

ICS 65.060
B 90

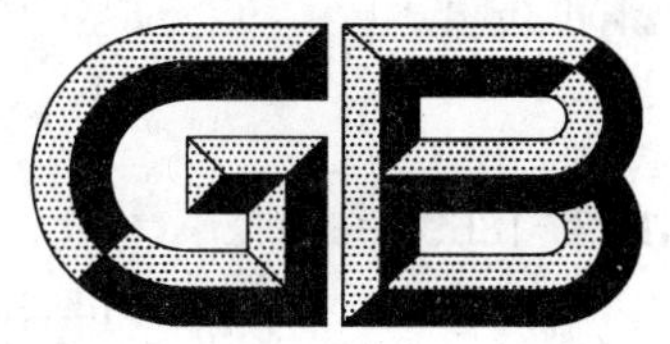

中华人民共和国国家标准

GB/T 18695—2012
代替 GB/T 18695—2002

饲料加工设备 术语

Feed processing equipment—Terms

2012-12-31 发布　　2013-07-01 实施

中华人民共和国国家质量监督检验检疫总局
中国国家标准化管理委员会　发布

前　言

本标准依据 GB/T 1.1—2009 给出的规则起草。

本标准替代 GB/T 18695—2002《饲料加工设备术语》；

本标准与 GB/T 18695—2002 的主要变化如下：

——修改了接收与清理设备术语，将原一章内容分为两章，并增加了 31 条术语和定义（见第 2、3 章）；

——修改了粉碎设备术语，将原一章内容分为两章，并增加了 10 条术语和定义（见第 4、5 章）；

——修改了配料与混合设备术语，将原一章内容分为两章，并增加了 13 条术语和定义（见第 6、7 章）；

——修改了成型及后处理设备术语，将原一章内容分为三章，并增加了 29 条术语和定义（见第 8、9、10 章）；

——将原包装设备的标题名称改为产品包装及码垛设备，并增加了 2 条术语和定义（见第 11 章）；

——删除了附录 A。

本标准由中国机械工业联合会提出。

本标准由全国饲料机械标准化技术委员会（SAC/TC 384）归口。

本标准起草单位：河南工业大学、江苏正昌集团有限公司。

本标准主要起草人：王卫国、于翠萍、郝波、管军军、刘珍、赵庚福。

本标准所代替标准的历次版本发布情况为：

——GB/T 18695—2002。

饲料加工设备　术语

1　范围

本标准规定了饲料加工设备常用术语及定义。

本标准适用于饲料加工设备的科研、教学、设计、制造、贸易、使用及管理。

2　接收与储运设备

2.1

下料坑　gravity dump

用于接纳饲料原料并能够均匀地向后续设备供料的带栅筛的斗槽形设施。

2.2

汽车衡　truck scale

承载器与道路相连接，适用于称量汽车、马车、人力车等各种公路运输车辆(铁路运输车辆除外)的衡器。

[GB/T 14250—2008，定义 3.3.4.2]

2.3

电子汽车衡　electronic truck scale

装有电子称重传感器和电子显示装置的汽车衡。

2.4

轨道衡　rail-weighbridge

具有轨道和承载器，用于称量铁路车辆的衡器。

[GB/T 14250—2008，定义 3.3.4.3]

2.5

电子轨道衡　electronic rail-weighbridge

装有电子称重传感器和电子显示装置的轨道衡。

2.6

平台秤　platform scale

承载器的上平面形似一个平台的各种秤的总称。该秤的最大称量通常不大于 1 t，习惯上又叫台秤。

[GB/T 14250—2008，定义 3.3.4.14]

2.7

平房仓　warehouse

用于储存饲料原料、饲料添加剂或成品等且满足储存功能要求的单层房式建筑物。依主要结构材料的不同有钢结构平房仓和混合结构平房仓。

2.8

立筒仓　silo

贮存散装饲料原料的直立容器。其平面为圆形、方形、矩形、多边形或其他的几何形。依据结构材料的不同有钢板立筒仓、钢筋混凝土立筒仓、砖砌立筒仓等。

2.9

螺旋钢板立筒仓　spiral steel silo

利浦筒仓　lipp silo

钢板立筒仓的一种，筒壁为由标准宽度的钢带用专用螺旋卷边机卷制成螺旋体。

2.10

装配式钢板立筒仓　assembled steel silo

钢板立筒仓的一种，筒壁由标准尺寸的矩形波纹钢板和加强钢筋用高强度螺栓装配而成。

2.11

料仓　bin

指在饲料厂车间内设置的各种工作仓，包括待粉碎仓、配料仓、待制粒仓、待打包仓等。

2.12

缓冲斗　surge bin

用在瞬时排料量大的设备之后与需要连续均匀给料的设备之前，以保证前后设备连续生产的小型仓斗。

2.13

贮罐　tank

用于接收贮存液态原料的罐形容器。

2.14

斗式提升机　bucket elevator

以畚斗为承载构件，以带或链做牵引构件，由低位向高位输送物料的连续输送机。

2.15

自清斗式提升机　self-cleaning bucket elevator

机座底部为圆弧形、底轮与机壳底部间隙可调，并带有吹扫装置的斗式提升机。

2.16

刮板输送机　chain conveyor; scraper conveyor

物料在料槽中借助牵引构件上的的刮板拽运的输送机。

2.17

自清式刮板输送机　self-cleaning chain conveyor

采用 U 形机槽或平底机槽，带有清扫刮板，且排料机构、机头、机尾、链条等采用特殊防传带污染、防残留设计的刮板输送机。

2.18

螺旋输送机　screw conveyor

借助旋转的螺旋叶片，或者靠带内螺旋而自身又能旋转的料槽连续输送物料的输送机。

2.19

带式输送机　belt conveyor

以输送带作为承载和牵引件或只作承载件的输送机。

2.20

固定带式输送机　fixed belt conveyor; stationary belt conveyor

按指定线路固定安装的带式输送机。

2.21

移动带式输送机　movable belt conveyor

具有行走机构可以移动的带式输送机。

2.22

气力输送系统　pneumatic conveying system; pneumatic handling system

利用高压高速气流在管道中输送物料的系统。通常由喂料器、接料器、输送管道、离心卸料器、高压风机、脉冲布袋除尘器、压缩空气系统等组成。

2.23

除尘风网　dust collecting system;exhaust system

利用风机产生的负压通过管路对各扬尘点进行吸尘,以控制设备和工作场所粉尘浓度的系统。通常由设备吸尘罩、风管、离心除尘器、脉冲布袋除尘器、中、低压风机、压缩空气系统等组成。

2.24

集中风网　central exhaust system

用一台风机对两个或两个以上的扬尘点(设备)进行吸尘控制的风网。

2.25

独立风网　individual exhaust system

只有一个吸尘点或进风口的除尘风网。

2.26

分配器　distributor

利用可旋转或可摆动的导料管将物料分配给对应的料仓或设备的机械。

2.27

料位器　level sensor;level indicator

显示料仓或设备中物料料位的器件。

3　清理与分级设备

3.1

筛选设备　screening equipment

将物料按粒径大小分级的各种机械的总称。

3.2

圆筒初清筛　drum sieve for preliminary cleaning

筛体为卧式圆筒,绕筒轴线旋转的筛选设备。物料由筛筒内穿过筛孔排出,大杂被阻留在筛筒内,从排杂口排出。

3.3

双层圆筒初清筛　double drum sieve for preliminary cleaning

筛体为卧式双层圆筒,绕筒轴线旋转的筛选设备。物料穿过内层筛筒,从外层筛面上排出,大杂被阻留在内层筛筒内,从大杂口排出,小杂则穿过内层和外层筛筒,从小杂出口排出。

3.4

锥筒筛　conical sieve

筛体为卧式锥形圆筒的筛选设备,含杂物料从小端进入,物料穿过筛孔排出筒外。大杂被阻留在筒体内,从排杂口排出。

3.5

栅筛　latticed sieve;screen grid

用金属棒或金属片制成的栅状或网状筛格,安装于下料坑或投料口上,防止大杂或大块物料进入。

3.6

粉料清理筛　meal ingredient cleaning sieve

用于清理粉料中的大杂和结块料的筛选设备。物料由进料端进入固定的卧式筛筒内,筒内的旋转打板可打碎结块料,帮助物料流动,刷子用于清理筛面。物料穿过筛孔排出,大杂或未被打碎的结块料被阻留于筛筒内,从排杂口排出。

3.7

平面回转筛 roto-screen separator

筛体为倾斜式，作水平回转运动或水平回转运动与往复运动相结合的复合运动的筛选设备。用于清理物料中的杂质或物料分级。

3.8

振动分级筛 vibrating grader

筛体为倾斜式，由振动电机或偏心机构传动，做往复运动的筛选设备。用于饲料分级或清理。

3.9

三维振动分级筛 three dimension vibrating grader

筛体为单层或多层倾斜平面，由多个弹簧支撑，由立式振动电机驱动，做三维震动的筛选设备，用于饲料原料、成品和添加剂的分级。

3.10

投料口振动筛 intake vibrating sieve

筛体为单层筛网，振动电机驱动，激振频率可调，顶部有投料口，底部出料口与配料秤进料管或其他设备相连的筛选设备，用于清除粉状少量组份或添加剂中的杂质或结块料。

3.11

细粉滚筒筛 drum sieve for fine powder

筛体为网状滚筒，用于筛除超微粉碎后或挤压膨化机之前的微粉中的纤维状轻杂，以防堵塞挤压膨化机模孔或保证成品粒度的筛选设备。

3.12

磁选设备 magnetic separating equipment

用于去除磁性金属杂质的各种机械的总称。

3.13

粉状饲料检验筛 mash sieve

用于清除粉状饲料中的结块、成球等过大尺寸物料的筛选设备。

3.14

圆筒形粉状饲料检验筛 drum mash sieve

筒形筛体用编织筛制成，绕筒轴线旋转的粉状饲料检验筛。

3.15

磁栅 cascade magnet

由特定形状的磁铁栅状排列而成的磁选设备，通常安装于设备进口处或物料流管中，用于吸附其中的磁性杂质。

3.16

永磁滚筒 rotary permanent magnetic separator

内装有磁铁的卧式旋转滚筒，靠动力驱动或靠物料流冲击驱动，能自动排除从物料中吸出的磁性金属杂质的磁选设备。

3.17

电磁滚筒 rotary electric magnetic separator

内装有电磁铁的卧式旋转滚筒，靠动力驱动旋转，能自动排除从物料中吸出的磁性金属杂质的磁选设备。

3.18

篦式磁选器 magnetic comb

由永久磁环按栅状布置的磁选设备，常安装于粉碎机和制粒机进料口处，以防止磁性金属杂质进入。

3.19

永磁筒　pipe permanent magnet

由磁铁组成的立式圆柱芯体和外筒壁同心安装构成的圆筒形磁选设备。

3.20

板式磁选器　inclined plane magnet

工作磁极排列为平板状且倾斜安置的磁选设备。

3.21

带式磁选器　belt magnetic separator

采用可调速输送带和磁性滚筒相组合的磁选设备,能自动排除从物料中吸出的磁性金属杂质。

3.22

气动自清式磁选器　pneumatic self-cleaning magnet

磁选腔体采用不锈钢制造,中间磁体呈六角形布置,物料由进料口进入,流经六角形磁体进行磁选。吸附的磁性杂质,由气缸推动磁体外罩进行快速清理。

3.23

比重去石机　specific gravity stoner

利用物料与杂质的比重及悬浮速度的差别,借助气流和筛面运动分离并肩石(形状、大小与粮粒或饲料粒相似的石子)的机械。

3.24

吹式比重去石机　pressure type gravity stoner

自带风机,在正压状态下进行工作的比重去石机。

3.25

吸式比重去石机　suction type gravity stoner

在负压状态下进行工作的比重去石机。

4　喂料设备

4.1

喂料器　feeder

均匀可调地将物料喂入作业机械的设备。

4.2

螺旋喂料器　screw feeder

主要通过调节输送螺旋的转速来实现定量喂料的设备。

4.3

叶轮喂料器　rotary cup feeder;impeller feeder

主要通过调节叶轮转速来实现定量喂料的设备。

4.4

带式喂料器　belt feeder

通过调节输送带上物料层的厚度和输送带的线速度来实现定量喂料的设备。

4.5

振动喂料器　vibrating feeder

通过调节物料进入振动输送槽的流量、振动槽的振幅和频率实现定量喂料的设备。

4.6

活底减重喂料器　alive bottom loss weight feeder

由一个底部装有称量传感器和排料装置的立式装料筒组成,可测出排料口排出物料的流量。

5 粉碎设备

5.1

粉碎机 grinder

用于减小物料尺寸的设备。

5.2

锤片粉碎机 hammer mill

以安装在高速旋转的转子上的锤片和控制粒径的筛片为主要工作部件的粉碎机。

5.3

锤片式普通粉碎机 common hammer mill

通常用于将物料粉碎至全通过8 mm孔径筛孔,0.42 mm孔径筛孔筛上留存率大于20%的锤片粉碎机。

5.4

卧式锤片粉碎机 horizontal hammer mill

粉碎机转子轴为水平放置的锤片粉碎机。

5.5

单轴卧式锤片粉碎机 single shaft horizontal hammer mill

仅有一个转子的卧式锤片粉碎机。

5.6

双轴卧式锤片粉碎机 double shaft horizontal hammer mill

具有两个转子的卧式锤片粉碎机。

5.7

振筛卧式锤片粉碎机 screen-vibrating horizontal hammer mill

筛片为可振动的卧式锤片粉碎机。

5.8

剪式卧式锤片粉碎机 scissor-style horizontal hammer mill

在粉碎室内安装有组合定锤,与高速旋转的锤片之间形成对物料的剪切作用,增加撞击作用的卧式锤片粉碎机。

5.9

剪式振筛卧式锤片粉碎机 screen-vibrating scissor-style horizontal hammer mill

在粉碎机室内安装有组合定锤、可振动筛片,以增加对物料的撞击、剪切作用,提高过筛效率的卧式锤片粉碎机。

5.10

宽体卧式锤片粉碎机 wider horizontal hammer mill

粉碎转子的宽度与直径的比值大于等于0.8的卧式锤片粉碎机。

5.11

水滴形卧式锤片粉碎机 drop type horizontal hammer mill

粉碎室的轴向轮廓为水滴形状的卧式锤片粉碎机。该形状有利于破坏粉碎室内的物料环流层,提高粉碎效率。

5.12

单轴立式锤片粉碎机 single shaft vertical hammer mill

具有一个转子的立式锤片粉碎机。

5.13

双轴立式锤片粉碎机　double shaft vertical hammer mill

具有两个转子的立式锤片粉碎机。

5.14

不停机换筛锤片粉碎机　hammer mill on which screens can be exchanged without stopping the main motor

能够在不停机状态下手工和自动更换粉碎筛片的锤片粉碎机。

5.15

自动换筛锤片粉碎机　automatic screen exchange hammer mill

能够在不停机状态下自动更换粉碎筛片的锤片粉碎机。

5.16

对辊式粉碎机　roller mill

利用一对相向旋转并有速差的磨辊，将通过两辊之间的物料粉碎的设备。

5.17

多辊式粉碎机　multi-roller mill

利用多对相向旋转的磨辊，将通过磨辊间的物料粉碎的设备。

5.18

爪式粉碎机　impact-peg mill

利用安装于定齿盘和动齿盘上的撞击齿将物料粉碎的设备。

5.19

无筛粉碎机　no-screen grinder

不装筛片的粉碎机，物料粒度靠转子转速或风选控制。

5.20

微粉碎机　fine grinder

可将物料粉碎至 80%通过 0.42 mm 筛孔，0.20 mm 筛孔筛上留存率大于 5%的粉碎机。

5.21

锤片式微粉碎机　hammer type fine grinder

以锤片为主要工作部件的微粉碎机，按主轴的安装形式分为立式锤片微粉碎机和卧式锤片微粉碎机。

5.22

超微粉碎机　ultra-fine pulverizer

可将物料粉碎至 95%通过 200 μm 或更细筛孔的粉碎机，按主轴的安装形式分为立式超微粉碎机和卧式超微粉碎机。

5.23

立轴锤式超微粉碎机　vertical hammer type ultra- fine pulverizer

粉碎转子主轴为立式安装，以锤刀、齿圈为主要粉碎粉部件，以内置的分级悬筐(叶轮)和吸风系统为粒度控制部件的超微粉碎机。

5.24

卧轴锤式超微粉碎机　horizontal hammer type ultra-fine pulverizer

粉碎转子主轴为卧式安装，以锤刀、齿圈为主要粉碎粉部件，以外置的分级机和吸风系统为粒度控制部件的超微粉碎机。

5.25

微细分级机　fine grader

采用风选装置对物料按规定粒度要求进行分离的设备。

5.26

碎饼机　cake crusher

用于破碎植物油饼等饼状原料的设备。

5.27

辊式矿物粗破碎机　mineral coarse crusher

采用对辊或多辊对矿物原料粗粉碎的设备，粉碎辊采用齿辊和(或)光辊。

6　配料设备

6.1

配料仓　proportioning bin

存放各种待配料组分的料仓。

6.2

配料秤　batch scale

将多种物料按规定配比称量的衡器。

6.3

螺旋配料器　screw proportioner

以输送螺旋为主要工作部件，通过改变输送螺旋的转速来实现定量配料的设备。

6.4

叶轮配料器　impeller proportioner

以旋转叶轮为主要工作部件，通过调节叶轮转速来实现定量配料的设备。

6.5

秤车　scale car

在可移动的机械或电子台秤(磅秤)上设有承重料斗的装置。

6.6

机械式配料秤　mechanical batch scale

由承重料斗、机械杠杆系统、砝码等计量装置构成的配料秤。

6.7

电子配料秤　load cell batch scale

由承重料斗、称重传感器、数字转换显示等系统构成的配料秤。

6.8

机电配料秤　mechanical-electronic batch scale

以机械杠杆和称量传感器作为衡量机构的配料秤。

6.9

微量配料秤　micro weigh scale

用于对微量饲料组分进行配料的配料秤。

6.10

皮带配料秤　batching belt weigher

由皮带、给料装置和整个称量系统组成，以完成物料计量、物料配比量调节和物料的储存和缓冲任务的配料装置。

6.11

冲击流量计　impact flow meter

一种由检测体、负荷传感器、信号放大器、数据处理等系统组成的物料流计量装置。

6.12

液体配料秤　liquid weighing scale

用于对液态饲料组分进行配料的配料秤。

7　混合设备

7.1

混合机　mixer

将两种或两种以上物料混合均匀的设备。

7.2

卧式螺带混合机　horizontal ribbon mixer

用装于水平旋转轴上的旋向相反、直径不同的螺带进行搅拌作业的混合机。

7.3

单轴卧式螺带混合机　single-shaft horizontal ribbon mixer

仅有一个螺旋转子的卧式螺带混合机。

7.4

双轴卧式螺带混合机　duble-shaft horizontal ribbon mixer

装有两个平行的螺旋转子的卧式螺带混合机。

7.5

桨叶混合机　paddle mixer

用装于转轴上的桨叶进行搅拌作业的混合机。

7.6

卧式桨叶混合机　horizontal paddle mixer

搅拌转子为水平放置的桨叶混合机。

7.7

立式桨叶混合机　vertical paddle mixer

搅拌转子为垂直放置的桨叶混合机。

7.8

单轴卧式双层桨叶混合机　single shaft horizontal double-layer paddle mixer

在水平转轴上固定的桨叶杆上装有上下两层桨叶的混合机。

7.9

双轴卧式桨叶混合机　duble-shaft horizontal paddle mixer

具有两个搅拌转子的卧式桨叶混合机。

7.10

糖蜜混合机　horizontal molasses mixer

将液态糖蜜及其他液体组分与固体饲料混合均匀的设备。通常为桨叶式混合机的一种。

7.11

立式行星混合机　vertical planetary mixer

搅拌转子为垂直安装，既自转又绕设备中轴线公转的混合机。

7.12

立式螺旋混合机　vertical screw mixer

用立式螺旋向上输送物料，在机内形成对流、扩散等混合作用的混合机。

7.13

V 型混合机　V-type mixer

用 V 型回转筒进行混合作业的设备。

7.14

转鼓式混合机　rotary drum mixer

用一个或两个安装于水平转轴上的鼓形容器进行混合作业的设备，主要用于预混合。

7.15

连续式混合机　continuous mixer

能够使物料连续均匀进入和排出，并在此期间实现均匀混合的混合机。

7.16

自清式混合机　self-cleaning mixer

采用了压缩空气喷吹装置或可翻转混合机壳结构或特殊排料门结构，能够实现自清洁的混合机。

7.17

犁刀式混合机　colter mixer

以装有搅拌犁刀的转子进行搅拌作业的混合机。

7.18

液体混合机　liquid mixer

可将不同液体组份或主液体组份与添加剂搅拌均匀的混合机。

8　调质及热处理设备

8.1

调质器　conditioner；preconditioner

对粉状饲料加入蒸汽或液体成分并进行混合处理一定时间，改变其物理或化学性质，以利于成型作业或提高饲料卫生质量的设备。

8.2

单轴桨叶式调质器　single-shaft paddle conditioner

在调质器腔室内仅有一个桨叶式搅拌转子的饲料调质器。

8.3

单层单轴桨叶式调质器　one-layer single shaft paddle conditioner

指水平置放的单级单轴桨叶式调质器。

8.4

双层单轴桨叶式调质器　two-layer single shaft paddle conditioner

由上下两个单层单轴桨叶式饲料调质器组成的调质器。

8.5

三层单轴桨叶式调质器　three-layer single shaft paddle conditioner

由上、中、下三个单层单轴桨叶式饲料调质器组成的调质器。

8.6

双轴桨叶式调质器　double-shaft paddle feed conditioner

在同一腔室内采用两个桨叶式搅拌转子作为主要工作部件的调质器。

8.7

异径差速双轴桨叶式调质器　double-shaft paddle feed conditioner with different diameters and different rotate speeds；DDC conditioner

两个搅拌转子的直径不同，转速不等的双轴桨叶式饲料调质器。

8.8

同径等速双轴桨叶式调质器　double-shaft paddle conditioner with equal diameter and rotate speed

两个搅拌转子的直径相同，转速相等的双轴桨叶式调质器。

8.9

釜式调质器　vertical conditioning tank

一种立式调质器，内有搅拌转子，蒸汽与物料在调质器内搅拌混合，使物料的温度和水分升高，理化性质得到改善。

8.10

熟化罐　ripener

制粒前对物料进行较长时间的调质处理的一种罐式设备。

8.11

螺旋保持器　screw retentioner

螺旋均质器　screw homogenizer

采用低转速大直径螺旋转子为工作部件，使进入的调质后的物料进一步混合，水分和热量吸收均化，理化性质改善的调质器。

8.12

热甲调质器　conditioner with heating jacket

在调质机筒外加装有蒸汽加热夹套或电加热夹套等装置，实现保温、增温，强化调质效果，同时有利于清理调质机筒内壁粘附的物料的调质器。

8.13

调质杀菌机　sterilizing conditioner

利用直接加热或间接加热手段，使物料增湿、升温并在高温下保持足够的时间实现杀菌目标，同时强化调质的设备。

9　成型设备

9.1

制粒机　pellet mill

将粉状饲料压制成颗粒饲料的设备。

9.2

平模制粒机　pellet mill with flat die

采用水平圆盘式压模为成形模具，以挤压原理工作的制粒机。

9.3

环模制粒机　pellet mill with ring-type die

采用环状压模为成形模具，以挤压原理工作的制粒机。

9.4

膨胀机　expander

采用挤压螺杆为主要工作部件，以环形隙口出料装置为主要特征，对物料进行调质，增压挤出和适度降压膨胀，制成不规则物料的设备。

9.5

挤压膨化机　extruder

采用挤压螺杆为主要工作部件，以特定孔型的出料模板为主要特征，对物料进行调质(或不调质)，增压挤出和骤然降压膨化，制取膨化物料的设备。

9.6

单螺杆挤压膨化机　single screw extruder

在挤压腔内采用一根挤压螺杆来完成作业的挤压膨化机。

9.7

双螺杆挤压膨化机　twin- screw extruder

在挤压腔内采用两根挤压螺杆来完成作业的挤压膨化机。

9.8

干法挤压膨化机　dry extruder

不带蒸汽调质器,饲料进入挤压系统前不经预调质的挤压膨化机。

9.9

湿法挤压膨化机　wet extruder

带蒸汽调质器,饲料进入挤压系统前经预调质的挤压膨化机。

9.10

饲料原料挤压膨化机　feedstuff extruder

专用于对单一饲料原料或几种混合饲料原料,如全脂大豆、玉米等谷物、各种饼粕等进行挤压膨化预处理,其出产产品主要作为生产其他饲料原料或配合饲料的组份的挤压膨化机。

9.11

螺旋挤出制粒机　spiral squeeze pellet mill

采用输送螺杆为主要挤压工作部件,以特定孔型的出料模板为成型工具,制作颗粒饲料的制粒机。

9.12

软颗粒制粒机　soft pellet mill

用于加工高水分或高油脂含量的颗粒饲料的螺旋挤出制粒机。

9.13

对辊式压片机　flaking roller

利用一对相向旋转的压辊,将通过两辊之间的经或未经蒸汽蒸制的粒状谷物压制成薄片的设备。

9.14

挤压式制块机　block presser

使用特制的成型模具,将加入的饲料用活塞压制成型的间歇式作业设备。

9.15

浇注式制块机　block casting machine

将液化的饲料注入特制的成型模具,使其固化、成型的间歇式作业设备。

9.16

牧草压块机　pasture cuber mill

以开有方形模孔的环状压模为成型模具,以挤压原理工作的专用于压制牧草、秸秆块的制粒机。

10　成型后处理设备

10.1

颗粒后熟化器　pellet post-cooker

用于对从制粒机制出的湿热颗粒添加或不添加蒸汽,保温一定时间,使其进一步熟化的设备。

10.2

颗粒稳定器　pellet stabilizer

用于对从制粒机制出的湿热颗粒保温一定时间,使其进一步熟化,提高颗粒饲料水中稳定性的设备。

10.3

立式箱型颗粒稳定器　vertical box-type pellet stabilizer

该设备为立式箱形结构,通常内部或箱壁夹层中布置有加热装置,底部为排料机构,颗粒饲料在高温高湿环境中自上而下流动,保持一定时间,可提高颗粒饲料的水中稳定性。

10.4

颗粒冷却器　pellet cooler

用强制流动空气对颗粒饲料进行降温降湿的设备。

10.5

立式双筒颗粒冷却器　vertical double column pellet cooler

主要由一个中间风道相连的两个立式筒体构成的颗粒冷却器。颗粒饲料依重力从筒体上部下落的过程中,与横穿的气流接触而得到降温和降湿。

10.6

立式旋转颗粒冷却器　vertical rotary pellet cooler

主要由立式圆筒壳体和多层冲孔翻板转子组成的颗粒冷却器。颗粒饲料在翻板的作用下自上而下运动,与由下而上的气流接触而得到降温和降湿。

10.7

带式颗粒冷却器　horizontal pellet cooler

由卧式箱形壳体和内部输送网带组成的颗粒冷却器,饲料在网带的水平输送过程中,与垂直穿过的气流接触而得到降温和降湿。可分为单层、双层和多层几种形式。

10.8

立式级联颗粒冷却器　vertical cascade pellet cooler

由标准高度的立式冷却箱,进料装置和排料装置组成的颗粒冷却器。物料在依靠重力自上而下运动的过程中,与横穿其中的强制气流接触而得到冷却。冷却箱节数可根据产量大小选择。

10.9

立式逆流颗粒冷却器　counter-flow pellet cooler

立式箱形颗粒冷却器。其中物料自上而下运动,强制流动的冷却空气自下而上穿过物料,使物料得到降温和降湿。

10.10

滚筒冷却机　drum cooler

采用旋转滚筒,筒内壁设导料叶片,以强制气流为冷却介质的冷却机。

10.11

辊式颗粒破碎机　roller crumbler

主要由一对或多对相向旋转的辊子组成。颗粒饲料通过成对轧辊间隙时被破碎成碎粒饲料。

10.12

颗粒分级筛　pellet grader

对成型后的颗粒料或碎粒饲料进行分级的筛选设备,目的是获得粒度合格的颗粒饲料。

10.13

液体喷涂机　liquid coater

对颗粒饲料或碎粒饲料表面喷涂液体组分的设备。

10.14

滚筒式液体喷涂机　drum liquid coater

由混合滚筒和喷射装置组成的液体喷涂机。

10.15

转盘式液体喷涂机　rotor liquid coater

由高速旋转的盘式液体喷涂装置和混合螺旋组成的液体喷涂机。

10.16

立筒式液体喷涂机　vertical drum liquid coater

由安装于立式筒体内的转盘式匀料装置、环状喷油装置和混合螺旋组成的液体喷涂机。

10.17

真空液体喷涂机　vacuum liquid coater

具有抽真空、调节机内压力和喷涂液体装置的液体喷涂机，可分为立式和卧式两种形式。

10.18

干燥机　dryer

用干燥介质降低物料中水分的设备的总称。

10.19

滚筒干燥机　drum dryer

采用旋转或静止的圆筒，内设桨叶角度可调的搅拌转子，以热风为干燥介质的干燥机。

10.20

真空滚筒干燥机　vacuum drum dryer

在真空条件下对物料进行干燥的滚筒形干燥机。

10.21

带式干燥机　belt dryer

由卧式箱形壳体和内部输送冲孔板履带或网带组成的颗粒干燥机，饲料在水平输送过程中，与垂直穿过的热气流接触而得到降湿。可分为单层、双层和多层几种型式。

10.22

固定网带式干燥机　fixed belt dryer

采用固定式网带承载并输送物料的带式颗粒干燥机。一个闭环网带中仅上层网带承载物料。可分为单层、双层和多层几种型式。

10.23

翻转冲孔板带式干燥机　belt dryer with swing punched plates

采用多块可翻转冲孔板搭接承载并输送物料的带式颗粒干燥机。一个闭环输送带的上、下部分均为工作面，可承载并干燥物料。可分为双层、四层等几种型式。

10.24

卧式干燥/冷却机　horizontal dryer/cooler

内部通常有两层输送网带，上层进行干燥，下层进行冷却的设备。

10.25

立式逆流干燥机　vertical counter-flow dryer

立式箱体中物料自上而下运动，强制流动的热空气自下而上穿过物料，使物料降低水分。

10.26

颗粒稳定干燥机　pellet stabilizing and drying machine

由立式箱型稳定器和网带式干燥机上下组合而成，可实现成型后颗粒的进一步熟化、稳定和干燥的组合设备。

10.27

颗粒稳定冷却机　pellet stabilizing and cooling machine

由立式箱型颗粒稳定器和立式逆流颗粒冷却器上下组合而成的设备。

11　成品包装及码垛设备

11.1

包装机械　packaging machinery

能完成全部或部分包装过程的机器，包装过程包括套袋、称量、灌包、缝(封)等主要工序。

11.2

定量包装秤　quantitative packaging scale

能按照设定的包装规格完成称量、灌包、缝(封)口作业的设备。

11.3

电子定量包装秤　electronic quantitative packaging scale

采用电子传感器作为计量元件并用计算机控制作业的定量包装秤。

11.4

半自动定量包装秤　semi-automatic quantitative packaging scale

需人工套袋,但能自动完成称量、灌包、缝口作业的包装秤。

11.5

自动定量包装秤　automatic quantitative packaging scale

套袋、称量、灌包、缝口全部自动化的定量包装秤。

11.6

缝口机　sack sewing machine

使用缝线对盛装物料后的包装袋缝口的机械。

11.7

便携式缝口机　portable bag closer

可由人携带,在任意处对盛装物料后的包装袋缝口的机械。

11.8

封口机　sealing machine

在包装容器内盛装物料后,对容器进行封口的机器。

11.9

热压封口机　heat sealing machine

用热封合的方法封闭包装容器的机器。

11.10

码垛机　stacking machine

将定量包装后的饲料容器(如纸箱、编织袋、桶等)按一定排列规则和数量分层码放在托盘上的设备。

11.11

智能码垛机　intelligent stacking machine

能够按照计算机指令将定量包装后的饲料容器(如纸箱、编织袋、桶等)按一定排列规则和数量自动分层码放在托盘上的设备。

参 考 文 献

［1］ GB/T 10647—2008 饲料工业术语
［2］ GB/T 14250—2008 衡器术语
［3］ GB/T 25698—2010 饲料加工工艺术语
［4］ GB/T 24352—2009 饲料加工设备图形符号
［5］ JJF 1181—2007 衡器计量名称术语和定义
［6］ GB/T 8874—2008 粮油通用技术、设备名词术语
［7］ GB/T 14521.1—1993 运输机械术语 运输机械类型

汉语拼音索引

英文对应词索引

A

B

C

D

E

F

G

H

I

L

M

N

O

P

Q

R

S

T

U

V

W

ICS 67.140.10
X 55

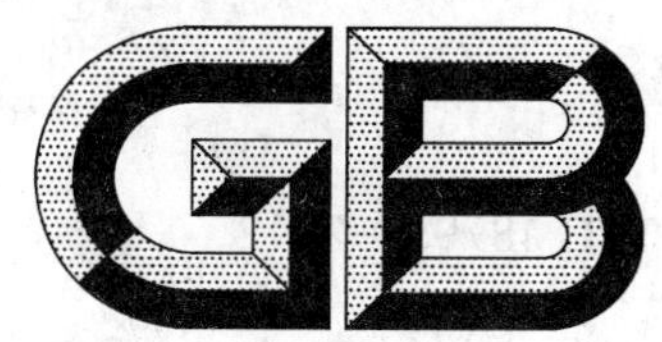

中华人民共和国国家标准

GB/T 18795—2012
代替 GB/T 18795—2002

茶叶标准样品制备技术条件

Technology requirement for making standard samples of tea

2012-12-31 发布　　2013-07-01 实施

中华人民共和国国家质量监督检验检疫总局
中国国家标准化管理委员会　发布

前　言

本标准依据 GB/T 1.1—2009 给出的规则起草。

本标准代替 GB/T 18795—2002《茶叶标准样品制备技术条件》。与 GB/T 18795—2002 相比，除编辑性修改外主要技术变化如下：

——删除试验方法一章；

——增加附录 A“茶叶标准样品的使用和保管”。

本标准由中华全国供销合作总社提出。

本标准由全国茶叶标准化技术委员会(SAC/TC 339)归口。

本标准起草单位：中华全国供销合作总社杭州茶叶研究院、杭州市标准化研究院、浙江大学、杭州茶厂有限公司。

本标准主要起草人：沈红、翁昆、许燕君、赵玉香、邹新武、龚淑英、余世建。

茶叶标准样品制备技术条件

1 范围

本标准规定了各类茶叶(除再加工茶)标准样品的制备、包装、标签、标识、证书和有效期。

本标准适用于各类茶叶(除再加工茶)感官品质评定的标准样品的制备。

2 规范性引用文件

下列文件对于本文件的应用是必不可少的。凡是注日期的引用文件,仅注日期的版本适用于本文件。凡是不注日期的引用文件,其最新版本(包括所有的修改单)适用于本文件。

GB/T 8302 茶 取样

GB/T 15000.4 标准样品工作导则(4)标准样品证书和标签的内容

GB/T 23776 茶叶感官审评方法

GH/T 1070—2011 茶叶包装通则

3 术语和定义

下列术语和定义适用于本文件。

3.1

茶叶标准样品 standard samples of tea

具有足够的均匀性,代表该类茶叶品质特征,经过技术鉴定,符合该产品标准的并附有质量等级说明的一批茶叶样品。

3.2

基准样 basic standard samples

已颁布的茶叶标准样品或完全符合该产品标准中感官品质要求的样品。

4 制备

4.1 原料选取

4.1.1 选取当年区域、品质有代表性、符合制作标准样品预期要求的原料,原料应在春茶及夏秋茶期间选留。

4.1.2 选取外形、内质基本符合标准要求的、有代表性的、相应等级的茶叶,且品质正常。其理化指标、卫生指标符合该产品的要求。

4.1.3 选用的原料要有足够的数量,宜多于标准目标实物样成样数量的 2～3 倍,以保证满足使用需要。

4.1.4 原料选取后应进行水分测定,以采取保质措施。选取的原料应存放于干燥、无异味、密封性能良好的容器内,放置于干燥、无异味、温度控制在 5 ℃以下的仓房内。

4.2 样品制备

4.2.1 制备工艺和选用的加工工具应保证原料的均匀性,避免容器和环境对原料的污染。

4.2.2 将不同地区选送的同级原料按密码编号进行排队，对照所拼等级的基准样进行评比，剔除不符标准水平的单样，选定可拼用的单样若干个。品质评定按 GB/T 23776 的规定进行。

4.2.3 小样试拼。由主拼人员在 4.2.2 选定的单样中，选取有区域代表性和品质代表性的若干个单样按比例拼配成一个小样，用其他单样反复调剂，手工整理，使外形、内质基本符合标准样品的品质要求。

每次拼配与调整应记录每个单样所用的样品数量及调整的情况。

4.2.4 小样排序。小样试拼结束后，对照基准样品质水平作进一步调整，直到全部符合基准样品质水平，封样，向任务下达部门或授权单位报批。每次拼配与调整应记录每个单样所用的样品数量及调整的情况。

4.2.5 大样拼堆。通过任务下达部门或授权单位的审批同意后，选择干净、清洁、卫生安全、干燥的场所，作大样拼配。拼配时应先对照小样试拼小堆，进行品质水平均匀性试验，符合后再按比例拼大堆。应注意充分匀堆并避免茶样的断碎。记录各拼配用量和总样量。

4.2.6 大样评定。取样按 GB/T 8302 的规定进行。品质评定按 GB/T 23776 的规定进行，出具评定结果(报告)。评定结果符合基准样的，备用。

4.3 样品分装

评定结果符合基准样的大样应尽快进行分装。按 GB/T 8302 的规定取样，进行样品分装。

5 包装、标签和标识

5.1 包装

包装容器宜采用密封性良好的铁罐。包装容器的要求应符合 GH/T 1070—2011 中 5.2 的规定。

5.2 标签和标识

标准实物样罐外需粘贴标签和封签。标签应注明茶叶名称、标准名称、标准代号、品种、等级、选用范围、样品的编号与批号、样品制备单位及主管部门等内容。封签应有样品制备日期、有效期等内容。

6 证书

标准样品的证书内容应按 GB/T 15000.4 执行。

7 有效期

标准样品的有效期为三年。标准样品的使用和保管见附录 A。

附　录　A
（资料性附录）
茶叶标准样品的使用和保管

A.1　标准样一经批准，即具有法律效力，任何人不得更改，因此在使用时不能拣去梗、朴、片等，以免走样。

A.2　在开启使用茶叶标准样时，应先将茶样罐中标准样全部倒在样盘中，拌匀作为评茶对照样。使用完毕后，应及时装罐，装罐前应先核对清楚茶样与茶罐的对应级别，再依次将茶倒入标准茶罐中。

A.3　由于茶叶实物标准样是采用当年收购的原料制作，第二年发放使用，实物标准样的内质往往已陈化，其香气、汤色、滋味等因子已无可比性，因此在进行实物样评茶时，外形和叶底按照实物标准样进行评定，内质香气、滋味、汤色则应采用文字标准为对照，文字标准是实物标准的补充。

A.4　茶叶标准样品在不使用时应由专人负责保管。应放置在无直射光，相对湿度在50％以下的无异味环境中。不同的茶类应根据其茶类特点，采用不同的保存温度。

ICS 67.140.10
X 55

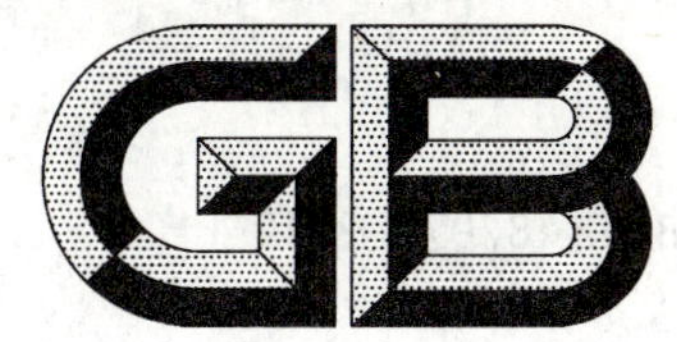

中华人民共和国国家标准

GB/T 18797—2012
代替 GB/T 18797—2002

茶叶感官审评室基本条件

General requirement of the tea sensory test room

(ISO 8589:2007,Sensory analysis—
General guidance for the design of test rooms,MOD)

2012-12-31 发布 2013-07-01 实施

中华人民共和国国家质量监督检验检疫总局
中国国家标准化管理委员会 发布

前　言

本标准依据 GB/T 1.1—2009 给出的规则起草。

本标准代替 GB/T 18797—2002《茶叶感官审评室基本条件》。与 GB/T 18797—2002 相比，除编辑性修改外主要技术变化如下：

——由修改采用 ISO 8589:2007《感官分析　建立感官分析实验室的一般导则》代替等效采用 ISO 8589:1988《感官分析　建立感官分析实验室的一般导则》。

——规范性引用文件中的 SB/T 10157—1993《茶叶感官审评方法》改为"GB/T 23776《茶叶感官审评方法》。

——第 6 章中的 6.1.2 面积改为"最小不得小于 $10m^2$"；6.1.3 室内色调增加了"审评室墙壁和内部设施的色调应选择中性色，以避免影响对被检样品颜色的评价"的规定；6.1.6.2 人造光增加了"灯管色温宜为 5 000 K～6 000 K"的规定；6.1.8 审评设备增加了"应配备水池、毛巾，方便审评人员评茶前的清洗及审评后杯碗等器具的洗涤"的规定。

——第 6 章中增加了 6.2 集体工作区一节，规定了 6.2.1 一般要求和 6.2.2 采光。

本标准修改采用 ISO 8589:2007《感官分析　建立感官分析实验室的一般导则》。与 ISO 8589:2007 的主要技术性差异为：

——标准的结构和编写依据 GB/T 1.1—2009《标准化工作导则　第 1 部分：标准的结构和编写》给出的规则编制。

——针对茶叶感官审评的特定用途，规定了茶叶感官审评室的基本要求、布局和建立；删除了第 7 章"准备区"、第 8 章中的"办公室的大小和设施"、第 9 章"辅助区"、第 10 章"附加信息"和相关附录。

本标准由中华全国供销合作总社提出。

本标准由全国茶叶标准化技术委员会(SAC/TC 339)归口。

本标准起草单位：中华全国供销合作总社杭州茶叶研究院、杭州市标准化研究院、浙江大学。

本标准主要起草人：赵玉香、翁昆、许燕君、龚淑英、金玉霞。

茶叶感官审评室基本条件

1 范围

本标准规定了茶叶感官审评室的基本要求、布局和建立。

本标准适用于审评各类茶叶的感官审评室。

2 规范性引用文件

下列文件对于本文件的应用是必不可少的。凡是注日期的引用文件，仅注日期的版本适用于本文件。凡是不注日期的引用文件，其最新版本(包括所有的修改单)适用于本文件。

GB/T 23776 茶叶感官审评方法

3 术语和定义

下列术语和定义适用于本文件。

3.1

茶叶感官审评室 tea sensory test room

专门用于感官评定茶叶品质的检验室。

4 基本要求

4.1 地点

茶叶感官审评室应建立在地势干燥、环境清静、窗口面无高层建筑及杂物阻挡、无反射光、周围无异气污染的地区。

4.2 室内环境

茶叶感官审评室内应空气清新、无异味，温度和湿度应适宜，室内安静、整洁、明亮。

5 审评室布局

茶叶感官审评室应包括：

a) 进行感官审评工作的审评室；

b) 用于制备和存放评审样品及标准样的样品室；

c) 办公室；

d) 如有条件的可在审评室附近建立休息室、盥洗室和更衣室。

6 审评室建立

6.1 审评室

6.1.1 朝向

宜坐南朝北，北向开窗。

6.1.2 面积

按评茶人数和日常工作量而定。最小使用面积不得小于 10 m^2。

6.1.3 室内色调

审评室墙壁和内部设施的色调应选择中性色，以避免影响对被检样品颜色的评价：

a） 墙壁：乳白色或接近白色；

b） 天花板：白色或接近白色；

c） 地面：浅灰色或较深灰色。

6.1.4 气味

审评室内应保持无异气味。室内的建筑材料和内部设施应易于清洁，不吸附和不散发气味，器具清洁不得留下气味。审评室周围应无污染气体排放。

6.1.5 噪声

评茶期间应控制噪声不超过 50 dB。

6.1.6 采光

6.1.6.1 自然光

室内光线应柔和、明亮，无阳光直射、无杂色反射光。利用室外自然光时，前方应无遮挡物、玻璃墙及涂有鲜艳色彩的反射物。开窗面积大，使用无色透明玻璃，并保持洁净。有条件的可采用北向斗式采光窗，采光窗高 2 m，斜度 30°，半壁涂以无反射光的黑色油漆；顶部镶以无色透明平板玻璃，向外倾斜 3°～5°。

6.1.6.2 人造光

当室内自然光线不足时，应有可调控的人造光源进行辅助照明。可在干、湿看台上方悬挂一组标准昼光灯管，应使光线均匀、柔和、无投影。也可使用箱型台式人造昼光标准光源观察箱，箱顶部悬挂标准昼光灯管（二管或四管），箱内涂以灰黑色或浅灰色。灯管色温宜为 5 000 K～6 000 K，使用人造光源时应防自然光线干扰。

6.1.6.3 照度

干评台工作面照度约 1 000 lx；湿评台工作面照度不低于 750 lx。

6.1.7 温度和湿度

室内应配备温度计、湿度计，空调机、去湿及通风装置，使室内温度、湿度得以控制。评茶时，室内温度宜保持在 15 ℃～27 ℃。室内相对湿度不高于 70%。

6.1.8 审评设备

应配备干评台、湿评台、各类茶审评用具等基本设施，具体规格和要求按 GB/T 23776 的规定执行。应配备水池、毛巾，方便审评人员评茶前的清洗及审评后杯碗等器具的洗涤。

6.1.9 检验隔挡

6.1.9.1 隔挡数量

可根据审评室实际空间大小和评茶人数决定隔挡数量，一般为 3 个～5 个。

6.1.9.2 隔挡设置

推荐使用可拆卸、屏风式隔挡。隔挡高 1 800 mm，隔挡内工作区长度不得低于 2 000 mm，宽度不得低于 1 700 mm。

6.1.9.3 隔挡内设施

每一隔挡内设有一干评台和一湿评台，配有一套评茶专用设备。隔挡内的采光应符合 6.1.6 要求。

6.2 集体工作区

6.2.1 一般要求

集体工作区可在审评室内，用于审评员之间及与检验主持人之间的讨论，也可用于评价初始阶段的培训，以及任何需要时的讨论。集体工作区可摆放一张桌子供参加检验的所有审评人员同时使用并能放置以下物品：

a) 供审评人员记录的审评记录表和笔；

b) 放置审评用的评茶盘、审评杯碗、计时器等。

6.2.2 采光

集体工作区的采光要求参见 6.1.6。

6.3 样品室

6.3.1 要求

样品室宜紧靠审评室，但应与其隔开，以防相互干扰。室内应整洁、干燥、无异味。门窗应挂暗帘，室内温度宜≤20 ℃，相对湿度宜≤50%。

6.3.2 设施

应配备以下设施：

a) 合适的样品柜；

b) 温度计、湿度计、空调机和去湿机；

c) 需要时可配备冷柜或冰箱，用于实物标准样及具代表性实物参考样的低温贮存；

d) 制备样品的其他必要设备：工作台、分样器（板）、分样盘、天平、茶罐等；

e) 照明设施和防火设施。

6.4 办公室

办公室是审评人员处理日常事务的主要工作场所，宜靠近审评室，但不得与之混用。

ICS 01.140.30
A 13

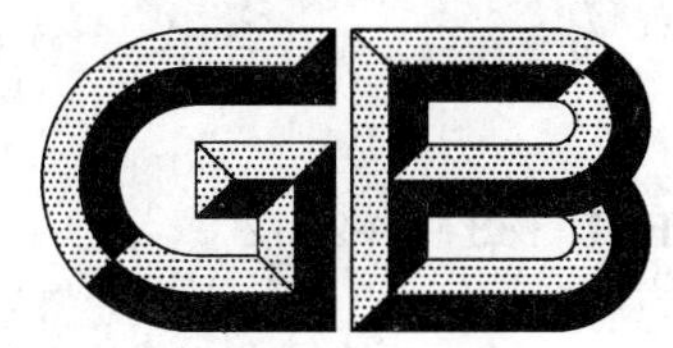

中华人民共和国国家标准

GB/T 18811—2012
代替 GB/T 18811—2002

电子商务基本术语

Basic terms of electronic commerce

(UN/CEFACT Core Component Technical Specification Version 3.0,IDT)

2012-07-31 发布 2012-11-01 实施

中华人民共和国国家质量监督检验检疫总局
中国国家标准化管理委员会 发布

前　言

本标准按照 GB/T 1.1—2009 给出的规则起草。

本标准代替 GB/T 18811—2002。

本标准与 GB/T 18811—2002 的主要差异为:GB/T 18811—2002 未采用国际标准。

本标准使用翻译法等同采用联合国贸易便利化与电子业务中心(UN/CEFACT)2009 年发布的《核心构件技术规范》(UN/CEFACT Core Component Technical Specification)3.0 版本中的术语。

本标准由全国电子业务标准化技术委员会(SAC/TC 83)提出并归口。

本标准起草单位:中国标准化研究院。

本标准主要起草人:江洲、胡涵景、张荫芬、李文文、佟文会、王凌云。

本标准所代替标准的历次版本发布情况为:

——GB/T 18811—2002。

电子商务基本术语

1 范围

本标准规定了电子商务的基本术语及定义。

本标准适用于电子商务的各应用领域。

2 术语

2.1

聚合业务信息实体 aggregate business information entity;ABIE

由相互关联的若干条业务信息组成的集合,它表达了特定语境(2.41)中清晰的业务含义。当采用建模语言来表述时,它表达了特定业务语境(2.22)中的一个对象类(2.62)。

2.2

聚合业务信息实体特性 aggregate business information entity property

一种允许值用复杂结构表达的业务信息实体特性(2.30),该复杂结构可以用一个聚合业务信息实体(2.1)描述。

2.3

聚合核心构件 aggregate core component;ACC

由相互关联的若干条业务信息组成的集合,它表达了清晰的业务含义,独立于任何特定业务语境(2.22)。当用建模术语来表达时,它表示一个独立于任何特定业务语境(2.22)的对象类(2.62)。

2.4

聚合核心构件特性 aggregate core component property

与聚合核心构件(2.3)概念相关联的聚合核心构件(2.3)的唯一特性。该特性或是一个关联核心构件(2.13),或是一个基本核心构件(2.19)。

2.5

聚合 aggregation

关联关系的一种特殊形式,该关联规定了整体与构件之间的整体与局部关系。

2.6

人工信息 artefact

在过程中产生、修改和使用的一条信息,它可以是一个模型,一个模型元素,或一个文档。该文档可能包含其他文档。核心构件(2.44)技术规范的人工信息包含所有注册类(2.74)以及注册类(2.74)的所有从属的已命名结构。

2.7

已关联的聚合业务信息实体 associated aggregate business information entity

一个聚合业务信息实体(2.1),该实体与关联聚合业务信息实体(2.9)之间具有的UML聚合类型要么是共享关系,要么是复合关系。已关联的聚合业务信息实体在聚合业务信息实体(2.1)之间的父子关系中是子。

2.8

已关联的聚合核心构件 associated aggregate core component

一个聚合核心构件(2.3),该构件与关联聚合核心构件(2.10)之间具有的UML聚合类型为共享关系。已关联的聚合核心构件在聚合核心构件(2.3)之间的父子关系中是子。

2.9

关联聚合业务信息实体 associating aggregate business information entity

一个聚合业务信息实体(2.1),该实体与已关联的聚合业务信息实体(2.7)之间所具有的 UML 聚合类型要么是共享关系,要么是复合关系。关联聚合业务信息实体在聚合业务信息实体(2.1)之间的父子关系中是父。

2.10

关联聚合核心构件 associating aggregate core component

一个聚合核心构件(2.3),该构件与已关联的聚合核心构件(2.8)具有的 UML 聚合类型为共享关系。关联聚合核心构件在聚合核心构件(2.3)之间的父子关系中是父。

2.11

关联业务信息实体 association business information entity;ASBIE

一个业务信息实体,该实体定义了一个特定的、与另一个聚合业务信息实体(被称为关联聚合业务信息实体(2.9))相关联的聚合业务信息实体(被称为已关联的聚合业务信息实体(2.7))的角色。关联业务信息实体在功能上作为一个关联聚合业务信息实体(2.9)的聚合业务信息实体特性(2.2)。

2.12

关联业务信息实体特性 association business information entity property

一个业务信息实体特性(2.30),其允许值可由一个聚合业务信息实体(2.1)表示为一个复杂结构。

2.13

关联核心构件 association core component;ASCC

一个核心构件(2.44),该构件定义了一个特定的、与另一个聚合核心构件(被称为关联聚合核心构件(2.10))相关联的聚合核心构件(被称为已关联的聚合核心构件(2.8))的角色。关联核心构件在功能上作为一个关联聚合核心构件(2.10)的聚合核心构件(2.3)特性。

2.14

关联核心构件特性 association core component property

一个核心构件特性(2.46),其允许值可由一个聚合核心构件(2.3)表示为一个复杂结构。

2.15

属性 attribute

某个实体的部分或所有实例具备的已命名的值或关系,并与实例有直接的关联。

2.16

基于 based on

根据一个特定业务语境(2.22)的需求对人工信息(2.6)的使用进行限制。

2.17

基本业务信息实体 basic business information entity;BBIE

一个业务信息实体(2.29),表示给定的业务语境(2.22)中特定聚合业务信息实体(2.1)的单一业务特性。基本业务信息实体基于基本核心构件(2.19),具有基本业务信息实体特性(2.18),该特性基于定义其值域(2.84)的业务数据类型(2.23)。

2.18

基本业务信息实体特性 basic business information entity property

一个业务信息实体特性(2.30),其允许值可由简单值来表达,该值可由一个数据类型表示。

2.19

基本核心构件 basic core component;BCC

一个核心构件(2.44),构成特定聚合核心构件(2.3)的单个业务特性,并具有唯一的业务语义

(2.35)定义。基本核心构件表示基本核心构件的特性,因而具有定义其值域(2.84)的核心数据类型(2.47),在功能上作为聚合核心构件(2.3)特性。

2.20

基本核心构件特性　basic core component property

一个核心构件特性(2.46),其允许值可由简单值来表达,该值可由一个数据类型表示。

2.21

基础　basis

核心构件(2.44)人工信息(2.6)或核心数据类型(2.47)。业务信息实体(2.29)人工信息(2.6)或业务数据类型(2.23)人工信息(2.6)可由此衍生。

2.22

业务语境　business context

用一组语境类别(2.42)的值来标识的特定业务环境的形式化描述,允许对不同业务环境进行唯一区分。

2.23

业务数据类型　business data type

包含且仅包含一个业务数据类型内容构件(2.24),该内容构件携带实际内容以及零或多个业务数据类型附加构件(2.26),该附加构件对业务数据类型内容构件(2.24)给出了必要的附加定义。业务数据类型具有业务语义(2.35)。

2.24

业务数据类型内容构件　business data type content component

表达核心数据类型(2.47)内容的原始类型。

2.25

业务数据类型内容构件限制　business data type content component restriction

适用于核心数据类型内容构件(2.48)可能值的一种格式限制(2.77)。

2.26

业务数据类型附加构件　business data type supplementary component

为业务数据类型内容构件(2.24)给定附加意义。

2.27

业务数据类型附加构件限制　business data type supplementary component restrictions

适用于业务数据类型附加构件(2.26)可能值的一个格式限制(2.77)。

2.28

业务领域　business domain

一组独特的盈利企业,如化工领域,石油和天然气领域,汽车领域。

2.29

业务信息实体　business information entity;BIE

核心构件(2.44)在特定语境(2.41)下的具体实现,构成具有唯一业务语境(2.22)定义的一条或一组业务数据。

2.30

业务信息实体特性　business information entity property

特定业务语境(2.22)中的对象类(2.62)所具有的业务特性,该对象类(2.62)由一个聚合业务信息实体(2.1)描述。

2.31

业务库 business libraries

特指某一行业(如运输、保险)经核准的过程模型的集合。

2.32

业务过程 business process

UN/CEFACT 通用业务过程目录中描述的业务过程。

2.33

业务过程语境 business process context

UN/CEFACT 通用业务过程(2.32)目录中描述的业务过程(2.32)的名称,用户可对通用业务过程(2.32)进行扩展。

2.34

业务过程角色语境 business process role context

开展特定业务过程(2.32)的角色,已在 UN/CEFACT 通用业务过程(2.32)目录中标识。

2.35

业务语义 business semantic(s)

从业务视角所看到的词的精确含义。

2.36

业务术语 business term

在业务中常见或常用的人工信息(2.6)的字典条目名称(2.53)的同义词。一个核心构件(2.44)技术规范人工信息(2.6)可以有若干个业务术语。

2.37

基数 cardinality

指明某个特性最少及最多出现次数:不适用(0..0),可选型(0..1),可选型重复(0..*),必备型(1..1),必备型重复(1..*),固定(n..n),这里,n 是一个非零正整数。

2.38

业务信息实体目录 catalogue of business information entities

在核心构件(2.44)挖掘过程中挑选出的、且经核准的业务信息实体(2.29)的集合。

2.39

分类方案 classification scheme

一个给定语境类别(2.42)的正式支持方案。

2.40

组合 composition

一种强聚合(2.5)关联形式,要求组成部分仅属于单个父对象,并且仅当该父对象存在时才存在。

2.41

语境 context

可能使用业务过程(2.32)的环境,通过一组名为业务语境(2.22)的语境类别(2.42)来规定。

2.42

语境类别 context category

表达业务环境特性的一个或多个相关值构成的集合。

2.43

受控词 controlled vocabulary

用来唯一定义容易引起歧义的词或业务术语(2.36)的附加词。它可以保证任何核心构件(2.44)名称和定义中包含的每一个词均被一致、无歧义和准确地使用。

2.44

核心构件　core component;CC

用来创建清晰、有意义的数据模型、词汇和信息交换包(2.65)的语义构件,作为创建业务信息实体(2.29)的基础。

2.45

核心构件库　core component library

注册系统(2.73)或储存库的一部分,核心构件(2.44)应以注册类(2.74)的方式存储其中。核心构件库应包括所有的注册类(2.74)。

2.46

核心构件特性　core component property

对象类(2.62)的业务特性,该对象类(2.62)用基本核心构件(2.20)或关联核心构件特性(2.14)表示。

2.47

核心数据类型　core data type;CDT

包含且仅包含一个核心数据类型内容构件(2.48),该内容构件携带实际内容以及零或多个核心数据类型附加构件(2.49),该附加构件对核心数据类型内容构件(2.48)给出了必要的附加定义。核心数据类型不具有业务语义(2.35)。

2.48

核心数据类型内容构件　core data type content component

表达核心数据类型(2.47)内容的原始类型。

2.49

核心数据类型附加构件　core data type supplementary component

对核心数据类型内容构件(2.48)给出附加含义。

2.50

数据类型术语　data type term

表示值域(2.84)的数据类型字典条目名称(2.53)的构件名称,从一个通用列表中选取。该通用列表也用于确定所允许的表示词(2.76)。在这里,表示词(2.76)就像它们表示数据类型那样不作限定。数据类型术语可以被限定用于反映对值域(2.84)的限制(2.77)。

2.51

定义　definition

核心构件(2.44)、业务信息实体(2.29)、业务语境(2.22)或数据类型的唯一语义含义。

2.52

字典　dictionary

核心构件(2.44)技术规范构件的字典条目名称(2.53)。

2.53

字典条目名称　dictionary entry name

核心构件(2.44)技术规范构件的正式名称。

2.54

方面　facet

表示业务数据类型内容构件(2.24)或业务数据类型附加构件(2.26)的限制(2.77),以此来定义其允许值空间。

2.55

正式限制语言　formal constraint language

公认的限制语言规范的规范性表达，如统一建模语言对象限制语言。

2.56

地理政治语境　geopolitical context

影响业务语义(2.35)的地理因素，如地址的结构。

2.57

行业分类语境　industry classification context

与行业或贸易伙伴行业相关的语义影响因素，如不同行业使用的产品标识方案。

2.58

不变量　invariant

限定其值必须在执行过程中始终保持为真。

2.59

库　library

核心构件(2.44)技术规范构件的集合，针对一个明确目标、一个或多个组织。

2.60

消息组合　message assembly

为了交换业务信息，业务信息实体(2.29)被组合成可用的、基于语法的消息的过程。

2.61

命名约定　naming convention

如何构成核心构件(2.44)技术规范人工信息(2.6)字典条目名称(2.53)的一套规则。

2.62

对象类　object class

在逻辑数据模型中，一个数据元所属的逻辑数据组。它是表示活动或对象的核心构件(2.44)或业务信息实体(2.29)字典条目名称(2.53)的一部分，由对象类术语表示。对象类具有明确边界和意义，其特性和行为遵守相同的规则。

2.63

对象类词　object class term

核心构件(2.44)或业务信息实体(2.29)名称的组成部分，并表示了它所属的对象类(2.62)。

2.64

官方限制语境　official constraints context

关于语义的法律和政府影响因素，如运输货物时法律要求的危险品信息。

2.65

包　package

在给定的语境(2.41)下，语义唯一的业务信息实体(2.29)集合。

2.66

前置条件　pre-condition

过程执行前应满足的条件。

2.67

后置条件　post-condition

过程执行后应满足的条件。

2.68

基本类型　primitive type

用于表达更复杂数据类型的值的基本构件,也称为基础类型或内置类型。

2.69

产品分类语境　product classification context

影响表述物品或服务进行交换、处理或支付等语义的因素,如购买咨询服务不同于购买物资。

2.70

特性词　property term

表示对象类(2.62)特性的一种有语义含义的名称,自然地出现在其所属的人工信息(2.6)的定义中。

2.71

已限定的业务数据类型　qualified business data type

包含对业务数据类型内容构件(2.24)或业务数据类型附加构件(2.26)的限制(2.77)。

2.72

限定词　qualifier term

一个或一组词,有助于定义一个项(如:业务信息实体(2.29)或业务数据类型(2.23)),并将其与相关项(如:核心构件(2.44)、核心数据类型(2.47)、另一个业务信息实体(2.29)或业务数据类型(2.23))区分开来。

2.73

注册系统　registry

管理和参考存储在一个存储库(2.75)中的人工信息(2.6)的信息系统。该术语隐含注册系统或存储库(2.75)的组合。

2.74

注册类　registry class

所有通用信息的正式定义。通用信息必须由注册系统(2.73)人工信息(2.6)(核心构件(2.44),业务信息实体(2.29)或数据类型)记录在注册系统(2.73)中。

2.75

存储库　repository

储存人工信息(2.6)的信息系统。

2.76

表示词　representation term

基本核心构件(2.19)或基本业务信息实体(2.17)有效值类型的语义表示。

2.77

限制　restriction

根据下列规则,从现有数据结构衍生出新的数据结构的过程:

——从现有数据结构的任一字段减小基数(2.37)范围;

——用一个简单数据类型(如:字符串,数字)来限制任一字段允许值的范围;

——增加一个语义限制来缩小任一字段的业务范围。

新的、已限制的数据结构的所有有效实例必须也是现有数据结构的有效实例。新的数据结构可从现有的数据结构衍生出来。

2.78

支撑角色语境　supporting role context

与非贸易伙伴角色相关的语义影响因素，如：从卖方到买方的订单回复中，第三方托运人所要求的数据。

2.79

系统能力语境　system capabilities context

捕捉系统限制的语境(2.41)，如：现有后勤部门仅支持特定格式的地址。

2.80

UMM 信息实体　UMM information entity

联合国贸易便利化与电子业务中心建模方法信息实体，该实体实现了结构化业务信息，并通过伙伴角色在业务交易中的活动进行交换。信息实体通过关联包含或参考其他信息实体。

2.81

唯一标识符　unique identifier

以唯一、明确的方式引用一个人工信息(2.6)实例的标识符。

2.82

使用规则　usage rules

描述了一个限制，该限制描述了适用于模型中构件的特定条件。

2.83

用户群　user community

一组具有公开联系地址、可以定义与其业务领域(2.28)相关的语境(2.41)梗概的实践人员。用户群内的用户不能创建、定义或管理其自身的语境(2.41)需求，而应遵循用户群的标准。为了避免工作交叉，这样的用户群应与其他用户群和标准制定组织保持紧密联系。用户群的规模可以小到只有两个协定组织。

2.84

值域　value domain

一组允许值的集合。

2.85

版本　version

核心构件(2.44)、数据类型、业务语境(2.22)或业务信息实体(2.29)的实例随时间不断演进的一种标记。

2.86

XML 模式　XML schema

用于标识基于 XML 文档结构有效语言(包括更正式的 W3C XML 模式定义语言，ISO 8601 文档类型定义或 Schematron)的语法族的通用术语。

索　引

汉语拼音索引

B

C

D

F

G

H

X

Y

Z

英文对应词索引

A

B

C

D

F

G

I

L

M

N

O

P

Q

R

S

U

V

X

ICS 03.220.20
R 10

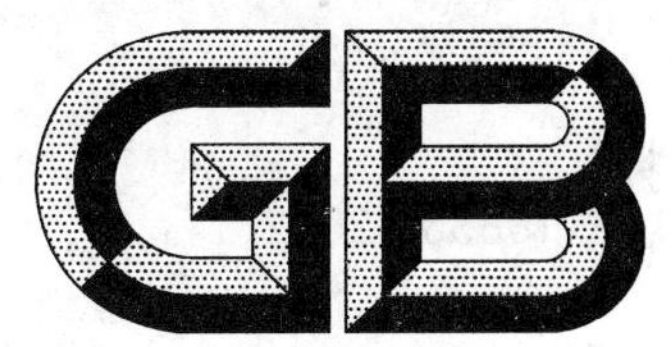

中华人民共和国国家标准

GB/T 18833—2012
代替 GB/T 18833—2002

道路交通反光膜

Retroreflective sheeting for traffic control

2012-12-31 发布　　　　2013-06-01 实施

中华人民共和国国家质量监督检验检疫总局
中国国家标准化管理委员会　发布

前　言

本标准按照 GB/T 1.1—2009 给出的规则起草。

本标准代替 GB/T 18833—2002《公路交通标志反光膜》，与 GB/T 18833—2002 相比，除编辑性修改外主要技术变化如下：

——将反光膜由按级别分类调整为按类型分类(见第 4 章)；

——增加微棱镜型反光膜观测角为 1°时的光度性能要求(见 5.3)；

——光度性能技术要求中的观测角由 0.33°调整为 0.5°(见 5.3)；

——增加橙色、灰色反光膜以及荧光反光膜的光度性能和色度性能技术要求(见 5.3 和 5.4)；

——抗拉荷载要求只适用于Ⅰ类和Ⅱ类反光膜(见 5.10)；

——调整反光膜耐候性能试验时间(见 6.15.1)；

——明确反光膜测试取样方法，增加基准标记要求(见 6.1)；

——取消反光膜湿状态逆反射系数的测试，增加旋转角要求(见 6.4)；

——耐溶剂性能中的试验溶剂取消甲苯、二甲苯和煤油，增加汽油(见 6.12)；

——增加反光膜的类别、批号等产品标识要求(见 8.1.1)。

本标准由全国交通工程设施(公路)标准化技术委员会(SAC/TC 223)归口。

本标准负责起草单位：交通运输部公路科学研究院、国家交通安全设施质量监督检验中心。

本标准参加起草单位：北京中交华安科技有限公司。

本标准主要起草人：苏文英、何勇、王玮、李丹、马骏、王璇、张帆。

本标准所代替标准的历次版本发布情况为：

——GB/T 18833—2002。

道路交通反光膜

1 范围

本标准规定了道路交通用反光膜(以下简称反光膜)的分类、技术要求、测试方法、检验规则及标志、包装、运输、贮存的要求。

本标准适用于道路交通标志、轮廓标、交通锥、交通柱、防撞桶(垫)、路栏等交通管理和作业设施所用反光膜,水运、航空、铁路等其他交通运输用反光膜可参照执行。

2 规范性引用文件

下列文件对于本文件的应用是必不可少的。凡是注日期的引用文件,仅注日期的版本适用于本文件。凡是不注日期的引用文件,其最新版本(包括所有的修改单)适用于本文件。

GB/T 2918 塑料试样状态调节和试验的标准环境

GB/T 3681 塑料 自然日光气候老化、玻璃过滤后日光气候老化和菲涅耳镜加速日光气候老化的暴露试验方法

GB/T 3978 标准照明体和几何条件

GB/T 3979 物体色的测量方法

GB/T 10125 人造气氛腐蚀试验 盐雾试验

GB/T 16422.2 塑料实验室光源暴露试验方法 第2部分:氙弧灯

JT/T 685 反光膜附着性能测试仪

JT/T 686 反光膜耐冲击性能测定仪

JT/T 687 反光膜防粘纸可剥离性能测试仪

JT/T 688—2007 逆反射术语

JT/T 689 逆反射系数测试方法 共平面几何法

JT/T 690 逆反射光度性能测试方法

JT/T 692 夜间条件下逆反射体色度性能测试方法

JT/T 693 荧光反光膜和反光标记材料昼间色度性能测试方法

JT/T 762 反光膜耐弯曲性能测定器

3 术语和定义

JT/T 688 界定的以及下列术语和定义适用于本文件。为了便于使用,以下重复列出了 JT/T 688 中的某些术语和定义。

3.1

逆反射 retroreflection

反射光从接近入射光的反方向返回的一种反射。当入射光方向在较大范围内变化时,仍能保持这种性质。

[JT/T 688—2007,定义 2.1]

3.2

反光膜 retroreflective sheeting

一种已制成薄膜可直接应用的逆反射材料。

[JT/T 688—2007,定义 2.4]

3.3

逆反射体 retroreflector

具有逆反射性能的反光面或器件。

[JT/T 688—2007,定义 2.5]

3.4

逆反射体轴 retroreflector axis

从逆反射体中心发出的一条特定的射线(见图 1)。

注:逆反射体轴通常选择照明方向的中心线。当逆反射体为轴对称时,逆反射体轴通常与逆反射体的对称轴一致。

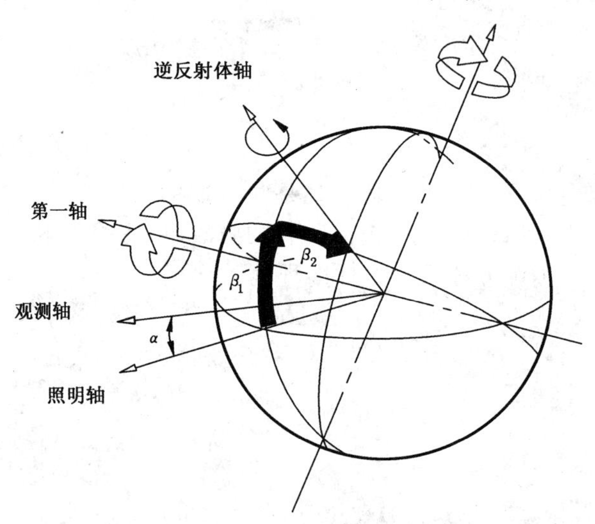

图 1 测量逆反射体的角度计系统

[JT/T 688—2007,定义 2.9]

3.5

基准轴 datum axis

从逆反射体中心发出,垂直于逆反射体轴的一条射线(见图 2)。

注:基准轴与逆反射体中心、逆反射体轴给出逆反射体的位置。

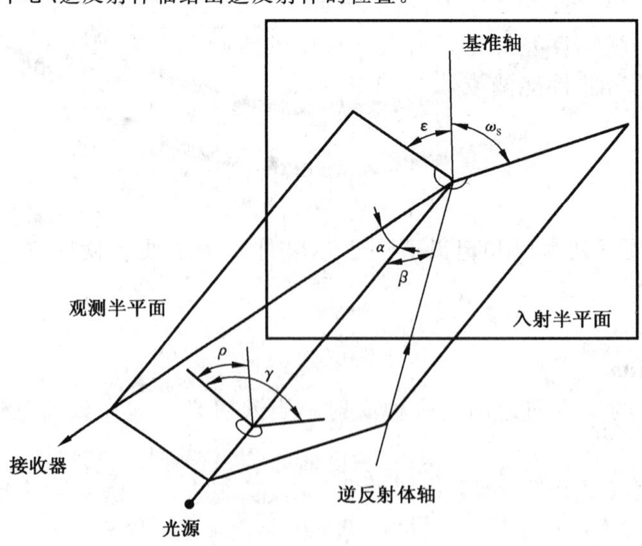

注:角 ε 和角 ρ 在图中是逆时针方向的,应为负值。

图 2 角 α、β、ε、ω_s、ρ、γ 之间的相互关系

[JT/T 688—2007,定义 2.10]

3.6

照明轴 illumination axis

从逆反射体中心发出,通过光源点的射线(见图 1)。

[JT/T 688—2007,定义 2.11]

3.7

观测轴 observation axis

从逆反射体中心发出,通过观测点的射线(见图 1)。

[JT/T 688—2007,定义 2.12]

3.8

基准标记 datum mark

逆反射体上从逆反射体轴发出,表示基准轴指向的标记。

[JT/T 688—2007,定义 2.15]

3.9

入射角 entrance angle

$\boldsymbol{\beta}$

照明轴与逆反射体轴之间的夹角。

注:入射角通常不大于 90°,但考虑完整性将其规定为 $-180° \leqslant \beta \leqslant 180°$。在角度计系统中 β 被分解为 β_1 和 β_2 两个分量。

[JT/T 688—2007,定义 2.21]

3.10

观测角 observation angle

$\boldsymbol{\alpha}$

照明轴与观测轴之间的夹角。

注:观测角不为负值,通常小于 2°。

[JT/T 688—2007,定义 2.24]

3.11

旋转角 rotation angle

$\boldsymbol{\varepsilon}$

从逆反射体轴上的观察点逆时针测量,在垂直于逆反射体轴的平面上,从观测半平面到基准轴的夹角。

注 1:$-180° < \varepsilon \leqslant 180°$。

注 2:试样围绕逆反射体轴转动时,当光源和接收器在空间相对固定,方位角(ω_s)和 旋转角(ε)的变化是相等的。

[JT/T 688—2007,定义 2.33]

3.12

发光强度系数 coefficient of luminous intensity

$\boldsymbol{R_I}$

逆反射体在观测方向的发光强度(I)与逆反射体垂直于入射光方向的平面上的光照度($E_\perp$)之比,以坎德拉每勒克斯表示($cd \cdot lx^{-1}$)。$R_I = I/E_\perp$。

注 1:I 通常由观测体位置的光照度和其距离的平方之乘积来确定($I = E_r d^2$)。

注 2:R_I 通常还写作 CIL 或 SI(特殊强度)。

[JT/T 688—2007,定义 2.34]

3.13

逆反射系数 coefficient of retroreflection

$\boldsymbol{R_A}$

发光强度系数与逆反射体的表面积之比,以坎德拉每勒克斯每平方米表示($cd \cdot lx^{-1} \cdot m^{-2}$)。

$$R_A = R_I / A_o \qquad \cdots\cdots(1)$$

[JT/T 688—2007,定义 2.35]

3.14

旋转均匀性 rotationally uniform

当逆反射体绕逆反射体轴旋转,光源、接收器、逆反射体中心和逆反射体轴保持相对固定的空间关系时,R_A、R_I 基本保持不变。

注 1:当逆反射体围绕它的轴旋转,而观测角、入射角(包括分量 β_1 和 β_2)和显示角(γ)保持不变时,方位角(ω_s)和旋转角(ε)都有 360°的变化。

注 2:旋转均匀性的程度可以用数字表示。

[JT/T 688—2007,定义 2.41]

3.15

荧光 fluorescence

一种材料特性,白天吸收可见光或紫外光中的短波,以长波再辐射,产生窄发射波段的可见光。

3.16

夜间色 nighttime color

逆反射色 retroreflective color

在夜间条件下,即采用标准 A 光源照射时,从接近入射光方向所观测到的逆反射材料的颜色。

4 分类

4.1 反光膜按其逆反射原理,可分为玻璃珠型和微棱镜型。

4.2 反光膜按其光度性能、结构和用途,可分为以下 7 种类型:

a) Ⅰ类——通常为透镜埋入式玻璃珠型结构,称工程级反光膜,使用寿命一般为 7 年,可用于永久性交通标志和作业区设施;

b) Ⅱ类——通常为透镜埋入式玻璃珠型结构,称超工程级反光膜,使用寿命一般为 10 年,可用于永久性交通标志和作业区设施;

c) Ⅲ类——通常为密封胶囊式玻璃珠型结构,称高强级反光膜,使用寿命一般为 10 年,可用于永久性交通标志和作业区设施;

d) Ⅳ类——通常为微棱镜型结构,称超强级反光膜,使用寿命一般为 10 年,可用于永久性交通标志、作业区设施和轮廓标;

e) Ⅴ类——通常为微棱镜型结构,称大角度反光膜,使用寿命一般为 10 年,可用于永久性交通标志、作业区设施和轮廓标;

f) Ⅵ类——通常为微棱镜型结构,有金属镀层,使用寿命一般为 3 年,可用于轮廓标和交通柱,无金属镀层时也可用于作业区设施和字符较少的交通标志;

g) Ⅶ类——通常为微棱镜型结构,柔性材质,使用寿命一般为 3 年,可用于临时性交通标志和作业区设施。

注 1:各类反光膜结构为通常使用的典型结构,不排除会有其他结构存在。如棱镜型工程级反光膜为Ⅰ类反光膜。

注 2:各类反光膜使用寿命为制造商一般承诺的期限,实际使用寿命与其材质和用途有关。如荧光反光膜以及用于临时性交通标志和作业区设施的反光膜,使用寿命一般为 3 年。

5 技术要求

5.1 一般要求

5.1.1 反光膜通常应以成卷的形式供货。反光膜应均匀、平整、紧密地缠绕在一刚性的圆芯上,不应有变形、缺损、边缘不齐或夹杂无关材料等缺陷。

5.1.2　每卷反光膜长度一般不应少于 45.72 m。整卷反光膜宽度方向不能拼接，长度方向的接头不应超过 3 处，并在成卷膜的边缘应可看到拼接处。每拼接一处应留出 0.5 m 反光膜的富余量。每段反光膜的连续长度不应小于 10 m。

5.1.3　反光膜应具有颜色的可印刷性能，常温环境下采用与反光膜相匹配的油墨及印刷方式，可对反光膜进行各种颜色的印刷。

5.1.4　除白色以外的其他各种颜色的反光膜，也可通过将彩色透明面膜(称“电刻膜”)贴覆在白色反光膜上的方式形成。

5.2　外观质量

反光膜应有平滑、洁净的外表面，不应有明显的划痕、条纹、气泡、颜色及逆反射不均匀等缺陷，其防粘纸不应有气泡、皱折、污点或杂物等缺陷。

5.3　光度性能

5.3.1　反光膜的光度性能以逆反射系数表述，各类反光膜(包括丝网印刷和贴覆电刻膜后的反光膜，以下同)，其逆反射系数 R_A 值不应低于表 1～表 7 给出的相应类别的规定。

5.3.2　反光膜如不具备旋转均匀性，即在不同旋转角条件下的光度性能存在差异时，制造商应沿其逆反射系数值较大方向做出基准标记。

表 1　Ⅰ类反光膜

观测角	入射角	最小逆反射系数 $R_A/(cd \cdot lx^{-1} \cdot m^{-2})$							
		白色	黄色	橙色	红色	绿色	蓝色	棕色	灰色
0.2°	−4°	70	50	25	14	9.0	4.0	1.0	42
	15°	50	35	16	11	7.0	3.0	0.6	30
	30°	30	22	7.0	6.0	3.5	1.7	0.3	18
0.5°	−4°	30	25	13	7.5	4.5	2.0	0.3	18
	15°	23	19	8.5	5.3	3.4	1.4	0.2	14
	30°	15	13	4.0	3.0	2.2	0.8	0.2	9.0
1°	−4°	5.0	3.0	1.8	2.0	1.0	0.6	0.2	3.0
	15°	3.0	2.0	1.1	1.0	0.8	0.3	0.2	2.1
	30°	2.0	1.5	0.7	0.6	0.4	0.2	0.1	1.2

表 2　Ⅱ类反光膜

观测角	入射角	最小逆反射系数 $R_A/(cd \cdot lx^{-1} \cdot m^{-2})$						
		白色	黄色	橙色	红色	绿色	蓝色	棕色
0.2°	−4°	140	100	60	30	30	10	5.0
	15°	110	80	41	22	22	8.0	3.5
	30°	60	36	22	12	12	4.0	2.0

表 2（续）

观测角	入射角	最小逆反射系数 R_A/(cd·lx^{-1}·m^{-2})						
		白色	黄色	橙色	红色	绿色	蓝色	棕色
0.5°	−4°	50	33	20	10	9.0	3.0	2.0
	15°	39	27	16	8.0	7.5	2.5	1.5
	30°	28	20	12	6.0	6.0	2.0	1.0
1°	−4°	11	6.0	3.9	2.5	2.5	0.8	0.6
	15°	9.0	4.0	3.2	1.6	1.6	0.6	0.4
	30°	5.0	2.0	1.8	0.8	0.8	0.3	0.2

表 3　Ⅲ类反光膜

观测角	入射角	最小逆反射系数 R_A/(cd·lx^{-1}·m^{-2})										
		白色	黄色	橙色	红色	绿色	蓝色	棕色	灰色	荧光黄绿	荧光黄	荧光橙
0.2°	−4°	250	175	100	50	45	20	12	125	200	150	75
	15°	210	145	84	42	35	16	10	100	170	125	65
	30°	175	120	70	35	25	11	8.5	75	140	105	50
0.5°	−4°	95	66	38	19	15	7.5	5.0	48	75	55	30
	15°	90	62	36	18	13	6.3	4.3	40	70	55	25
	30°	70	50	28	14	10	5.0	3.5	32	55	40	20
1°	−4°	10	7.0	4.0	3.0	3.0	1.0	0.8	5.0	8.0	6.0	3.0
	15°	10	7.0	4.5	2.0	2.0	0.7	0.6	4.8	8.0	6.0	3.0
	30°	9.0	6.0	3.0	1.0	1.0	0.4	0.3	4.5	7.0	5.0	2.0

表 4　Ⅳ类反光膜

观测角	入射角	最小逆反射系数 R_A/(cd·lx^{-1}·m^{-2})									
		白色	黄色	橙色	红色	绿色	蓝色	棕色	荧光黄绿	荧光黄	荧光橙
0.2°	−4°	360	270	145	65	50	30	18	290	220	105
	15°	265	202	106	48	38	22	13	212	160	78
	30°	170	135	68	30	25	14	8.5	135	100	50
0.5°	−4°	150	110	60	27	21	13	7.5	120	90	45
	15°	111	82	44	20	16	9.5	5.5	88	65	34
	30°	72	54	28	13	10	6.0	3.5	55	40	22
1°	−4°	35	26	12	5.2	4.0	2.0	1.0	28	22	11
	15°	28	20	9.4	4.1	3.0	1.5	0.8	22	17	8.5
	30°	20	15	6.8	3.0	2.0	1.0	0.6	16	12	6.0

表 5 Ⅴ类反光膜

观测角	入射角	最小逆反射系数 $R_A/(cd \cdot lx^{-1} \cdot m^{-2})$									
		白色	黄色	橙色	红色	绿色	蓝色	棕色	荧光黄绿	荧光黄	荧光橙
0.2°	−4°	580	435	200	87	58	26	17	460	350	175
	15°	348	261	120	52	35	16	10	276	210	105
	30°	220	165	77	33	22	10	7.0	180	130	66
0.5°	−4°	420	315	150	63	42	19	13	340	250	125
	15°	252	189	90	38	25	11	7.8	204	150	75
	30°	150	110	53	23	15	7.0	5.0	120	90	45
1°	−4°	120	90	42	18	12	5.0	4.0	96	72	36
	15°	72	54	25	11	7.2	3.0	2.4	58	43	22
	30°	45	34	16	7.0	5.0	2.0	1.0	36	27	14

表 6 Ⅵ类反光膜

观测角	入射角	最小逆反射系数 $R_A/(cd \cdot lx^{-1} \cdot m^{-2})$					
		白色	黄色	橙色	红色	绿色	蓝色
0.2°	−4°	700	470	280	120	120	56
	15°	550	370	220	96	96	44
	30°	400	270	160	72	72	32
0.5°	−4°	160	110	64	28	28	13
	15°	118	81	47	21	21	10
	30°	75	51	30	13	13	6.0

表 7 Ⅶ类反光膜

观测角	入射角	最小逆反射系数 $R_A/(cd \cdot lx^{-1} \cdot m^{-2})$								
		白色	黄色	橙色	红色	绿色	蓝色	荧光黄绿	荧光黄	荧光橙
0.2°	−4°	500	350	125	70	60	45	400	300	200
	15°	350	245	88	49	42	32	280	210	140
	30°	200	140	50	28	24	18	160	120	80
0.5°	−4°	225	160	56	32	27	20	180	135	90
	15°	155	110	38	22	19	14	124	93	62
	30°	85	60	21	12	10	7.7	68	51	34

5.4 色度性能

5.4.1 反光膜在白天表现的各种颜色，即昼间色或表面色，其色品坐标和亮度因数应在表 8 规定的范围内，色品图见图 3。

表 8 反光膜颜色(昼间色)

颜色	色品坐标 (标准照明体 D_{65},几何条件 45°a:0°,2°视场角)								亮度因数	
	1		2		3		4		无金属镀层	有金属镀层
	x	y	x	y	x	y	x	y		
白	0.350	0.360	0.305	0.315	0.295	0.325	0.340	0.370	≥0.27	≥0.15
黄	0.545	0.454	0.494	0.426	0.444	0.476	0.481	0.518	0.15~0.45	0.12~0.30
橙	0.558	0.352	0.636	0.364	0.570	0.429	0.506	0.404	0.10~0.30	0.07~0.25
红	0.735	0.265	0.681	0.239	0.579	0.341	0.655	0.345	0.02~0.15	0.02~0.11
绿	0.201	0.776	0.285	0.441	0.170	0.364	0.026	0.399	0.03~0.12	0.02~0.11
蓝	0.049	0.125	0.172	0.198	0.210	0.160	0.137	0.038	0.01~0.10	0.01~0.10
棕	0.430	0.340	0.610	0.390	0.550	0.450	0.430	0.390	0.01~0.09	0.01~0.09
灰	0.305	0.315	0.335	0.345	0.325	0.355	0.295	0.325	0.12~0.18	—
荧光黄绿	0.387	0.610	0.369	0.546	0.428	0.496	0.460	0.540	≥0.60	—
荧光黄	0.479	0.520	0.446	0.483	0.512	0.421	0.557	0.442	≥0.40	—
荧光橙	0.583	0.416	0.535	0.400	0.595	0.351	0.645	0.355	≥0.20	—

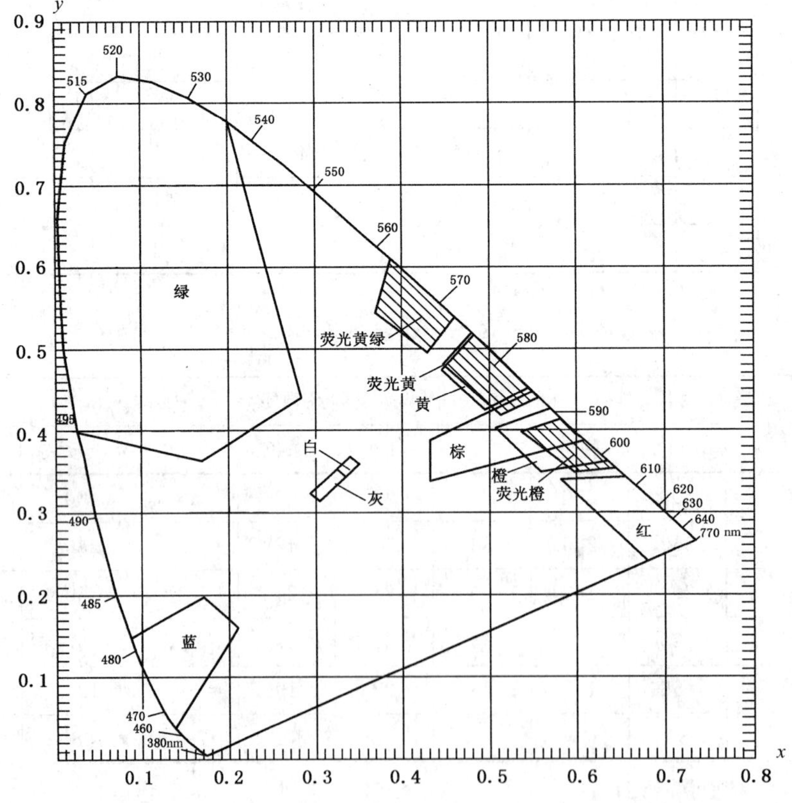

图例:

白、黄、橙、红、绿、蓝、棕、灰的色品坐标填充区域。

荧光黄绿、荧光黄、荧光橙的色品坐标填充区域。

图 3 反光膜各种颜色色品图(昼间色)

5.4.2 反光膜在夜间表现的各种颜色，即夜间色或逆反射色，其色品坐标应在表9规定的范围内，色品图见图4。

表9 反光膜颜色(夜间色)

颜色	色品坐标(标准照明体A，2°视场角)							
	1		2		3		4	
	x	y	x	y	x	y	x	y
黄	0.513	0.487	0.500	0.470	0.545	0.425	0.572	0.425
橙	0.595	0.405	0.565	0.405	0.613	0.355	0.643	0.355
红	0.650	0.348	0.620	0.348	0.712	0.255	0.735	0.265
绿	0.007	0.570	0.200	0.500	0.322	0.590	0.193	0.782
蓝	0.033	0.370	0.180	0.370	0.230	0.240	0.091	0.133
棕	0.595	0.405	0.540	0.405	0.570	0.365	0.643	0.355
荧光黄绿	0.480	0.520	0.473	0.490	0.523	0.440	0.550	0.449
荧光黄	0.554	0.445	0.526	0.437	0.569	0.394	0.610	0.390
荧光橙	0.625	0.375	0.589	0.376	0.636	0.330	0.669	0.331
注：对白色和灰色的夜间色不作要求。								

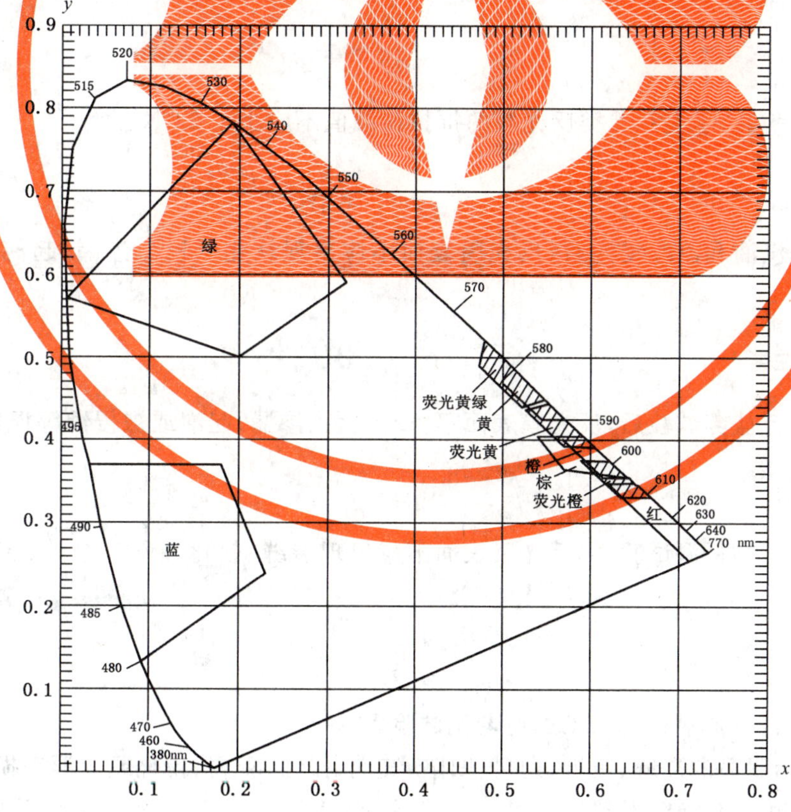

图例：

黄、橙、红、绿、蓝、棕的色品坐标填充区域。

荧光黄绿、荧光黄、荧光橙的色品坐标填充区域。

图4 反光膜各种颜色色品图(夜间色)

5.5 抗冲击性能

反光膜应具备抗冲击性能，按 6.6 方法试验后，在受到冲击的表面以外，不应出现裂缝、层间脱离或其他损坏。

5.6 耐弯曲性能

反光膜应能承受适度弯曲，按 6.7 方法试验后，表面不应出现裂缝、剥落或层间分离等损坏。

5.7 附着性能

反光膜背胶应有足够的附着力，且各结构层间结合牢固，按 6.8 方法试验后，在 5 min 后的剥离长度不应大于 20 mm。

5.8 收缩性能

按 6.9 方法试验后，反光膜不应出现明显收缩，任何一边的尺寸在 10 min 内，其收缩不应超过 0.8 mm；在 24 h 内，其收缩不应超过 3.2 mm。

5.9 防粘纸可剥离性能

按 6.10 方法试验后，反光膜无需用水或其他溶剂浸湿，防粘纸即可方便地手工剥下，且无破损、撕裂或从反光膜上带下粘合剂等损坏出现。

5.10 抗拉荷载

按 6.11 方法试验后，Ⅰ类和Ⅱ类反光膜的抗拉荷载值不应小于 24 N。

5.11 耐溶剂性能

按 6.12 方法经汽油和乙醇浸泡后，反光膜表面不应出现软化、皱纹、渗漏、起泡、开裂或被溶解等损坏。

5.12 耐盐雾腐蚀性能

按 6.13 方法进行盐雾试验后，反光膜表面不应有变色、渗漏、起泡或被侵蚀等损坏。

5.13 耐高低温性能

按 6.14 方法进行高低温试验后，反光膜表面不应出现裂缝、软化、剥落、皱纹、起泡、翘曲或外观不均匀等损坏。

5.14 耐候性能

按 6.15 方法进行自然暴露或人工加速老化试验后：

a) 反光膜应无明显的裂缝、皱折、刻痕、凹陷、气泡、侵蚀、剥离、粉化或变形等损坏；

b) 从任何一边均不应出现超过 0.8 mm 的收缩，也不应出现反光膜从底板边缘翘曲或脱离的痕迹；

c) 在观测角为 0.2°、入射角为 −4°、15°和 30°时，各类反光膜的逆反射系数 R_A 值不应低于表 10 的规定；

d) 反光膜各种颜色的色品坐标及亮度因数应保持在表 8 或表 9 规定的范围内。

表 10 耐候性能试验后光度性能要求

反光膜级别	最小逆反射系数 R_A
Ⅰ类	表 1 的 50%
Ⅱ类	表 2 的 65%
Ⅲ类	表 3 的 80%
Ⅳ类	表 4 的 80%
Ⅴ类	表 5 的 80%
Ⅵ类	表 6 的 50%
Ⅶ类	表 7 的 50%

6 试验方法

6.1 试样

按以下方法抽取和准备试样：

a) 随机抽取整卷反光膜试样；

b) 从整卷反光膜试样中，随机沿幅宽裁取 1 m 反光膜，沿对角线从其左、中、右位置分别裁取反光膜试样，并按生产厂商提示在背面做出基准标记；

c) 按本标准规定的方法制备试样。

6.2 测试条件

6.2.1 试样测试前，应按 GB/T 2918 的规定，在温度为 23 ℃±2 ℃，相对湿度 50%±10%的环境中放置 24 h 以上，然后进行各项测试工作。

6.2.2 测试工作宜在温度 23 ℃±2 ℃，相对湿度 50%±10%的环境中进行。

6.3 外观质量

在光照度不少于 150 lx 的环境中，将反光膜自由平放在一平台上，在 1 m 的距离内，面对反光膜或防粘纸进行目测检查。

6.4 光度性能

6.4.1 裁取 150 mm×150 mm 的单色反光膜试样，按 JT/T 690 规定的比率法、替代法或直接发光强度法，测试反光膜的逆反射系数。

6.4.2 仲裁试验时，反光膜的逆反射系数按 JT/T 689 规定的方法进行测试。

6.4.3 一般情况下，测试时的旋转角 ε 取 0°或 90°。也可按生产厂商或委托方的要求，选取不同的旋转角进行测试。

6.5 色度性能

6.5.1 裁取 150 mm×150 mm 的单色反光膜试样，采用 GB/T 3978 规定的 CIE 标准照明体 D_{65} 光源，测量的几何条件取 45°a：0°，分别按 GB/T 3979 和 JT/T 693 规定的方法，测得各种反光膜昼间色的色品坐标和亮度因数。

6.5.2 裁取 150 mm×150 mm 的单色反光膜的试样，采用 GB/T 3978 规定的 CIE 标准照明体 A 光源，入射角 0°、观测角 0.2°的照明观测条件，按 JT/T 692 规定的方法，测得各种反光膜夜间色的色品坐标。

6.6 抗冲击性能

裁取 150 mm×150 mm 反光膜试样，将反光面朝上，水平放置在符合 JT/T 686 要求的仪器钢板上。在试样上方 250 mm 处，用一个质量为 450.0 g±4.5 g 的实心钢球自由落下，冲击试样中心部位，然后检查被冲击表面的变化。

6.7 耐弯曲性能

裁取 230 mm×70 mm 的反光膜试样，使用符合 JT/T 762 要求的测试仪器，在 1 s 内，将试样防粘纸朝里，沿长度方向绕直径 3.20 mm±0.05 mm 的圆棒进行对折弯曲。如需要，可在试样粘结剂表面撒上适量的滑石粉进行测试。然后放开试样，检查其表面的变化。

6.8 附着性能

裁取 25 mm×200 mm 的反光膜试样，从一端去除 100 mm 长的防粘纸露出背胶，按生产厂商的使用说明，将其粘贴在 50 mm×200 mm、1.0 mm～2.0 mm 厚并经适当打磨清洗过的铝合金板上，其余 100 mm 余留，制成附着性能试样，尺寸如图 5 所示。

单位为毫米

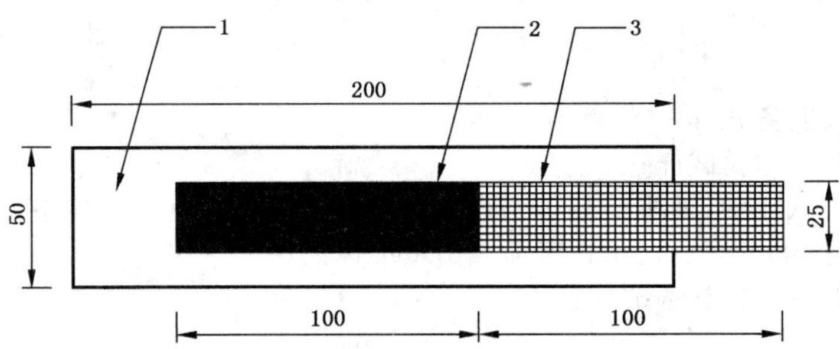

说明：

1——铝合金底板；

2——反光膜粘贴部分；

3——反光膜余留部分。

图 5 附着性能试样

将试样反光膜朝下，平放在符合 JT/T 685 要求的仪器上，如图 6 所示。反光膜的余留端上悬挂 800 g±4 g 的重锤，与试样板面成 90°角下垂。5 min 后，测出反光膜被剥离的长度 L。

单位为毫米

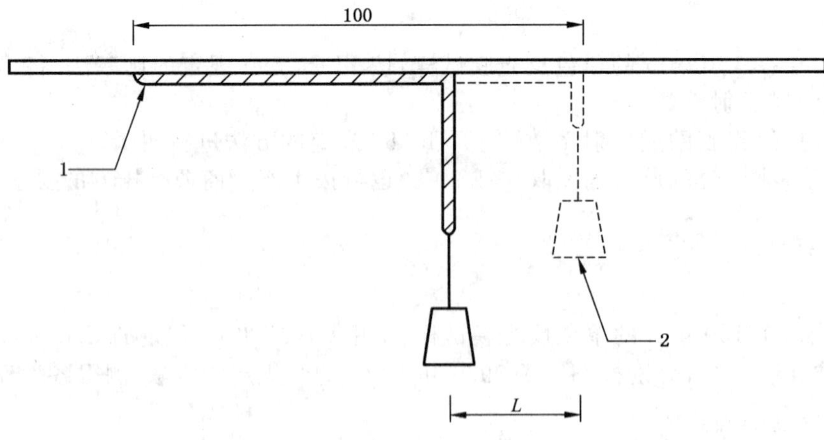

说明：

1——反光膜试样；

2——重锤。

图 6 附着性能试验

6.9 收缩性能

裁取 230 mm×230 mm 的反光膜试样，去除防粘纸，将试样粘结面朝上，水平放置在一平台表面。在防粘纸去除后 10 min 和 24 h 时，分别测出反光膜试样的尺寸变化。

6.10 防粘纸可剥离性能

裁取 25 mm×150 mm 的反光膜试样，在其上放置符合 JT/T 687 要求的 6 600 g±33 g 重物，使反光膜受到 17.2 kPa 的压力，然后置于 70 ℃±2 ℃的空间里放置 4 h。取出反光膜，在标准测试条件下使之冷却到室温。用手剥去防粘纸，并进行检查。

6.11 抗拉荷载

裁取 25 mm×150 mm 的反光膜试样，撕去中间 100 mm 的防粘纸，装入精度为 0.5 级的万能材料试验机夹紧装置中，在试样宽度上负荷应均匀分布。开启试验机，以 300 mm/min 的速度拉伸，分别记录断裂时的抗拉荷载值。

6.12 耐溶剂性能

裁取 25 mm×150 mm 的反光膜试样，按生产厂商的使用说明，粘贴在 1.0 mm～2.0 mm 厚的铝合金板上，制成耐溶剂性能试样。

将试样分别浸没在表 11 所示的溶剂中，到规定的时间后取出，室温下在通风橱内干燥，检查其表面变化。

表 11 溶剂试验

溶剂	浸渍时间/min	备注
汽油	10	标准车用汽油
乙醇	1	—

6.13 耐盐雾腐蚀性能

按 GB/T 10125，把化学纯的氯化钠溶于蒸馏水，配制成 5.0%±0.1%(质量比)的盐溶液(pH 值在 6.5～7.2 之间)，使该盐溶液在盐雾试验箱内连续雾化，箱内温度保持 35 ℃±2 ℃。

裁取 150 mm×150 mm 的反光膜试样，按生产厂商的使用说明，粘贴在 1.0 mm～2.0 mm 厚的铝合金板上，制成盐雾腐蚀试样。

将试样放入试验箱内，其受试面与垂直方向成 30°角，相邻两样板保持一定的间隙，行间距不少于 75 mm，试样在盐雾空间连续暴露 120 h。试验结束后，用清水洗掉试样表面的盐沉积物，然后置于标准环境条件下恢复 2 h，进行全面检查。

6.14 耐高低温性能

裁取 150 mm×150 mm 的反光膜试样，按生产厂商的使用说明，粘贴在 1.0 mm～2.0 mm 厚的铝合金板上，制成高低温试样。

将试样放入试验箱内，开动冷源，将箱内温度逐渐降至－40 ℃±3 ℃，使试样在该温度下保持72 h，关闭电源，使试验箱自然升至室温后，再将试验箱升温至 70 ℃±3 ℃，并在该温度下保持 24 h，最后关闭电源，使试验箱自然冷却至室温，取出试样，在标准测试条件下放置 2 h 后，检查其表面的变化。

6.15 耐候性能

6.15.1 试验时间

反光膜各类别的自然暴露试验和人工加速老化试验时间见表12。

表12 耐候性能试验时间

反光膜级别	自然暴露试验 月	人工加速老化试验 h
Ⅰ类	24	1 200
Ⅱ类	36	1 800
Ⅲ类	36	1 800
Ⅳ类	36	1 800
Ⅴ类	36	1 800
Ⅵ类	12	600
Ⅶ类	12	600
注：各类反光膜仅用于临时性交通标志和作业设施时，自然暴露试验时间一般为12个月，人工加速老化试验时间一般为600 h。		

6.15.2 自然暴露试验

按GB/T 3681，将尺寸不小于150 mm×250 mm的试样安装在至少高于地面0.8 m的暴晒架面上，试样面朝正南方，与水平面呈当地的纬度角或45°±1°。试样表面不应被其他物体遮挡阳光，不得积水。暴露地点的选择尽可能近似实际使用环境或代表某一气候类型最严酷的地方。

试样开始暴晒后，每1个月做次表面检查，半年后，每3个月检查1次，直至达到规定的暴晒期限，进行最终检查，并进行有关性能测试。

以自然暴露试验为仲裁试验。

6.15.3 人工加速老化试验

按GB/T 16422.2，老化试验箱采用氙弧灯做为光源，箱内黑板温度选择65 ℃±3 ℃，相对湿度选择50%±5%。

试样的尺寸可根据试验箱的要求来选定，一般为65 mm×142 mm。

老化试验箱在光谱波长290 nm～800 nm之间的辐照度为550 W/m^2，在光谱波长290 nm～2 450 nm之间的总辐照度不超过1 000 W/m^2±100 W/m^2，试样表面任意两点之间的辐照度差别不应大于10%。

试验过程采用连续光照，周期性喷水，喷水周期为120 min，其中18 min喷水、102 min不喷水。

经过规定时间老化试验后的试样，用清水彻底冲洗，用软布擦干后进行各种检查及有关性能测试。

7 检验规则

7.1 检验类型

对反光膜质量的检验分出厂检验和型式检验两种型式。

7.2 出厂检验

每批反光膜产品出厂前，应随机抽取样品，按表13的要求进行自检，以保证出厂产品质量符合本标准的要求。每批产品的数量不得超过3 000 m^2。

表13 出厂检验要求

序号	检验项目	技术要求	测试方法
1	外观质量	5.2	6.3
2	光度性能	5.3	6.4
3	色度性能	5.4	6.5
4	抗冲击性能	5.5	6.6
5	耐弯曲性能	5.6	6.7
6	附着性能	5.7	6.8
7	收缩性能	5.8	6.9
8	防粘纸可剥离性能	5.9	6.10
9	耐溶剂性能	5.11	6.12

7.3 型式检验

7.3.1 反光膜生产厂在发生下列情况之一时，应按第6章测试方法进行型式检验：

——新产品投入批量生产前；

——老产品转厂生产时；

——停产1年或1年以上的产品再生产时；

——正常生产的产品每经历1年生产时；

——产品的设计、工艺或材料的改变影响产品性能时；

——需方或质量监督检验部门提出要求时。

7.3.2 型式检验应随机抽取样品，按第6章测试方法进行全部性能试验(耐候性能试验可每四年进行一次)。

7.4 判定规则

7.4.1 本标准每项性能试验，至少取样3个，在试样测试结果全部合格的基础上，以3个(或3个以上)试样测试结果的算术平均值为试验结果。

7.4.2 若某一试样的测试结果不符合标准要求，则应从同一批产品中再抽取双倍数量的试样进行该不合格项目的复测，若复测结果全部合格，则整批产品合格；若复测结果(包括该项试验所要求的任一指标)有不合格项，则整批产品为不合格产品。

8 标志、包装、运输及贮存

8.1 标志

8.1.1 在反光膜的正面或防粘纸的背面，应有清晰、耐久的制造厂商的名称、商标或其他代表性的符号标记。如撕去防粘纸后不易辨认，则应在反光膜的正面进行适当标识，也可增加反光膜的类别、批号等产品标识。

8.1.2　在每卷反光膜包装盒外，应有中文说明，标明盒内所装反光膜的种类、数量、颜色、生产日期、批号等情况。

8.2　包装

8.2.1　成卷包装的反光膜，每卷应采用符合环保要求的材料包装后，再通过支架悬空放置于纸盒内。

8.2.2　对于每卷反光膜产品，厂方应提供使用说明书、产品检验合格报告或证书等证明材料。

8.3　运输及贮存

8.3.1　纸盒应有足够的强度和刚度，能保护反光膜在运输、贮存中免受损伤。

8.3.2　反光膜应贮存在通风、干燥的室温条件下，贮存期不宜超过 1 年。

参 考 文 献

[1] GB 2893—2008 安全色(ISO 3864-1:2002,MOD)

[2] ASTM 4956-09 Standard Specification for Retroreflective Sheeting for Traffic Control

[3] EN 12899-1:2007 Fixed,vertical road traffic signs—Part 1: Fixed signs

[4] AS/NZS 1906.1:2007 Retroreflective materials and devices for road traffic control purposes—Part 1:Retroreflective sheeting

ICS 19.100
J 04

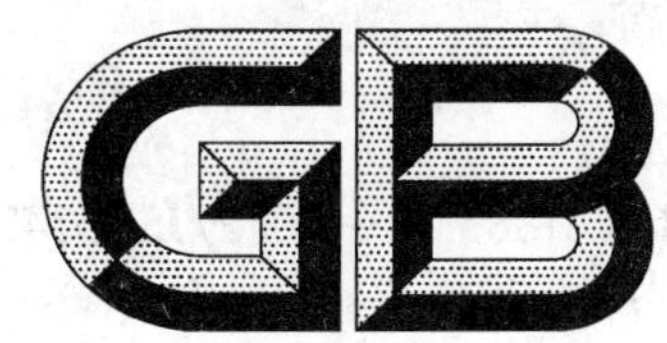

中华人民共和国国家标准

GB/T 18851.1—2012/ISO 3452-1:2008
代替 GB/T 18851.1—2005,GB/T 18851.5—2005

无损检测 渗透检测 第1部分:总则

Non-destructive testing—Penetrant testing—Part 1:General principles

(ISO 3452-1:2008,IDT)

2012-09-03 发布 2013-03-01 实施

中华人民共和国国家质量监督检验检疫总局
中国国家标准化管理委员会 发布

前　言

GB/T 18851《无损检测　渗透检测》分为以下几个部分：

——第 1 部分：总则；

——第 2 部分：渗透材料的检验；

——第 3 部分：参考试块；

——第 4 部分：设备。

本部分为 GB/T 18851 的第 1 部分。

本部分按照 GB/T 1.1—2009 给出的规则起草。

本部分代替 GB/T 18851.1—2005《无损检测　渗透检测　第 1 部分：总则》和 GB/T 18851.5—2005《无损检测　渗透检测　第 5 部分：验证方法》。本部分以 GB/T 18851.1—2005 为主，整合了 GB/T 18851.5—2005 的全部内容，与 GB/T 18851.1—2005 相比，除编辑性修改外主要技术变化如下：

——修改和增加了“规范性引用文件”（见第 2 章，2005 年版的第 2 章）；

——增加了“术语和定义”（见第 3 章）；

——修改了“安全警示”（见第 4 章，2005 年版的第 4 章）；

——修改了“总则”（见第 5 章，2005 年版的第 3 章）；

——修改了“产品、灵敏度和名称”（见第 6 章，2005 年版的第 5 章）；

——修改了“检测材料与被检件的相容性”（见第 7 章，2005 年版的第 6 章）；

——调整并修改了“检测工艺规程”（见第 8 章，2005 年版的第 7 章～第 12 章）；

——删除了“一组渗透检测材料的说明书”（见 2005 年版的附录 A）；

——删除了“渗透检测材料配方表”（见 2005 年版的附录 B）；

——删除了“渗透检测工艺卡（示例）”（见 2005 年版的附录 C）；

——增加了“渗透检测的主要阶段”（见附录 A）和“本部分中相互等效的国际和欧洲标准”（见附录 B）。

本部分使用翻译法等同采用 ISO 3452-1:2008《无损检测　渗透检测　第 1 部分：总则》（英文版）。

本部分做了下列编辑性修改：

——修正了规范性附录 C 中的印刷错误；

——将规范性引用文件中的 EN 标准改为相对应的 ISO 标准（见附录 C）。

本部分由全国无损检测标准化技术委员会（SAC/TC 56）提出并归口。

本部分起草单位：上海材料研究所、上海诚友实业集团有限公司、上海新美达探伤器材有限公司、上海宝钢工业检测公司、上海威诚邦达检测技术有限公司。

本部分主要起草人：金宇飞、罗云东、赵成、丁鸣华、朱浩。

本部分所代替标准的历次版本发布情况为：

——GB/T 18851.1—2005；

——GB/T 18851.5—2005。

无损检测　渗透检测　第1部分:总则

1　范围

GB/T 18851 的本部分规定了用于检测被检材料表面开口不连续(例如裂纹、重皮、折叠、气孔和未熔合等)的渗透检测方法。该方法主要用于金属材料,但也能用于其他材料,只要这些材料不是多孔的,且相对于检测介质是惰性的即可。被检材料的实例包括铸件、锻件、焊缝、陶瓷等。

本部分所使用的术语"不连续"包括了所有尚未评定的可接受或不可接受的含义。

GB/T 18851.2 和 GB/T 18851.3 规定了渗透检测产品实用性能的测定和监控方法。

2　规范性引用文件

下列文件对于本文件的应用是必不可少的。凡是注日期的引用文件,仅注日期的版本适用于本文件。凡是不注日期的引用文件,其最新版本(包括所有的修改单)适用于本文件。

GB/T 5097　无损检测　渗透检测和磁粉检测　观察条件(ISO 3059:2001,IDT)

GB/T 9445　无损检测　人员资格鉴定与认证(ISO 9712:2005,IDT)

GB/T 12604.3　无损检测　术语　渗透检测(ISO 12706:2000,IDT)

GB/T 18851.2　无损检测　渗透检测　第2部分:渗透材料的检验(ISO 3452-2:2006,IDT)

GB/T 18851.3　无损检测　渗透检测　第3部分:参考试块(ISO 3452-3:1998,IDT)

GB/T 18851.4　无损检测　渗透检测　第4部分:设备(ISO 3452-4:1998,IDT)

3　术语和定义

GB/T 12604.3 界定的术语和定义适用于本文件。

4　安全警示

渗透检测技术经常使用有害、易燃和(或)挥发性的材料,因此应注意预防。

宜避免皮肤或粘膜长期和反复地接触这些材料。

工作区域应按相关法规的要求,有足够的通风,且远离热源、电火花和无遮蔽的明火。

应始终注意按制造商提供的说明书来使用渗透检测产品和设备。

使用 UV-A(紫外线)源时,应注意确保来自 UV-A 源未经过滤的辐射不会直接照射到操作者的眼睛。无论灯是整体的还是分体的,UV-A 滤光片应始终处于良好状态。

注意有关卫生、安全、环保和贮存等方面的法律法规。

5　总则

5.1　人员

检测应由具有资格的人员执行或监督,若有要求,应按 GB/T 9445 或合同各方同意的体系进行资格鉴定与认证。

5.2 方法概要

渗透检测之前，被检表面应进行清洗和干燥。然后将适当的渗透剂施加在检测区域，使其渗入到被检表面上开口的不连续内。经适当的渗透时间之后，去除表面多余的渗透剂，再施加显像剂。从而吸出渗入和滞留在不连续内的渗透剂，可得到一个清晰、易见和放大了的不连续的显示。

宜规定无损检测的协调性，除非合同各方同意，否则，为了不使污染物堵塞开口的不连续，渗透检测应最先实施。如果渗透检测是在其他任一无损检测技术之后实施的，则被检表面在施加渗透剂之前，应仔细进行清洗以去除污染物。

5.3 操作顺序

一般情况的操作顺序如附录 A 所列。

通常的检测过程为：

a) 准备和预清洗(见 8.2)；

b) 施加渗透剂(见 8.3)；

c) 去除多余渗透剂(见 8.4)；

d) 施加显像剂(见 8.5)；

e) 观察(见 8.6)；

f) 记录(见 8.7)；

g) 后清洗(见 8.8)。

5.4 设备

渗透检测所用设备，与被检件的数目、尺寸和形状有关。有关设备的要求见 GB/T 18851.4。

5.5 有效性

渗透检测的有效性与许多因素有关，例如：

a) 渗透材料和检测设备的类型；

b) 表面准备与状况；

c) 被检材料和预期的不连续；

d) 被检表面的温度；

e) 渗透和显像时间；

f) 观察条件等。

6 产品、灵敏度和名称

6.1 产品族

渗透检测有着各种检测系统。

产品族是已知的以下渗透检测材料的一种组合：即渗透剂、去除剂和显像剂。制造商应按 GB/T 18851.2 检验渗透剂和去除剂。

应使用已被认可的产品族。

6.2 检测产品

检测产品由表 1 给出。

6.3 灵敏度

产品族的灵敏度等级，应采用 GB/T 18851.3 所述的 1 型参考试块进行测定。被评定的等级通常是指已被认可的产品族做型式检验时所用的方法。

6.4 名称

已被认可的渗透检测用产品族，给出的是包含了检测产品类型、方法和方式的名称，以及用 GB/T 18851.3 所述的 1 型参考试块进行检测所得到的灵敏度等级的显示图。

举例：

当渗透检测系统是采用 GB/T 18851.1 和 GB/T 18851.2 时，一族已被认可的，包括了荧光渗透剂(Ⅰ)、作为去除剂的水(A)、干粉显像剂(a)和 2 级系统灵敏度，此产品族的名称则表示为 GB/T 18851 (ISO 3452)-IAa-2。

表 1 检测产品

渗透剂		去除剂		显像剂	
类型	名称	方法	名称	方式	名称
Ⅰ	荧光渗透剂	A	水	a	干粉
Ⅱ	着色渗透剂	B	亲油性乳化剂	b	水溶性
			1. 油基型乳化剂	c	水悬浮
			2. 流动水冲洗	d	溶剂型(非水湿式)
Ⅲ	两用(荧光着色)渗透剂	C	溶剂(液体)		
		D	亲水性乳化剂	e	特殊应用的水或溶剂型
			1. 可选预冲洗(水)		(例如：可剥离显像剂)
			2. 乳化剂(水稀释)		
			3. 最终冲洗(水)		
		E	水和溶剂		

注：对于特殊场合所用的渗透检测产品，有必要符合与防燃能力、硫、卤素和钠含量和其他污染物有关的特殊要求，见 GB/T 18851.2。

7 检测材料与被检件的相容性

7.1 概述

渗透检测产品应与被检材料和工件的预期用途相容。

7.2 渗透检测产品的相容性

渗透检测材料应彼此相容。

不同制造商的渗透材料，在充装入容器时不应混合。发生流失损耗时，也不应使用不同制造商的渗透材料互相补充。

7.3 渗透检测材料与被检件的相容性

7.3.1 多数情况下，产品的相容性能通过 GB/T 18851.2 所规定的腐蚀试验方法做出评价。

7.3.2 渗透检测材料会对某些非金属材料的化学或物理性能产生不利影响，因此在检测成形工件和供装配的零件(包括材料等)之前先确认它们的相容性。

7.3.3 在可能出现污染的工位,必须确保渗透检测材料不对燃料、润滑油、液态流体等起有害作用。

7.3.4 在过氧化火箭燃料、易爆容器(包括所有与其相连的易爆推进器、发动机或燃烧室材料等)、液氧设备或核反应装置等相关工件上使用渗透检测材料,其相容性应有特殊要求。

7.3.5 在后清洗之后,如果渗透检测材料仍滞留在被检件上,则有产生腐蚀(如应力腐蚀或疲劳腐蚀等)的可能性。

8 检测工艺规程

8.1 书面的检测工艺规程

若合同有要求,则在检测之前,应准备好得到认可的书面检测工艺规程。

8.2 准备和预清洗

应去除诸如污垢、铁锈、油、油脂或油漆等污染物。如有必要,可使用机械的或化学的方法,或两种方法都用。

预清洗应确保被检表面无残留物,以便渗透剂方便地渗入任一不连续内。清洗区域应足够大,以防止来自实际被检表面附近区域的干扰。

8.2.1 机械预清洗

应使用诸如刷、擦、磨、喷、高压水喷等适当方法去除污垢、熔渣、铁锈等。这些方法可以去除表面的污染物,但对于表面不连续内污染物的去除,通常是无能为力的。在所有情况下,尤其是在喷丸情况下,应确保不连续不被塑性变形遮蔽或研磨材料堵塞。如有必要,在随后的表面浸蚀处理之后,应适当进行冲洗和干燥,以确保不连续是开口的。

8.2.2 化学预清洗

化学预清洗应使用适当的化学清洗剂来去除诸如油脂、油、油漆或浸蚀材料等残留物。

化学预清洗过程产生的残留物,能与渗透剂产生反应并由此导致其灵敏度下降。特别是酸和铬酸盐,能大大降低荧光渗透剂的荧光强度和着色渗透剂的颜色。因此,应去除被检表面的化学剂,即在清洗过程之后,可使用包括用水冲洗等适当的清洗方法。

8.2.3 干燥

作为预清洗的最后工序,被检件应彻底地干燥,以使不连续内没有滞留任何水分或溶剂。

8.3 施加渗透剂

8.3.1 施加的方法

渗透剂能用喷、刷、浇、浸等方法进行施加。

在整个渗透时间内,应确保被检表面始终保持充分的润湿。

8.3.2 温度

被检表面的温度通常应在 10 ℃~50 ℃的范围之间。特殊情况下,在温度不低于 5 ℃时也可使用。当温度低于 10 ℃或高于 50 ℃时,渗透产品族和工艺规程应按 GB/T 18851.2 做专门的确认。

注: 低温状态下,水汽在表面上和不连续内结冰,这将阻碍渗透剂进入不连续。

8.3.3 渗透时间

适当的渗透时间,与渗透剂的性能、施加时的温度、被检件的材料和欲检的不连续等有关。

渗透时间最好在 5 min~60 min。渗透时间宜至少与确定灵敏度时所用的时间一样长(见 6.3)。否则,实际的渗透时间应记录在书面的检测工艺规程中。在任何情况下,渗透时间期间渗透剂不应允许干燥。

8.4 多余渗透剂的去除

8.4.1 概述

施加去除剂时应避免将不连续内的渗透剂也去除掉。

8.4.2 水

应使用适当的冲洗技术去除多余渗透剂。例如:喷射冲洗或用湿布擦。采用冲洗方法,应注意尽量减少因机械作用产生的影响。水的温度不应超过 50 ℃。

8.4.3 溶剂

通常,首先应使用干净无绒毛的布去除多余渗透剂,然后应使用干净无绒毛的布,沾少许溶剂进行清除。任何其他的去除技术应得到合同各方的同意,尤其是将溶剂去除剂直接喷射在被检件上。

8.4.4 乳化剂

8.4.4.1 亲水性(水可稀释)

施加的乳化剂,应使得后乳化型渗透剂变成可水洗,以便于从被检表面上去除。为了去除被检表面上大部分多余渗透剂,以及在后续施加亲水性乳化剂时产生出均匀的效果,施加乳化剂之前,宜进行水洗。

应采用浸没或起泡设备施加乳化剂。乳化剂浓度和接触时间,应由用户按制造商的说明书通过预试验来评定。乳化剂接触时间不应超过预试验测定的时间。乳化后,应按 8.4.2 进行最后的水洗。

8.4.4.2 亲油性(油基)

施加的乳化剂,应使得后乳化型渗透剂变成可水洗,以便于从被检表面上去除。它只能采用浸没技术施加。乳化剂接触时间,应由用户按制造商的说明书通过预试验来评定。

接触时间应充足,只要在后续水洗时能去除被检表面多余渗透剂即可。乳化时间不应过长。乳化后,应按 8.4.2 进行水洗。

8.4.5 水和溶剂

首先,应使用水去除多余的水洗型渗透剂(见 8.4.2)。随后应使用干净无绒毛的布,沾少许溶剂进行清除。

8.4.6 多余渗透剂去除效果检查

从被检表面去除多余渗透剂时,对渗透剂残留物应做目视检查。对于荧光渗透剂,应在 UV-A 源下进行。被检表面上 UV-A 的最低辐照度不应小于 3 W/m^2(300 μW/cm^2)。

去除多余渗透剂后,如果被检件表面残留有过度的背景,应由具有适当资格的人员来决定如何处理。

8.4.7 干燥

为便于快速干燥多余水分,应去除被检件上的任何水滴和积水。

除采用水基显像剂外,被检表面应在去除多余渗透剂之后,采用如下之一方法尽可能快速地进行干燥:

a) 用清洁、干燥、无绒毛的布擦;
b) 热水浸后在环境温度下蒸发;
c) 升高温度蒸发;
d) 循环空气;
e) a)～d)所列方法的组合。

如果使用压缩空气,应特别注意确保气体是不含水分和油的,且对被检件表面尽可能保持较低的冲击压力。

被检件干燥的方法,应确保已进入不连续内的渗透剂不被干燥。

干燥时表面温度不应超过 50 ℃,除非另有约定。

8.5 施加显像剂

8.5.1 概述

使用期间的显像剂应保持均匀状态,并应均匀地施加到被检表面上。

施加显像剂应在去除多余渗透剂后尽快进行。

8.5.2 干粉

干粉显像剂仅可与荧光渗透剂一起使用。此类显像剂应采用喷粉、静电喷射、聚束枪、流化床或喷粉舱等之一技术,均匀地施加到被检表面上。应使被检表面形成一薄层覆盖,不允许出现局部堆积。

8.5.3 水悬浮显像剂

应按认可的工艺规程,通过浸没在搅动的悬浮液中或使用适当的设备喷射来施加此类显像剂,得到一均匀薄层。此类显像剂的浸没时间和温度,应由用户按制造商的使用说明书,通过预试验评估获得。只要确保得到最适宜的结果,浸没时间应尽可能短。

被检件应采用蒸发和(或)使用循环空气烘箱进行干燥。

8.5.4 溶剂型显像剂

应通过均匀地喷射施加此类显像剂。此类显像剂应喷射至且稍微润湿被检表面,并得到一均匀薄层。

8.5.5 水溶性显像剂

应按认可的工艺规程,通过浸没或使用适当的设备喷射来施加此类显像剂,得到一均匀薄层。此类显像剂的浸没时间和温度,应由用户按制造商的使用说明书,通过预试验评估获得。只要确保得到最适宜的结果,浸没时间宜尽可能短。

被检件应采用蒸发和(或)使用循环空气烘箱进行干燥。

8.5.6 特殊应用的水基型或溶剂型显像剂(如可剥离显像剂)

当渗透检测过程中所显现出的显示需要记录时,宜采用如下工艺规程。

——用清洁、干燥、无绒毛的布擦去显像剂；

——以任何便利的方法施加相同的渗透剂，然后严格地按与最初相同的过程进行操作，一直到施加显像剂；

——被检件在去除多余渗透剂和干燥之后，按制造商推荐的方法施加可剥离显像剂；

——当推荐的显像时间过后，小心地剥下显像剂覆盖层。与被检件直接接触的这个覆盖层就呈现有显示。

8.5.7 显像时间

显像时间宜在 10 min～30 min 之间；经合同各方同意，可延长时间。

显像时间始于：

——干显像剂刚施加完成后；

——湿显像剂施加完成并干燥后。

8.6 观察

8.6.1 概述

通常，在干显像剂施加完成或湿显像剂干燥后，就立即进行首次观察，这有利于解释显示。

当显像时间刚过，就应进行最终观察。

能使用目视检测用的辅助工具，例如放大器或反差眼镜。

注：有关显示的信息受其直径、宽度或可见度的限定。

8.6.2 观察条件

8.6.2.1 荧光渗透

不应佩戴光敏眼镜。

为使进入检测室的操作者的眼睛适应暗光线，应给予充足的时间过渡，通常至少为 5 min。

UV 辐射不应直接射向操作者的眼睛。操作者所能观察到的所有表面，不应发荧光。

操作者的视野内应没有在 UV 光线下发荧光的纸或布。

如有必要，检测室内可安装 UV-A 背景灯，以便操作者自由移动。

被检表面应按 GB/T 5097 在 UV-A 辐射源下观察。被检表面上的 UV-A 辐照度不应小于 10 W/m^2（1 000 $\mu W/cm^2$）。

检测时，上述暗室内的最大可见光应限于 20 lx。

8.6.2.2 着色渗透

被检表面应在自然光或人造白光灯下检测，且被检件表面上的光照度不小于 500 lx。观察条件应避开眩光和反射光。

8.7 记录

可用下列任一方法来作记录：

a) 文字记述；

b) 草图；

c) 胶带；

d) 可剥离显像剂；

e) 照片；

f) 影印；

g) 录像。

8.8 后清洗和防护

8.8.1 后清洗

完成检测后，只有在渗透检测产品有可能有害于后续工序或使用功能的情况下，才有必要对被检件进行后清洗。

8.8.2 防护

若有要求，应对被检件做适当的腐蚀防护。

8.9 重新检测

若需重新检测，譬如不能明确地评定显示，则应从预清洗开始，重复整个检测工艺规程。

如有必要，检测工艺规程应选择更为有利的检测条件。不允许使用不同类型的渗透剂或来自不同供应商的同一类型的渗透剂，除非经清洗后已确认彻底去除了滞留在不连续内的渗透剂残余物。

9 检测报告

执行本部分的检测报告，应包含下列信息：

a) 被检件的信息：
   - 名称；
   - 尺寸；
   - 材料；
   - 表面状况；
   - 生产阶段。

b) 检测目的。

c) 所使用的渗透系统名称(按 6.4 规定)，给出制造商名称和产品名称及其批号。

d) 检测作业指导书。

e) 与检测作业指导书的偏离。

f) 检测结果(检测出的不连续的描述)。

g) 检测地点、检测日期、操作者姓名。

h) 检测监督者的姓名、持证情况和签名。

检测报告应包含与评定检测结果方法相关的极其重要的所有详细资料，有关被检件的附加信息，当然这些数据依被检件类型宜做适当变更。如果使用其他格式，则应包含本章 a)～h)各项中所有信息的详细资料。

如果履行了 8.1 所建议的对于检测工艺规程的要求，这包括本章 a)～d)所提到的信息以及采用适当方式备份本章 e)～h)信息的，则检测报告可省略。

附　录　A
（规范性附录）
渗透检测的主要阶段

准备和预清洗

干燥

施加水洗型渗透剂和允许的渗透时间

施加后乳化型渗透剂和允许的渗透时间

施加溶剂去除型渗透剂和允许的渗透时间

水和溶剂

水洗

水喷洗

施加亲油性乳化剂和允许的乳化时间

施加溶剂去除剂

施加亲水性乳化剂和允许的乳化时间

擦洗

允许干燥

水洗

水洗

多余渗透剂去除效果检查

干燥

施加水溶性显像剂

干燥

施加水悬浮显像剂

施加干粉显像剂

干燥

允许干燥

显像时间

观察

后清洗

若有要求，则做防护

附 录 B
（资料性附录）
检测报告示例

<table>
<tr><td colspan="4">检测报告</td></tr>
<tr><td colspan="4">公司名称：　　引用标准编号：
部门：　　参考标准编号：
渗透检测报告编号：　　第　　页，共　　页
计划：　　被检件：
委托方：　　生产单编号：
委托单编号：　　图纸编号：</td></tr>
<tr><td colspan="4">被检件：　　更详细资料，例如
焊缝平面图编号：　　复检平面图编号：
尺寸：　　焊缝编号：　　整片编号：
单元编号：　　部分编号：
材料：　　铸件编号：　　模具编号：
表面状况：
热处理条件：
预处理：</td></tr>
<tr><td colspan="4">检测作业指导书：　　（例如技术条件、检测说明、交货条件）
检测范围：
渗透剂系统
名称：　　（更详细资料，例如有否 GB/T 18851.2 中的腐蚀类元素）
制造商：
产品名称
　渗透剂：　　批号：
　多余渗透剂去除剂：　　批号：
　显像剂：　　批号：
工艺规程
检测温度：　　多余渗透剂的去除（更详细资料，例如防腐剂）：
预清洗：　　乳化时间：
干燥：　　干燥：
渗透时间：　　显像时间：
后清洗：
与检测作业指导书的差异：
与 GB/T 18851.1 的差异：</td></tr>
<tr><td>检测结果：</td><td colspan="3">（例如有关不连续的位置、类型、分布、尺寸和数量、草图等详细资料）</td></tr>
<tr><td>检测地点：</td><td>检测日期：</td><td colspan="2">操作者姓名：</td></tr>
<tr><td>评定（按检测工艺规程）：
备注：</td><td>可验收：</td><td colspan="2">不可验收：</td></tr>
<tr><td>检测监督者：
或委托的代表/专家：
或检测机构：</td><td>认证情况：</td><td>日期：
日期：
日期：</td><td>签名：
签名：
签名：</td></tr>
</table>

附　录　C
（规范性附录）
本部分中相互等效的国际和欧洲标准

下列文件与 ISO 3452-1:2008 中所引用的文件是一致的。

EN 473　无损检测人员资格鉴定与认证　总则	ISO 9712　无损检测　人员资格鉴定与认证
prEN 571-2　无损检测　渗透检测　第 2 部分:渗透材料的检验	ISO 3452-2　无损检测　渗透检测　第 2 部分:渗透材料的检验
prEN 571-3　无损检测　渗透检测　第 3 部分:参考试块	ISO 3452-3　无损检测　渗透检测　第 3 部分:参考试块
prEN 1330-6　无损检测　术语　第 6 部分:渗透检测	ISO 12706　无损检测　术语　渗透检测
prEN 956　无损检测　渗透检测　设备	ISO 3452-4　无损检测　渗透检测　第 4 部分:设备
prEN 1956　无损检测　渗透检测和磁粉检测　观察条件	ISO 3059　无损检测　渗透检测和磁粉检测　观察条件